数字信号处理学习指导

主 编 张立材 王 民

北京邮电大学出版社
www.buptpress.com

内 容 简 介

本书是《数字信号处理——原理、实现及应用》一书的教学配套参考书。针对学生学习和教学中存在的问题和困难,本书对《数字信号处理——原理、实现及应用》一书中的基本概念、重点内容和学习要点作了比较细致的归纳,一些重要的定理和结论通过习题进行了深入的讨论和证明。本书既可与配套教材配合使用,也可独立使用。书中习题具有广泛性和代表性,概念突出,解题详细,便于自学或作教学参考。

本书可供高等学校电子、通信、信息类及相关专业本科生复习、准备考研之用,也可供研究生、教师以及从事数字信号处理的技术人员参考。

图书在版编目(CIP)数据

数字信号处理学习指导/张立材,王民主编.--北京:北京邮电大学出版社,2012.8
ISBN 978-7-5635-3151-6

Ⅰ.①数… Ⅱ.①张…②王… Ⅲ.①数字信号处理—高等学校—教学参考资料 Ⅳ.①TN911.72

中国版本图书馆 CIP 数据核字(2012)第 164573 号

书 名:	数字信号处理学习指导
主 编:	张立材 王 民
责任编辑:	刘春棠
出版发行:	北京邮电大学出版社
社 址:	北京市海淀区西土城路 10 号(邮编:100876)
发 行 部:	电话:010-62282185 传真:010-62283578
E-mail:	publish@bupt.edu.cn
经 销:	各地新华书店
印 刷:	北京源海印刷有限责任公司
开 本:	787 mm×1 092 mm 1/16
印 张:	18.5
字 数:	445 千字
印 数:	1—3 000 册
版 次:	2012 年 8 月第 1 版 2012 年 8 月第 1 次印刷

ISBN 978-7-5635-3151-6　　　　　　　　　　　　　　　　　　定 价:35.00 元

前　言

北京邮电大学出版社出版的《数字信号处理——原理、实现及应用》是普通高等院校电子信息类应用型规划教材,本书是与其相配套的辅助教材。

本书共分 9 章。第 1 章为离散时间信号与系统,重点介绍有关信号时域运算,包括解线性卷积、系统单位脉冲响应计算,并将其扩展到相关函数计算;第 2 章为时域离散信号频域分析,是学习和应用数字信号处理的理论基础内容,重点介绍时域离散信号与系统时域分析和变换域(傅里叶变换、z 变换)分析的基本理论,以及各种系统的输出响应、系统频率特性分析;第 3 章为离散傅里叶变换,重点介绍离散傅里叶变换物理意义及快速算法和应用,并补充 DFT 性质定理;第 4 章为数字滤波器的算法结构,重点介绍滤波的概念以及一些特殊滤波器的概念和特点;第 5 章为 IIR 数字滤波器设计,重点介绍 IIR 模拟滤波器设计原理、方法和公式,以及将模拟滤波器变换为 IIR 数字滤波器的设计方法;第 6 章为 FIR 数字滤波器的设计,介绍 FIR 数字滤波器的主要特点和设计方法,重点介绍了窗函数设计法和频率采样设计法,通过举例介绍了等波纹最佳逼近设计法;第 7 章为多采样率数字信号处理,介绍多采样率数字信号处理的基本原理,通过举例介绍采样率变换系统的实现方法和高效实现网络结构等;第 8 章为数字信号处理的实现与应用举例,主要讨论数字信号处理中的算法实现及实现中涉及的问题;第 9 章为自测练习题及其解答,这些习题主要参考部分重点高等院校往年硕士研究生入学试题,供读者检查学习效果,或准备考研。

本书所选用的练习题有近一半来自重点大学历年硕士研究生入学考试题,以方便学习者复习参考。

与教材不同,本书的编写力求突出重点、难点的分析,避免一般理论或教材内容的简单重复,关键习题的解答中包括解题程序及其运行结果,以利于教师掌握教材内容,扩充授课素材,降低答疑和上机辅导等教学工作强度。

本书由西安建筑科技大学张立材、王民主编,其中张立材负责第 1 章、第 2 章和第 9 章的编写,王民负责第 3 章的编写,王稚慧负责第 4 章的编写,王燕妮负责第 5 章的编写,刘树君负责第 6 章的编写,张晓彤负责第 7 章和第 8 章的编写。硕士研究生李敏、王璐子、王荣等参加了本书资料的收集、整理以及部分习题解答的工作,在这里对他们的努力工作表示由衷的赞赏和感谢。此外,西安建筑科技大学教授王慧琴对本书的选材、定稿作了认真的统筹,并对书稿进行了审阅,在此表示诚挚的谢意! 同时,对在本书的编写过程中给予大力支持的西安建筑科技大学信息与控制学院及学院实验中心表示衷心的感谢!

由于作者水平有限,书中难免有错误和不足之处,恳请读者批评指正。

编者
2012 年 3 月

目　　录

第1章　离散时间信号和系统 ……………………………………………… 1

　1.1　引言 ……………………………………………………………………… 1

　1.2　离散时间信号与系统学习要点 ………………………………………… 1

　1.3　模拟信号数字处理学习要点 …………………………………………… 6

　1.4　离散时间信号与系统重要公式 ………………………………………… 7

　1.5　思考题参考解答 ………………………………………………………… 8

　1.6　练习题参考解答 ………………………………………………………… 10

第2章　时域离散信号的频域分析 ……………………………………… 26

　2.1　引言 ……………………………………………………………………… 26

　2.2　离散时间系统的数字频域分析学习要点 ……………………………… 26

　2.3　本章重要公式 …………………………………………………………… 27

　2.4　系统的输出响应及系统的稳定时间测试 ……………………………… 29

　2.5　思考题参考解答 ………………………………………………………… 30

　2.6　练习题参考解答 ………………………………………………………… 34

第3章　离散傅里叶变换 ………………………………………………… 66

　3.1　引言 ……………………………………………………………………… 66

　3.2　DFT 的学习要点 ………………………………………………………… 66

　3.3　DFT 的主要性质及快速算法学习要点 ………………………………… 68

　3.4　频率域采样定理学习要点 ……………………………………………… 69

　3.5　关于 DFT 的应用 ……………………………………………………… 69

　3.6　思考题参考解答 ………………………………………………………… 75

　3.7　练习题参考解答 ………………………………………………………… 78

第4章　数字滤波器的算法结构 ………………………………………… 112

　4.1　引言 ……………………………………………………………………… 112

　4.2　本章学习要点 …………………………………………………………… 112

　4.3　按照系统函数或差分方程绘制算法结构图 …………………………… 113

　4.4　关于特殊滤波器 ………………………………………………………… 115

4.5　思考题参考解答 ·· 117

4.6　练习题参考解答 ·· 121

第 5 章　IIR 数字滤波器的设计 ······························· 135

5.1　引言 ·· 135

5.2　模拟滤波器设计 ·· 135

5.3　IIR 数字滤波器设计 ·· 139

5.4　思考题参考解答 ·· 146

5.5　练习题参考解答 ·· 148

第 6 章　FIR 数字滤波器的设计 ······························· 174

6.1　引言 ·· 174

6.2　线性相移 FIR 数字滤波器的特点 ······························ 174

6.3　FIR 数字滤波器的设计方法 ···································· 177

6.4　思考题参考解答 ·· 185

6.5　练习题参考解答 ·· 189

第 7 章　多采样率数字信号处理 ······························· 232

7.1　引言 ·· 232

7.2　学习要点及重要公式 ·· 232

7.3　采样率转换系统的高效实现 ···································· 237

7.4　思考题参考解答 ·· 237

7.5　练习题参考解答 ·· 238

第 8 章　数字信号处理的实现与应用举例 ······················· 251

8.1　引言 ·· 251

8.2　本章学习要点 ·· 251

8.3　各种网络结构软件实现 ·· 251

8.4　数字信号处理中的有限字长效应 ································ 254

8.5　思考题参考解答 ·· 254

8.6　练习题参考解答 ·· 255

第 9 章　自测练习题及其参考解答 ····························· 266

9.1　自测练习题 ·· 266

9.2　自测练习题参考解答 ·· 272

参考文献 ·· 287

第**1**章　离散时间信号和系统

1.1　引　言

有关离散时间信号和系统的内容是全书的基础。模拟信号数字处理是采用数字信号处理的方法完成模拟信号要处理的问题,这样可以充分利用数字信号处理的优点。在学习模拟信号分析与处理的基础上学习数字信号处理,不仅要学习建立许多关于数字信号和数字系统的新概念,掌握数字信号和数字系统与模拟信号和模拟系统的不同,尤其要掌握处理方法上的本质区别。简单地说,模拟系统采用模拟器件完成信号处理,而数字系统用运算方法完成。因此,清楚了解和掌握本章数字信号与系统的若干基本概念,对于有关数字滤波器内容的学习非常有帮助。

1.2　离散时间信号与系统学习要点

(1) 关于信号

① 模拟信号、时域离散信号、数字信号三者之间的区别。

② 如何由模拟信号产生时域离散信号?

③ 常用的时域离散信号。

④ 如何判断信号是周期性的? 其周期如何计算?

信号是传递信息的函数,即信号可定义为一个记载信息的函数。现实世界的信号通常以时间 t 为自变量,以信号的幅度为因变量(或函数)。从数值上看,信号的幅度和自变量可以取连续值,也可以取离散值。

为了便于信号的研究,可以根据信号的不同性质,将信号进行不同的分类。若考虑信号是否连续,则可将信号分为模拟信号和离散信号。

模拟信号：时间上和幅度上都取连续值的信号。

离散时间信号：在时间上取离散值，幅度上取连续值的信号，也称为时域离散信号。

数字信号：时间上和幅度上都取离散值的信号。

信号携带着信息，各类信号只有经过一定的处理，才能具有实用价值。信号处理就是对信号进行分析、变换、综合、识别等加工，以达到提取有用信息和便于利用的目的。而数字信号处理就是依据数值计算理论对数字信号进行加工处理，处理的对象是数字信号，处理的工具是数字系统。

（2）关于序列

离散时间信号可用序列来表示。序列是一串以序号为自变量的有序数字的集合，简写为 $x(n)$。$x(n)$ 可看做对模拟信号 $x_a(t)$ 按时间间隔 T 采样所得的序列，即 $x(n)=x_a(nT)$，也可以看做一组有序的数据集合。

① 序列 $x(n)$ 不一定代表时间序列，也可能表示频域、相关域等其他域上的一组有序数字，但习惯上常把它说成是离散时间信号。

② $x(n)$ 只有在 n 为整数时，才有定义。n 为非整数时，$x(n)$ 没有定义，将其想象为零是不正确的。

③ 从理论和实践的角度看，采样间隔 T（大多数情况下为时间间隔）取为常数，即等间隔采样；如有需要，也可以采用 T 可变采样。

④ 正弦序列 $x(n)=A\sin(\omega_0 n+\varphi)$ 中，ω_0 称为数字角频率（简称数字频率），单位是弧度/秒（rad/s），反映了序列周期变化的快慢。

⑤ 正弦序列是否具有周期性，取决于 ω_0 的值。当 $\omega_0=a\pi$（a 为有理数）时，是周期序列。

⑥ 因为复指数序列 $x(n)=e^{(\sigma+j\omega_0)n}=e^{\sigma n}(\cos\omega_0 n+j\sin\omega_0 n)$，所以其周期的判别与正弦序列相同。

（3）关于系统

① 什么是系统的线性、时不变性以及因果性、稳定性？如何判断？

② 线性、时不变系统输入和输出之间的关系；求解线性卷积的图解法、列表法、解析法，以及用 MATLAB 工具箱函数求解的方法。

③ 线性常系数差分方程的递推解法。

④ 用 MATLAB 求解差分方程。

⑤ 什么是滑动平均滤波器？它的单位脉冲响应是什么？

离散时间系统本质上是将输入序列变换为输出序列的运算或变换，可用图 1-1 表示。

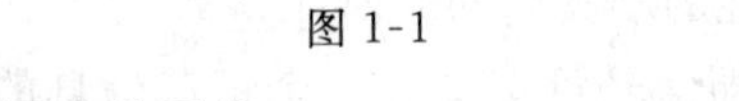

图 1-1

输入 $x(n)$ 与输出 $y(n)$ 之间的关系为

$$y(n)=T[x(n)] \tag{1-1}$$

$T[\cdot]$ 表示变换关系，由具体的系统确定。

（4）关于线性系统

满足齐次性和叠加原理的系统称为线性系统。即如果 $y_1(n) = T[x_1(n)]$，$y_2(n) = T[x_2(n)]$，则

$$T[ax_1(n) + bx_2(n)] = aT[x_1(n)] + bT[x_2(n)] = ay_1(n) + by_2(n) \qquad (1-2)$$

式中，a 和 b 为任意常数。

（5）关于时不变（移不变）系统

系统的运算关系 $T[\cdot]$ 在整个运算过程中不随时间而变化的系统称为时不变系统。如果 $y(n) = T[x(n)]$，则

$$T[x(n-k)] = y(n-k) \qquad (1-3)$$

既满足线性条件又满足时不变（移不变）条件的系统，称为线性时不变（移不变）系统。

以后如不特别声明，所讨论的系统均是线性时不变（移不变）离散时间系统。线性时不变离散时间系统简称为 LTI 系统，线性移不变离散时间系统简称为 LSI 系统。

上述"移"指 $x(n)$ 中自变量 n 的移动，因为大多数情况下 n 代表的是时间，所以主要是指线性时不变系统。

（6）关于系统的单位脉冲响应

单位脉冲响应是当系统的输入为单位脉冲序列 $\delta(n)$ 时系统的零状态输出，用 $h(n)$ 表示，即 $h(n) = T[\delta(n)]$。

若已知 $h(n)$，可以求得该系统对任意输入序列 $x(n)$ 的响应 $y(n)$ 为

$$y(n) = \sum_{m=-\infty}^{\infty} x(m)h(n-m) = x(n) * h(n) \qquad (1-4)$$

（7）关于线性时不变离散时间系统的时域表示法——线性常系数差分方程

线性时不变离散时间系统的时域表示一般形式为

$$y(n) = \sum_{i=0}^{M} b_i x(n-i) - \sum_{i=1}^{N} a_i y(n-i) \qquad (1-5)$$

系数 b_i、a_i 是与序号 n 无关的常数，体现"时不变"特性。$x(n-i)$、$y(n-i)$ 各项均是一次项，体现"线性"特性。

（8）关于解差分方程

解差分方程可以求得系统的暂态解，而初始条件是不可缺少的。其求解方法有经典法、递推法和 z 变换法等。其中经典法求解差分方程分为三步：求通解，得到系统的零输入响应；求特解，得到系统的零状态响应；求全解，将通解、特解相加。递推法是指在给定输入和初始条件下，直接由差分方程按递推的办法求系统的瞬态解。而 z 变换法是指对差分方法两边取 z 变换，并利用 z 变换的位移特性把差分方程转变为 z 域的代数方程，再将 z 域的代数方程求解结果进行 z 逆变换，得到解的时域表达式。

例 1-1　已知 $x_1(n) = \delta(n) + 3\delta(n-1) + 2\delta(n-2)$，$x_2(n) = u(n) - u(n-3)$，试计算 $x(n) = x_1(n) * x_2(n)$，并画出 $x(n)$ 的波形。

解：　$x(n) = x_1(n) * x_2(n) = [\delta(n) + 3\delta(n-1) + 2\delta(n-2)] * [u(n) - u(n-3)]$

$\qquad = [\delta(n) + 3\delta(n-1) + 2\delta(n-2)] * R_3(n)$

$\qquad = R_3(n) + 3R_3(n-1) + 2R_3(n-2)$

$\qquad = \delta(n) + 4\delta(n-1) + 6\delta(n-2) + 5\delta(n-3) + 2\delta(n-4)$

$x(n)$ 的波形如图 1-2 所示。

例 1-2 已知离散信号 $x(n)$ 的波形如图 1-3(a)所示,试求 $y(n)=x(2n)*x(n)$,并绘出 $y(n)$ 的波形。

解: $x(2n)=\{1,1,1,0.5;n=0,1,2,3\}$

$$y(n)=x(2n)*x(n)$$
$$=\{1,2,3,3,3,3,2.75,2,1,0.25;n=0,1,2,3,4,5,6,7,8,9\}$$

绘出 $y(n)$ 的波形如图 1-3(b)所示。

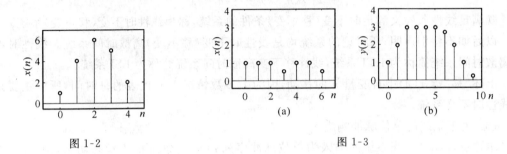

图 1-2   图 1-3

例 1-3 求单位脉冲响应 $h(n)=a^n u(n)$,$|a|<1$ 的线性时不变系统的单位阶跃响应。

解:系统单位阶跃响应是系统输入单位阶跃序列时的零状态响应,因此系统的单位阶跃响应 $y(n)$ 为

$$y(n)=h(n)*u(n)=a^n u(n)*u(n)=\sum_m a_m u(m)u(n-m)$$

非零值区间为 $0\leqslant m$ 和 $m\leqslant n$,所以

$$y(n)=\sum_{m=0}^{n} a^m=\frac{1-a^{n+1}}{1-a}$$

(9) 系统函数

系统函数有两种解释。一是系统单位脉冲响应 $h(n)$ 的 z 变换,即

$$H(z)=\mathrm{ZT}[h(n)] \tag{1-6}$$

二是系统零状态响应的 z 变换与输入序列的 z 变换之比,即对系统的差分方程

$$y(n)=\sum_{i=0}^{M} b_i x(n-i)-\sum_{i=1}^{N} a_i y(n-i)$$

两边取 z 变换(假定系统起始时是全零状态),可得

$$H(z)=\frac{Y(z)}{X(z)}=\frac{\sum\limits_{i=0}^{M} b_i z^{-i}}{\sum\limits_{i=1}^{N} a_i z^{-i}} \tag{1-7}$$

系统函数从 z 域体现了输出、输入的关系,又称转移函数、传递函数等。

(10) 关于系统函数 $H(z)$ 的收敛域

$H(z)$ 只反映系统的稳态特性。若用 $H(z)$ 表征一个系统,应指明 $H(z)$ 的收敛域,否则不能唯一地确定这个系统。即对于相同的 $H(z)$,由于收敛域不同,$H(z)$ 代表不同的系统。

$H(z)$ 的收敛域习惯上可以用 ROC 表示。

（11）关于系统的因果性、稳定性

因果系统只有在受到输入激励时才有输出。

一个线性时不变系统具有因果性的充要条件如下。

- 时域：当 $n<0$ 时

$$h(n) = 0 \tag{1-8}$$

- z 域：$H(z)$ 的收敛域包括 ∞ 点，即

$$\text{ROC:} R_{x-} < |z| < \infty \tag{1-9}$$

稳定系统：只要输入是有界的，系统输出必定有界。

对线性时不变系统而言，稳定的充要条件如下。

- 时域

$$\sum_{n=-\infty}^{\infty} |h(n)| = P < \infty \tag{1-10}$$

- z 域：$H(z)$ 的收敛域包含单位圆。

同时满足因果性、稳定性的系统称为因果稳定系统。因果稳定系统 $H(z)$ 的收敛域为

$$r < |z| \leqslant \infty \qquad (r < 1) \tag{1-11}$$

对于因果稳定系统的 LTI 系统，其系统函数 $H(z)$ 的全部极点必须在单位圆内。

（12）系统的分类及连接方式

依据系统的不同特性，可以对系统作不同的分类。其中依据系统对单位脉冲的响应序列是否为有限长度是一种常用的分类方法。根据系统的单位脉冲响应 $h(n)$ 的长度，可将系统分为 IIR（Infinite Impulse Response）系统和 FIR（Finite Impulse Response）系统。IIR 指无限脉冲响应（也称无限长冲激响应，$h(n)$ 为无限长），FIR 指有限脉冲响应（也称有限长冲激响应，$h(n)$ 为有限长）。

从系统函数上比较，FIR 系统的 $H(z)$ 一般为

$$H(z) = \sum_{i=0}^{M} b_i z^{-i} \tag{1-12}$$

FIR 系统总是稳定的。而 IIR 系统的 $H(z)$ 一般为

$$H(z) = \frac{\sum_{i=0}^{M} b_i z^{-i}}{1 + \sum_{i=1}^{N} a_i z^{-i}} \tag{1-13}$$

存在反馈环节，包含有限极点（非 ∞ 极点），可能使系统不稳定。

从系统结构上看，对于 IIR 系统，因为存在反馈项，所以必须用递归型结构实现。而对于 FIR 系统，一般用非递归型结构实现，也可以用递归型结构实现，此时系统必然有相同的零、极点可以抵消。

一个复杂的系统可分解为若干个较为简单的子系统，反之亦然。

图 1-4 和图 1-5 分别从时域和 z 域两个角度给出了组合系统的示意图。

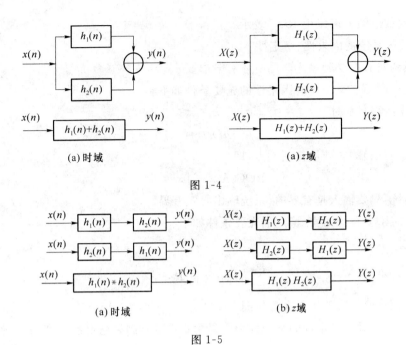

(a)时域　　　　　　　　　　　(a)z域

图 1-4

(a)时域　　　　　　　　　　　(b)z域

图 1-5

1.3　模拟信号数字处理学习要点

　　模拟信号数字处理原理框图由预滤波、模/数转换、数字信号处理、数/模转换以及平滑滤波组成。预滤波是为了防止频率混叠,模/数转换和数/模转换起信号类型匹配转换作用,数字信号处理则完成对信号的处理,处理后的信号依然为数字信号。数字信号转换成模拟信号有两种方法,一种是用理想滤波器进行的理想恢复,虽不能实现,但可作为实际恢复的逼近方向;另一种是用数/模转换器,一般用的是零阶保持器,输出信号为阶梯模拟信号,通过平滑滤波对数/模转换后的阶梯模拟信号进行平滑。

　　模拟信号转换成数字信号的理论基础是时域采样定理,它确定了对模拟信号进行采样的最低采样频率应是信号最高频率的两倍。对带通模拟信号进行采样,在特定条件下可以按照带宽两倍以上的频率进行采样。由采样得到的采样信号的频谱和原模拟信号频谱之间的关系式是模拟信号数字处理的重要公式。

　　一个由模拟信号采样得来的时域离散信号(满足采样定理时)的数字频率和模拟信号的模拟频率之间的关系为 $\omega=\Omega T$,或者 $\omega=\Omega/f_s$。

　　若用数字网络对连续系统进行模拟,则数字网络的系统函数和连续系统传输函数之间的关系为 $H(\mathrm{e}^{\mathrm{j}\omega})=H_a(\mathrm{j}\Omega)|_{\Omega=\omega/T}$,$|\omega|\leqslant\pi$。

　　数字系统的单位脉冲响应和模拟系统的单位脉冲响应关系式为

$$h(n)=h_a(t)|_{t=nT}=h_a(nT) \tag{1-14}$$

　　用 DFT(FFT)对模拟信号(包括周期信号)进行频谱分析时,应根据时域采样定理选择采样频率,按照要求的分辨率选择观测时间和采样点数。注意,一般非周期模拟信号的频谱是连续谱,而周期信号是离散谱。此外,用 DFT(FFT)对模拟信号进行频谱分析是最常用的一种分析方法,也是一种在允许误差范围内的近似频谱分析。

1.4　离散时间信号与系统重要公式

(1) 线性卷积公式

$$y(n) = \sum_{m=-\infty}^{\infty} x(m)h(n-m) = x(n) * h(n) \tag{1-15}$$

注意线性卷积公式是在 $\pm\infty$ 之间对 m 求和。如果公式中 $x(n)$ 和 $h(n)$ 分别是系统的输入和单位脉冲响应,$y(n)$ 是系统输出,此时该式表明系统的输入、输出和单位脉冲响应之间服从线性卷积关系。

线性卷积公式服从交换律、结合律和分配律。

(2) 任何序列与 $\delta(n)$ 的线性卷积

$$x(n) = x(n) * \delta(n) \tag{1-16}$$

式(1-16)说明任何序列与 $\delta(n)$ 的线性卷积等于原序列。直接利用该式有 $x(n-n_0) = x(n) * \delta(n-n_0)$。另外,$\delta(n-m) * x(n) = x(n-m)$,这些结论在序列的运算中很有用。

(3) 模拟信号和理想采样信号之间的关系

$$x_a(t) = \sum_{n=-\infty}^{\infty} x_a(nT)\delta(t-nT) \tag{1-17}$$

由式(1-15)可得

$$x(n) = x(n) * \delta(n) = \sum_{m=-\infty}^{\infty} x(m)\delta(n-m) \tag{1-18}$$

式(1-18)表明,任何序列与单位脉冲序列的线性卷积等于其自身,即任何序列都可以表示成单位脉冲序列的移位加权和。

(4) 采样信号的频谱和模拟信号频谱之间的关系

$$X_a(j\Omega) = FT[x_a(t)] = \frac{1}{T}\sum_{n=-\infty}^{\infty} X_a(j\Omega - jn\Omega_s) \tag{1-19}$$

式(1-19)表明采样信号的频谱和模拟信号频谱之间的关系。

(5) 理想恢复公式

$$x_a(t) = \sum_{n=-\infty}^{\infty} x_a(nT)\frac{\sin[\pi(t-nT)/T]}{\pi(t-nT)/T} \tag{1-20}$$

式中函数 $\dfrac{\sin(\Omega_s t/2)}{\Omega_s t/2} = g(t)$ 是理想恢复滤波器的单位脉冲响应,而 $x_a(nT)$ 是对模拟信号的采样值,它在数值上等于序列 $x(n)$。该式是由序列恢复成模拟信号的理想恢复公式,也称为理想插值公式。

(6) 求确定信号的自相关函数

这里只介绍确定信号的相关函数。对于非随机确定实信号 $x(n)$,其自相关函数定义为

$$r_{xx}(m) = \sum_{n=-\infty}^{\infty} x(n)x(n+m) \qquad (1\text{-}21)$$

式(1-21)定义的自相关函数反映了信号 $x(n)$ 与进行一段延迟之后的信号 $x(n+m)$ 的相似程度。仿照自相关函数的定义,也可以定义两个不同序列的相关函数,称为互相关函数。实的序列 $x(n)$ 和实的序列 $y(n)$ 的互相关函数定义为

$$r_{xy}(m) = \sum_{n=-\infty}^{\infty} x(n)y(n+m) \qquad (1\text{-}22)$$

同样,互相关函数式(1-22)反映了两个序列 $x(n)$ 和 $y(n)$ 波形的相似程度。

容易发现,自相关函数的公式类似于线性卷积公式。将自相关公式写成下式:

$$r_{xx}(m) = \sum_{n=-\infty}^{\infty} x(n)x[n-(-m)] \qquad (1\text{-}23)$$

按照式(1-23),可得 $r_{xx}(m) = x(n) * x(-m)$。

自相关函数是一个偶函数是自相关函数的一个重要性质。因此,可以用来检验自相关函数是否关于 $m=0$ 对称,从而判断计算结果的正误。

例 1-4　求有限序列 $f(n) = \{1,2,4,-2; n=0,1,2,3\}$ 的自相关函数。

解:按照式(1-23),得 $r_{ff}(m) = f(m) * f(-m)$。列表计算如表 1-1 所示。

表 1-1

$f(m)$				1	2	4	-2		
$f(-m)$	-2	4	2	1					
$f(m)$				1	2	4	-2		$r_{ff}(0)=25$
$f(1+m)$					1	2	4	-2	$r_{ff}(1)=2$
$f(2+m)$						1	2	4	-2	$r_{ff}(2)=0$
$f(3+m)$							1	2	4	-2	$r_{ff}(3)=-2$
$f(-1+m)$			1	2	4	-2			$r_{ff}(-1)=2$
$f(-2+m)$		1	2	4	-2				$r_{ff}(-2)=0$
$f(-3+m)$	1	2	4	-2					$r_{ff}(-3)=-2$

利用列表法,得到

$$r_{ff}(m) = \{-2,0,2,25,2,0,-2; m=-3,-2,-1,0,1,2,3\}$$

1.5　思考题参考解答

1. 确定信号与随机信号、周期信号与非周期信号、连续时间信号与离散时间信号、模拟信号与数字信号是如何定义的? 有何区别?

答:变化规律已知的信号称为确定信号,反之,变化规律不确定的信号称为随机信号。以固定常数周期变化的信号称为周期信号,否则称为非周期信号。函数随时间连续变化的

信号称为连续时间信号,也称为模拟信号。自变量取离散值变化的信号称为离散时间信号。离散信号幅值按照一定精度要求量化后所得信号称为数字信号。

2. 已知信号的最高频率为 f_c,选取 $f_s=2f_c$ 能否从采样点恢复原来的连续信号?

答:对于最高频率为 f_c 的周期信号,选取 $f_s=2f_c$ 可以从采样点恢复原来的连续信号。而对于最高频率为 f_c 的非周期信号,选取 $f_s=2f_c$ 一般不能从采样点恢复原来的连续信号的周期信号,通常采用远高于 $2f_c$ 的采样频率才能从采样点恢复原来的周期连续信号。

3. 混叠是怎样产生的?

答:被采样信号如果含有折叠频率以上的高频成分,或者含有干扰噪声,这些频率成分将不满足采样恢复定理的条件,必然产生频率混叠,导致无法恢复被采样信号。

4. 如何判定线性时不变系统的因果性和稳定性?

答:线性时不变系统的单位脉冲响应 $h(n)$ 满足 $n<0,h(n)=0$,则系统是因果的。若 $\sum\limits_{n=-\infty}^{\infty}|h(n)|=P<\infty$,则系统是稳定的。

5. ω 与 Ω 都表示什么物理量? 有何不同?

答:ω 表示数字角频率,Ω 表示模拟角频率。$\omega=\Omega T$(T 表示采样周期)。

6. 时域连续的周期信号经等间隔采样后的离散序列是否一定构成一个周期序列?

答:不一定。只有当周期信号的采样序列满足 $x(n)=x(n+N)$ 时,才构成一个周期序列。

7. 常系数差分方程描述的系统一定是线性时不变系统吗?

答:常系数差分方程描述的系统若满足叠加原理,则一定是线性时不变系统。否则,常系数差分方程描述的系统不是线性时不变系统。

8. 判断"模拟信号也可以与数字信号一样在计算机上进行数字信号处理,只要增加一道采样的工序就可以了"的说法正确与否。

答:该说法错误。需要增加采样和量化两道工序。

9. 指出"一个模拟信号处理系统总可以转换成功能相同的数字系统,然后基于数字信号处理理论,对信号进行等效的数字处理"说法的概念错误,或举出反例。

答:受采样频率、有限字长效应的约束,与模拟信号处理系统完全等效的数字系统不一定找得到。因此,数字信号处理系统的分析方法是先对采样信号及系统进行分析,再考虑幅度量化及实现过程中有限字长效应所造成的影响。故离散时间信号和系统理论是数字信号处理的理论基础。

10. 已知一个系统的冲激响应为 $h(n)=a\delta^2(n)$,所以对于输入 $x(n)$,系统的输出 $y(n)$ 为

$$y(n)=h(n)*x(n)=\sum_{m=-\infty}^{\infty}a\delta^2(m)x(n-m)$$

$$=a\sum_{m=\infty}^{-\infty}\delta(m)[\delta(m)x(n-m)]=ax(n)$$

上面说法有概念错误,请指出错误原因,或举出反例。

答:只有当系统是线性时不变时,才有 $y(n)=h(n)*x(n)$。

11. 时域采样在频域产生什么效应?

答:时域采样在频域产生周期延拓效应。

12. 一个典型的数字信号处理系统如图 1-6 所示,请说明各部分功能框图的作用。

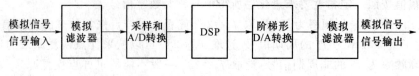

图 1-6

答:输入信号 $x_a(t)$ 先通过一个前置低通模拟滤波器限制其最高频率在一定数值之内,使其满足采样频率定理的条件。因此,该滤波器亦称为抗混叠滤波器。

经抗混叠滤波后的模拟信号在采样和模/数(A/D)转换器中每间隔 T(采样周期)采样 $x_a(t)$ 的幅度一次,并将其量化为二进制数据。即模拟信号 $x_a(t)$ 经 A/D 转换为数字信号序列 $x(n)$。

数字信号序列 $x(n)$ 按照不同目的要求在 DSP 中进行加工处理后,转化为输出序列 $y(n)$。

输出序列 $y(n)$ 经数/模(D/A)转换为阶梯模拟信号 $y_a(t)$,$y_a(t)$ 又经过低通滤波器滤除其高频成分,使阶梯信号得到平滑后,得到所需要的模拟信号 $y(t)$。故这里的低通滤波器又称为平滑滤波器。

1.6 练习题参考解答

1. 给定 $a=0.8$,$N=7$,当 $0 < n < N-1$ 时 $h(n)=a^n$,当 $n < 0$ 或 $n \geq N$ 时 $h(n)=0$。画图表示序列 $h(n)$,并用单位脉冲序列 $\delta(n)$ 及其加权和表示该序列。

解:序列 $h(n)$ 可用单位脉冲序列 $\delta(n)$ 及其加权和表示为

$$h(n) = \sum_{m=0}^{N-1} a^m \delta(n-m) = \sum_{m=0}^{6} 0.8^m \delta(n-m)$$

其中

$$\delta(n-m) = \begin{cases} 1 & n=m \\ 0 & n \neq m \end{cases}$$

用图形表示该序列如图 1-7 所示。

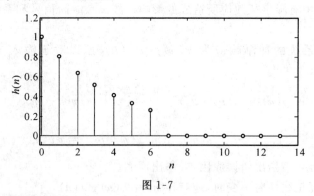

图 1-7

绘制序列图形的程序如下:

N = 7;

```
n = 0:N-1;
a = 0.8;
x = a.^n;
xn = zeros(1,14);
xn(1:7) = x;
k = 0:size(xn,2)-1;
stem(k,xn)
axis([-0.1 14 -0.1 1.2]);
xlabel('n'),ylabel('x(n)');
```

2.给定信号 $x(n)=\begin{cases} 2n & -4\leqslant n\leqslant -1 \\ n+3 & 0\leqslant n\leqslant 4 \\ 0 & 其他 \end{cases}$

(1) 画图表示序列 $x(n)$。

(2) 用单位脉冲序列 $\delta(n)$ 及其加权和表示该序列。

(3) 分别画图表示序列 $x_1(n)=2x(n-2)$，$x_2(n)=2x(n+2)$，$x_3(n)=x(-n+2)$。

解：(1) $x(n)$ 的波形如图 1-8(a)所示。

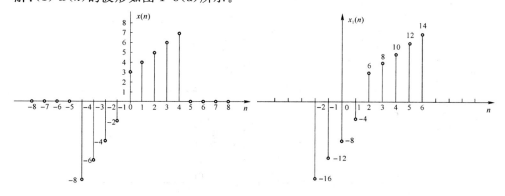

(a)　　　　　　　　　　　　(b)

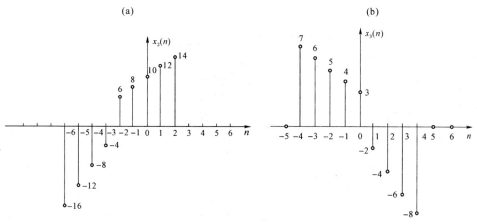

(c)　　　　　　　　　　　　(d)

图 1-8

(2) $x(n)=-3\delta(n+4)-\delta(n+3)+\delta(n+2)+3\delta(n+1)+6\delta(n)+6\delta(n-1)+6\delta(n-2)$
$+6\delta(n-3)+6\delta(n-4)$。

(3) $x_1(n)$的波形是$x(n)$波形右移2位,再乘以2,画出图形如图1-8(b)所示。

$x_2(n)$的波形是$x(n)$波形左移2位,再乘以2,画出图形如图1-8(c)所示。

画$x_3(n)$时,先画$x(-n)$的波形(即将$x(n)$的波形以纵轴为中心轴翻转180°),然后再右移2位。$x_3(n)$波形如图1-8(d)所示。

3. 已知线性时不变系统的输入为$x(n)$,系统的单位脉冲响应为$h(n)$,试求系统的输出$y(n)$,并画出输出$y(n)$的波形。

(1) $x(n)=\delta(n),h(n)=R_4(n)$ (2) $x(n)=R_3(n),h(n)=R_4(n)$

(3) $x(n)=\delta(n-2),h(n)=0.5R_3(n)$ (4) $x(n)=2^n u(-n-1),h(n)=0.5^n u(n)$

解:(1) $y(n)=x(n)*h(n)=R_4(n)$,$y(n)$波形图如图1-9(a)所示。

(2) $y(n)=x(n)*h(n)=\{1,2,3,2,1\}$,$y(n)$波形图如图1-9(b)所示。

(3) $y(n)=x(n)*h(n)=\delta(n-2)*0.5R_3(n)=0.5^{n-2}R_3(n-2)$,$y(n)$波形图如图1-9(c)所示。

(4) $x(n)=2^n u(-n-1),h(n)=0.5^n u(n)$,得

$$y(n)=\sum_{m=-\infty}^{-1}0.5^{n-m}2^m=\frac{1}{3}\times2^{-n} \quad n\geqslant0$$

$$y(n)=\sum_{m=-\infty}^{n}0.5^{n-m}2^m=\frac{4}{3}\times2^n \quad n\leqslant-1$$

$y(n)$波形图如图1-9(d)所示。

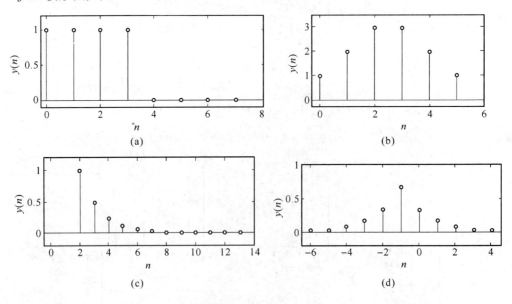

图 1-9

4. 判断下列每个序列是否是周期性的,若是周期性的,试确定其周期。其中A为常数。

(1) $x(n)=A\sin\left(\dfrac{3\pi}{7}n-\dfrac{\pi}{8}\right)$ (2) $x(n)=A\sin\left(\dfrac{13\pi}{3}n\right)$ (3) $x(n)=e^{j\left(\frac{\pi}{6}-\pi\right)}$

解：(1) 由 $x(n) = A\sin\left(\dfrac{3\pi}{7}n - \dfrac{\pi}{8}\right)$，可得

$$\frac{2\pi}{\omega_0} = \frac{2\pi}{\dfrac{3\pi}{7}} = \frac{14}{3}$$

所以 $x(n)$ 是周期的，周期为 14。

(2) 由 $x(n) = A\sin\left(\dfrac{13\pi}{3}n\right)$，可得

$$\frac{2\pi}{\omega_0} = \frac{2\pi}{\dfrac{13}{3}\pi} = \frac{6}{13}$$

所以 $x(n)$ 是周期的，周期为 6。

(3) 由 $x(n) = e^{j\left(\frac{n}{6}-\pi\right)} = \cos\left(\dfrac{n}{6}-\pi\right) + j\sin\left(\dfrac{n}{6}-\pi\right) = -\cos\dfrac{n}{6} - j\sin\dfrac{n}{6}$，可得

$$\frac{2\pi}{\omega_0} = 12\pi\left(\frac{2\pi}{\omega_0}\right) = 12\pi$$

是无理数，所以 $x(n)$ 是非周期的。

5. 设系统分别用下面的差分方程描述，$x(n)$ 为系统的输入，$y(n)$ 为系统的输出。判定系统是否是线性时不变的。

(1) $y(n) = x(n) + 2x(n-1)$ 　　　　　(2) $y(n) = 3x(n) + 2$

(3) $y(n) = x(n-1)$ 　　　　　　　　　(4) $y(n) = x(-n)$

(5) $y(n) = 3x(n^2)$ 　　　　　　　　　(6) $y(n) = [x(n)]^2$

(7) $y(n) = x(n)\cos(\omega n)$ 　　　　　(8) $y(n) = \displaystyle\sum_{m=-\infty}^{n} x(m)$

解：(1) 已知系统 $y(n) = x(n) + 2x(n-1)$。先讨论时不变性。令输入为 $x(n-n_0)$，则输出为

$$y'(n) = x(n-n_0) + 2x(n-n_0-1)$$

而

$$y(n-n_0) = x(n-n_0) + 2x(n-n_0-1) = y'(n)$$

故该系统是时不变的。再讨论线性。由

$$\begin{aligned}y(n) &= T[ax_1(n) + bx_2(n)]\\ &= ax_1(n) + bx_2(n) + 2[ax_1(n-1) + bx_2(n-1)]\end{aligned}$$

而

$$T[ax_1(n)] = ax_1(n) + 2ax_1(n-1)$$
$$T[bx_2(n)] = bx_2(n) + 2bx_2(n-1)$$

所以得

$$T[ax_1(n) + bx_2(n)] = aT[x_1(n)] + bT[x_2(n)]$$

即该系统是线性系统。综上所述，系统 $y(n) = x(n) + 2x(n-1)$ 是线性时不变系统。

(2) 已知系统 $y(n) = 3x(n) + 2$。先讨论时不变性。令输入为 $x(n-n_0)$，则输出为

$$y'(n) = 3x(n-n_0) + 2$$

因为
$$y(n-n_0)=2x(n-n_0)+2= y'(n)$$
故该系统是时不变的。再讨论线性。由于
$$y(n)=T[ax_1(n)+bx_2(n)]$$
$$=3ax_1(n)+3bx_2(n)+2$$
而
$$T[ax_1(n)]=3ax_1(n)+2$$
$$T[bx_2(n)]=3bx_2(n)+2$$
所以得
$$T[ax_1(n)+bx_2(n)]\neq aT[x_1(n)]+ bT[x_2(n)]$$
即该系统不是线性系统。综上所述,系统 $y(n)=3x(n)+2$ 是非线性时不变系统。

（3）参考上述习题解题过程可知,系统 $y(n)=x(n-1)$ 是线性时不变系统。事实上,该系统是延时单元。

（4）已知系统 $y(n)=x(-n)$。先讨论时不变性。令输入为 $x(n-n_0)$,则输出为
$$y'(n)=x(-n+n_0)$$
因为
$$y(n-n_0)=x(-n+n_0) = y'(n)$$
故该系统是时不变的。再讨论线性。由于
$$y(n)=T[ax_1(n)+bx_2(n)]$$
$$=ax_1(-n)+bx_2(-n)$$
而
$$T[ax_1(n)]= ax_1(-n)$$
$$T[bx_2(n)]= bx_2(-n)$$
所以得
$$T[ax_1(n)+bx_2(n)]=aT[x_1(n)]+ bT[x_2(n)]$$
即该系统是线性系统。综上所述,系统 $y(n)=x(-n)$ 是线性时不变系统。

（5）已知系统 $y(n)=3x(n^2)$。先讨论时不变性。令输入为 $x(n-n_0)$,则输出为
$$y'(n)=3x[(n-n_0)^2]$$
因为
$$y(n-n_0)=3x[(n-n_0)^2] =y'(n)$$
故该系统是时不变的。再讨论线性。由于
$$y(n)=T[ax_1(n^2)+bx_2(n^2)] =[ax_1(n)+bx_2(n)]^2$$
$$\neq aT[x_1(n)]+bT[x_2(n)]= ax_1^2(n)+bx_2^2(n)$$
即该系统不是线性系统。综上所述,系统 $y(n)=3x(n^2)$ 是非线性时不变系统。

（6）已知 $y(n)=[x(n)]^2$。先讨论时不变性。令输入为 $x(n-n_0)$,则输出为
$$y'(n)=x^2(n-n_0)$$
因为
$$y(n-n_0)=x^2(n-n_0) =y'(n)$$

故该系统是时不变的。再讨论线性。由于

$$y(n) = T[ax_1(n^2) + bx_2(n^2)] = [ax_1(n) + bx_2(n)]^2$$
$$\neq aT[x_1(n)] + bT[x_2(n)] = ax_1^2(n) + bx_2^2(n)$$

即该系统不是线性系统。综上所述，系统 $y(n) = [x(n)]^2$ 是非线性时不变系统。

（7）已知 $y(n) = x(n)\cos(\omega n)$。先讨论时不变性。令输入为 $x(n - n_0)$，则输出为

$$y'(n) = x(n - n_0)\cos(\omega n)$$

因为

$$y(n - n_0) = x(n - n_0)\cos[\omega(n - n_0)] \neq y'(n)$$

故该系统不是时不变的。再讨论线性。由于

$$y(n) = T[ax_1(n) + bx_2(n)] = ax_1(n)\cos(\omega n) + bx_2(n)\cos(\omega n)$$
$$= aT[x_1(n)] + bT[x_2(n)]$$

即该系统是线性系统。综上所述，系统 $y(n) = x(n)\cos(\omega n)$ 是线性时变系统。

（8）已知 $y(n) = \sum\limits_{m=-\infty}^{n} x(m)$。先讨论时不变性。令输入为 $x(n - n_0)$，则输出为

$$y'(n) = \sum_{m=-\infty}^{n} x(m - n_0)$$

因为

$$y(n - n_0) = \sum_{m=-\infty}^{n-n_0} x(m) \neq y'(n)$$

故该系统是时变的。再讨论线性。由于

$$y(n) = T[ax_1(n) + bx_2(n)] = \sum_{m=-\infty}^{n} [ax_1(m) + bx_2(m)]$$
$$= aT[x_1(n)] + bT[x_2(n)]$$

即该系统是线性系统。综上所述，系统 $y(n) = \sum\limits_{m=-\infty}^{n} x(m)$ 是线性时变系统。

6. 线性时不变系统的单位脉冲响应 $h(n)$ 和输入 $x(n)$ 如图 1-10 所示，分别用图解法和解析法求出系统输出 $y(n)$，并画图表示输出 $y(n)$。

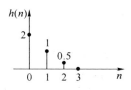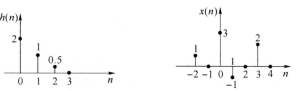

图 1-10

解：解法一：图解法。

$$y(n) = x(n) * h(n) = \sum_{m=0}^{\infty} x(m)h(n - m)$$

图解法的过程如图 1-11 所示。

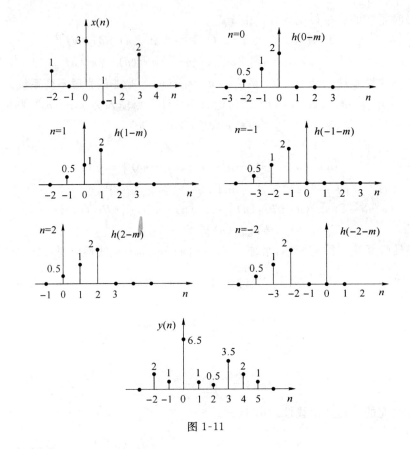

图 1-11

解法二:解析法。

按照图 1-10 写出 $x(n)$ 和 $h(n)$ 的表达式:

$$x(n) = \delta(n+2) + 3\delta(n) - \delta(n-1) + 2\delta(n-3)$$
$$h(n) = 2\delta(n) + \delta(n-1) + 0.5\delta(n-2)$$

因为

$$x(n) * \delta(n) = x(n)$$
$$x(n) * A\delta(n-k) = Ax(n-k)$$

所以

$$y(n) = x(n) * [\, 2\delta(n) + \delta(n-1) + 0.5\delta(n-2)]$$
$$= 2x(n) + x(n-1) + 0.5x(n-2)$$

将 $x(n)$ 的表达式代入上式,得到

$$y(n) = 2\delta(n+2) + \delta(n+1) + 6.5\delta(n) + \delta(n-1) + 0.5\delta(n-2) + 3.5\delta(n-3) + 2\delta(n-4) + \delta(n-5)$$

7. 试判断以下每一系统是否是线性、时不变、因果、稳定的?

(1) $T[x(n)] = g(n)\,x(n)$ (2) $T[x(n)] = \sum\limits_{k=n_0}^{n} x(k)$

(3) $T[x(n)] = x(n-n_0)$ (4) $T[x(n)] = e^{x(n)}$

解:(1) 由 $T[x(n)] = g(n)x(n)$,得

$$T[ax_1(n)+bx_2(n)]=g(n)[ax_1(n)+bx_2(n)]$$
$$=g(n)ax_1(n)+g(n)bx_2(n)=aT[x_1(n)]+bT[x_2(n)]$$

所以系统是线性系统。

又因为

$$T[x(n-m)]=g(n)\ x(n-m),y(n-m)=g(n-m)\ x(n-m)$$

即

$$T[x(n-m)]\neq y(n-m)$$

所以系统不是时不变的。

（2）由 $T[x(n)]=\sum_{k=n_0}^{n}x(k)$，得

$$T[ax_1(n)+bx_2(n)]=\sum_{k=n_0}^{n}[ax_1(k)+bx_2(k)]$$
$$=\sum_{k=n_0}^{n}ax_1(k)+\sum_{k=n_0}^{n}bx_2(k)=aT[x_1(n)]+bT[x_2(n)]$$

所以系统是线性系统。又因为

$$T[x(n-m)]=\sum_{k=n_0}^{n}x(k-m)=\sum_{k=n_0-m}^{n-m}x(k),y(n-m)=\sum_{k=n_0}^{n-m}x(k)$$

即

$$T[x(n-m)]\neq y(n-m)$$

所以系统不是时不变的。

（3）由 $T[x(n)]=x(n-n_0)$，得

$$T[ax_1(n)+bx_2(n)]=ax_1(n-n_0)+bx_2(n-n_0)=aT[x_1(n)]+bT[x_2(n)]$$

所以系统是线性系统。

又因为

$$T[x(n-m)]=x(n-n_0-m),y(n-m)=x(n-n_0-m)$$

即

$$T[x(n-m)]=y(n-m)$$

所以系统是时不变的。

（4）由 $T[x(n)]=\mathrm{e}^{x(n)}$，得

$$T[ax_1(n)+bx_2(n)]=\mathrm{e}^{ax_1(n)+bx_2(n)}=\mathrm{e}^{ax_1(n)}\mathrm{e}^{bx_2(n)}=aT[x_1(n)]bT[x_2(n)]$$

所以系统不是线性系统。

又因为

$$T[x(n-m)]=\mathrm{e}^{x(n-m)},y(n-m)=\mathrm{e}^{x(n-m)}$$

即

$$T[x(n-m)]=y(n-m)$$

所以系统是时不变的。

8. 以下序列是系统的单位脉冲响应 $h(n)$，判定系统是否是因果稳定系统，并说明理由。

（1）$\dfrac{1}{n!}u(n)$ 　　　　（2）$\dfrac{1}{n^2}u(n)$ 　　　　（3）$2^n u(n)$ 　　　　（4）$2^n u(-n)$

(5) $0.3^n u(n)$　　　　(6) $0.5^n u(-n-1)$　　(7) $\delta(n+4)$

解:(1)当 $n<0$ 时,$h(n)=0$,所以系统是因果的。

因为

$$\sum_{n=-\infty}^{\infty} |h(n)| = \frac{1}{0!} + \frac{1}{1!} + \cdots = M < \infty$$

所以系统稳定。

(2)当 $n<0$ 时,$h(n)=0$,所以系统是因果的。

因为

$$\sum_{n=-\infty}^{\infty} |h(n)| = \frac{1}{0^2} + \frac{1}{1^2} + \frac{1}{2^2} + \cdots$$

$$= 1 + 1 + \frac{1}{2 \times 1} + \frac{1}{3 \times 2 \times 1} + \cdots$$

$$< 1 + 1 + \frac{1}{2} + \frac{1}{4} + \frac{1}{8} + \cdots = 3$$

所以系统是稳定的。

(3)当 $n<0$ 时,$h(n)=0$,所以系统是因果的。

因为

$$\sum_{n=-\infty}^{\infty} |h(n)| = 2^0 + 2^1 + 2^2 + \cdots \to \infty$$

所以系统不稳定。

(4)当 $n<0$ 时,$h(n)\neq0$,所以系统是非因果的。

因为

$$\sum_{n=-\infty}^{\infty} |h(n)| = \cdots + 2^{-2} + 2^{-1} + 2^0 + 2^1 + 2^2 + \cdots \to \infty$$

所以系统是不稳定的。

(5)当 $n<0$ 时,$h(n)=0$,所以系统是因果的。

因为

$$\sum_{n=-\infty}^{\infty} |h(n)| = 0.3^0 + 0.3^1 + 0.3^2 + \cdots = \frac{10}{7}$$

所以系统是稳定的。

(6)当 $n<0$ 时,$h(n)\neq0$,所以系统是非因果的。

因为

$$\sum_{n=-\infty}^{\infty} |h(n)| = 0.5^{-1} + 0.5^{-2} + \cdots \to \infty$$

所以系统是不稳定的。

(7)当 $n<0$ 时,$h(n)\neq0$,所以系统是非因果的。

因为

$$\sum_{n=-\infty}^{\infty} |h(n)| = 1$$

所以系统是稳定的。

9. 已知系统的单位脉冲响应为 $h(n)=a^{-n}u(-n-1),0<a<1$，用计算卷积和的办法计算输入为单位阶跃信号 $u(n)$ 时系统的输出，即求系统的单位阶跃响应。

解：由题意和卷积公式

$$x(n)=u(n)$$

$$h(n)=a^{-n}u(-n-1) \quad 0<a<1$$

$$y(n)=\sum_{m=-\infty}^{\infty}a^{-m}=\frac{a^{-n}}{1-a}y(n)=x(n)*h(n)$$

得

$$y(n)=\sum_{m=-\infty}^{\infty}a^{-m}=\frac{a^{-n}}{1-a} \quad n<-1$$

$$y(n)=\sum_{m=-\infty}^{-1}a^{-m}=\frac{a}{1-a} \quad n\geqslant-1$$

10. 证明下列等式成立，即证明线性卷积服从交换律、结合律和分配律。

(1) $x(n)*h(n)=h(n)*x(n)$

(2) $x(n)*[h_1(n)+h_2(n)]=x(n)*h_1(n)+x(n)*h_2(n)$

(3) $x(n)*[h_1(n)*h_2(n)]=[x(n)*h_1(n)]*h_2(n)$

证明：(1)因为

$$x(n)*h(n)=\sum_{m=-\infty}^{\infty}x(m)h(n-m)$$

令 $m'=n-m$，则

$$x(n)*h(n)=\sum_{m=-\infty}^{\infty}x(n-m')h(m')=h(n)*x(n)$$

(2) $x(n)*[h_1(n)+h_2(n)]=\sum_{m=-\infty}^{\infty}x(m)[h_1(n-m)+h_2(n-m)]$

$$=\sum_{m=-\infty}^{\infty}x(m)h_1(n-m)+\sum_{m=-\infty}^{\infty}x(m)h_2(n-m)$$

$$=x(n)*h_1(n)+x(n)*h_2(n)$$

(3) 利用上面已证明的结果，得到

$x(n)*[h_1(n)*h_2(n)]=x(n)*[h_2(n)*h_1(n)]$

$$=\sum_{k=-\infty}^{\infty}h_2(k)\sum_{m=-\infty}^{\infty}x(m)[h_2(n-m)*h_1(n-m)]$$

$$=\sum_{m=-\infty}^{\infty}x(m)\sum_{k=-\infty}^{\infty}[h_2(k)*h_1(n-m-k)]$$

变换求和号的次序，得到

$$x(n)*[h_1(n)*h_2(n)]=\sum_{k=-\infty}^{\infty}h_2(k)\sum_{m=-\infty}^{\infty}x(m)h_1(n-m-k)$$

$$=\sum_{k=-\infty}^{\infty}h_2(k)[x(n-k)*h_1(n-k)]$$

$$= h_2(n) * [x(n) * h_1(n)]$$
$$= [x(n) * h_1(n)] * h_2(n)$$

11. 设有一系统是因果性的,其输入输出关系由以下差分方程确定:

$$y(n) - \frac{1}{2}y(n-1) = x(n) + \frac{1}{2}x(n-1)$$

(1) 求该系统的单位脉冲响应。

(2) 由(1)的结果,利用卷积和求输入 $x(n) = e^{j\omega n}$ 的响应。

解:(1) $x(n) = \delta(n)$,因为

$$y(n) = h(n) = 0 \quad n < 0$$

所以

$$h(0) = \frac{1}{2}y(-1) + x(0) + \frac{1}{2}x(-1) = 1, h(1) = \frac{1}{2}y(0) + x(1) + \frac{1}{2}x(0) = \frac{1}{2} + \frac{1}{2} = 1$$

$$h(2) = \frac{1}{2}y(1) + x(2) + \frac{1}{2}x(1) = \frac{1}{2}, h(3) = \frac{1}{2}y(2) + x(3) + \frac{1}{2}x(2) = \left(\frac{1}{2}\right)^2$$

$$\vdots$$

可以推出

$$h(n) = \frac{1}{2}y(n-1) + x(n) + \frac{1}{2}x(n-1) = \left(\frac{1}{2}\right)^{n-1}$$

即

$$h(n) = \left(\frac{1}{2}\right)^{n-1} u(n-1) + \delta(n)$$

(2) $y(n) = x(n) * h(n) = \left[\left(\frac{1}{2}\right)^{n-1} u(n-1) + \delta(n)\right] * e^{j\omega n} u(n)$

$$= \left[\left(\frac{1}{2}\right)^{n-1} u(n-1)\right] * e^{j\omega n} u(n) + \delta(n) * e^{j\omega n} u(n)$$

$$= \sum_{m=1}^{n} \left(\frac{1}{2}\right)^{m-1} e^{j\omega(n-m)} u(n-1) + e^{j\omega n} u(n)$$

$$= 2e^{j\omega n} \frac{\frac{1}{2}e^{-j\omega} - \frac{1}{2}\left(\frac{1}{2}\right)^n e^{-j\omega(n+1)}}{1 - \frac{1}{2}e^{-j\omega}} u(n-1) + e^{j\omega n} u(n)$$

$$= \frac{e^{-j\omega(n-1)} - \left(\frac{1}{2}\right)^n e^{-j\omega}}{1 - \frac{1}{2}e^{-j\omega}} u(n-1) + e^{j\omega n} u(n)$$

$$= \frac{e^{-j\omega n} - \left(\frac{1}{2}\right)^n}{e^{j\omega} - \frac{1}{2}} u(n-1) + e^{j\omega n} u(n)$$

12. 已知系统的单位脉冲响应为 $h(n) = 0.3^n u(n)$,初始状态为零,系统输入为序列 $x(n) = \{x_0, x_1, x_2, \cdots, x_k, \cdots\}$,用递推法求系统的输出 $y(n)$。

解: $y(n) = x(n) * h(n) = \sum_{m=-\infty}^{\infty} x_m 0.3^{n-m} u(n-m)$

$$= \sum_{m=-\infty}^{n} x_m 0.3^{n-m} u(n-m) \quad n \geqslant 0$$

$$n=0, \ y(n) = x_0$$

$$n=1, \ y(n) = \sum_{m=0}^{1} x_m 0.3^{1-m} = 0.3 x_0 + x_1$$

$$n=2, \ y(n) = \sum_{m=0}^{2} x_m 0.3^{2-m} = 0.3^2 x_0 + 0.3 x_1 + x_2$$

$$\vdots$$

最后得到

$$y(n) = \sum_{m=-\infty}^{n} 0.3^m x_{n-m}$$

13. 有一理想脉冲系统,脉冲频率为 $\Omega_s = 6\pi$,脉冲后经理想低通滤波器 $H_a(j\Omega)$ 还原,其中

$$H_a(j\Omega) = \begin{cases} \dfrac{1}{2} & |\Omega| < 3\pi \\ 0 & |\Omega| \geqslant 3\pi \end{cases}$$

若输入 $x_a(t) = \cos \omega t$,问 ω 最大为多少时输出信号 $y_a(t)$ 无失真?为什么?

答:根据奈奎斯特定理,因为 $x_{a1}(t) = \cos 2\pi t$,而频谱中最高角频率 $\Omega_{a1} = 2\pi < \dfrac{6\pi}{2} = 3\pi$,所以 $y_{a1}(t)$ 无失真。因为 $x_{a2}(t) = \cos 5\pi t$,而频谱中最高角频率 $\Omega_{a2} = 5\pi > \dfrac{6\pi}{2} = 3\pi$,所以 $y_{a2}(t)$ 失真。

14. 有一连续信号 $x_a(t) = \cos(2\pi \times 100t + \pi/2)$。

(1) 计算 $x_a(t)$ 的周期。

(2) 写出采样信号 $\hat{x}_a(nT)$ 的表达式,并画图表示。

(3) 以脉冲周期 T 对 $x_a(t)$ 采样,要求能不失真地恢复出原信号,计算脉冲频率至少应为多少?采样时间间隔应为多少?

解:(1) 由 $x_a(t) = \cos(2\pi \times 100t + \pi/2)$,得 $f = 100 \text{ Hz}$,所以 $x_a(t)$ 的周期是

$$T_a = \frac{1}{f} = 0.01 \text{ s}$$

(2) 设以采样周期为 $T = 1/f = 0.005 \text{ s}$ 采样信号 $x_a(t)$,则

$$\hat{x}_a(nT) = \sum_{n=-\infty}^{\infty} \cos(2\pi f nT + \varphi)\delta(t - nT)$$

$$= \sum_{n=-\infty}^{\infty} \cos\left(\pi n + \frac{\pi}{2}\right)\delta(t - 0.005n)$$

$$= \sum_{n=-\infty}^{\infty} 0 = 0$$

所以,以 $T = 1/f = 0.005 \text{ s}$ 为采样周期,采样信号 $x_a(t)$,所得采样序列 $\hat{x}_a(nT)$ 无法恢复信号 $x_a(t)$。为能恢复 $x_a(t)$,应减小采样周期 T(采样频率由 T 确定)。设新采样周期为原采样周期的一半,即 $T = 0.0025 \text{ s}$,则采样信号 $\hat{x}_a(nT)$ 为

$$\hat{x}_{a}(nT) = \sum_{n=-\infty}^{\infty} \cos\left(2\pi fnT + \varphi\right)\delta(t - nT)$$

$$= \sum_{n=-\infty}^{\infty} \cos\left(\frac{\pi n}{2} + \frac{\pi}{2}\right)\delta(t - 0.005n)$$

此时相应的脉冲频率

$$f_s = \frac{1}{T} = \frac{1}{0.002\,5}\ \text{Hz} = 400\ \text{Hz}$$

采样序列 $\hat{x}_{a}(nT)$ 的图形如图 1-12 所示。

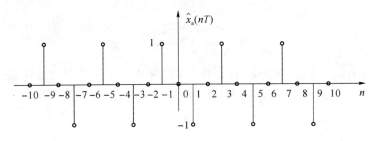

图 1-12

(3) 根据脉冲定理,脉冲频率 $f_s \geqslant 2f$,取 $f_s = 2f = 200\ \text{Hz}$。脉冲时间间隔应为
$$T = 1/f = 1/200\ \text{s} = 0.005\ \text{s}$$

15. 已知连续信号 $x_a(t) = \cos\left(2\pi ft + \varphi\right)$ 的频率 $f = 20\ \text{Hz}$,$\varphi = \pi/2$。

(1) 求出 $x_a(t)$ 的周期。

(2) 用采样间隔 $T = 0.02\ \text{s}$ 对 $x_a(t)$ 进行采样,写出采样信号 $x_a(nT)$ 的表达式。

(3) 绘制时域离散信号(序列) $x_a(nT)$ 的波形,并求出 $x_a(nT)$ 的周期。

解:(1) $x_a(t)$ 的周期是 $T = \dfrac{1}{f} = \dfrac{1}{20}\text{s} = 0.05\ \text{s}$。

(2) $x_a(nT) = \displaystyle\sum_{n=-\infty}^{\infty} \cos\left(2\pi fnT + \varphi\right)\delta(t - nT) = \sum_{n=-\infty}^{\infty} \cos\left(40\pi nT + \varphi\right)\delta(t - nT)$

$$= \sum_{n=-\infty}^{\infty} \cos\left(0.8\pi n + \pi/2\right)。$$

(3) $x_a(nT) = x(n) = \cos\left(0.8\pi n + \pi/2\right)$,其数字频率为 $\omega = 0.8\pi\ \text{rad}$,$2\pi/\omega = 5/2$,周期为 $N = 5$。

$x_a(nT)$ 的波形如图 1-13 所示。

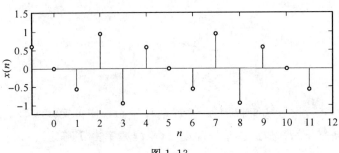

图 1-13

16. 设模拟信号 $x_a(t) = \cos(2\pi f_1 t + \varphi_1) + \cos(2\pi f_2 t + \varphi_2)$，式中 $f_1 = 2\,\text{kHz}$，$f_2 = 3\,\text{kHz}$，φ_1、φ_2 是常数。

(1) 为将该模拟信号 $x_a(t)$ 转换成时域离散信号 $x(n)$，最小采样频率 f_{smin} 应取多少？

(2) 如果采样频率 $f_s = 10\,\text{kHz}$，求 $x(n)$ 的最高频率是多少？

(3) 设采样频率 $f_s = 10\,\text{kHz}$，写出 $x(n)$ 的表达式。

解：(1) 按照采样定理，$f_{\text{smin}} = 2f_2 = 60\,\text{kHz}$。

(2) $x(n)$ 的最高频率是 $\omega_{\max} = 2\pi f_2 / f_s = 0.6\pi\,\text{rad}$。

(3) 采样频率 $f_s = 10\,\text{kHz}$ 时，
$$
\begin{aligned}
x(n) &= x_a(t)\big|_{t=nT} \\
&= \cos(2\pi f_1 nT + \varphi_1) + \cos(2\pi f_2 nT + \varphi_2) \\
&= \cos(0.4\pi n + \varphi_1) + \cos(0.6\pi n + \varphi_2)
\end{aligned}
$$

17. 对 $x(t) = \cos(2\pi t) + \cos(5\pi t)$ 以采样间隔 $T = 0.25\,\text{s}$ 进行理想采样得到 $\hat{x}(t)$，将 $\hat{x}(t)$ 通过理想低通滤波器 $G(j\Omega)$ 得到 $y(t)$，其中
$$
G(j\Omega) = \begin{cases} 0.25 & |\Omega| \leqslant 4\pi \\ 0 & |\Omega| > 4\pi \end{cases}
$$

(1) 求 $\hat{x}(t)$。

(2) 求理想低通滤波器的输出信号 $y(t)$。

解：(1)
$$
\begin{aligned}
\hat{x}(t) &= \sum_{n=-\infty}^{\infty} [\cos(2\pi nT) + \cos(5\pi nT)]\delta(n - nT) \\
&= \sum_{n=-\infty}^{\infty} [\cos(0.5\pi n) + \cos(0.25\pi n)]\delta(n - nT)
\end{aligned}
$$

(2) 理想低通滤波器的幅频特性如图 1-14(a) 所示。而 $\hat{x}(t)$ 的频谱 $\hat{x}(e^{j\omega})$ 如图 1-14(b) 所示，$\hat{x}(t)$ 的两个余弦信号频谱分别在 $\pm 0.5\pi$ 和 $\pm 1.25\pi$ 的位置，并且以 2π 为周期进行周期性延拓。显然，理想低通滤波器的通带输出信号只有两个，一个是数字频率为 0.5π，另一个数字频率为 0.75π，相应的模拟频率为 2π 和 3π，故理想低通滤波器的输出为 $y(t) = 0.25[\cos(2\pi t) + \cos(3\pi t)]$。

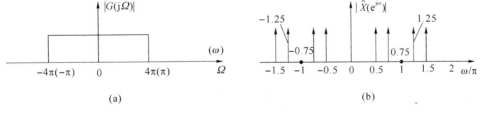

图 1-14

18. $x_a(t)$ 是带有干扰的模拟信号，其中有用信号的频率范围是 $0 \sim 30\,\text{kHz}$，干扰主要在 $30\,\text{kHz}$ 以上，试用数字信号处理方式对输入信号进行低频滤波，达到滤除干扰的目的。试画出该数字信号处理系统的原理框图，并给出每个分框图的主要指标。

解：该题的系统框图如图 1-15 所示。系统应包括预滤波、ADC、数字滤波器、DAC 和平滑滤波。

$x_a(t)$ → 预滤波 → ADC → 数字滤波器 → DAC → 平滑滤波 → $y_a(t)$

图 1-15

各部分的技术指标如下。

（1）预滤波：预滤波是一个防止高频杂散分量引起频率混叠的简单模拟低通滤波器。因为有用的信号频率为 0～30 kHz，因此模拟低通滤波器的高频截止频率可定在 30 kHz。

（2）ADC：因为信号的最高频率是 30 kHz，选择采样频率为 60 kHz，即可满足采样定理。但为了防止残余的高频分量引起频率混叠，按照 3～5 倍信号最高频率选择采样频率，即选择采样频率 $f_s = 90～150$ kHz，这里暂取 $f_s = 90$ kHz。这里题目没有对它的精度提出要求，暂时选择编码位数为 8。

（3）数字滤波器：数字低通滤波器的最高截止频率用 ω_p 表示，计算如下：

$$\omega_p = \frac{\Omega_p}{f_s} = \frac{2\pi f_p}{f_s} = \frac{2\pi \times 30 \text{ kHz}}{90 \text{ kHz}} = \frac{2\pi}{3}$$

要求在 0～2π/3 数字滤波器的幅度单调下降，最大衰减不小于 3 dB。在 30 kHz 以上，同样要求幅度迅速单调下降，在 ω_r 处幅度衰减不能小于 20 dB（即要求在 $f_r = 45$ kHz 的幅度衰减要小于 0 频率处幅度的 0.1 倍），这里 ω_r 计算如下：

$$\omega_r = \frac{\Omega_r}{f_s} = \frac{2\pi f_r}{f_s} = \frac{2\pi \times 45 \text{ kHz}}{90 \text{ kHz}} = \pi$$

（4）DAC：选择 8 位，变换频率为 45 kHz 以上。

（5）平滑滤波：这也是一个模拟低通滤波器，该滤波器的技术指标决定于数字信号处理部分的输出信号。这里是数字滤波器的输出，该题应该选择平滑滤波器的最高截止频率为 45 kHz。

19. 设带通信号的最高频率为 5 kHz，最低频率为 4 kHz，试确定采样频率，并画出采样信号的频谱示意图。如果将最低频率改为 3.7 kHz，采样频率应取多少？并画出采样信号的频谱示意图。

解：（1）$f_h = 5$ kHz，$f_1 = 4$ kHz，$f_B = 1$ kHz，取采样频率 $f_s = 2$ kHz。假设原带通信号的幅度谱示意图如图 1-16(a)所示，采样信号的幅度谱 $|\hat{X}(jf)|$ 示意图如图 1-16(b)所示。

（2）$f_h = 5$ kHz，$f_1 = 4$ kHz，$f_B = 1.3$ kHz，$r = 5/1.3 = 3.85$，取 $r' = 3$

$$f'_B = f_h/r' = 1.67，f'_B = f' - f_B = 3.3$$

取采样频率 $f_s = 2 \times f'_B = 3.3$ kHz，采样信号的幅度谱 $\hat{X}(jf)$ 示意图如图 1-16(c)所示。

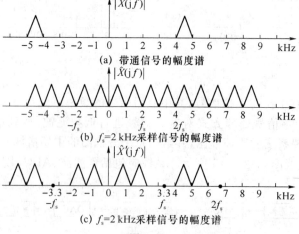

图 1-16

20. 对于模拟信号 $x_a(t)=1+\cos 100\pi t$，试用 MATLAB 语言分析该信号的频率特性，并打印其幅度特性。试分析误差来源，以及如何减小误差。

解：所给模拟信号 $x_a(t)=1+\cos 100\pi t$ 是直流加 50 Hz 的余弦波，采样频率选 $f_s=200$ kHz（$T=0.005$ s），观测时间选 $T_p=0.04$ s，$N=8$。用 MATLAB 绘制的频率特性如图 1-17 所示。参考解题程序如下：

```
clear all;close all
% 输入信号参数
Fs = 200;f = 50;
N = 8;n = 0:N - 1;
xn = 1 + cos (2 * pi * f * n/Fs);          % 计算 x(n)
xk = fft(xn);                               % 用 FFT 对 x(n)作 DFT
k = 0:length(xk) - 1;fk = k * Fs/N;        % 计算频率点,用于绘制频率特性
subplot(221);stem(fk,xk,'.')
axis([0,Fs/2,0,1.2 * max(abs(xk))])
xlabel('f/Hz');ylabel('X(f)');
```

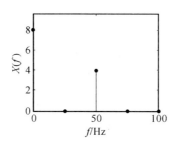

图 1-17

第2章 时域离散信号的频域分析

2.1 引　言

信号和系统的基本分析方法有两类：时域分析方法和频域分析方法。模拟信号一般用连续时间变量 t 的函数表示，系统则用微分方程描述。用拉普拉斯变换或傅里叶变换可以将时域函数变换到频率域。对于时域离散信号和系统，信号用离散序列表示，系统则用差分方程描述。采用 z 变换和傅里叶变换可以将时域离散信号和系统变换到频率域。注意，序列的傅里叶变换与模拟域的傅里叶变换同为线性变换，也有很多类似性质，但它们是不一样的。

傅里叶变换、z 变换和离散傅里叶变换是数字信号处理中三个重要的数学变换工具，利用它们可以将信号和系统在时域空间和频域空间相互转换，大大方便对信号和系统的分析和处理。傅里叶变换表征一个信号和系统的频域特性；z 变换是傅里叶变换的一种推广，单位圆上的 z 变换就是傅里叶变换，一般用 z 变换分析频域特性较傅里叶变换方便。离散傅里叶变换是离散化的傅里叶变换，适合用计算机分析和处理信号。由于离散傅里叶变换具有快速算法 FFT，使离散傅里叶变换在应用中更加重要、更加广泛。但离散傅里叶变换不同于傅里叶变换和 z 变换，用它对模拟信号进行频域分析一定是近似的，如果使用不当，会引起较大的误差。因此，掌握好这三种变换是掌握数字信号处理理论和技术的关键。本章只学习前两种变换，离散傅里叶变换及 FFT 在第 3 章中讨论。

2.2 离散时间系统的数字频域分析学习要点

（1）关于离散时间系统的傅里叶变换

① 序列的傅里叶变换——序列频率特性。

② 周期序列的傅里叶级数和傅里叶变换。

③ 典型序列 $\delta(n)$、$u(n)$、$a^n u(n)$、$R_N(n)$、$\cos(\omega_0 n)$、$\sin(\omega_0 n)$、$e^{j\omega_0 n}$ 的傅里叶变换。以上 $2\pi/\omega_0$ 为有理数。

④ 傅里叶变换的性质和定理。

傅里叶变换的周期性、移位与频移性质、时域卷积定理、帕塞瓦尔定理、频域卷积定理、频域微分性质、实序列和一般序列的傅里叶变换的共轭对称性。

（2）关于离散时间系统的 z 变换

① 序列的 z 变换及其收敛域。

② 序列 z 变换收敛域与序列特性之间的关系。

③ 计算 z 逆变换有部分分式法和围线积分法。长除法不在这里讨论。

④ z 变换的定理和性质有序列移位、反转、z 域微分、共轭序列的 z 变换、时域卷积定理、初值定理、终值定理、帕塞瓦尔定理等。

⑤ 系统的传输函数和系统函数。

⑥ 状态响应、零输入响应、稳态响应以及暂态响应；如何求稳态响应及系统稳定时间；如何用单位阶跃函数测试系统的稳定性。

⑦ 根据极点分布判断系统的因果性和稳定性。

⑧ 用零极点分布定性画出系统的幅频特性。

2.3　本章重要公式

（1）$X(e^{j\omega}) = \sum_{n=-\infty}^{\infty} x(n) e^{-j\omega n}$ 和 $x(n) = \dfrac{1}{2\pi}\int_{-\pi}^{\pi} X(e^{j\omega}) e^{-j\omega n} d\omega$ 分别是傅里叶变换的正变换和逆变换的公式。注意正变换存在的条件是序列服从绝对可和的条件，见文献[1]式(2-2)。傅里叶变换记为 $FT[x(n)] = X(e^{j\omega})$。

① 序列的傅里叶变换 $X(e^{j\omega})$ 是 ω 的连续周期函数，其周期为 2π。序列的傅里叶变换实质上是单位圆上的 z 变换，代表序列的频谱，即 $X(e^{j\omega}) = X(z)|_{z=e^{j\omega}}$。

② 稳定序列的傅里叶变换总是存在的。序列的傅里叶变换不存在，并不意味着其 z 变换一定不存在，仅表示单位圆上的 z 变换不存在。

求 FT 的逆变换 $x(n) = \dfrac{1}{2\pi}\int_{-\pi}^{\pi} X(e^{j\omega}) e^{-j\omega n} d\omega$ 也是用留数定理，或者将 $z=e^{j\omega}$ 代入 $X(e^{j\omega})$ 中，得到 $X(z)$ 函数，用留数定理求其逆变换，得到 $x(n)$。注意取能包含单位圆的收敛域，或者说封闭曲线 c 可取单位圆。

例 2-1　已知序列 $x(n)$ 的傅里叶变换为 $X(e^{j\omega}) = \dfrac{1}{1-ae^{-j\omega}}$，$|a|<1$，求其逆变换 $x(n)$。

解：将 $z=e^{j\omega}$ 代入 $X(e^{j\omega})$，得到 $X(z) = \dfrac{1}{1-az^{-1}} X(z)$，因极点 $z=a$，取收敛域为 $|z|>|a|$，由 $X(z)$ 很容易得到 $x(n) = a^n u(n)$。

(2)
$$\widetilde{X}(k) = \mathrm{DFS}[\widetilde{x}(n)] = \sum_{n=0}^{N-1} \widetilde{x}(n) \mathrm{e}^{-\mathrm{j}\frac{2\pi}{N}kn} \quad -\infty < k < \infty$$

$$\widetilde{x}(n) = \mathrm{DFS}[\widetilde{X}(k)] = \sum_{k=0}^{N-1} \widetilde{X}(k) \mathrm{e}^{-\mathrm{j}\frac{2\pi}{N}kn} \quad -\infty < n < \infty$$

上述两式是周期序列的离散傅里叶变换对,可用以表现周期序列的频谱特性。

(3) 周期序列的傅里叶变换用

$$X(\mathrm{e}^{\mathrm{j}\omega}) = \mathrm{FT}[\widetilde{x}(n)] = \frac{2\pi}{N} \sum_{k=0}^{N-1} \widetilde{X}(k) \mathrm{e}^{-\mathrm{j}\frac{2\pi}{N}kn} \left(\omega - \frac{2\pi}{N}k\right)$$

来计算。如果周期序列的周期是 N,则其频谱由 N 条谱线组成,用带箭头的线段表示。

(4) 若 $y(n) = x(n) * h(n)$,则 $Y(\mathrm{e}^{\mathrm{j}\omega}) = x(\mathrm{e}^{\mathrm{j}\omega}) H(\mathrm{e}^{\mathrm{j}\omega})$。该式就是时域卷积定理。

(5) 若 $y(n) = x(n)h(n)$,则 $Y(\mathrm{e}^{\mathrm{j}\omega}) = \frac{1}{2\pi} H(\mathrm{e}^{\mathrm{j}\omega}) * X(\mathrm{e}^{\mathrm{j}\omega})$。该式就是频域卷积定理,也称为复卷积定理。

(6) $x_\mathrm{e}(n) = \frac{1}{2}[x(n) + x^*(-n)]$ 和 $x_\mathrm{o}(n) = \frac{1}{2}[x(n) - x^*(-n)]$ 两式中,$x_\mathrm{e}(n)$ 和 $x_\mathrm{o}(n)$ 分别是序列 $x(n)$ 的共轭对称序列和共轭反对称序列,常用来计算序列 $x(n)$ 的共轭对称序列和共轭反对称序列。

(7) $X(z) = \sum_{n=-\infty}^{\infty} x(n)z^{-n}$ 是序列 $x(n)$ 的 z 变换定义,记为 $X(z) = \mathrm{ZT}[x(n)]$。要注意 z 变换的收敛域。它的 z 逆变换为

$$x(n) = \frac{1}{2\pi\mathrm{j}} \oint_c X(z) z^{n-1} \mathrm{d}z \quad c \in (R_{x+}, R_{x-})$$

求 z 逆变换的一个关键是熟悉极点留数,重点要求掌握求部分分式的方法,且每一个分式都要结合收敛域求其逆变换。

例 2-2 已知序列 $x(n)$ 的 z 变换 $X(z) = \dfrac{1-a^2}{(1-az)(1-az^{-1})}$,$|a| < 1$,收敛域为 $|z| > |a^{-1}|$,试求 $X(z)$ 的 z 逆变换。

解:因为收敛域 $|z| > |a^{-1}|$ 包含 ∞ 点,原序列一定是因果序列,即当 $n < 0$ 时,$x(n) = 0$。

令
$$F(z) = X(z)z^{n-1} = \frac{1-a^2}{(1-az)(1-az^{-1})}z^{n-1} = \frac{1-a^2}{-a(z-a)(z-a^{-1})}z^n$$

注意 $F(z)$ 的极点与 n 有关。当 $n \geq 0$ 时,$F(z)$ 的极点为 $z = a, a^{-1}$,已知收敛域为 $|z| > |a^{-1}|$,这两个极点均在围线 c 内,那么原序列就是这两个极点的留数之和。即

$$x(n) = \mathrm{Res}[F(z), a] + \mathrm{Res}[F(z), a^{-1}]$$
$$= (z-a)\frac{1-a^2}{-a(z-a)(z-a^{-1})}z^n\Big|_{z=a} + (z-a^{-1})\frac{1-a^2}{-a(z-a)(z-a^{-1})}z^n\Big|_{z=-a}$$
$$= a^n - a^{-n}$$

本例题说明记住序列特点和收敛域的一些结论可以简化解题过程。

$x(n) = a^{|n|}$ 是数字信号处理中很典型的双边序列,一些测试题都是由它演变出来的。

例 2-3 已知 $x(n)$ 的 z 变换同例 2-2,但收敛域为 $|z| > |a^{-1}|$,试求其原序列 $x(n)$。

解:由于收敛域是在以 $|a|$ 为半径的圆内,可以推论这是一个左序列。又因收敛域包含

$z=0$ 点，$x(n)$ 的 n 值全部取负整数，或者说当 $x \geqslant 0$ 时，$x(n)=0$，因此只需求解 $n<0$ 时的 $x(n)$。

令
$$F(z)=X(z)z^{n-1}=\frac{1-a^2}{-a(1-az)(1-az^{-1})}z^n$$

当 $n<0$ 时，$F(z)$ 的极点有一个 n 阶极点 $z=0$，a 和 a^{-1}。由于收敛域是 $|z|<|a|$，围线 c 内只有 $z=0$ 极点，但是 $z=0$ 高阶极点，为此改求围线 c 外的极点留数。围线 c 外的极点是 $z=a,a^{-1}$。这样 $x(n)$ 就等于这两点的留数之和再加一个负号。

$$x(n)=-\mathrm{Res}[F(z),a]-\mathrm{Res}[F(z),a^{-1}]^n$$

$$=-(z-a)\frac{1-a^2}{-a(z-a)(z-a^{-1})}z^n\big|_{z=a}-(z-a^{-1})\frac{1-a^2}{-a(z-a)(z-a^{-1})}z^n\big|_{z=a^{-1}}$$

$$=-a^n-(-a^{-n})=a^{-n}-a^n=(a^{-n}-a^n)u(-n-1)$$

(8) 帕塞瓦尔定理

$$\sum_{n=-\infty}^{\infty}|x(n)|^2=\frac{1}{2\pi}\int_{2\pi}|X(\mathrm{e}^{j\omega})|^2\mathrm{d}\omega \quad 或 \quad \sum_{n=-\infty}^{\infty}x(n)y^*(n)=\frac{1}{2\pi j}\oint_c X(v)Y^*\left(\frac{1}{v^*}\right)\frac{\mathrm{d}v}{v}$$

$$\max\left[R_{x-},\frac{1}{R_{y+}}\right]<|v|<\min\left[R_{x+},\frac{1}{R_{y-}}\right],R_{x-}R_{y-}<1<R_{x+}R_{y+}$$

两式都称为帕塞瓦尔定理，第 1 式是用序列的傅里叶变换表示，第 2 式是用序列的 z 变换表示。容易发现，令 $x(n)=y(n)$，可用第 2 式推导出第 1 式。

2.4　系统的输出响应及系统的稳定时间测试

(1) 关于零状态响应和零输入响应

当系统的初始状态为零时，系统输出对输入信号的响应称为零状态响应。当输入为零时，系统的输出称为零输入响应。

系统对输入信号的响应分为零状态响应和零输入响应两部分，将系统对输入信号的响应称为全响应，即全响应＝零状态响应＋零输入响应。

令初始状态为零，直接用 z 逆变换（双边 z 逆变换）求解得零状态响应。求零输入响应时用文献[1]中的式(2-77)。这两种响应都可以用递推法及 MATLAB 语言求解。

(2) 关于稳态响应和暂态响应

稳态响应是当 $n \to \infty$ 时系统的输出，认为此时暂态响应已为零，稳态响应和输入信号以及系统的频率特性有关。

暂态响应和系统的极点分布有关，如果极点均在单位圆内，该系统是稳定系统，暂态响应幅度会随 n 的加大而减小，当 $n \to \infty$ 时暂态响应为零；如果有极点在单位圆外，该系统不是稳定系统，暂态响应的幅度会随 n 的加大而加大，当 $n \to \infty$ 时幅度为 ∞，形成系统的不稳定现象。

令系统的初始状态为零，或者说不考虑系统初始状态影响，系统的输出可分为稳态响应和暂态响应。

用 z 变换方法求出序列，再令 $n \to \infty$ 求出稳态响应是一种常用的方法。当输入信号是单

位阶跃序列时,稳态响应 $y_{ss}(n)=H(z)|_{z=1}$(要求系统必须稳定)。

(3) 关于系统稳定性的测试

若已知系统差分方程或者系统函数,可以分析系统极点分布是否都在单位圆中判断系统的因果性、稳定性,但这还不够。实际系统形成以后,往往希望测试系统的稳定性和暂态效应的持续时间,即检测系统何时进入稳态工作。测试系统的稳定性一般用单位阶跃序列作为测试信号。若给系统加入单位阶跃序列测试信号,当 n 增大时系统输出趋于一个常数,说明系统稳定,否则系统不稳定。工程上,一般把加入信号到达最后输出幅度的 99% 附近所用的时间作为系统进入稳态的时间,称为系统稳定时间。对于系统函数极点分布已知的系统,用文献[1]式(2-79)或用式(2-80)结合文献[1]表 2-5 计算稳定时间。

(4) 关于分析信号与系统的频域特性

分析信号与系统的频域特性要用傅里叶变换,但用 z 变换分析频域特性较傅里叶变换方便。系统的频率特性完全由系统函数的零、极点分布决定,故可用分析零、极点分布的方法分析系统的频率特性。分析系统的频率特性包括定性的画幅频特性,估计峰值频率或者谷值频率,判定滤波器是高通、低通等滤波特性,以及设计简单的滤波器(文献[1]第 4章)等。

根据零点、极点分布定性画幅频特性主要依据的是文献[1]中的式(2-85)。观察当频率由 0 到 2π 变化时,零点矢量长度和极点矢量长度的变化,式(2-85)在极点附近会形成峰,极点越靠近单位圆,峰值越高;零点附近形成谷,零点越靠近单位圆,谷值越低,零点在单位圆上则形成幅频特性的零点。当然,峰值频率就在最靠近单位圆的极点附近,谷值频率就在最靠近单位圆的零点附近。

观察零点、极点分布还可以判定滤波器通、阻带特性,得到滤波器高通、低通等滤波特性。滤波器的通带一般在最靠近单位圆的极点附近,阻带在最靠近单位圆的零点附近。如果没有零点,则离极点最远的地方是阻带。也可以通过分析极点、零点分布确定滤波器是高通还是低通等滤波特性。

例 2-4 已知系统函数 $H(z)=\dfrac{1}{1-0.9z^{-1}}$,试判断该 IIR 数字滤波器的类型。

解:将系统函数写成

$$H(z)=\frac{1}{1-0.9z^{-1}}=\frac{z}{z-0.9}$$

易知该系统的零点为 $z=0$,不影响频率特性。系统的极点在实轴 $z=0.9$ 处,因此滤波器的通带中心在 $\omega=0$ 处,故 $H(z)=\dfrac{1}{1-0.9z^{-1}}$ 是一个低通滤波器。

2.5 思考题参考解答

1. 对周期信号进行傅里叶级数展开时,被展开的函数应满足哪些充分条件? 周期信号频谱的主要特点是什么?

答:(1) 若周期为 T 的周期信号 $x(t)$ 满足 Dirichlet 条件,则 $x(t)$ 可展成傅里叶级数。即满足:

① $x(t)$ 在一个周期内的能量是有限的,即 $\int_{-T/2}^{T/2} |x(t)|^2 \mathrm{d}t < \infty$;

② 在任一周期内有间断点存在,则间断点的数目应是有限的;

③ 在任一周期内极大值和极小值的数目应是有限的;

④ 在一个周期内应是绝对可积的,即 $\int_{-T/2}^{T/2} |x(t)| \mathrm{d}t < \infty$。

(2) 周期信号频谱主要有以下 3 个特点。

离散性:指频谱由频率离散而不连续的谱线组成,这种频谱称为离散频谱或线谱。

谐波性:指各次谐波分量的频率都是基波频率 $\Omega = 2\pi/T$ 的整数倍,而且相邻谐波的频率间隔是均匀的,即谱线在频率轴上的位置是 Ω 的整数倍。

收敛性:指谱线幅度随 $n \to \infty$ 而衰减到零。因此这种频谱具有收敛性或衰减性。

2. 试根据傅里叶变换对及其性质阐明时域与频域的内在联系。

答:(1) 以时域等间隔周期 $T(T=1/f_s)$ 为采样频率 f_s 采样,造成原信号的频谱以采样角频率 $\Omega_s(\Omega_s = 2\pi f_s)$ 为周期的延拓。反之,频域的 N 点采样造成时域信号以 NT 为周期的延拓。

(2) 在时域与频域的变换中,其中一个域的周期性一定反映为另一个域中的离散性,一个域中的非周期性必然对应另一个域中的连续性。

(3) 对于带宽无限的连续时域信号,必须先用一个低通滤波器滤波,以形成带宽有限信号后才能对其采样,否则采样信号无法恢复原信号。

3. 周期信号的频谱与从该周期信号截取一个周期所得到的非周期信号频谱之间有何关系?

答:时域周期信号的频谱也是周期的离散序列。虽然周期序列是无限长的,但只有一个周期的信息是独立的,因此周期序列与有限长序列有本质的联系。习惯上将时域 $[0, N-1]$ 对应的序列称为周期序列的主值序列。

4. 傅里叶变换的频移性质与调制性质(频域卷积)有何关系? 为什么?

答:设 $X(e^{j\omega}) = \mathrm{FT}[x(n)]$,那么有频移性质 $\mathrm{FT}[e^{j\omega_0 n} x(n)] = X(e^{j(\omega-\omega_0)})$

另设 $H(e^{j\omega}) = \mathrm{FT}[h(n)]$,$y(n) = x(n)h(n)$,那么有频域卷积性质定理

$$Y(e^{j\omega}) = \frac{1}{2\pi} X(e^{j\omega}) * H(e^{j\omega}) = \frac{1}{2\pi} \int_{-\pi}^{\pi} X(e^{j\theta}) H(e^{j(\omega-\theta)}) \mathrm{d}\theta$$

频移性质表明,时域乘以复指数对应于一个频移。而频域卷积性质表明,时域两序列相乘,转移到频域服从卷积关系,相当于一个时域信号频移后与另一个信号在频域的卷积。

5. 离散时间傅里叶级数与连续时间傅里叶级数有何不同? 为什么?

答:连续时间傅里叶级数(CFS)成谐波关系(周期函数或周期性的波形中不能用常数、与原函数的最小正周期相同的正弦函数和余弦函数的线性组合表达的部分)的负指数信号集 $\Phi_k(t) = \{e^{jk\omega_0 t}\}$,其中每个信号都是以 $2\pi/|k\omega_0|$ 为周期的,它们的公共周期为 $2\pi/|\omega_0|$,且该集合中所有的信号都是彼此独立的。若将该信号集中所有的信号线性组合起来,有 $x(t)$

$$= \sum_{k=-\infty}^{\infty} a_k \mathrm{e}^{jk\omega_0 t}, k=0,\pm 1,\pm 2,\cdots$$ 显然 $x(t)$ 也是以 $2\pi/|\omega_0|$ 为周期的。该级数就是傅里叶级数。a_k 称为傅里叶级数的系数,这表明用傅里叶级数可以表示连续时间周期信号。

离散时间傅里叶级数(DFS):周期为 N 的周期序列 $\{a_n\}$,其离散傅里叶级数为 (x_k):

$$X(k)= \sum_{n=<N>} a_n \mathrm{e}^{-in\left(\frac{2\pi}{N}\right)k},$$ 其中 DFS 的逆变换序列 $a_n= \dfrac{1}{N} \sum_{n=<N>} x[k]\mathrm{e}^{in\left(\frac{2\pi}{N}\right)k}$ ($k=<N>$ 表示对一个周期 N 内的值求和)。

根据它们的定义可以得出二者区别在于:离散时间傅里叶级数的系数序列是周期的,采样时间为离散时间序列。

6. 离散时间周期信号的频谱与连续时间周期信号的频谱有什么异同点? 能否从前者求出后者?

答:离散时间周期信号的频谱 $X(k\Omega_0)$ 是具有谐波性的周期序列,而连续时间周期信号的频谱 $X(k\omega_0)$ 是具有谐波性的非周期序列。$X(k\Omega_0)$ 可以看做 $X(k\omega_0)$ 的近似式,近似程度与采样间隔 T 的选取有关。

在满足采样定理的条件下,从一个连续时间频带有限的周期信号得到的周期序列,其频谱在 $|\Omega|<\pi$ 或 $|f|<(f_s/2)$ 范围内等于原始信号的离散频谱。因此可以利用数值计算的方法,通过计算机,方便地截取一个周期的样点 $x(n)$,准确地求出连续周期信号的各谐波分量 $X(k\omega_0)$。

在不满足采样定理的条件下,由于 $X(k\Omega_0)$ 出现频谱混叠,存在混叠误差。在误差比较小的情况下,$X(k\Omega_0)$ 在 $0 \leqslant f<(f_s/2)$ 范围可作为 $X(k\omega_0)$ 的近似;当误差较大时,则无法从 $X(k\Omega_0)$ 求得 $X(k\omega_0)$。为此,必须减少采样间隔,增加采样率,尽量使 $X(k\Omega_0)$ 逼近 $X(k\omega_0)$。

7. z 变换极点的位置与收敛域有何联系? 如何确定两个序列相卷积的 z 变换的收敛域。

答:z 变换极点的位置所在圆是其收敛域的分界线。右序列的收敛域为极点所在圆之外的 z 平面,左序列的收敛域为极点所在圆之内的 z 平面,双边序列 z 变换的收敛域为左序列的收敛域与右序列的收敛域的公共部分组成的环形区域,若无公共区域的收敛域,则双边序列 z 变换不存在。

两个序列相卷积的 z 变换等于两个序列 z 变换的乘积。因此,两个序列相卷积的 z 变换的收敛域必定为两个序列 z 变换收敛域的交集。

8. 讨论在数字通信系统中消除码间串扰的方法。

答:在数字通信系统中消除码间串扰有以下几种方法。

(1)奈奎斯特第一准则,采样无失真条件。当数字信号序列通过某一信道传输时,若信号传输速率 $B_b=2B_c$(B_c 为信道物理带宽),各码元间隔 $T=1/2B_c$,该数字序列就可以做到无码间干扰传输。然而在实际中,理想的低通特性很难实现,所以一般实际中采用具有滚降特性的信道。

(2)具有滚降特性的信道。具有滚降特性的信道可以克服理想低通特性的缺点。由于传输信道存在抖动,所以在判决时的定时不可能做到很精确,这样一来,具有低通滤波特性的信道的冲激响应波形的拖尾将会造成码间串扰,为此可通过增加滚降系数的值来减弱这种拖尾效应,从而减少码间串扰,但这是以牺牲信道的带宽利用率为代价的。为了进一步克服码间串扰的影响,通常在接收端采样判决器前加上一个可调的补偿滤波器对信道特性进一步的补偿,以使实际系统的性能尽量接近最佳的性能,这个补偿过程称为均衡。

(3) 均衡技术。在基带系统中插入一种可调(或不可调)滤波器可以校正或补偿系统特性,减小码间串扰的影响,这种起补偿作用的滤波器称为均衡器。对基带系统的性能进行补偿可以在频域实现,也可以在时域实现,前者为频域均衡,后者为时域均衡。频域均衡的基本原理是利用可调滤波器的频率特性取补偿基带系统的频率特性,使包括可调滤波器在内的基带系统的总特性尽量接近最佳系统特性。这里主要讨论时域均衡。所谓时域均衡就是直接利用波形补偿的方法来校正由于基带特性不理想引起的波形畸变,使校正后的波形在采样判决时刻的码间串扰尽可能小,所以时域均衡也称波形均衡。

9. 系统函数 $H(z)$ 的极点距原点位置远近对系统稳定性能有何影响?

答:因果稳定系统函数 $H(z)$ 的极点必须包含单位圆。因此,单位圆内的极点距原点位置越近,收敛域范围越大。

10. 系统函数 $H(z)$ 的零点、极点相消对系统分析有何影响?

答:系统函数 $H(z)$ 的零点、极点相消,也称零极点对消,对系统分析有重要影响。因为极点是系统函数 $H(z)$ 的收敛域分界点,对于不稳定系统来说,零极点对消可以改变系统的收敛域范围,也就是改变系统稳定的域范围,尤其是位于 z 平面单元上的零极点对消可以使系统由不稳定系统变为稳定系统,从而改善系统的性能。

实际工程中运用零点、极点相消时应注意,对于稳定是靠位于单位圆上的零极点对消来保持的系统,因有限字长效应可能使零极点不能完全对消,从而影响系统稳定性。

11. 是否可以说,一个稳定的因果系统存在 $H(\mathrm{e}^{\mathrm{j}\omega}) = H(z)|_{z=\mathrm{e}^{\mathrm{j}\omega}}$?

答:是。

12. 递归系统与非递归系统的单位脉冲响应的长度有何不同?

答:递归系统的单位脉冲响应是无限长的,而非递归系统的单位脉冲响应为有限长的。

13. 判断以下 4 种说法正确与否,对的请打"√",错的请打"×",并说明理由。

(1) 凡是稳定系统,其 z 变换在单位圆内不能有极点。

(2) 正弦序列 $\sin(n\omega_0)$ 不一定是周期序列。

(3) 有限长序列 z 变换的收敛域一定是 $0 < |z| < \infty$。

(4) 变换不一定非要用正弦余弦基,用其他正交完备群也行。

答:(1) ×。凡是稳定系统,其 z 变换收敛域必须包含单位圆。因此,稳定系统的 z 变换在单位圆内可以有极点。

(2) √。

(3) ×。有限长序列 z 变换的收敛域也可能包含 $0 < |z| < \infty$ 以外的 0 点或 ∞ 点。

(4) √。

14. 下列各种说法均有概念错误,请指出错误原因,或举出反例。

(1) 一个系统的冲激响应 $h(n) = a^n$,只要参数 $|a| < 1$,则该系统一定稳定。

(2) 一个系统的输入 $x(n)$ 与输出 $y(n)$ 间存在关系:$y(n) = ax(n) + b$,则该系统是线性系统(a 和 b 为常数)。

答:(1) 系统的稳定与 n 取值有关,当 $n<0$(非因果)时系统不稳定。

(2) 判断系统是否线性需要验证系统是否满足叠加原理。对于系统 $y(n)=ax(n)+b$,设系统的输入分别为 $x_1(n)$ 和 $x_2(n)$ 时,系统的输出分别为 $y_1(n)$ 和 $y_2(n)$。则当系统输入为 $cx_1(n)+dx_2(n)$ 时,系统的输出为

$$a[cx_1(n)+dx_2(n)]+b=acx_1(n)+adx_2(n)+b$$

当 $b\neq0$ 时,

$$a[cx_1(n)+dx_2(n)]+b\neq acx_1(n)+adx_2(n)$$

故系统 $y(n)=ax(n)+b$ 不是线性系统。

2.6 练习题参考解答

1.已知 $x(n)$ 的傅里叶变换为 $X(e^{j\omega})$,用 $X(e^{j\omega})$ 表示下列信号的傅里叶变换。

(1) $x_1(n)=x(n-n_0)$ (2) $x_1(n)=x^*(n)$

(3) $x_1(n)=x(-n)$ (4) $x_1(n)=nx(n)$

(5) $x_1(n)=x(1-n)+x(-1-n)$ (6) $x_2(n)=(n-1)^2x(n)$

(7) $x_3(n)=[x^*(-n)+x(n)]/2$ (8) $x_1(n)=x(2n)$

(9) $x_1(n)=x(n/2)$(当 n 为偶数时);$x_1(n)=0$(当 n 奇数时)。

解:(1) $X_1(z)=\mathrm{FT}[x_1(n)]=\mathrm{FT}[x(n-n_0)]=\sum_{n=-\infty}^{\infty}x(n-n_0)e^{-j\omega n}$

令 $n'=n-n_0,n=n'+n_0$,则

$$X_1(z)=\mathrm{FT}[x(n-n_0)]=\sum_{n'=-\infty}^{\infty}x(n')e^{-j\omega(n'+n_0)}=e^{-j\omega n_0}X(e^{j\omega})$$

(2) $X_1(z)=\mathrm{FT}[x^*(n)]=\sum_{n=-\infty}^{\infty}x^*(n)e^{-j\omega n}=\left[\sum_{n=-\infty}^{\infty}x(n)e^{j\omega n}\right]^*=X^*(e^{-j\omega})$

(3) $X_1(z)=\mathrm{FT}[x(-n)]=\sum_{n=-\infty}^{\infty}x(-n)e^{-j\omega n}$

令 $n'=-n$,则

$$X_1(z)=\mathrm{FT}[x(-n)]=\sum_{n'=-\infty}^{\infty}x(n')e^{-j\omega n'}=X(e^{-j\omega})$$

(4) 因为 $X(e^{j\omega})=\sum_{n=-\infty}^{\infty}x(n)e^{-j\omega n}$,该式两边对 ω 求导,得到

$$\frac{\mathrm{d}X(e^{j\omega})}{\mathrm{d}\omega}=-j\sum_{n=-\infty}^{\infty}nx(n)e^{j\omega n}=-j\mathrm{FT}[nx(n)]$$

因此

$$X_1(z)=\mathrm{FT}[x(n)]=j\frac{\mathrm{d}X(e^{j\omega})}{\mathrm{d}\omega}$$

(5) 因为 $\mathrm{FT}[x(n)]=X(e^{j\omega})$,$\mathrm{FT}[x(-n)]=X(e^{-j\omega})$,所以
$$\mathrm{FT}[x(1-n)]=e^{-j\omega}X(e^{-j\omega})$$
$$\mathrm{FT}[x(-1-n)]=e^{j\omega}X(e^{-j\omega})$$

即

$$X_1(z) = \text{FT}[x_1(n)] = X(\text{e}^{-\text{j}\omega})[\text{e}^{\text{j}\omega} + \text{e}^{-\text{j}\omega}] = 2X(\text{e}^{-\text{j}\omega})\cos\omega$$

(6) 因为 $X(\text{e}^{\text{j}\omega}) = \sum\limits_{n=-\infty}^{\infty} x(n)\text{e}^{-\text{j}\omega n}$，所以

$$\frac{\text{d}X(\text{e}^{\text{j}\omega})}{\text{d}\omega} = \sum\limits_{n=-\infty}^{\infty} (-\text{j}n)x(n)\text{e}^{-\text{j}\omega n}$$

即

$$X_2(z) = \text{FT}[nx(n)] = \frac{\text{d}X(\text{e}^{\text{j}\omega})}{(-\text{j})\text{d}\omega} = \text{j}\,\frac{\text{d}X(\text{e}^{\text{j}\omega})}{\text{d}\omega}$$

同理

$$\text{FT}[n^2 x(n)] = \text{j}\,\frac{\text{d}}{\text{d}\omega}\left(\frac{\text{j}\text{d}X(\text{e}^{\text{j}\omega})}{\text{d}\omega}\right) = \frac{\text{d}^2 X(\text{e}^{\text{j}\omega})}{\text{d}\omega^2}$$

而

$$x_2(n) = n^2 x(n) - 2nx(n) + x(n)$$

所以

$$X_2(z) = \text{FT}[x_2(n)] = \text{FT}[n^2 x(n)] - 2\text{FT}[nx(n)] + \text{FT}[x(n)]$$
$$= -\frac{\text{d}^2 X(\text{e}^{\text{j}\omega})}{\text{d}\omega^2} - 2\text{j}\,\frac{\text{d}X(\text{e}^{\text{j}\omega})}{\text{d}\omega} + X(\text{e}^{\text{j}\omega})$$

(7) 因为 $\text{FT}[x^*(-n)] = X^*(\text{e}^{\text{j}\omega})]$，所以

$$X_3(z) = \text{FT}[x_3(n)] = \frac{X^*(\text{e}^{\text{j}\omega}) + X(\text{e}^{\text{j}\omega})}{2} = \text{Re}[X(\text{e}^{\text{j}\omega})]$$

(8) $X_1(z) = \text{FT}[x(2n)] = \sum\limits_{n=-\infty}^{\infty} x(n)\text{e}^{-\text{j}\omega n}$

令 $n' = 2n$

$$X_1(z) = \text{FT}[x(2n)] = \sum\limits_{n'\text{取偶数}}^{\infty} x(n')\text{e}^{-\text{j}\omega n'/2} = \sum\limits_{n=-\infty}^{\infty} \frac{1}{2}[x(n) + (-1)^n x(n)]\text{e}^{-\text{j}\frac{1}{2}\omega n}$$
$$= \frac{1}{2}\Big[\sum\limits_{n=-\infty}^{\infty} x(n)\text{e}^{-\text{j}\frac{1}{2}\omega n} + \sum\limits_{n=-\infty}^{\infty} \text{e}^{\text{j}\pi n}x(n)\text{e}^{-\text{j}\frac{1}{2}\omega n}\Big]$$
$$= \frac{1}{2}[X(\text{e}^{\text{j}\frac{1}{2}\omega}) + X(\text{e}^{\text{j}(\frac{1}{2}\omega-\pi)})]$$

或者

$$X_1(z) = \text{FT}[x(2n)] = \frac{1}{2}[X(\text{e}^{\text{j}\frac{1}{2}\omega}) + X(-\text{e}^{\text{j}\frac{1}{2}\omega})]$$

(9) $X_1(z) = \text{FT}[x_1(n)] = \text{FT}\Big[x\Big(\dfrac{n}{2}\Big)\Big] = \sum\limits_{\substack{n=-\infty \\ n\text{取偶数}}}^{\infty} x\Big(\dfrac{n}{2}\Big)\text{e}^{-\text{j}\omega n}$

令 $n' = \dfrac{n}{2}, -\infty \leqslant n' \leqslant \infty$，则

$$X_1(z) = \text{FT}\Big[x\Big(\frac{n}{2}\Big)\Big] = \sum\limits_{n'=-\infty}^{\infty} x(n')\text{e}^{-2\text{j}\omega n'} = X(\text{e}^{\text{j}2\omega})$$

2. 已知 $x(n) = R_4(n)$。

(1) 求 $x(n) = R_4(n)$ 的傅里叶变换。

（2）序列 $y(n)$ 的长度是序列 $x(n)$ 长度的 2 倍，当 $n<4$ 时，$y(n)=x(n)$；当 $4\leqslant n<2\times4-1$ 时，$y(n)=0$。求 $y(n)$ 的傅里叶变换。

解：（1）根据傅里叶变换的概念可得

$$X(\mathrm{e}^{\mathrm{j}\omega})=\mathrm{FT}[R_N(n)]=\sum_{n=0}^{N-1}1\times\mathrm{e}^{-\mathrm{j}\omega n}=\frac{1-\mathrm{e}^{-\mathrm{j}\omega n}}{1-\mathrm{e}^{-\mathrm{j}\omega}}=\frac{\mathrm{e}^{-\mathrm{j}\frac{N}{2}\omega}}{\mathrm{e}^{-\mathrm{j}\frac{1}{2}\omega}}\frac{\mathrm{e}^{\mathrm{j}\frac{N}{2}\omega}-\mathrm{e}^{-\mathrm{j}\frac{N}{2}\omega}}{\mathrm{e}^{\mathrm{j}\frac{1}{2}\omega}-\mathrm{e}^{-\mathrm{j}\frac{1}{2}\omega}}$$

$$=\begin{cases}\mathrm{e}^{-\mathrm{j}\frac{N-1}{2}\omega}\dfrac{\sin\dfrac{N\omega}{2}}{\sin\dfrac{\omega}{2}} & \omega\neq2k\pi,k\text{ 为整数}\\[4mm] N & \omega=2k\pi,k\text{ 为整数}\end{cases}$$

当 $\omega\neq2k\pi$ 时

$$|X(\mathrm{e}^{\mathrm{j}\omega})|=\left|\frac{\sin\left(\dfrac{N\omega}{2}\right)}{\sin\left(\dfrac{\omega}{2}\right)}\right|$$

$$\arg X(\mathrm{e}^{\mathrm{j}\omega})=-\left(\frac{N-1}{2}\right)\omega+\arg\left[\frac{\sin\left(\dfrac{N\omega}{2}\right)}{\sin\left(\dfrac{\omega}{2}\right)}\right]$$

$$=-\left(\frac{N-1}{2}\right)\omega+n\pi\frac{2\pi}{N}\qquad n\leqslant\omega<\frac{2\pi}{N}(n+1)$$

当 $N=4$ 时，即可得到所需的 $|X(\mathrm{e}^{\mathrm{j}\omega})|$ 和 $\arg X(\mathrm{e}^{\mathrm{j}\omega})$。

（2）$Y(\mathrm{e}^{\mathrm{j}\omega})=\sum\limits_{n=0}^{7}y(n)\mathrm{e}^{-\mathrm{j}\frac{2\pi}{8}kn}=\sum\limits_{n=0}^{3}x(n)\mathrm{e}^{-\mathrm{j}\frac{2\pi}{8}kn}=\sum\limits_{n=0}^{3}\mathrm{e}^{-\mathrm{j}\frac{2\pi}{8}kn}$

$$=\frac{1-\mathrm{e}^{-\mathrm{j}\frac{\pi}{4}k\times4}}{1-\mathrm{e}^{-\mathrm{j}\frac{\pi}{4}k}}=\frac{1-\mathrm{e}^{-\mathrm{j}\pi k}}{1-\mathrm{e}^{-\mathrm{j}\frac{\pi}{4}k}}=\frac{\mathrm{e}^{-\mathrm{j}\frac{\pi}{2}k}(\mathrm{e}^{\mathrm{j}\frac{\pi}{2}k}-\mathrm{e}^{-\mathrm{j}\frac{\pi}{2}k})}{\mathrm{e}^{-\mathrm{j}\frac{\pi}{8}k}(\mathrm{e}^{\mathrm{j}\frac{\pi}{8}k}-\mathrm{e}^{-\mathrm{j}\frac{\pi}{8}k})}$$

$$=\mathrm{e}^{-\mathrm{j}\frac{3\pi}{8}k}\frac{\sin(\pi k/2)}{\sin(\pi k/8)}\qquad n=0,1,2,\cdots,7$$

3. 已知 $x(n)$ 的傅里叶变换为

$$X(\mathrm{e}^{\mathrm{j}\omega})=\begin{cases}1 & |\omega|<\omega_0\\0 & \omega_0\leqslant|\omega|\leqslant\pi\end{cases}$$

求 $x(n)$。

解：

$$x(n)=\frac{1}{2\pi}\int_{-\omega_0}^{\omega_0}\mathrm{e}^{\mathrm{j}\omega n}\,\mathrm{d}\omega=\frac{\sin\omega_0 n}{\pi n}$$

4. 如图 2-1 所示，信号 $x(n)$ 的傅里叶变换是 $X(\mathrm{e}^{\mathrm{j}\omega})$，不求出 $X(\mathrm{e}^{\mathrm{j}\omega})$，完成下列计算。

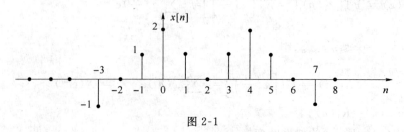

图 2-1

（1）$X(e^{j0})$　　　　（2）$X(e^{j\pi})$

（3）确定并画出傅里叶变换实部 $\mathrm{Re}[X(e^{j\omega})]$ 的时间序列 $x_e(n)$。

（4）$\displaystyle\int_{-\pi}^{\pi} X(e^{j\omega})\,d\omega$　　　（5）$\displaystyle\int_{-\pi}^{\pi} |X(e^{j\omega})|^2\,d\omega$　　　（6）$\displaystyle\int_{-\pi}^{\pi}\left|\dfrac{dX(e^{j\omega})}{d\omega}\right|^2\,d\omega$

解：（1）因为 $X(e^{j\omega}) = \displaystyle\sum_{n=-\infty}^{\infty} x(n)e^{-j\omega n}$，令 $\omega = 0$，得

$$X(e^{j0}) = \sum_{n=-3}^{7} x(n)e^{-j0n} = \sum_{n=-3}^{7} x(n) = 6$$

（2）因为 $X(e^{j\omega}) = \displaystyle\sum_{n=-\infty}^{\infty} x(n)e^{-j\omega n}$，令 $\omega = \pi$，得

$$X(e^{j\pi}) = \sum_{n=-\infty}^{\infty} x(n)e^{-j\pi n} = \sum_{n=-3}^{7} (-1)^n x(n) = 2$$

（3）因为傅里叶变换的实部对应序列的共轭对称部分，即

$$\mathrm{Re}[X(e^{j\omega})] = \sum_{n=-\infty}^{\infty} x_e(n)e^{-j\omega n}, \quad x_e(n) = \frac{1}{2}[x(n) + x^*(-n)]$$

按照上式画出 $x_e(n)$ 的波形，如图 2-2 所示。

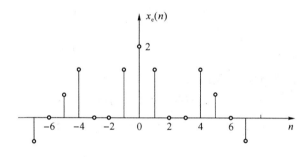

图 2-2

（4）因为 $x(n) = \dfrac{1}{2\pi}\displaystyle\int_{-\pi}^{\pi} X(e^{j\omega})e^{j\omega n}\,d\omega$，令 $n = 0$，得

$$x(0) = \frac{1}{2\pi}\int_{-\pi}^{\pi} X(e^{j\omega})\,d\omega$$

所以

$$\int_{-\pi}^{\pi} X(e^{j\omega})\,d\omega = x(0) \times 2\pi = 4\pi$$

（5）
$$\int_{-\pi}^{\pi} |X(e^{j\omega})|^2\,d\omega = 2\pi\sum_{n=-3}^{7} |x(n)|^2 = 28\pi$$

（6）因为

$$\frac{dX(e^{j\omega})}{d\omega} = \mathrm{FT}[-jnx(n)]$$

所以

$$\int_{-\pi}^{\pi}\left|\frac{dX(e^{j\omega})}{d\omega}\right|^2\,d\omega = 2\pi\sum_{n=-3}^{7} |nx(n)|^2 = 316\pi$$

5. 证明:若 $X(\mathrm{e}^{\mathrm{j}\omega})$ 是 $x(n)$ 的傅里叶变换,且当 $n/k=$ 整数时, $x_k(n)=x_k(n/k)$, $n/k\neq$ 整数时, $x_k(n)=0$,则 $X_k(\mathrm{e}^{\mathrm{j}\omega})=X(\mathrm{e}^{\mathrm{j}k\omega})$。

证明:
$$x_k(\mathrm{e}^{\mathrm{j}\omega})=\sum_{n=-\infty}^{\infty}x_k(n)\mathrm{e}^{-\mathrm{j}\omega n}=\sum_{n/k=\text{整数}}x\left(\frac{n}{k}\right)\mathrm{e}^{-\mathrm{j}\omega n}$$

令 $n=n'$, k、n' 是整数,则

$$x_k(\mathrm{e}^{\mathrm{j}\omega})=\sum_{n'=-\infty}^{\infty}x(n')\mathrm{e}^{-\mathrm{j}\omega n'}=x(\mathrm{e}^{\mathrm{j}k\omega})$$

6. 线性时不变系统的单位脉冲响应 $h(n)$ 为实数序列,其频率响应为 $H(\mathrm{e}^{\mathrm{j}\omega})=|H(\mathrm{e}^{\mathrm{j}\omega})|\mathrm{e}^{\mathrm{j}\theta(\omega)}$。证明当系统输入为 $x(n)=A\cos(\omega_0 n+\varphi)$ 时,系统的稳态响应是

$$y(n)=A|H(\mathrm{e}^{\mathrm{j}\omega_0})|\cos[\omega_0 n+\varphi+\theta(\omega_0)]$$

解: 假设输入信号 $x(n)=\mathrm{e}^{\mathrm{j}\omega_0 n}$,系统单位脉冲响应为 $h(n)$,系统输出为

$$y(n)=h(n)*x(n)=\sum_{m=-\infty}^{\infty}h(m)\mathrm{e}^{\mathrm{j}\omega_0(n-m)}=\mathrm{e}^{\mathrm{j}\omega_0 n}\sum_{m=-\infty}^{\infty}h(m)\mathrm{e}^{-\mathrm{j}\omega_0 m}=H(\mathrm{e}^{\mathrm{j}\omega_0})\mathrm{e}^{\mathrm{j}\omega_0 n}$$

上式说明,当输入信号为复指数序列时,输出序列仍是复指数序列,且频率相同,但幅度和相位决定于网络传输函数。利用该性质解此题。

$$x(n)=A\cos(\omega_0 n+\varphi)=\frac{1}{2}A[\mathrm{e}^{\mathrm{j}\varphi}\mathrm{e}^{\mathrm{j}\omega_0 n}H(\mathrm{e}^{\mathrm{j}\omega_0})+\mathrm{e}^{-\mathrm{j}\varphi}\mathrm{e}^{-\mathrm{j}\omega_0 n}H(\mathrm{e}^{-\mathrm{j}\omega_0})]$$

$$=\frac{1}{2}A[\mathrm{e}^{\mathrm{j}\varphi}\mathrm{e}^{\mathrm{j}\omega_0 n}|H(\mathrm{e}^{\mathrm{j}\omega_0})|\mathrm{e}^{\mathrm{j}\theta(\omega_0)}+\mathrm{e}^{-\mathrm{j}\varphi}\mathrm{e}^{-\mathrm{j}\omega_0 n}|H(\mathrm{e}^{-\mathrm{j}\omega_0})|\mathrm{e}^{-\mathrm{j}\theta(\omega_0)}]$$

上式中 $|H(\mathrm{e}^{\mathrm{j}\omega})|$ 是 ω 的偶函数,相位函数是 ω 的奇函数。

$$|H(\mathrm{e}^{\mathrm{j}\omega})|=|H(\mathrm{e}^{-\mathrm{j}\omega})|,\theta(\omega)=-\theta(-\omega)$$

$$y(n)=\frac{1}{2}A|H(\mathrm{e}^{\mathrm{j}\omega_0})|[\mathrm{e}^{\mathrm{j}\varphi}\mathrm{e}^{\mathrm{j}\omega_0 n}\mathrm{e}^{\mathrm{j}\theta(\omega_0)}+\mathrm{e}^{-\mathrm{j}\varphi}\mathrm{e}^{-\mathrm{j}\omega_0 n}\mathrm{e}^{-\mathrm{j}\theta(\omega_0)}]$$

$$=A|H(\mathrm{e}^{\mathrm{j}\omega_0})|\cos[\omega_0 n+\varphi+\theta(\omega_0)]$$

7. 求以下序列 $x(n)$ 的频谱 $X(\mathrm{e}^{\mathrm{j}\omega})$。

(1) $\delta(n-n_0)$ (2) $\mathrm{e}^{-an}u(n)$

(3) $\mathrm{e}^{-(\sigma+\mathrm{j}\omega_0)n}u(n)$ (4) $\mathrm{e}^{-an}u(n)\cos(\omega_0 n)$

(5) $a^n u(n)$ (6) $u(n+3)-u(n-4)$

解: 对题中所给 $x(n)$ 先进行 z 变换,再求频谱。

(1)
$$X(z)=\mathrm{ZT}[x(n)]=\mathrm{ZT}[\delta(n-n_0)]=z^{n_0}$$
$$X(\mathrm{e}^{\mathrm{j}\omega})=X(z)\big|_{z=\mathrm{e}^{\mathrm{j}\omega}}=\mathrm{e}^{-\mathrm{j}n_0\omega}$$

(2)
$$X(z)=\mathrm{ZT}[x(n)]=\mathrm{ZT}[\mathrm{e}^{-an}u(n)]=\frac{1}{1-\mathrm{e}^{-a}z^{-1}}$$
$$X(\mathrm{e}^{\mathrm{j}\omega})=X(z)\big|_{z=\mathrm{e}^{\mathrm{j}\omega}}=\frac{1}{1-\mathrm{e}^{-a}\mathrm{e}^{-\mathrm{j}\omega}}$$

(3)
$$X(z)=\mathrm{ZT}[x(n)]=\mathrm{ZT}[\mathrm{e}^{-(\sigma+\mathrm{j}\omega_0)n}u(n)]=\frac{1}{1-\mathrm{e}^{-(a+\mathrm{j}\omega_0)}z^{-1}}$$
$$X(\mathrm{e}^{\mathrm{j}\omega})=X(z)\big|_{z=\mathrm{e}^{\mathrm{j}\omega}}=\frac{1}{1-\mathrm{e}^{-a}\mathrm{e}^{-\mathrm{j}(\omega+\omega_0)}}$$

(4)
$$X(z) = ZT[e^{-an}u(n)\cos(\omega_0 n)] = \frac{1 - e^{-a}z^{-1}\cos\omega_0}{1 - 2e^{-a}z^{-1}\cos\omega_0 + e^{-2a}z^{-2}}$$

$$X(e^{j\omega}) = X(z)\big|_{z=e^{j\omega}} = \frac{1 - e^{-a}e^{-j\omega}\cos\omega_0}{1 - 2e^{-a}e^{-j\omega}\cos\omega_0 + e^{-2a}e^{-2j\omega}}$$

(5)
$$X(e^{j\omega}) = \sum_{n=-\infty}^{\infty} a^n u(n)e^{-j\omega n} = \sum_{n=0}^{\infty} a^n e^{-j\omega n} = \frac{1}{1 - ae^{-j\omega}}$$

(6)
$$X(e^{j\omega}) = \sum_{n=-\infty}^{\infty}[u(n+3) - u(n-4)]e^{-j\omega n} = \sum_{n=-3}^{3} e^{-j\omega n} = \sum_{n=0}^{3} e^{-j\omega n} + \sum_{n=-1}^{-3} e^{-j\omega n}$$

$$= \sum_{n=0}^{3} e^{-j\omega n} + \sum_{n=1}^{3} e^{j\omega n} = \frac{1 - e^{-j4\omega}}{1 - e^{-j\omega}} + \frac{1 - e^{j3\omega}}{1 - e^{j\omega}}e^{j\omega} = \frac{1 - e^{-j4\omega}}{1 - e^{-j\omega}} - \frac{1 - e^{j3\omega}}{1 - e^{-j\omega}}$$

$$= \frac{e^{j3\omega} - e^{-j4\omega}}{1 - e^{-j\omega}} = \frac{1 - e^{-j7\omega}}{1 - e^{-j\omega}}e^{j3\omega} = \frac{e^{-j\frac{7}{2}\omega}(e^{j\frac{7}{2}\omega} - e^{-j\frac{7}{2}\omega})}{e^{-j\frac{1}{2}\omega}(e^{j\frac{1}{2}\omega} - e^{-j\frac{1}{2}\omega})}e^{j3\omega} = \frac{\sin\left(\frac{7}{2}\omega\right)}{\sin\left(\frac{1}{2}\omega\right)}$$

或者

$$x(n) = u(n+3) - u(n-4) = R_7(n+3)$$

$$X(e^{j\omega}) = \sum_{n=-\infty}^{\infty} R_7(n+3)e^{-j\omega n}$$

$$FT[R_7(n)] = \sum_{n=0}^{6} e^{-j\omega n} = \frac{1 - e^{-j7\omega}}{1 - e^{-j\omega}} \qquad X(e^{j\omega}) = \sum_{n=-\infty}^{\infty} R_7(n+3)e^{-j\omega n}$$

$$= \frac{1 - e^{-j7\omega}}{1 - e^{-j\omega}}e^{j3\omega} = \frac{e^{-j\frac{7}{2}\omega}(e^{j\frac{7}{2}\omega} - e^{-j\frac{7}{2}\omega})}{e^{-j\frac{1}{2}\omega}(e^{j\frac{1}{2}\omega} - e^{-j\frac{1}{2}\omega})}e^{j3\omega}$$

$$= \frac{e^{-j\frac{1}{2}\omega}(e^{j\frac{7}{2}\omega} - e^{-j\frac{7}{2}\omega})}{e^{-j\frac{1}{2}\omega}(e^{j\frac{1}{2}\omega} - e^{-j\frac{1}{2}\omega})} = \frac{\sin\left(\frac{7}{2}\omega\right)}{\sin\left(\frac{1}{2}\omega\right)}$$

8. 计算图 2-3 所示周期序列 $\tilde{x}(n)$ 的离散傅里叶级数 $\tilde{X}(k)$ 和傅里叶变换。

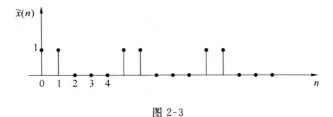

图 2-3

解：
$$\tilde{X}(k) = DFS[\tilde{x}(n)] = \sum_{n=0}^{4} \tilde{x}(n)e^{-j\frac{2\pi}{5}kn} = \sum_{n=0}^{1} e^{-j\frac{2\pi}{5}kn} = 1 + e^{-j\frac{2\pi}{5}kn}$$

$$= e^{-j\frac{\pi}{5}kn}(e^{j\frac{\pi}{5}kn} + e^{-j\frac{\pi}{5}kn}) = 2\cos\left(\frac{\pi}{5}k\right)e^{-j\frac{\pi}{5}kn}$$

$\tilde{X}(k)$ 以 5 为周期。或者

$$\widetilde{X}(k) = \sum_{n=0}^{1} e^{-j\frac{2\pi}{5}kn} = \frac{1 - e^{-j\frac{4\pi}{5}k}}{1 - e^{-j\frac{2\pi}{5}k}} = \frac{e^{-j\frac{2\pi}{5}k}(e^{j\frac{2\pi}{5}k} - e^{-j\frac{2\pi}{5}k})}{e^{-j\frac{\pi}{5}k}(e^{j\frac{\pi}{5}k} - e^{-j\frac{\pi}{5}k})} = e^{-j\frac{\pi}{5}k} \frac{\sin\frac{2\pi}{5}k}{\sin\frac{\pi}{5}k}$$

$\widetilde{X}(k)$ 以 5 为周期。

$$X(e^{j\omega}) = FT[\widetilde{x}(n)] = \frac{2\pi}{5} \sum_{k=-\infty}^{\infty} \widetilde{X}(k)\delta\left(\omega - \frac{2\pi}{5}k\right) = \frac{4\pi}{5} \sum_{k=-\infty}^{\infty} \cos\left(\frac{\pi}{5}k\right) e^{-j\frac{\pi}{5}k} \delta\left(\omega - \frac{2\pi}{5}k\right)$$

9. 分别研究下列序列傅里叶变换的性质。

(1) $x(n)$ 是实偶函数。　　　　(2) $x(n)$ 是实奇函数。

解：令 $X(e^{j\omega}) = \sum_{n=-\infty}^{\infty} x(n)e^{-j\omega n}$。

(1) $x(n)$ 是实偶函数，则

$$X(e^{j\omega}) = \sum_{n=-\infty}^{\infty} x(n)e^{-j\omega n}$$

两边取共轭，得

$$X^*(e^{j\omega}) = \sum_{n=-\infty}^{\infty} x(n)e^{j\omega n} = \sum_{n=-\infty}^{\infty} x(n)e^{-j(-\omega)n} = X(e^{-j\omega})$$

因此

$$X(e^{j\omega}) = X^*(e^{-j\omega})$$

上式说明 $x(n)$ 是实序列，$X(e^{j\omega})$ 具有共轭对称性质。

$$X(e^{j\omega}) = \sum_{n=-\infty}^{\infty} x(n)e^{-j\omega n} = \sum_{n=-\infty}^{\infty} x(n)(\cos\omega + j\sin\omega)$$

由于 $x(n)$ 是偶函数，$x(n)\sin\omega$ 是奇函数，那么

$$\sum_{n=-\infty}^{\infty} x(n)\sin\omega = 0$$

因此

$$X(e^{j\omega}) = \sum_{n=-\infty}^{\infty} x(n)\cos\omega$$

该式说明 $X(e^{j\omega})$ 是实函数，且是 ω 的偶函数。

综上所述，$x(n)$ 是实偶函数时，对应的傅里叶变换 $X(e^{j\omega})$ 是实偶函数。

(2) $x(n)$ 是实奇函数。上面已推出，由于 $x(n)$ 是实序列，$X(e^{j\omega})$ 具有共轭对称性质，即

$$X(e^{j\omega}) = X^*(e^{-j\omega})$$

$$X(e^{j\omega}) = \sum_{n=-\infty}^{\infty} x(n)e^{-j\omega n} = \sum_{n=-\infty}^{\infty} x(n)(\cos\omega + j\sin\omega)$$

由于 $x(n)$ 是奇函数，$x(n)\cos\omega$ 是奇函数，那么

$$\sum_{n=-\infty}^{\infty} x(n)\cos\omega = 0$$

因此

$$X(e^{j\omega}) = j\sum_{n=-\infty}^{\infty} x(n)\sin\omega$$

该式说明 $X(e^{j\omega})$ 是纯虚数，且是 ω 的奇函数。

10. 设 $x(n)=a^n u(n)$，$0<a<1$，分别求出其偶函数 $x_e(n)$ 和奇函数 $x_o(n)$ 的傅里叶变换。

解：
$$X(e^{j\omega})=\sum_{n=-\infty}^{\infty}x(n)e^{-j\omega n}$$

由傅里叶变换的性质可知，$x_e(n)$ 的傅里叶变换对应 $X(e^{j\omega})$ 的实部，$x_o(n)$ 的傅里叶变换对应 $X(e^{j\omega})$ 的虚部乘以 j，因此

$$FT[x_e(n)]=Re[X(e^{j\omega})]=Re\left(\frac{1}{1-ae^{-j\omega}}\frac{1-ae^{j\omega}}{1-ae^{j\omega}}\right)=\frac{1-a\cos\omega}{1+a^2-2a\cos\omega}$$

$$FT[x_o(n)]=jIm[X(e^{j\omega})]=jIm\left(\frac{1}{1-ae^{-j\omega}}\frac{1-ae^{j\omega}}{1-ae^{j\omega}}\right)$$

$$=\frac{-a\sin\omega}{1+a^2-2a\cos\omega}$$

11. 设 $x(n)=u(n)$，证明 $x(n)$ 的 FT 为 $X(e^{j\omega})=\dfrac{1}{1-e^{-j\omega}}-\pi\sum_{r=-\infty}^{\infty}\delta(\omega-2\pi r)$，$r$ 为整数。

解： $x(n)=u(n)$ 不满足绝对可和的条件。故引入 δ 函数表示它的 FT。令

$$x(n)=u(n)-\frac{1}{2} \tag{a}$$

$$x(n-1)=u(n-1)-\frac{1}{2} \tag{b}$$

式(a)—式(b)，得

$$x(n)-x(n-1)=u(n)-u(n-1)=\delta(n) \tag{c}$$

对式(c)进行 FT，得

$$X(e^{j\omega})=\frac{1}{1-e^{-j\omega}}$$

再对式(a)进行 FT，得

$$X(e^{j\omega})=U(e^{j\omega})-\pi\sum_{k=-\infty}^{\infty}\delta(\omega-2\pi k)$$

$$U(e^{j\omega})=FT[u(n)]=X(e^{j\omega})+\pi\sum_{k=-\infty}^{\infty}\delta(\omega-2\pi k)=\frac{1}{1-e^{-j\omega}}+\pi\sum_{k=-\infty}^{\infty}\delta(\omega-2\pi k)$$

12. 已知图 2-4 所示序列 $x(n)=R_4(n)$。计算 $x(n)$ 的共轭对称序列 $x_e(n)$ 和共轭反对称序列 $x_o(n)$。

解： $x(n)$ 的共轭对称序列：$x_e(n)=\dfrac{1}{2}(R_4(n)+R_4^*(-n))$，其波形如图 2-5(a)所示。

$x(n)$ 的共轭反对称序列：$x_o(n)=\dfrac{1}{2}(R_4(n)-R_4^*(-n))$，其波形如图 2-5(b)所示。

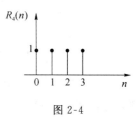

图 2-4

13. 已知因果序列 $h(n)$，其傅里叶变换的实部为 $H_R(e^{j\omega})=1+\cos\omega$，求序列 $h(n)$ 及其傅里叶变换 $H(e^{j\omega})$。

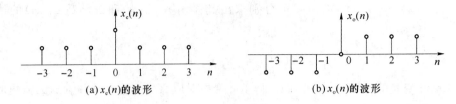

(a) $x_e(n)$的波形　　　　　　　　　(b) $x_o(n)$的波形

图 2-5

解：$H_R(e^{j\omega}) = 1 + \cos\omega = 1 + \frac{1}{2}e^{j\omega} + \frac{1}{2}e^{-j\omega} = \mathrm{FT}[h_e(n)] = \sum_{n=-\infty}^{\infty} h_e(n)e^{-j\omega n}$

$$h_e(n) = \begin{cases} \dfrac{1}{2} & n = -1 \\ 1 & n = 0 \\ \dfrac{1}{2} & n = 1 \end{cases}$$

$$h(n) = \begin{cases} 0 & n < 0 \\ h_e(n) & n = 0 \\ 2h_e(n) & n > 0 \end{cases} = \begin{cases} 1 & n = 0 \\ 1 & n = 1 \\ 0 & \text{其他} \end{cases}$$

$$H(e^{j\omega}) = \sum_{n=-\infty}^{\infty} h(n)e^{-j\omega n} = 1 + e^{-j\omega} = 2e^{-j\omega/2}\cos\frac{\omega}{2}$$

14. $h(n)$是实因果序列，$h(0)=1$，其傅里叶变换的虚部为 $H_I(e^{j\omega}) = -\sin\omega$。求序列 $h(n)$ 及其傅里叶变换 $H(e^{j\omega})$。

解：

$$H_I(e^{j\omega}) = -\sin\omega = -\frac{1}{2j}(e^{j\omega} - e^{-j\omega})$$

$$\mathrm{FT}[h_o(n)] = jH_I(e^{j\omega}) = -\frac{1}{2}(e^{j\omega} - e^{-j\omega}) = \sum_{n=-\infty}^{\infty} h_o(n)e^{-j\omega n}$$

$$h_o(n) = \begin{cases} -\dfrac{1}{2} & n = -1 \\ 0 & n = 0 \\ \dfrac{1}{2} & n = 1 \end{cases}$$

$$h(n) = \begin{cases} 0 & n < 0 \\ h(n) & n = 0 \\ 2h_o(n) & n > 0 \end{cases} = \begin{cases} 1 & n = 0 \\ 1 & n = 1 \\ 0 & \text{其他} \end{cases}$$

$$H(e^{j\omega}) = \sum_{n=-\infty}^{\infty} h(n)e^{-j\omega n} = 1 + e^{-j\omega} = 2e^{-j\omega/2}\cos\frac{\omega}{2}$$

15. 有一连续信号 $x_a(t) = \cos(2\pi \times 100t)$，以采样频率 $f_s = 400$ Hz 对 $x_a(t)$ 进行采样，得到采样信号 $\hat{x}_a(t)$ 和时域离散信号 $x(n)$，要求：

(1) 写出 $x_a(t)$ 的傅里叶变换表示式 $X_a(j\Omega)$。

(2) 写出 $\hat{x}_a(t)$ 和 $x(n)$ 的表达式。

(3) 求出 $\hat{x}_a(t)$ 和 $x(n)$ 的傅里叶变换。

解：(1)
$$X_{\mathrm{a}}(\mathrm{j}\Omega) = \int_{-\infty}^{\infty} x_{\mathrm{a}}(t)\mathrm{e}^{-\mathrm{j}\Omega t}\,\mathrm{d}t = \int_{-\infty}^{\infty} 2\cos(\Omega_0 t)\mathrm{e}^{-\mathrm{j}\Omega t}\,\mathrm{d}t$$

$$= \int_{-\infty}^{\infty} (\mathrm{e}^{\mathrm{j}\Omega_0 t} + \mathrm{e}^{-\mathrm{j}\Omega_0 t})\mathrm{e}^{-\mathrm{j}\Omega t}\,\mathrm{d}t$$

上式中指数函数的傅里叶变换不存在，引入奇异矩阵函数 δ 函数，它的傅里叶变换可以表示成

$$X_{\mathrm{a}}(\mathrm{j}\Omega) = 2\pi[\delta(\Omega-\Omega_0) + \delta(\Omega+\Omega_0)]$$

(2)
$$\hat{x}_{\mathrm{a}}(t) = \sum_{n=-\infty}^{\infty} x_{\mathrm{a}}(t)\delta(t-nT) = \sum_{n=-\infty}^{\infty} 2\cos(\Omega_0 nT)\delta(t-nT)$$

$$x(n) = 2\cos(\Omega_0 nT) \quad -\infty < n < \infty$$

$$\Omega_0 = 2\pi f_0 = 200\pi\ \mathrm{rad}, T = \frac{1}{f_{\mathrm{s}}} = 2.5\ \mathrm{ms}$$

(3)
$$\hat{X}_{\mathrm{a}}(\mathrm{j}\Omega) = \frac{1}{T}\sum_{k=-\infty}^{\infty} X_{\mathrm{a}}(\mathrm{j}\Omega - \mathrm{j}k\Omega_{\mathrm{s}}) = \frac{2\pi}{T}\sum_{k=-\infty}^{\infty}[\delta(\Omega-\Omega_0-k\Omega_{\mathrm{s}}) + \delta(\Omega+\Omega_0-k\Omega_{\mathrm{s}})]$$

式中，$\Omega_{\mathrm{s}} = 2\pi f_{\mathrm{s}} = 800\ \mathrm{rad/s}$。

$$X(\mathrm{e}^{\mathrm{j}\omega}) = \sum_{n=-\infty}^{\infty} x(n)\mathrm{e}^{-\mathrm{j}\omega n} = \sum_{n=-\infty}^{\infty} 2\cos(\Omega_0 nT)\mathrm{e}^{-\mathrm{j}\omega n} = \sum_{n=-\infty}^{\infty} 2\cos(\omega_0 n)\mathrm{e}^{-\mathrm{j}\omega n}$$

$$= \sum_{n=-\infty}^{\infty}[\mathrm{e}^{\mathrm{j}\omega_0 n} + \mathrm{e}^{-\mathrm{j}\omega_0 n}]\mathrm{e}^{-\mathrm{j}\omega n}$$

$$= 2\pi\sum_{k=-\infty}^{\infty}[\delta(\omega-\omega_0-2k\pi) + \delta(\omega+\omega_0-2k\pi)]$$

式中，$\omega_0 = \Omega_0$，$T = 0.5\ \mathrm{s}$。

上述推导过程中，指数序列的傅里叶变换仍然不存在，只有引入奇异矩阵函数 δ 函数，才能写出它的傅里叶变换表示式。

16. 已知实序列 $x(n)$，$\mathrm{FT}[x(n)] = H(\mathrm{e}^{\mathrm{j}\omega})$，证明 $H^*(\mathrm{e}^{\mathrm{j}\omega}) = H(\mathrm{e}^{-\mathrm{j}\omega})$。

解：在本章习题 9 中已证明实序列的 FT 具有共轭对称性，即 $H(\mathrm{e}^{\mathrm{j}\omega}) = H^*(\mathrm{e}^{-\mathrm{j}\omega})$，两边取共轭，即得到 $H^*(\mathrm{e}^{\mathrm{j}\omega}) = H(\mathrm{e}^{-\mathrm{j}\omega})$。实际上证明的公式就是共轭对称性的一种表现方法。

17. 如果 $X(\mathrm{e}^{\mathrm{j}\omega})$ 表示实数序列 $x(n)$ 的傅里叶变换。又知 $y(n)$ 的傅里叶变换为
$$Y(\mathrm{e}^{\mathrm{j}\omega}) = \mathrm{FT}[y(n)] = [X(\mathrm{e}^{\mathrm{j}\omega/2}) + X(\mathrm{e}^{-\mathrm{j}\omega/2})]/2$$

试求序列 $y(n)$。

解：
$$Y(\mathrm{e}^{\mathrm{j}\omega}) = \mathrm{FT}[y(n)] = \frac{1}{2}[X(\mathrm{e}^{\mathrm{j}\omega/2}) + X(-\mathrm{e}^{\mathrm{j}\omega/2})] = \frac{1}{2}[X(\mathrm{e}^{\mathrm{j}\omega/2}) + X(\mathrm{e}^{\mathrm{j}(\omega/2-\pi)})]$$

$$= \frac{1}{2}\Big[\sum_{n=-\infty}^{\infty} x(n)\mathrm{e}^{-\mathrm{j}\omega n/2} + \sum_{n=-\infty}^{\infty} \mathrm{e}^{-\mathrm{j}\pi n}x(n)\mathrm{e}^{-\mathrm{j}\omega n/2}\Big]$$

$$= \sum_{n=-\infty}^{\infty} \frac{1}{2}[x(n) + (-1)^n x(n)]\mathrm{e}^{-\mathrm{j}\omega n/2}$$

$$= \sum_{n=-\infty}^{\infty} x(2n)\mathrm{e}^{-\mathrm{j}\omega n}$$

所以得

$$y(n) = x(2n)$$

18. 已知 $y(n)=x_1(n)*x_2(n)*x_3(n)$，证明：

(1) $\displaystyle\sum_{n=-\infty}^{\infty}y(n)=\Big[\sum_{n=-\infty}^{\infty}x_1(n)\Big]\Big[\sum_{n=-\infty}^{\infty}x_2(n)\Big]\Big[\sum_{n=-\infty}^{\infty}x_3(n)\Big]$

(2) $\displaystyle\sum_{n=-\infty}^{\infty}y(n)=\Big[\sum_{n=-\infty}^{\infty}(-1)^n x_1(n)\Big]\Big[\sum_{n=-\infty}^{\infty}(-1)^n x_2(n)\Big]\Big[\sum_{n=-\infty}^{\infty}(-1)^n x_3(n)\Big]$

解：(1) 将式 $y(n)=x_1(n)*x_2(n)*x_3(n)$ 进行 FT，得到

$$Y(e^{j\omega})=X_1(e^{j\omega})X_2(e^{j\omega})X_2(e^{j\omega})$$

$$\sum_n y(n)e^{-j\omega n}=\Big[\sum_n x_1(n)e^{-j\omega n}\Big]\Big[\sum_n x_2(n)e^{-j\omega n}\Big]\Big[\sum_n x_3(n)e^{-j\omega n}\Big] \tag{a}$$

令 $\omega=0$，得到

$$\sum_{n=-\infty}^{\infty}y(n)=\Big[\sum_{n=-\infty}^{\infty}x_1(n)\Big]\Big[\sum_{n=-\infty}^{\infty}x_2(n)\Big]\Big[\sum_{n=-\infty}^{\infty}x_3(n)\Big]$$

(2) 用 $\omega-\pi$ 代替式(a)中的 ω，得到

$$\sum_n y(n)e^{-j(\omega-\pi)n}=\Big[\sum_n x_1(n)e^{-j(\omega-\pi)n}\Big]\Big[\sum_n x_2(n)e^{-j(\omega-\pi)n}\Big]\Big[\sum_n x_3(n)e^{-j(\omega-\pi)n}\Big]$$

$$\sum_n(-1)^n y(n)e^{-j\omega n}=\Big[\sum_n(-1)^n x_1(n)e^{-j\omega n}\Big]\Big[\sum_n(-1)^n x_2(n)e^{-j\omega n}\Big]\Big[\sum_n(-1)^n x_3(n)e^{-j\omega n}\Big]$$

令 $\omega=0$，得到

$$\sum_{n=-\infty}^{\infty}(-1)^n y(n)=\Big[\sum_{n=-\infty}^{\infty}(-1)^n x_1(n)\Big]\Big[\sum_{n=-\infty}^{\infty}(-1)^n x_2(n)\Big]\Big[\sum_{n=-\infty}^{\infty}(-1)^n x_3(n)\Big]$$

题中将 ω 用 $\omega-\pi$ 代替的意思是将频谱移动 π rad。

19. 假设序列 $x_1(n)$、$x_2(n)$、$x_3(n)$、$x_4(n)$ 分别如图 2-6 所示，其中 $x_1(n)$ 的傅里叶变换为 $X_1(e^{j\omega})$，试用 $X_1(e^{j\omega})$ 表示其他三个序列的傅里叶变换。

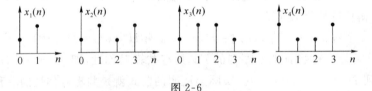

图 2-6

解：(1) $x_2(n)$ 的前两个序列值和波形 $x_1(n)$ 一样，后两个序列值是 $x_1(n)$ 移位 2 位形成的波形，因此得 $x_2(n)=x_1(n)+x_1(n-2)$。对所得式进行 FT，得到 $X_2(e^{j\omega})=X_1(e^{j\omega})+X_1(e^{j\omega})e^{-j2\omega}$。

(2) $x_3(n)$ 的前两个序列值和波形 $x_1(n)$ 一样，后两个序列值是 $x_1(n)$ 翻转 $180°$ 以后，再移位 3 位形成的波形，因此得 $x_3(n)=x_1(n)+x_1(-n+3)$。对所得式进行 FT，得到 $X_3(e^{j\omega})=X_1(e^{j\omega})+X_1(e^{-j\omega})e^{j3\omega}$。

(3) $x_4(n)$ 的前两个序列值是 $x_1(n)$ 翻转 $180°$ 以后，再移位 1 位形成的波形，后两个序列值是波形 $x_1(n)$ 移位 2 位形成的波形，因此得 $x_4(n)=x_1(-n+1)+x_1(n-2)$。对所得式进行 FT，得到 $X_4(e^{j\omega})=X_1(e^{-j\omega})e^{j\omega}+X_1(e^{j\omega})e^{-j2\omega}$。

20. 已知系统的差分方程为 $y(n)=x(n)+x(n-4)$。要求：

(1) 计算并画出它的幅频特性。

(2) 计算系统对以下输入的响应：$x(n)=\cos(\pi n/2)+\cos(\pi n/4)$，$-\infty<n<\infty$。

(3) 利用(1)的幅频特性解释得到的结论。

解：(1) 由系统的差分方程，求出系统的传输函数为

$H(e^{j\omega}) = 1 + e^{-j4\omega}$，$H(e^{j\omega}) = e^{-j2\omega}(e^{j2\omega} + e^{-j2\omega}) = e^{-j2\omega} \times 2\cos(2\omega)$，$|H(e^{j\omega})| = |2\cos(2\omega)|$。
故其幅频特性如图 2-7 所示。

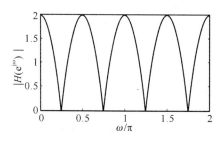

图 2-7

(2) 已知 $x(n) = \cos(\pi n/2) + \cos(\pi n/4)$，$-\infty < n < \infty$。

$$Y(e^{j\omega}) = X(e^{j\omega})H(e^{j\omega})$$

查文献[1]表 2-1 得到 $x(n)$ 的傅里叶变换

$X(e^{j\omega}) = FT[x(n)]$

$$= \pi \sum_r \left[\delta\left(\omega - \frac{\pi}{2} - 2\pi r\right) + \delta\left(\omega + \frac{\pi}{2} - 2\pi r\right)\right] + \pi \sum_r \left[\delta\left(\omega - \frac{\pi}{4} - 2\pi r\right) + \delta\left(\omega + \frac{\pi}{4} - 2\pi r\right)\right]$$

因为在 $\omega = \pm\pi/4 - 2\pi r$，$-\infty \leqslant r \leqslant \infty$ 处，$H(e^{j\omega}) = 0$，在 $\omega = \pm\pi/2 - 2\pi r$，$-\infty \leqslant r \leqslant \infty$ 处，
$H(e^{j\omega}) = -2$，所以

$$X(e^{j\omega}) = -2\pi \sum_r \left[\delta\left(\omega - \frac{\pi}{2} - 2\pi r\right) + \delta\left(\omega + \frac{\pi}{2} - 2\pi r\right)\right], y(n) = -2\cos(\pi/2)$$

(3) 观察图 2-7 中的 $|H(e^{j\omega})| = |2\cos(2\omega)|$ 幅频特性，刚好在 $\omega = \pm\pi/4 - 2\pi r$，$-\infty \leqslant r \leqslant \infty$
处，$|H(e^{j\omega})| = |2\cos(2\omega)| = 0$，系统将分量 $\cos(\pi n/4)$ 滤除，而在 $\omega = \pm\pi/2 - 2\pi r$，$-\infty \leqslant r \leqslant \infty$ 处，
幅度为 -2，即将分量 $x(n) = \cos(\pi n/4)$ 反相后，再放大两倍。

21. 求以下序列的 z 变换并画出零极点图和收敛域。

(1) $\delta(n)$ 　　　　　　　　　　　　(2) $x(n) = \delta(n-1)$

(3) $x(n) = a^{|n|}$ 　　　　　　　　　　(4) $x(n) = 0.5^n u(n)$

(5) $x(n) = -0.5^n u(-n-1)$ 　　　　　(6) $x(n) = 1/n$，$n \geqslant 1$

(7) $x(n) = 2^{-n}[u(n) - u(n-10)]$ 　　(8) $x(n) = 2^{-n} u(-n)$

(9) $x(n) = n\sin(\omega_0 n)$，$n \geqslant 0$，ω_0 为常数　(10) $x(n) = Ar^n \cos(\omega_0 n + \varphi)u(n)$，$0 < r < 1$

解：(1) 　　　　　　　　　　$ZT[\delta(n)] = 1$，$0 \leqslant |z| \leqslant \infty$

(2) 　　　　　　　　　　　$ZT[\delta(n-1)] = z^{-1}$，$0 \leqslant |z| \leqslant \infty$

(3) 由 z 变换的定义可知

$$X(z) = \sum_{n=-\infty}^{\infty} a^{|n|} z^{-n} = \sum_{n=-\infty}^{-1} a^{-n} z^{-n} + \sum_{n=0}^{\infty} a^n z^{-n}$$

$$= \sum_{n=1}^{\infty} a^n z^n + \sum_{n=0}^{\infty} a^n z^{-n}$$

$$= \frac{az}{1-az} + \frac{1}{1-\frac{a}{z}} = \frac{1-a^2}{(1-az)(1-az^{-1})} = \frac{(a^2-1)z}{a(z-a)\left(z-\frac{1}{a}\right)}$$

$$X(z) = \sum_{n=-\infty}^{\infty} a^{|n|}z^{-n} = \sum_{n=-\infty}^{-1} a^{-n}z^{-n} + \sum_{n=0}^{\infty} a^n z^{-n}$$

收敛域为 $|az|<1$，且 $\left|\dfrac{a}{z}\right|<1$，即 $|a|<|z|<\dfrac{1}{|a|}$；极点为 $z=a,z=\dfrac{1}{a}$；零点为 $z=0,z=\infty$。

（4）由 z 变换的定义可知

$$X(z) = \sum_{n=-\infty}^{\infty} 0.5^n u(n)z^{-n} = \sum_{n=0}^{\infty} 0.5^n z^{-n} = \frac{1}{1-0.5z^{-1}}$$

收敛域为 $\left|\dfrac{1}{2}\dfrac{1}{z}\right|<1$，即 $|z|>\dfrac{1}{2}$；极点为 $z=\dfrac{1}{2}$；零点为 $z=0$。

（5）$X(z) = \displaystyle\sum_{n=-\infty}^{\infty} -0.5^n u(-n-1)z^{-n} = \sum_{n=-\infty}^{-1} -0.5^n z^{-n}$

$$= \sum_{n=1}^{\infty} -2^n z^n = \frac{2z}{1-2z} = \frac{1}{1-\frac{1}{2}z^{-1}}$$

收敛域为 $|2z|<1$，即 $|z|<\dfrac{1}{2}$；极点为 $z=\dfrac{1}{2}$；零点为 $z=0$。

（6）$X(z) = \displaystyle\sum_{n=1}^{\infty} \frac{1}{n}z^{-n}$，因为

$$\frac{\mathrm{d}X(z)}{\mathrm{d}z} = \sum_{n=1}^{\infty} \frac{1}{n}(-n)z^{-n-1} = \sum_{n=1}^{\infty} -z^{-n-1} = \frac{1}{z-z^2} = \frac{1}{z(1-z)}$$

$$= \frac{1}{z(1-z)} = \frac{1}{z} - \frac{1}{1-z} \quad |z|>1$$

由上式解得

$$X(z) = \ln z - \ln(1-z) = \ln\left(\frac{z}{1-z}\right)$$

$X(z)$ 的收敛域与 $\dfrac{\mathrm{d}X(z)}{\mathrm{d}z}$ 收敛域相同，同为 $|z|>1$；极点为 $z=0,z=1$；零点为 $z=\infty$。

（7）$\qquad ZT[2^{-n}(u(n)-u(n-10))] = \displaystyle\sum_{n=0}^{9} 2^{-n}z^{-n}$

$$= \frac{1-2^{-10}z^{-10}}{1-2^{-1}z^{-1}} \quad 0<|z|\,\infty$$

（8）$\qquad ZT[2^{-n}u(-n)] = \displaystyle\sum_{n=-\infty}^{\infty} 2^{-n}u(-n)z^{-n} = \sum_{n=0}^{\infty} 2^{-n}z^{-n}$

$$= \sum_{n=0}^{\infty} 2^n z^n = \frac{1}{1-2z} \quad |z|<\frac{1}{2}$$

（9）设 $y(n) = [\sin(\omega_0 n)]u(n)$，则有

$$Y(z) = \sum_{n=-\infty}^{\infty} y(n)z^{-n} = \frac{z^{-1}\sin\omega_0}{1-2z^{-1}\cos\omega_0 + z^{-2}} \quad |z|>1$$

而 $x(n) = ny(n)$，所以

$$X(z) = -z \frac{\mathrm{d}}{\mathrm{d}z} Y(z) = \frac{z^{-1}(1-z^{-2})\sin \omega_0}{(1-2z^{-1}\cos \omega_0 + z^{-2})^2} \quad |z| > 1$$

因此,收敛域为 $|z| > 1$;极点为 $z = \mathrm{e}^{j\omega_0}, z = \mathrm{e}^{-j\omega_0}$(极点为二阶);零点为 $z=1, z=-1, z=0, z=\infty$。

(10) 设

$$y(n) = (\cos(\omega_0 n + \varphi))u(n)$$
$$= [\cos(\omega_0 n)\cos \varphi - \sin(\omega_0 n)\sin \varphi]u(n)$$
$$= \cos \varphi \cos(\omega_0 n)u(n) - \sin \varphi \sin(\omega_0 n)u(n)$$

则有

$$Y(z) = \cos \varphi \frac{1 - z^{-1}\cos \omega_0 \sin \omega_0}{1 - 2z^{-1}\cos \omega_0 + z^{-2}} - \sin \varphi \frac{z^{-1}\sin \omega_0}{1 - 2z^{-1}\cos \omega_0 + z^{-2}}$$
$$= \frac{\cos \varphi - z^{-1}\cos(\varphi - \omega_0)}{1 - 2z^{-1}\cos \omega_0 + z^{-2}} \quad |z| > 1$$

所以,$Y(z)$ 收敛域为 $|z| > 1$;而 $x(n) = A r^n y(n)$,则

$$X(z) = A Y\left(\frac{z}{r}\right) = \frac{A[\cos \varphi - z^{-1}\cos(\varphi - \omega_0)]}{1 - 2z^{-1}r\cos \omega_0 + r^2 z^{-2}}$$

所以 $X(z)$ 的收敛域为 $|z| > |r|$。

请读者自己画出零极点图和收敛域图,这里省略。

22. 假如下式是 $x(n)$ 的 z 变换表达式,问 $X(z)$ 可能有多少不同的收敛域? 它们分别对应什么序列?

$$X(z) = \frac{1 - \frac{1}{4}z^{-1}}{\left(1 + \frac{1}{4}z^{-2}\right)\left(1 + \frac{5}{4}z^{-1} + \frac{3}{8}z^{-2}\right)}$$

解:对上式的分子和分母进行因式分解,得

$$X(z) = \frac{\left(1 - \frac{1}{2}z^{-1}\right)\left(1 + \frac{1}{2}z^{-1}\right)}{\left(1 + \frac{1}{4}z^{-2}\right)\left(1 + \frac{1}{2}z^{-1}\right)\left(1 + \frac{3}{4}z^{-1}\right)} = \frac{1 - \frac{1}{2}z^{-1}}{\left(1 + \frac{1}{2}\mathrm{j}z^{-1}\right)\left(1 - \frac{1}{2}\mathrm{j}z^{-1}\right)\left(1 + \frac{3}{4}z^{-1}\right)}$$

从上式得出,$X(z)$ 的零点为 $1/2$,极点为 $\mathrm{j}/2, -\mathrm{j}/2, -3/4$。所以 $X(z)$ 的收敛域为:

(1) $1/2 < |z| < 3/4$,为双边序列;

(2) $|z| < 1/2$,为左边序列;

(3) $|z| > 3/4$,为右边序列。

23. 用长除法、留数定理、部分分式法求以下 $X(z)$ 的 z 逆变换。

(1) $X(z) = \dfrac{1 - \frac{1}{2}z^{-1}}{1 - \frac{1}{4}z^{-2}} \quad |z| > \dfrac{1}{2}$　　　　(2) $X(z) = \dfrac{1 - 2z^{-1}}{1 - \frac{1}{4}z^{-2}} \quad |z| < \dfrac{1}{4}$

(3) $X(z) = \dfrac{z - a}{1 - az} \quad |z| > \dfrac{1}{a}$

解:(1) ① 长除法求解

$$X(z) = \frac{1 - \frac{1}{2}z^{-1}}{1 - \frac{1}{4}z^{-2}} = \frac{1}{1 + \frac{1}{2}z^{-1}}$$

可知极点为 $z=-0.5$，而收敛域为 $|z|>0.5$，因而 $x(n)$ 为因果序列，所以分子、分母要按降幂排列

$$
\begin{array}{r}
1-\dfrac{1}{2}z^{-1}+\dfrac{1}{4}z^{-2}-\cdots \\[4pt]
1+\dfrac{1}{2}z^{-1}\overline{\big)1} \\[4pt]
\dfrac{1+\dfrac{1}{2}z^{-1}}{-\dfrac{1}{2}z^{-1}} \\[4pt]
\dfrac{-\dfrac{1}{2}z^{-1}-\dfrac{1}{4}z^{-2}}{\dfrac{1}{4}z^{-2}}
\end{array}
$$

即

$$
X(z)=1-\frac{1}{2}z^{-1}+\frac{1}{4}z^{-2}-\cdots=\sum_{n=0}^{\infty}\left(-\frac{1}{2}\right)^{n}z^{-n}
$$

所以

$$
x(n)=\left(-\frac{1}{2}\right)^{n}u(n)
$$

② 留数定理法求解

$x(n)=\dfrac{1}{2\pi j}\oint_{c}\dfrac{1}{1+\dfrac{1}{2}z^{-1}}z^{n-1}\mathrm{d}z$，设 c 为 $|z|>\dfrac{1}{2}$ 内的逆时针方向闭合曲线。

当 $n\geq0$ 时

$$
\frac{1}{1+\dfrac{1}{2}z^{-1}}z^{n-1}=\frac{1}{z+\dfrac{1}{2}}z^{n}
$$

在 c 内有 $z=-1/2$ 一个单极点，则

$$
x(n)=\mathrm{Res}\left[\frac{z^{n}}{z+1/2}\right]_{z=-1/2}=\left(\frac{-1}{2}\right)^{n}\qquad n\geq0
$$

又由于 $x(n)$ 是因果序列，故 $n<0$ 时，$x(n)=0$。所以

$$
x(n)=\left(-\frac{1}{2}\right)^{n}u(n)
$$

③ 部分分式法求解

由题得

$$
X(z)=\frac{1-\dfrac{1}{2}z^{-1}}{1-\dfrac{1}{4}z^{-2}}=\frac{1}{1+\dfrac{1}{2}z^{-1}}=\frac{z}{z+\dfrac{1}{2}}
$$

因为 $|z|>\dfrac{1}{2}$，所以

$$
x(n)=\left(-\frac{1}{2}\right)^{n}u(n)
$$

（2）长除法和留数定理法解题过程略，请读者自己完成。由部分分式法知

$$\frac{X(z)}{z} = \frac{z-2}{z^2 - \frac{1}{4}} = \frac{z-2}{\left(z - \frac{1}{2}\right)\left(z + \frac{1}{2}\right)} = \frac{-\frac{3}{2}}{z - \frac{1}{2}} + \frac{\frac{5}{2}}{z + \frac{1}{2}}$$

得

$$X(z) = \frac{-\frac{3}{2}}{1 - \frac{1}{2}z^{-1}} + \frac{\frac{5}{2}}{1 + \frac{1}{2}z^{-1}}$$

$$x(n) = \left[\frac{3}{2}\left(\frac{1}{2}\right)^n - \frac{5}{2}\left(-\frac{1}{2}\right)^n\right]u(-n-1)$$

（3）长除法和部分分式法解题过程略，请读者自己完成。由留数定理法知

$$x(n) = \frac{1}{2\pi j}\oint_c X(z)z^{n-1}\,\mathrm{d}z$$

设 c 为 $|z| > \frac{1}{a}$ 内的逆时针方向闭合曲线。当 $n > 0$ 时，$X(z)z^{n-1}$ 在 c 内有一个单极点 $z = \frac{1}{a}$，于是

$$x(n) = \mathrm{Res}\left[X(z)z^{n-1}\right]_{z=\frac{1}{a}} = \left[-\frac{1}{a}\frac{z-a}{z - \frac{1}{a}}z^{n-1}\right]_{z=\frac{1}{a}} = \left(a - \frac{1}{a}\right)\left(\frac{1}{a}\right)^n \qquad n > 0$$

当 $n = 0$ 时，$X(z)z^{n-1}$ 在 c 内有两个单极点 $z = 0$，$z = \frac{1}{a}$，于是

$$x(0) = \mathrm{Res}\left[X(z)z^{n-1}\right]_{z=\frac{1}{a}} + \mathrm{Res}\left[X(z)z^{n-1}\right]_{z=0} = a - \frac{1}{a} - a = -\frac{1}{a}$$

当 $n < 0$ 时，由于 $x(n)$ 是因果序列，故 $x(n) = 0$。于是

$$x(n) = -\frac{1}{a}\delta(n) + \left(a - \frac{1}{a}\right)\left(\frac{1}{a}\right)^n u(n-1)$$

24. 已知线性因果网络用下面的差分方程描述：

$$y(n) = 0.9y(n-1) + x(n) + 0.9x(n-1)$$

（1）求网络的系统函数 $H(z)$ 及其单位脉冲响应 $h(n)$。

（2）写出网络传输函数 $H(e^{j\omega})$ 的表达式，并定性画出其幅频特性曲线。

（3）设输入 $x(n) = e^{j\omega_0 m}$，求稳态输出 $y_{ss}(n)$。

解：（1）差分方程两边取 z 变换，得

$$Y(z) = 0.9Y(z)z^{-1} + X(z) + 0.9X(z)z^{-1}$$

$$H(z) = \frac{1 + 0.9z^{-1}}{1 - 0.9z^{-1}}, \quad y(n) = \frac{1}{2\pi j}\oint_c H(z)z^{n-1}\,\mathrm{d}z$$

令 $F(z) = H(z)z^{n-1} = \frac{z + 0.9}{z - 0.9}z^{n-1}$。当 $n \geqslant 1$，c 内有极点 0.9。

$$h(n) = \mathrm{Res}[F(z), 0.9] = \frac{z + 0.9}{z - 0.9}z^{n-1}(z - 0.9)\big|_{z=0.9} = 2 \times 0.9^n$$

当 $n=0$ 时，c 内有极点 $0.9,0$。

$$h(n)=\mathrm{Res}[F(z),0.9]+\mathrm{Res}[F(z),0]=\frac{z+0.9}{(z-0.9)z}z^{n-1}(z-0.9)|_{z=0.9}+\frac{z+0.9}{(z-0.9)z}z^{n-1}(z)|_{z=0}$$

最后得到 $h(n)=2\times0.9^n u(n-1)+\delta(n)$。

(2) $H(\mathrm{e}^{\mathrm{j}\omega})=\mathrm{FT}[h(n)]=\left.\dfrac{1+0.9z^{-1}}{1-0.9z^{-1}}\right|_{z=\mathrm{e}^{\mathrm{j}\omega}}=\dfrac{1+0.9\mathrm{e}^{-\mathrm{j}\omega}}{1-0.9\mathrm{e}^{-\mathrm{j}\omega}}$

极点为 $z_1=0.9$，零点为 $z_2=-0.9$。极零点图如图 2-8(a) 所示。按照极零点图定性画出幅频特性，如图 2-8(b) 所示。

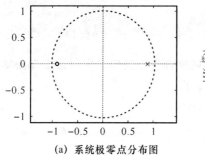 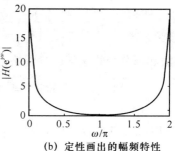

(a) 系统极零点分布图　　　　(b) 定性画出的幅频特性

图 2-8

(3) 由 $x(n)=\mathrm{e}^{\mathrm{j}\omega_0 n}$，得

$$y(n)=\mathrm{e}^{\mathrm{j}\omega_0 n}H(\mathrm{e}^{\mathrm{j}\omega_0})=\mathrm{e}^{\mathrm{j}\omega_0 n}\frac{z+0.9\mathrm{e}^{-\mathrm{j}\omega_0}}{z-0.9\mathrm{e}^{-\mathrm{j}\omega_0}}$$

25. 有一右序列 $x(n)$，其 z 变换为 $X(z)$，$X(z)=\dfrac{1}{\left(1-\dfrac{1}{2}z^{-1}\right)(1-z^{-1})}$。

(1) 将上式作部分分式展开（用 z^{-1} 表示），由展开式求 $x(n)$。

(2) 将上式表示成 z 的多项式之比，再作部分分式展开，由展开式求 $x(n)$，并说明所得到的序列与(1)所得的是一样的。

解：(1) 因为 $X(z)=\dfrac{-1}{1-\dfrac{1}{2}z^{-1}}+\dfrac{2}{1-z^{-1}}$，且 $x(n)$ 为右边序列，所以

$$x(n)=\left[2-\left(\frac{1}{2}\right)^n\right]u(n)$$

$$X(z)=\frac{z^2}{\left(z-\frac{1}{2}\right)(z-1)}=1+\frac{\frac{3}{2}z-\frac{1}{2}}{\left(z-\frac{1}{2}\right)(z-1)}=1+\frac{-\frac{1}{2}}{z-\frac{1}{2}}+\frac{2}{z-1}$$

则

$$x(n)=\delta(n)-\left(\frac{1}{2}\right)^n u(n-1)+2u(n-1)=\left[2-\left(\frac{1}{2}\right)^n\right]u(n)$$

(2) $X(z)=\dfrac{z^2}{\left(z-\dfrac{1}{2}\right)(z-1)}=1+\dfrac{\dfrac{3}{2}z-\dfrac{1}{2}}{\left(z-\dfrac{1}{2}\right)(z-1)}=1+\dfrac{-\dfrac{1}{2}}{z-\dfrac{1}{2}}+\dfrac{2}{z-1}$

则

$$x(n) = \delta(n) - \left(\frac{1}{2}\right)^n u(n-1) + 2u(n-1) = \left[2 - \left(\frac{1}{2}\right)^n\right]u(n)$$

26. 对因果序列,初值定理是 $x(n) = \lim\limits_{z\to\infty} X(z)$,如果序列为 $n>0$ 时 $x(n)=0$,问相应的定理是什么? 讨论一个序列 $x(n)$,其 z 变换为

$$X(z) = \frac{\dfrac{7}{12} - \dfrac{19}{24}z^{-1}}{1 - \dfrac{5}{2}z^{-1} + z^{-2}}$$

$X(z)$ 的收敛域包括单位圆,试求其 $x(0)$(序列)值。

解:序列满足 $n>0$ 时 $x(n)=0$,有

$$X(z) = \sum_{n=-\infty}^{0} x(n)z^{-n} = x(0) + x(-1)z + x(-2)z^2 + \cdots$$

所以此时有

$$\lim_{z\to 0} X(z) = x(0)$$

若序列 $x(n)$ 的 z 变换为

$$X(z) = \frac{\dfrac{7}{12} - \dfrac{19}{24}z^{-1}}{1 - \dfrac{5}{2}z^{-1} + z^{-2}} = \frac{\dfrac{7}{12}z^2 - \dfrac{19}{24}z}{(z-2)\left(z - \dfrac{1}{2}\right)} = \frac{\dfrac{1}{4}z}{z-2} + \frac{\dfrac{1}{3}z}{z - \dfrac{1}{2}} = X_1(z) + X_2(z)$$

则 $X(z)$ 的极点为 $z_1 = 2, z_2 = \dfrac{1}{2}$。

由题意知,$X(z)$ 的收敛域包括单位圆,其收敛域应该为 $0.5 < z < 2$,因而 $x_1(n)$ 为 $n \leqslant 0$ 时有值的左边序列,$x_2(n)$ 为 $n \geqslant 0$ 时有值的因果序列,则

$$x_1(0) = \lim_{z\to 0} X_1(z) = \lim_{z\to 0} \frac{\dfrac{1}{4}z}{z-2} = 0, \quad x_2(0) = \lim_{z\to\infty} X_2(z) = \lim_{z\to\infty} \frac{\dfrac{1}{3}z}{z - \dfrac{1}{2}} = \frac{1}{3}$$

得

$$x(0) = x_1(0) + x_2(0) = \frac{1}{3}$$

27. 有一信号 $y(n)$,它与另两个信号 $x_1(n)$ 和 $x_2(n)$ 的关系是

$$y(n) = x_1(n+3) * x_2(-n-1)$$

其中 $x_1(n) = 0.5^n u(n)$,$x_2(n) = (1/3)^n u(n)$,已知 $ZT[a^n u(n)] = 1/(1-az^{-1})$,利用 z 变换性质求 $y(n)$ 的 z 变换 $Y(z)$。

解:根据 z 变换定义,分别记

$$X_1(z) = ZT[x_1(n)] = ZT[0.5^n u(n)] = \frac{1}{1 - 0.5z^{-1}}$$

$$X_2(z) = ZT[x_2(n)] = ZT[(1/3)^n u(n)] = \frac{1}{1 - \dfrac{1}{3}z^{-1}}$$

根据 z 变换移位定理可得

$$\text{ZT}[x_1(n+3)]=z^3 X_1(z)=\frac{z^3}{1-0.5z^{-1}}, \text{ROC:} |z|>0.5$$

而

$$\text{ZT}[x_2(n+1)]=zX_2(z)=\frac{z}{1-\frac{1}{3}z^{-1}}, \text{ROC:} |z^{-1}|>1/3, \text{即} |z|<3$$

$$\text{ZT}[x_2(-n-1)]=\text{ZT}[x_2(-(n+1))]=\frac{z^{-1}}{1-\frac{1}{3}z}, \text{ROC:} |z|<3$$

题设 $y(n)=x_1(n+3)*x_2(-n-1)$，所以

$$Y(z)=\text{ZT}[y(n)]=\text{ZT}[x_1(n+3)*x_2(-n-1)]=\text{ZT}[x_1(n+3)]\text{ZT}[x_2(-n-1)]$$

$$=\frac{z^3}{1-0.5z^{-1}}\frac{z^{-1}}{1-\frac{1}{3}z}=-\frac{3z^3}{(z-3)(z-0.5)}$$

28. 若 $x_1(n)$ 和 $x_2(n)$ 是因果稳定的实序列，求证：

$$\frac{1}{2\pi}\int_{-\pi}^{\pi}X_1(e^{j\omega})X_2(e^{j\omega})d\omega=\left\{\frac{1}{2\pi}\int_{-\pi}^{\pi}X_1(e^{j\omega})d\omega\right\}\left\{\frac{1}{2\pi}\int_{-\pi}^{\pi}X_2(e^{j\omega})d\omega\right\}$$

解：
$$\text{FT}[x_1(n)*x_2(n)]=X_1(e^{j\omega})X_2(e^{j\omega})$$

对上式进行 IFT，得到

$$\frac{1}{2\pi}\int_{-\pi}^{\pi}X_1(e^{j\omega})X_2(e^{j\omega})e^{j\omega n}d\omega=x_1(n)*x_2(n)$$

令 $n=0$

$$\frac{1}{2\pi}\int_{-\pi}^{\pi}X_1(e^{j\omega})X_2(e^{j\omega})d\omega=[x_1(n)*x_2(n)]\big|_{n=0}$$

由于 $x_1(n)$ 和 $x_2(n)$ 是实稳定因果序列，所以

$$[x_1(n)*x_2(n)]\big|_{n=0}=\sum_{m=0}^{n}x_1(m)x_2(n-m)\Big|_{n=0}=x_1(0)x_2(0)$$

$$x_1(0)x_2(0)=\left[\frac{1}{2\pi}\int_{-\pi}^{\pi}X_1(e^{j\omega})d\omega\right]\left[\frac{1}{2\pi}\int_{-\pi}^{\pi}X_2(e^{j\omega})d\omega\right]$$

综合上述结果，得到

$$\frac{1}{2\pi}\int_{-\pi}^{\pi}X_1(e^{j\omega})X_2(e^{j\omega})d\omega=\left[\frac{1}{2\pi}\int_{-\pi}^{\pi}X_1(e^{j\omega})d\omega\right]\left[\frac{1}{2\pi}\int_{-\pi}^{\pi}X_2(e^{j\omega})d\omega\right]$$

29. 求以下序列的 z 变换及其收敛域，并画出零极点分布图。

(1) $x(n)=R_N(n), N=4$

(2) $x(n)=Ar^n\cos(\omega_0 n+\varphi)u(n), 0<r<1(r=0.9, \omega_0=0.5\pi\ \text{rad}, \varphi=0.25\pi\ \text{rad})$

(3) $x(n)=\begin{cases} n & 0\leqslant n\leqslant N \\ 2N-n & N+1\leqslant n\leqslant 2N, \text{式中 } N=4。 \\ 0 & \text{其他} \end{cases}$

解：(1) $X(z)=\sum\limits_{n=-\infty}^{\infty}R_4(n)z^{-n}=\sum\limits_{n=0}^{3}z^{-n}=\frac{1-z^{-4}}{1-z^{-1}}=\frac{z^{-4}-1}{z^{-3}(z-1)}, 0<|z|\leqslant\infty$

$z^4-1=0$，零点为：$z_k=e^{j\frac{2\pi}{4}k}, k=0,1,2,3$；$z^3(z-1)=0$，极点为：$z_{1,2}=0,1$。

零极点图和收敛域如图 2-9(a)所示，图中 $z=1$ 处的零点、极点相互对消。

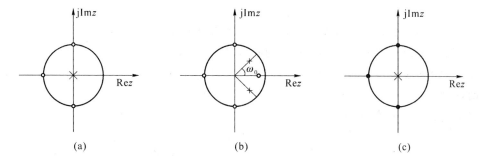

图 2-9

(2)　　　　　　$x(n)=Ar^n\cos(\omega_0 n+\varphi)u(n)=Ar^n[\mathrm{e}^{\mathrm{j}\omega_0 n}\mathrm{e}^{\mathrm{j}\varphi}+\mathrm{e}^{-\mathrm{j}\omega_0 n}\mathrm{e}^{-\mathrm{j}\varphi}]u(n)$

$$X(z)=\frac{1}{2}A\Big[\sum_{n=0}^{\infty}r^n\mathrm{e}^{\mathrm{j}\omega_0 n}\mathrm{e}^{\mathrm{j}\varphi}z^{-n}+\sum_{n=0}^{\infty}r^n\mathrm{e}^{-\mathrm{j}\omega_0 n}\mathrm{e}^{-\mathrm{j}\varphi}z^{-n}\Big]$$

$$=\frac{1}{2}A\Big[\frac{\mathrm{e}^{\mathrm{j}\varphi}}{1-r\mathrm{e}^{\mathrm{j}\omega_0}z^{-1}}+\frac{\mathrm{e}^{-\mathrm{j}\varphi}}{1-r\mathrm{e}^{-\mathrm{j}\omega_0}z^{-1}}\Big]$$

$$=A\frac{\cos\varphi-r\cos(\omega_0-\varphi)z^{-1}}{(1-r\mathrm{e}^{\mathrm{j}\omega_0}z^{-1})(1-r\mathrm{e}^{-\mathrm{j}\omega_0}z^{-1})}\qquad |z|>r$$

零点：$z_1=r\dfrac{\cos(\omega_0-\varphi)}{\cos\varphi}$，极点：$z_2=r\mathrm{e}^{\mathrm{j}\omega_0}$，$z_3=r\mathrm{e}^{-\mathrm{j}\omega_0}$。

零极点分布图如图 2-9(b)所示。

(3) 令 $y(n)=R_4(n)$，则

$$x(n+1)=y(n)*y(n)$$
$$zX(z)=[Y(z)]^2,\; X(z)=z^{-1}[Y(z)]^2$$

因为

$$Y(z)=\frac{1-z^{-4}}{1-z^{-1}}=\frac{z^{-4}-1}{z^3(z-1)}$$

那么

$$X(z)=z^{-1}\Big[\frac{z^4-1}{z^3(z-1)}\Big]^2=\frac{1}{z^7}\Big[\frac{z^4-1}{z-1}\Big]^2$$

极点为：$z_1=0$，$z_2=1$；零点为：$z_k=\mathrm{e}^{\mathrm{j}\frac{2\pi}{4}k}$，$k=0,1,2,3$；在 $z=1$ 处的零点、极点相互对消，收敛域为：$0<|z|\leqslant\infty$。零极点分布图如图 2-9(c)所示。

30. 已知 $x(n)=a^n u(n)$，$0<a<1$，求：

(1) $x(n)$ 的 z 变换。　　　　　　(2) $nx(n)$ 的 z 变换。

(3) $x(n)=a^{-n}u(-n)$ 的 z 变换。

解：(1) $X(z)=\mathrm{ZT}[a^n u(n)]=\sum\limits_{n=-\infty}^{\infty}a^n u(n)z^{-n}=\dfrac{1}{1-az^{-1}}$，　$|z|>a$

(2) $\mathrm{ZT}[nx(n)]=-z\dfrac{\mathrm{d}}{\mathrm{d}z}X(z)=\dfrac{-az^{-2}}{(1-az^{-1})^2}$，　$|z|>a$

(3) $\mathrm{ZT}[a^{-n}u(-n)]=\sum\limits_{n=0}^{-\infty}a^{-n}z^{-n}=\sum\limits_{n=0}^{\infty}a^n z^n=\dfrac{1}{1-az}$，　$|z|<a^{-1}$

31. 已知用下列差分方程描述的一个线性移不变因果系统：

$$y(n)=y(n-1)+y(n-2)+x(n-1)$$

(1) 求这个系统的系统函数 $H(z)$，画出其零极点图并指出其收敛区域。

(2) 限定系统是因果的，写出 $H(z)$ 的收敛域，并求出系统的单位脉冲响应。

(3) 限定系统是稳定的，写出 $H(z)$ 的收敛域，并求出系统的单位脉冲响应。

解：(1)
$$y(n)=y(n-1)+y(n-2)+x(n-1)$$

将上式进行 z 变换，得到

$$Y(z)=Y(z)z^{-1}+Y(z)z^{-2}+X(z)z^{-1}$$

因此，

$$H(z)=\frac{z^{-1}}{1-z^{-1}-z^{-2}}=\frac{z}{z^2-z-1}$$

零点为：$z_0=0$；令 $z^2-z-1=0$，求出极点 $z_1=\dfrac{1+\sqrt{5}}{2}$，

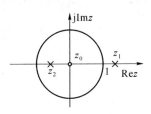

$z_2=\dfrac{1-\sqrt{5}}{2}$。零极点分布如图 2-10 所示。

图 2-10

(2) 由于限定系统是因果的，收敛域需选包含 ∞ 点在内

的收敛域，即 $|z|=\dfrac{1+\sqrt{5}}{2}$。求系统的单位脉冲响应可以用

两种方法求，一种方法是令输入等于单位脉冲序列，通过解

差分方程，其零状态输入解便是系统的单位脉冲响应；另一种方法是求 $H(z)$ 的 z 逆变换。

这里采用第二种方法。

$$h(n)=\mathrm{IZT}[H(z)]=\frac{1}{2\pi\mathrm{j}}\oint_c H(z)z^{n-1}\mathrm{d}z$$

式中 $H(z)=\dfrac{z}{z^2-z-1}=\dfrac{z}{(z-z_1)(z-z_2)}$，则

$$z_1=\frac{1+\sqrt{5}}{2},z_2=\frac{1-\sqrt{5}}{2}$$

令

$$F(z)=H(z)z^{n-1}=\frac{z^n}{(z-z_1)(z-z_2)}\qquad n\geqslant0$$

$$h(n)=\mathrm{Res}[F(z),z_1]+\mathrm{Res}[F(z),z_2]$$

$$=\frac{z^n}{(z-z_1)(z-z_2)}(z-z_1)\Big|_{z=z_1}+\frac{z^n}{(z-z_1)(z-z_2)}(z-z_2)\Big|_{z=z_2}$$

$$=\frac{z_1^n}{z_1-z_2}+\frac{z_2^n}{z_2-z_1}=\frac{1}{\sqrt{5}}\left[\left(\frac{1+\sqrt{5}}{2}\right)^n-\left(\frac{1-\sqrt{5}}{2}\right)^n\right]$$

因为是因果序列，$n<0$，$h(n)=0$。

$$h(n)=\frac{1}{\sqrt{5}}\left[\left(\frac{1+\sqrt{5}}{2}\right)^n-\left(\frac{1-\sqrt{5}}{2}\right)^n\right]u(n)$$

(3) 由于限定系统是因果稳定的，收敛域需选包含单位圆在内的收敛域，即 $|z_2|<|z|<|z_1|$，

$$F(z) = H(z)z^{n-1} = \frac{z^n}{(z-z_1)(z-z_2)}$$

$n \geqslant 0, c$ 内只有极点 z_2，只需求 z_2 点的留数。

$$h(n) = \mathrm{Res}[F(z), z_2] = -\frac{1}{\sqrt{5}}\left(\frac{1-\sqrt{5}}{2}\right)^n$$

$n < 0, c$ 内有两个极点 z_2 和 $z=0$，因为 $z=0$ 是一个 n 阶极点，改成求圆外极点留数，圆外极点只有一个，即 z_1，那么

$$h(n) = -\mathrm{Res}[F(z), z_1] = -\frac{1}{\sqrt{5}}\left(\frac{1+\sqrt{5}}{2}\right)^n$$

最后得到

$$y(n) = -\frac{1}{\sqrt{5}}\left(\frac{1-\sqrt{5}}{2}\right)^n u(n) - \frac{1}{\sqrt{5}}\left(\frac{1+\sqrt{5}}{2}\right)^n u(-n-1)$$

32. 一个输入为 $x(n)$ 和输出为 $y(n)$ 的时域线性离散移不变系统，已知它满足

$$y(n-1) - \frac{10}{3}y(n) + y(n+1) = x(n)$$

限定系统是稳定的。试求其单位脉冲响应。

解：对给定的差分方程两边作 z 变换，得

$$z^{-1}Y(z) - \frac{10}{3}Y(z) + zY(z) = X(z)$$

则

$$H(z) = \frac{Y(z)}{X(z)} = \frac{1}{z^{-1} - \frac{10}{3} + z} = \frac{z}{(z-3)(z-\frac{1}{3})}$$

可求得极点为 $z_1 = 3, z_2 = \frac{1}{3}$；为了使系统稳定，收敛区域必须包括单位圆，故取 $1/3 < |z| < 3$，利用习题 23(3) 的结果

$$h(n) = \frac{1}{a_2 - a_1}(a_1^n u(-n-1) + a_2^n u(n)), a_1 = 3, a_2 = \frac{1}{3}$$

即可求得

$$h(n) = -\frac{3}{8}\left[3^n u(-n-1) + \left(\frac{1}{3}\right)^n u(n)\right]$$

33. 研究一个满足下列差分方程的线性移不变系统，该系统不限定为因果、稳定系统。利用方程的零极点图，试求系统单位脉冲响应的三种可能选择方案。

$$y(n-1) - \frac{5}{2}y(n) + y(n+1) = x(n)$$

解：(1) 按习题 24 结果（此处 $z_1 = 2, z_2 = 1/2$），可知若收敛区域为 $|z| > 2$，则系统是非稳定的，但是因果的。其单位脉冲响应为

$$h(n) = \frac{1}{z_1 - z_2}(z_1^n - z_2^n)u(n) = \frac{2}{3}(2^n - 2^{-n})u(n)$$

（2）同样按习题 24，若收敛区域为 $1/2 < |z| < 2$，则系统是稳定的，但是非因果的。其单位脉冲响应为

$$h(n)=\frac{1}{z_1-z_2}[(z_1^n u(-n-1)+z_2^n u(n)]=-\frac{2}{3}[2^n u(-n-1)+2^{-n} u(n)]$$

(3) 类似地,若收敛区域为 $|z|<1/2$,则系统是非稳定的,又是非因果的。其单位脉冲响应为

$$h(n)=\frac{1}{z_1-z_2}[(z_1^n u(-n-1)-z_2^n u(-n-1)]=-\frac{2}{3}(2^n-2^{-n})u(-n-1)$$

34. 有一个用以下差分方程表示的线性移不变因果系统:

$$y(n)-2ry(n-1)\cos\theta+r^2 y(n-2)=x(n)$$

当激励 $x(n)=a^n u(n)$ 时,请用 z 变换法求解系统的响应。

解:将题中给出的差分方程进行 z 变换,得

$$Y(z)-2rY(z)z^{-1}\cos\theta+r^2 Y(z)z^{-2}=\frac{1}{1-az^{-1}}$$

$$Y(z)=\frac{1}{1-az^{-1}}\frac{1}{1-2r\cos\theta z^{-1}+r^2 z^{-2}}=\frac{z^3}{(z-a)(z-z_1)(z-z_2)}$$

式中,$z_1=re^{j\theta}$,$z_2=re^{-j\theta}$。

因为是因果系统,收敛域为:$|z|>\max(r,|z|)$,且 $n<0$,$y(n)=0$,所以 $y(n)=\frac{1}{2\pi j}\oint_c Y(z)z^{n-1}dz$,$c$ 包含三个极点,即 a、z_1、z_2。

$$F(z)=Y(z)z^{n-1}=\frac{z^3}{(z-a)(z-z_1)(z-z_2)}z^{n-1}=\frac{z^{n+2}}{(z-a)(z-z_1)(z-z_2)}$$

$$y(n)=\mathrm{Res}[F(z),a]+\mathrm{Res}[F(z),z_1]+\mathrm{Res}[F(z),z_2]$$

$$=\frac{z^{n+2}}{(z-a)(z-z_1)(z-z_2)}(z-a)\Big|_{z=a}$$

$$+\frac{z^{n+2}}{(z-a)(z-z_1)(z-z_2)}(z-z_1)\Big|_{z=z_1}$$

$$+\frac{z^{n+2}}{(z-a)(z-z_1)(z-z_2)}(z-z_2)\Big|_{z=z_2}$$

$$=\frac{a^{n+2}}{(a-z_1)(a-z_2)}+\frac{z_1^{n+2}}{(z_1-a)(z_1-z_2)}+\frac{z_2^{n+2}}{(z_2-a)(z_2-z_1)}$$

$$=\frac{(re^{-j\theta}-a)(re^{j\theta})^{n+2}-(re^{j\theta}-a)(re^{-j\theta})^{n+2}+j2r\sin\theta a^{n+2}}{j2r\sin\theta(re^{j\theta}-a)(re^{-j\theta}-a)}$$

35. 图 2-11 是一个因果稳定系统的结构,试列出系统差分方程,求系统函数。当 $b_0=0.5$,$b_1=1$,$a_1=0.5$ 时,求系统单位脉冲响应,画出系统零极点图和频率响应曲线。

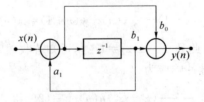

图 2-11

解:解法一:差分方程取 z 变换得 $H(z)$,从而求得 $y(n)$。由图示可得

$$x_1(n) = x(n) + a_1 x_1(n-1)$$

$$y(n) = b_0 x_1(n) + b_1 x_1(n-1)$$

则

$$y(n) + ky(n-1) = b_0 x_1(n) + b_1 x_1(n-1) + kb_0 x_1(n-1) + kb_1 x_1(n-2)$$

$$= b_0 x(n) + (a_1 b_0 + b_1 + kb_0) x_1(n-1) + kb_1 x_1(n-2)$$

$$= b_0 x(n) + (a_1 b_0 + b_1 + kb_0) x(n-1)$$

$$+ a_1(a_1 b_0 + b_1 + kb_0) x_1(n-2) + kb_1 x_1(n-2)$$

由框图可以看出，差分方程应该是一阶的，即

$$a_1^2 b_0 + a_1 b_1 + ka_1 b_0 + kb_1 = 0 \Rightarrow k = -a_1$$

则有

$$y(n) - a_1 y(n-1) = b_0 x(n) + (a_1 b_0 + b_1 - a_1 b_0) x(n-1)$$

$$= b_0 x(n) + b_1 x(n-1)$$

即

$$Y(z)(1 - a_1 z^{-1}) = (b_0 + b_1 z^{-1}) X(z)$$

所以

$$H(z) = \frac{Y(z)}{X(z)} = \frac{b_0 + b_1 z^{-1}}{1 - a_1 z^{-1}}$$

当 $b_0 = 0.5, b_1 = 1, a_1 = 0.5$ 时

$$H(z) = \frac{b_0 + b_1 z^{-1}}{1 - a_1 z^{-1}} = \frac{0.5 + z^{-1}}{1 - 0.5 z^{-1}} = \frac{0.5}{1 - 0.5 z^{-1}} + \frac{z^{-1}}{1 - 0.5 z^{-1}}$$

因为此系统是一个因果稳定系统，所以其收敛域为 $|z| > 0.5$，可求得

$$h(n) = 0.5(0.5)^n u(n) + (0.5)^{n-1} u(n-1)$$

其结果如图 2-12 所示，其中图(a)为系统零极点图，图(b)为系统幅频特性。

解法二：用复频域变换法求解。将图 2-11 画成流图结构，并化简为图 2-12(d)。改变线性流图的级联次序，将图 2-12(d)转化成图 2-12(e)。由该流图可的写出其线性差分方程

$$y(n) = a_1 y(n-1) + b_0 x(n) + b_1 x(n-1)$$

取 z 变换，可得

$$Y(z)(1 - a_1 z^{-1}) = (b_0 + b_1 z^{-1}) X(z)$$

所以

$$H(z) = \frac{Y(z)}{X(z)} = \frac{b_0 + b_1 z^{-1}}{1 - a_1 z^{-1}}$$

代入 $b_0 = 0.5, b_1 = 1, a_1 = 0.5$，可得

$$H(z) = \frac{0.5 + z^{-1}}{1 - 0.5 z^{-1}} = \frac{1 + 0.5z}{z - 0.5}$$

$$\frac{H(z)}{z} = \frac{1 + 0.5z}{z(z - 0.5)} = \frac{A}{z} + \frac{B}{z - 0.5}, A = -2, B = 2.5$$

因而

$$H(z) = -2 + \frac{2.5z}{z - 0.5} \quad |z| > 0.5$$

因为系统是因果稳定的,所以

$$h(n) = -2\delta(n) + 2.5 \times (0.5)^n u(n)$$

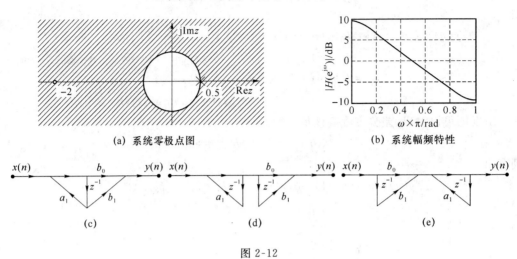

(a) 系统零极点图　　　　　(b) 系统幅频特性

(c)　　　　　　(d)　　　　　　(e)

图 2-12

36. 设 $x(n)$ 是一离散时间信号,其 z 变换为 $X(z)$,对下列信号利用 $X(z)$ 求它们的 z 变换。

(1) $x_1(n) = \nabla x(n)$,这里 ∇ 记做一次后向差分算子,定义 $\nabla x(n) = x(n) - x(n-1)$。

(2) $x_2(n) = x(2n)$。

(3) $x_3(n) = \begin{cases} x(n/2) & n \text{ 为偶数} \\ 0 & n \text{ 为奇数} \end{cases}$

解:(1) $\qquad$ $\mathrm{ZT}[\nabla x(n)] = \mathrm{ZT}[x(n)] - \mathrm{ZT}[x(n-1)]$

$$= X(z) - z^{-1}X(z) = (1 - z^{-1})X(z)$$

(2) 令 $m = 2n$,则

$$Y(z) = \sum_{n=-\infty}^{\infty} x(2n)z^{-n} = \sum_{m=2k}^{\infty} x(m)z^{-\frac{m}{2}} \quad k \text{ 为整数}$$

由此可设

$$x(m) = \frac{1}{2}[1 + (-1)^m]x(m)$$

可得

$$Y(z) = \sum_{m=-\infty}^{\infty} \frac{1}{2}[1 + (-1)^m]x(m)z^{-\frac{m}{2}} = \frac{1}{2}\sum_{m=-\infty}^{\infty} x(m)z^{-\frac{m}{2}} + \frac{1}{2}\sum_{m=-\infty}^{\infty} x(m)(-z^{\frac{1}{2}})^{-m}$$

$$= \frac{1}{2}[X(z^{\frac{1}{2}}) + X(-z^{\frac{1}{2}})]$$

(3) $\mathrm{ZT}[x_2(n)] = \sum_{n=2k} x(\frac{n}{2})z^{-n}, k$ 为整数。令 $m = n/2$,则

$$\mathrm{ZT}[x_2(n)] = \sum_{m=-\infty}^{\infty} x(m)z^{-2m} = X(z^2)$$

37. 若 $x(n)$ 是因果序列且 $|x(n)| < M$,$X(z)$ 是 $x(n)$ 的 z 变换。试证初值定

理：$\lim\limits_{z\to\infty} X(z)=x(0)$。

证明：由 z 变换定义，得

$$X(z)=\sum_{n=-\infty}^{\infty}x(n)u(n)z^{-n}=\sum_{n=0}^{\infty}x(n)z^{-n}$$

$$=x(0)+x(1)z^{-1}+x(2)z^{-2}+x(3)z^{-3}+\cdots$$

上式两边取极限，得

$$\lim_{z\to\infty}X(z)=x(0)$$

38. 若 $X(z)=\mathrm{ZT}[x(n)]$，$Y(z)=\mathrm{ZT}[y(n)]$，请借助线性卷积与 z 变换的定义，证明：时域卷积对应于 z 域乘积，即 $\mathrm{ZT}[x(n)*y(n)]=X(z)Y(z)$。

证明：由 z 变换定义，得

$$\mathrm{ZT}[x(n)*y(n)]=\sum_{n=-\infty}^{\infty}[x(n)*y(n)]=\sum_{n=-\infty}^{\infty}\sum_{m=-\infty}^{\infty}x(n)y(n-m)z^{-n}$$

$$=\sum_{m=-\infty}^{\infty}x(m)\left[\sum_{n=-\infty}^{\infty}y(n-m)z^{-n}\right]=\sum_{m=-\infty}^{\infty}x(m)z^{-m}Y(z)$$

$$=X(z)Y(z)\qquad \max[R_{x-},R_{h-}]<|z|<\min[R_{x+},R_{h+}]$$

39. 图 2-13 是由采样器、压缩器和数字滤波器（FA 或 FB）组成的两种信号处理系统。

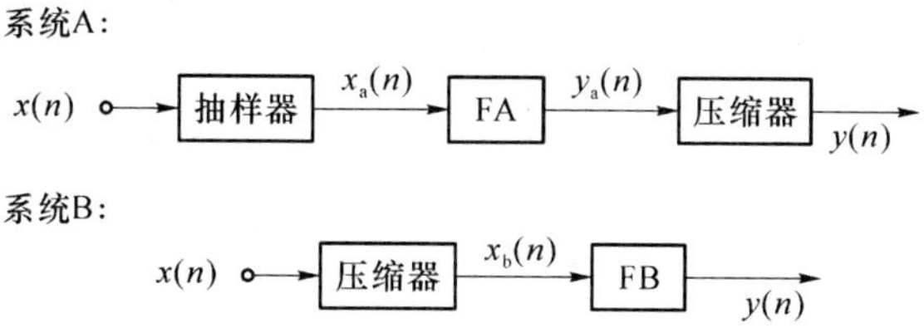

图 2-13

（1）采样器完成下列运算：保留 $x(n)$ 的偶数点。

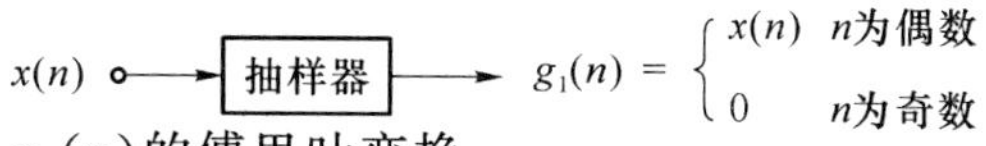

$$x(n)\;\circ\!\!-\!\!\boxed{\text{抽样器}}\!\!-\!\!\longrightarrow\; g_1(n)=\begin{cases}x(n) & n\text{ 为偶数}\\ 0 & n\text{ 为奇数}\end{cases}$$

试求 $x(n)$ 经采样器输出 $g_1(n)$ 的傅里叶变换。

（2）压缩器对 $x(n)$ 进行序列偶数点的重排。

$$x(n)\;\circ\!\!-\!\!\boxed{\text{压缩器}}\!\!-\!\!\longrightarrow\; g_2(n)=x(2n)$$

试求 $x(n)$ 经压缩器输出 $g_2(n)$ 的傅里叶变换。

（3）已知系统 A 中的数字滤波器 FA 的脉冲响应为

$$h_a(n)=a^n u(n)\qquad 0<a<1$$

若使系统 A 与系统 B 等效，求系统 B 中数字滤波器 FB 的频率响应 $H_b(\mathrm{e}^{\mathrm{j}\omega})$ 及其相应的脉冲响应 $h_b(n)$。

解：设 $Z[x(n)]=X(z)$。

（1）由题意知图 2-13 中 $x(n)$ 经采样器输出

$$g_1(n)=\begin{cases}x(n) & n\text{ 为偶数}\\ 0 & n\text{ 为奇数}\end{cases}$$

利用习题 36(3)的解,得

$$ZT[x_2(n)] = \sum_{n=2k} x\left(\frac{n}{2}\right) z^{-n} \quad k \text{ 为整数}$$

令 $m = n/2$,则

$$ZT[x_2(n)] = \sum_{m=-\infty}^{\infty} x(m) z^{-2m} = X(z^2)$$

于是,得

$$G_1(e^{j\omega}) = X(e^{j2\omega})$$

(2) 利用习题 36(2)的解,得

$$G_1(z) = \sum_{m=-\infty}^{\infty} \frac{1}{2}[1 + (-1)^m] x(m) z^{\frac{m}{2}} = \frac{1}{2} \sum_{m=-\infty}^{\infty} x(m) z^{\frac{m}{2}} + \frac{1}{2} \sum_{m=-\infty}^{\infty} x(m)(-z^{\frac{1}{2}})^{-m}$$

$$= \frac{1}{2}[X(z^{\frac{1}{2}}) + X(-z^{\frac{1}{2}})]$$

于是,得

$$G_1(e^{j\omega}) = \frac{1}{2}[X(e^{j\frac{\omega}{2}}) + X(-e^{j\frac{\omega}{2}})]$$

(3) FA 的单位脉冲响应为

$$h_A(n) = IFT[H_A(e^{j\omega})] = a^n u(n)$$

所以,系统 A 中

$$y_a(n) = x_a(n) * g_1(n) = x_a(n) * h_A(n)$$

$$= \sum_{m=-\infty}^{\infty} x_a(m) h_A(n-m) = \sum_{m=-\infty}^{\infty} x(2m) a^{n-2m} u(n-2m)$$

$$y(n) = y_a(2n) = \sum_{m=-\infty}^{\infty} x(2m) a^{2n-2m} u(2n-2m)$$

$$= \sum_{m=-\infty}^{\infty} x(2m) a^{2n-2m} u(n-m)$$

系统 B 中,$x_b(n) = x(2n)$。设 $h_B(n) = IFT[H_B(e^{j\omega})]$,则

$$y(n) = x_b(n) * h_B(n)$$

$$= \sum_{m=-\infty}^{\infty} x_b(m) h_B(n-m) = \sum_{m=-\infty}^{\infty} x(2m) h_B u(n-m)$$

当系统 A 和系统 B 等效时,必须有

$$h_B(n-m) = a^{2n-2m} u(n-m)$$

即

$$h_B(n) = a^{2n} u(n)$$

故

$$H_B(e^{j\omega}) = \sum_{n=-\infty}^{\infty} h_B(n) e^{-j\omega n} = \sum_{n=-\infty}^{\infty} a^{2n} e^{-j\omega n} = \frac{1}{1 - a^2 e^{-j\omega}}$$

40. 已知因果序列 $h(n)$,其傅里叶变换的实部为

$$H_R(e^{j\omega}) = \frac{1 - a\cos\omega}{1 - 2a\cos\omega + a^2} \quad -1 < a < 1$$

求序列 $h(n)$ 及其傅里叶变换 $H(e^{j\omega})$。

解：
$$H(e^{j\omega}) = \frac{1-a\cos\omega}{1+a^2-2a\cos\omega} = \frac{1-0.5a(e^{j\omega}+e^{-j\omega})}{1+a^2-a(e^{j\omega}+e^{-j\omega})}$$

$$H_R(z) = \frac{1-0.5a(z+z^{-1})}{1+a^2-a(z+z^{-1})} = \frac{1-0.5a(z+z^{-1})}{(1-az^{-1})(1-az)}$$

求上式 z 逆变换，得到序列 $h(n)$ 的共轭对称序列 $h_e(n)$。

$$h_e(n) = \frac{1}{2\pi j}\oint_c H_R(z)z^{n-1}\mathrm{d}z$$

$$F(z) = H_R(z)z^{n-1} = \frac{-0.5az^2+z-0.5a}{-a(z-a)(z-a^{-1})}z^{n-1}$$

因为 $h(n)$ 是因果序列，$h_e(n)$ 必定是双边序列，收敛域取：$a<|z|<a^{-1}$。

$n\geqslant 1$ 时，c 内有极点 a，

$$h_e(n) = \mathrm{Res}[F(z),a]$$
$$= \frac{-0.5az^2+z-0.5a}{-a(z-a)(z-a^{-1})}z^{n-1}(z-a)\Big|_{x=a} = \frac{1}{2}a^n$$

$n=0$ 时，c 内有极点 a、0，

$$F(z) = H_R(z)z^{n-1} = \frac{-0.5az^2+z-0.5a}{-a(z-a)(z-a^{-1})}z^{-1}$$

所以 $h_e(n) = \mathrm{Res}[F(z),a] + \mathrm{Res}[F(z),0]$。又因为 $h_e(n) = h_e(-n)$，所以

$$h_e(n) = \begin{cases} 1 & n=0 \\ 0.5a^n & n>0 \\ 0.5a^{-n} & n<0 \end{cases}$$

$$h(n) = \begin{cases} h_e(n) & n=0 \\ 2h_e(n) & n>0 \\ 0 & n<0 \end{cases} = \begin{cases} 1 & n=0 \\ a^n & n>0 \\ 0 & n<0 \end{cases} = a^n u(n)$$

$$H(e^{j\omega}) = \sum_{n=0}^{\infty} a^n e^{-j\omega n} = \frac{1}{1-ae^{-j\omega}}$$

41. 已知因果序列 $h(n)$，$h(0)=1$，其傅里叶变换的虚部为

$$H_I(e^{j\omega}) = \frac{-a\sin\omega}{1-2a\cos\omega+a^2} \qquad -1<a<1$$

求序列 $h(n)$ 及其傅里叶变换 $H(e^{j\omega})$。

解： $H_I(e^{j\omega}) = \frac{-a\sin\omega}{1+a^2-2a\cos\omega} = \frac{-a\frac{1}{2j}(e^{j\omega}-e^{-j\omega})}{1+a^2-a(e^{j\omega}+e^{-j\omega})}$

令 $z=e^{j\omega}$，则

$$H_I(z) = \frac{1}{2j}\frac{-a(z-z^{-1})}{1+a^2-a(z+z^{-1})} = \frac{1}{2j}\frac{-a(z-z^{-1})}{(1-az^{-1})(1-az)}$$

$jH_I(e^{j\omega})$ 对应 $h(n)$ 的共轭反对称序列 $h_o(n)$，因此 $jH_I(z)$ 的逆变换就是 $h_o(n)$。

$$h_o(n) = \frac{1}{2\pi j}\oint_c jH_I(z)z^{n-1}\mathrm{d}z$$

因为 $h(n)$ 是因果序列，$h_o(n)$ 是双边序列，收敛域取：$a<|z|<a^{-1}$，

$$F(z) = jH_I(z)z^{n-1} = \frac{1}{2}\frac{z^2-1}{(z-a)(z-a^{-1})}z^{n-1}$$

$n \geqslant 1$ 时,c 内有极点 a,

$$h_I(n) = \text{Res}[F(z), a] = \frac{z^2-1}{2(z-a)(z-a^{-1})}z^{n-1}(z-a)\Big|_{z=a} = \frac{1}{2}a^n$$

$n = 0$ 时,c 内有极点 a、0,

$$F(z) = jH_I(z)z^{n-1} = \frac{1}{2}\frac{z^2-1}{(z-a)(z-a^{-1})}z^{-1}$$

所以

$$h_I(z) = \text{Res}[F(z), a] + \text{Res}[F(z), 0] = 0$$

又因为 $h_I(n) = -h(-n)$,所以

$$h_I(n) = \begin{cases} 0 & n=0 \\ 0.5a^n & n>0 \\ -0.5a^{-n} & n<0 \end{cases}$$

$$h(n) = h_I(n)u_+(n) + h(0)\delta(n) = \begin{cases} 1 & n=0 \\ a^n & n>0 \\ 0 & n<0 \end{cases} = a^n u(n)$$

$$H(e^{j\omega}) = \sum_{n=0}^{\infty} a^n e^{-j\omega n} = \frac{1}{1-ae^{-j\omega}}$$

42. 已知一个滤波器的系统函数为 $H(z) = \dfrac{0.8z^{-2}}{1-0.5z^{-1}+0.3z^{-2}}$。试判定系统是否稳定。如果该系统稳定,求出系统对于单位阶跃序列的稳态输出及稳定时间,并求出系统对于单位阶跃序列的全响应输出,画出其波形。

解:用 MATLAB 语言分析如下。先判断系统的稳定性。

```
% 首先根据极点分布判断系统是否稳定
A = [1, -0.5, -0.3];        % H(z)的分母多项式系数
B = [0, 0, 0.8];            % H(z)的分子多项式系数
subplot(2,2,1);
zplane(B,A);                % 绘制 H(z)的零极点图
p = roots(A);               % 求 H(z)的极点
pm = abs(p);                % 求 H(z)的极点的模
ifmax(pm)<1
disp('系统因果稳定')
else
disp('系统不因果稳定')
end
% 下面计算系统对 u(n)的响应
un = ones(1,100);
sn = filter(B,A,un);
```

```
n = 0:length(sn) - 1;
subplot(2,2,2);stem(n,sn,'.')
xlabel('n');ylabel('s(n)');
```

程序运行结果如图 2-14 所示。因极点在单位圆内,系统是因果稳定的。由单位阶跃序列的输出响应看到,输出趋近稳态值,因此验证了系统的稳定性。

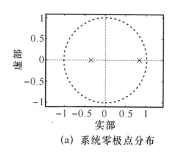 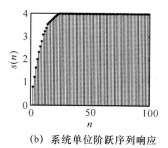

(a) 系统零极点分布   (b) 系统单位阶跃序列响应

图 2-14

43. 二阶网络的系统函数具有相同的极点分布

$$H_1(z) = \frac{1}{1 - 1.6z^{-1} + 0.942\,5z^{-2}}$$

共有四种形式,给出其余三种形式,并研究四种形式零点分布对于单位脉冲响应的影响。要求:

(1) 分别画出各系统的零极点分布图。

(2) 分别求出各系统的单位脉冲响应,并画出其波形。

(3) 分析零点分布对于单位脉冲响应的影响。

解:二阶网络的其余三种零点分布形式分别如下:

$$H_2(z) = \frac{1 - 0.3z^{-1}}{1 - 1.6z^{-1} + 0.942\,5z^{-2}}$$

$$H_3(z) = \frac{1 + 0.7z^{-1}}{1 - 1.6z^{-1} + 0.942\,5z^{-2}}$$

$$H_4(z) = \frac{1 - 1.6z^{-1} + 0.7z^{-2}}{1 - 1.6z^{-1} + 0.942\,5z^{-2}}$$

用 MATLAB 语言分析如下:

```
A = [1, -1.6, 0.9425];            %H(z)的分母多项式系数
B1 = 1;B2 = [1, -0.3];B3 = [1,0.7];B4 = [1, -1.6,0.7];  %H(z)的分子多项式系数
b1 = [100];b2 = [1, -0.3,0];b3 = [1, -0.7,0];b4 = [1, -1.6,0.7];%H(z)升幂分子多项式系数
p = roots(A)                      % 求 H1(z),H2(z),H3(z),H4(z)的极点
z1 = roots(b1)                    % 求 H1(z)的零点
z2 = roots(b2)                    % 求 H2(z)的零点
z3 = roots(b1)                    % 求 H3(z)的零点
z4 = roots(b1)                    % 求 H4(z)的零点
```

```
[h1n,n] = impz(B1,A,100);          % 计算单位脉冲响应 h1(n) 的 100 个样值
[h2n,n] = impz(B2,A,100);          % 计算单位脉冲响应 h2(n) 的 100 个样值
[h3n,n] = impz(B3,A,100);          % 计算单位脉冲响应 h3(n) 的 100 个样值
[h4n,n] = impz(B4,A,100);          % 计算单位脉冲响应 h4(n) 的 100 个样值
% 以下是绘图程序
subplot(2,2,1);
zplane(B1,A);                      % 绘制 H1(z) 的零极点图
subplot(2,2,2);
stem(n,h1n,´.´);                   % 绘制 h1(n) 的波形图
line([0,100],[0,0])
xlabel(´n´);ylabel(´h1(n)´)
subplot(2,2,3);
zplane(B2,A);                      % 绘制 H2(z) 的零极点图
subplot(2,2,4);
stem(n,h2n,´.´);                   % 绘制 h2(n) 的波形图
line([0,100],[0,0])
xlabel(´n´);ylabel(´h2(n)´)
figure(2);subplot(2,2,1);
zplane(B3,A);                      % 绘制 H3(z) 的零极点图
subplot(2,2,2);
stem(n,h3n,´.´);                   % 绘制 h3(n) 的波形图
line([0,100],[0,0])
xlabel(´n´);ylabel(´h3(n)´)
subplot(2,2,3);
zplane(B4,A);                      % 绘制 H4(z) 的零极点图
subplot(2,2,4);
stem(n,h4n,´.´);                   % 绘制 h4(n) 的波形图
line([0,100],[0,0])
xlabel(´n´);ylabel(´h1(n)´)
```

程序运行结果如图 2-15 所示。

四种系统函数的极点分布一样,只是零点不同。第一种零点在原点,不影响系统的频率特性,也不影响单位脉冲响应;第二种的零点在实部,但离极点较远;第三种零点靠远离极点;第四种的零点非常靠近极点。比较它们的单位采样响应,会发现零点越靠近极点,单位采样响应的变化越缓慢,因此零点对极点的作用起抵消作用。另外;第四种有两个零点,对消作用更明显。

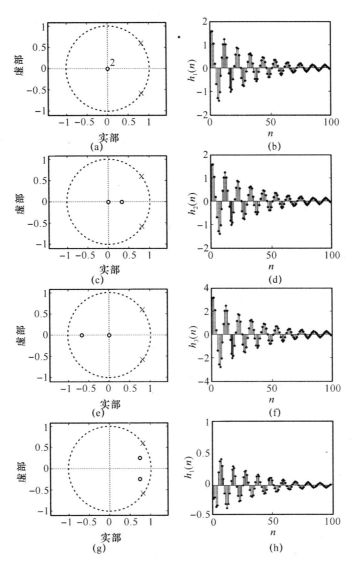

图 2-15

第3章 离散傅里叶变换

3.1 引　言

　　傅里叶变换就是以时间为自变量的"信号"与以频率为自变量的"频谱"函数之间的某种变换关系。在数字信号处理中非常有用的一种变换是离散傅里叶变换(简称 DFT)。DFT 与 FT 和 ZT 有着密切的联系以及不同于 FT 和 ZT 的物理概念和重要性质。掌握这些概念和性质,正确地应用 DFT(FFT),是在各种不同的信号处理中充分灵活地发挥其作用的基础。DFT 在数字信号处理中具有非常重要的作用,它使数字信号处理从时域扩展到频域,从而使处理方法更加灵活,能完成模拟信号处理完不成的许多处理功能,带来了一些新颖的处理内容。

　　DFT 是信号在频域离散化,从而便于使用计算机在频域进行信号处理。DFT 有多种快速算法,可使信号处理速度大大提高。利用 DFT 的循环卷积定理及其循环卷积等于线性卷积的条件,可以将时域序列卷积运算转换成频域序列相乘运算,且频域与时域的变换均采用快速算法,从而大大提高卷积运算速度。而 DFT 本身可以用于随机信号的功率谱估计及信号的谱分析,使这些处理过程可以采用数字计算实现。

3.2 DFT 的学习要点

　　(1) 关于 DFT 的物理意义

　　DFT 是一种有限长序列的变换。对于有限长为 M 的序列 $x(n)$,其 $N(N{\geqslant}M)$ 点 DFT 变换结果用 $X(k)$ 表示,$X(k)$ 也是一个有限长的序列。n 可以表示时间,k 是与频率成线性关系的变量,对应的频率为 $2\pi k/N$ rad。

　　从频域考察 $X(k)$,DFT 可视为序列对应的频域区间 $[0,2\pi]N$ 等分的间隔采样。因此,序列进行 N 点的 DFT 得到频域的离散化函数。当 $N{\rightarrow}\infty$,$X(k){\rightarrow}X(\mathrm{e}^{\mathrm{j}\omega})$,即所得频域离散

化函数的包络接近于序列的傅里叶变换。

周期序列及其离散傅里叶级数都是周期性的,并且周期为 N 的序列的离散傅里叶级数也以 N 为周期。这可以解释为周期序列的频谱由 N 条离散谱线组成。习惯上将周期序列和其离散傅里叶级数都取主值区,组成一对离散傅里叶变换。这也是用 DFT 对周期序列作频谱分析希望取一周并作 N 点变换的原因。也由于周期性,用整数倍周期作 DFT 也有同样的效果。

(2) 关于广义的 DFT 计算

DFT 的重要物理意义有着广泛的应用,尤其是应用于频谱分析。按照 DFT 的基本定义分析推论,可以用 DFT 计算广义圆 $r(r\neq1)$ 上等间隔的频率采样,或偏离原等间隔采样点 $2\pi k/N$ 的采样。

假设序列 $x(n)$ 的 z 变换用 $X(z)$ 表示,即 $X(z) = \sum\limits_{n=-\infty}^{\infty} x(n)z^{-n}$。在单位圆上 N 点等间隔采样,就是它的 N 点 DFT,即

$$X(k) = \mathrm{DFT}[x(n)]X(z)\Big|_{z=\mathrm{e}^{\mathrm{j}\frac{2\pi}{N}k}} = \sum_{n=-\infty}^{\infty} x(n)\mathrm{e}^{-\mathrm{j}\frac{2\pi}{N}kn} \quad k = 0,1,\cdots,N-1 \quad (3\text{-}1)$$

如果在 r 圆上进行 N 等间隔采样,得到

$$X_r(k) = X(z)\,|_{z=r\mathrm{e}^{\mathrm{j}\frac{2\pi}{N}k}} = \sum_{n=-\infty}^{\infty} x(n)r^{-n}\mathrm{e}^{-\mathrm{j}\frac{2\pi}{N}kn} \quad\quad (3\text{-}2)$$

对比式(3-1)和式(3-2),将原序列乘 r^{-n} 后进行 DFT,就得到 r 圆上的 N 点均匀采样。

例 3-1　设 $x(n)=R_4(n)$,求 $x(n)=R_4(n)$ 在 z 平面上半径 $r=0.8$ 圆上的 8 点等间隔采样值。

解:$X_r(k) = \mathrm{DFT}[x(n)0.8^{-n}] = \sum\limits_{n=0}^{7} 0.8^{-n}x(n)W_8^{kn} = \dfrac{1-0.8^{-4}W_8^{4k}}{1-0.8^{-1}W_8^{k}}$

因为 DFT 是在单位圆上或者 $0\sim2\pi$ 区间上频率为 $\omega_k=2\pi k/N(k=0,1,2,\cdots,N-1)$ 的等间隔采样 N 点。若要求偏离这些点进行采样,采样点的频率为 $\omega_k=2\pi k/N+\pi/N(k=0,1,2,\cdots,N-1)$,仍可用 DFT 计算。即

$$X(k) = \mathrm{DFT}[x(n)] = X(\mathrm{e}^{\mathrm{j}\omega})\,|_{\omega=2\pi k/N} = \sum_{n=-\infty}^{\infty} x(n)\mathrm{e}^{-\mathrm{j}\omega n}\,\Big|_{\omega=2\pi k/N} = \sum_{n=-\infty}^{\infty} x(n)\mathrm{e}^{-\mathrm{j}\frac{2\pi}{N}kn}$$

令 $X_M(k)=X(\mathrm{e}^{\mathrm{j}\omega})|_{\omega=2\pi k/N+\pi/N}$,则

$$X_M(k) = \sum_{n=-\infty}^{\infty} x(n)\mathrm{e}^{-\mathrm{j}(2\pi k/N+\pi/N)n} = \sum_{n=-\infty}^{\infty} x(n)\mathrm{e}^{-\mathrm{j}\pi kn/N}\mathrm{e}^{-\mathrm{j}2\pi kn/N}$$

令 $X_M(n)=x(n)\mathrm{e}^{-\mathrm{j}\pi n/N}$,且 $x(n)$ 长度小于等于 N,则

$$X_M(k) = \sum_{n=0}^{N-1} x_M(n)\mathrm{e}^{-\mathrm{j}2\pi kn/N} = \mathrm{DFT}[X_M(n)] \quad\quad (3\text{-}3)$$

式(3-3)表明偏离 DFT 采样点计算仍可以用 DFT 计算。

例 3-2　设 $x(n)=R_4(n)$,用 DFT 计算 $\omega_k=2\pi k/N+\pi/N$,若取 $N=8$,试计算 $k=0,1,2,\cdots,N-1$ 处的频域采样。

解:
$$X_M(n)=x(n)\mathrm{e}^{-\mathrm{j}\omega n/8}$$

$$X_M(k) = \mathrm{DFT}[x_M(n)] = \sum_{n=0}^{3} x_M(n)W_8^{kn} = \sum_{n=0}^{3} \mathrm{e}^{-\mathrm{j}\omega n/8}W_8^{kn} = \frac{1-\mathrm{e}^{-\mathrm{j}\frac{\pi}{2}}\mathrm{e}^{-\mathrm{j}\pi k}}{1-\mathrm{e}^{-\mathrm{j}\frac{\pi}{8}}\mathrm{e}^{-\mathrm{j}\frac{2\pi}{8}k}} \quad k = 0,1,2,\cdots,7$$

3.3 DFT 的主要性质及快速算法学习要点

（1）DFT 服从线性叠加原理。

（2）DFT 隐含周期性，即 $X(k)=\text{DFF}[x(n)]$，则 $X(k)=X(k+mN)$，其中 N 是 DFF 的变换。

（3）DFT 循环移位性质。

若 $y(n)$ 服从 $y(n)=x((n+m))_N R_N(n)$，则称 $y(n)$ 是 $x(n)$ 的循环移位。$\text{DFT}[x(n)]$ 和 $\text{DFT}[y(n)]$ 满足公式 $Y(k)=W_N^{-km}X(k)$。该公式形式上类似于傅里叶变换的线性移位性质，但 DFT 是循环移位，傅里叶变换是线性移位。

（4）共轭对称性。

DFT 的共轭对称性指的是对序列区间中心的对称性，这一点与 FT 的共轭对称性指的是对坐标原点的共轭对称性有很大不同。有关 DFT 的序列是有限长的，而关于 FT 的序列既可以有限长也可以无限长。

（5）循环卷积定理。

设序列 $x_1(n)$ 和 $x_2(n)$ 的长度分别为 N 和 M，它们的 $L(L\geqslant\max[N,M])$ 点循环卷积 $x(n)$ 为

$$x(n) = \Big[\sum_{M=0}^{L-1}x_1(m)x_2((n-m))_L\Big]R_L(n) = h(n)\otimes x(n)$$

与 DFT 一样，上式表示的循环卷积也可以表示为矩阵形式

$$\begin{bmatrix} x(0) \\ x(1) \\ x(2) \\ \vdots \\ x(L) \end{bmatrix} = \begin{bmatrix} x_2(0) & x_2(L-1) & x_2(L-2) & \cdots & x_2(1) \\ x_2(1) & x_2(0) & x_2(L-1) & \cdots & x_2(2) \\ x_2(2) & x_2(1) & x_2(0) & \cdots & x_2(3) \\ \vdots & \vdots & \vdots & \vdots & \vdots \\ x_2(L-1) & x_2(L-2) & x_2(L-3) & \cdots & x_2(0) \end{bmatrix} \begin{bmatrix} x_1(0) \\ x_1(1) \\ x_1(2) \\ \vdots \\ x_1(L-1) \end{bmatrix} \quad (3\text{-}4)$$

式（3-4）右边第一个矩阵称为 $x(n)$ 的 L 点循环矩阵。容易发现它由 $x_2(n)$ 的 L 点循环倒相序列构成。

例 3-3 设序列 $x(n)=\{\underline{1},2,2,1\}$，$h(n)=\{\underline{3},2,-1,1\}$。利用式（3-4）计算计算 5 点循环卷积 $y_5(n)=x(n)⑤h(n)$ 和线性卷积 $y_5(n)=x(n)*h(n)$。

解：先计算 5 点循环卷积 $y_5(n)=x(n)⑤h(n)$。按照式（3-4）写出

$$\begin{bmatrix} y_5(0) \\ y_5(1) \\ y_5(2) \\ y_5(3) \\ y_5(4) \end{bmatrix} = \begin{bmatrix} 1 & 0 & 1 & 2 & 2 \\ 2 & 1 & 0 & 1 & 2 \\ 2 & 2 & 1 & 0 & 1 \\ 1 & 2 & 2 & 1 & 0 \\ 0 & 1 & 2 & 2 & 1 \end{bmatrix} \begin{bmatrix} 3 \\ 2 \\ -1 \\ 1 \\ 0 \end{bmatrix} = \begin{bmatrix} 4 \\ 9 \\ 9 \\ 6 \\ 2 \end{bmatrix}$$

得到 $y_5(n)=\{\underline{4},9,9,6,2\}$。

本例中 $x(n)$ 的循环矩阵为 5×5 矩阵,其第 1 行是 $x(n)$ 的 5 点循环倒相,第 2 行是第 1 行向右循环移一位,第 3 行是第 2 行向右循环移一位,依此类推。

也可以用列表法求解,此处略。

再计算线性卷积 $y(n) = x(n) * h(n)$。利用式(3-4)计算线性卷积的关键是确定循环卷积的长度 L。线性卷积的长度为 $L = 4 + 4 - 1 = 7$,故循环卷积的长度可选 $L = 7$。在两个序列 $x(n)$ 和 $h(n)$ 的尾部加 3 个零点后进行 7 点循环卷积,计算如下:

$$
\begin{bmatrix} y_7(0) \\ y_7(1) \\ y_7(2) \\ y_7(3) \\ y_7(4) \\ y_7(5) \\ y_7(6) \end{bmatrix} = \begin{bmatrix} 1 & 0 & 0 & 0 & 1 & 2 & 2 \\ 2 & 1 & 0 & 0 & 0 & 1 & 2 \\ 2 & 2 & 1 & 0 & 0 & 0 & 1 \\ 1 & 2 & 2 & 1 & 0 & 0 & 0 \\ 0 & 1 & 2 & 2 & 1 & 0 & 0 \\ 0 & 0 & 1 & 2 & 2 & 1 & 0 \\ 0 & 0 & 0 & 1 & 2 & 2 & 1 \end{bmatrix} \begin{bmatrix} 3 \\ 2 \\ -1 \\ 1 \\ 0 \\ 0 \\ 0 \end{bmatrix} = \begin{bmatrix} 3 \\ 8 \\ 9 \\ 6 \\ 2 \\ 1 \\ 1 \end{bmatrix}
$$

得 $y(n) = x(n) * h(n) = \{\underline{3}, 8, 9, 6, 2, 1, 1\}$。

(6) 重点掌握实现 FFT 的基本原理。熟悉基于时间抽取和基于频率抽取基 2 快速算法的推导原理是利用 DFT 定义中的因子 W_N^m 的周期性和对称性,DFT 的变换点数服从 2 的整幂次方条件。

(7) 熟悉 IDFT 的快速算法原理。

3.4　频率域采样定理学习要点

因为傅里叶变换以 2π 为周期,故对任意序列 $x(n)$ 的频谱函数 $X(e^{j\omega})$ 以间隔 $\dfrac{2\pi}{N}$ 均匀采样所得频域离散序列 $\tilde{X}_N(k)$ 也以 N 为周期;且由 $\tilde{X}_N(k)$ 恢复的时域函数 $\tilde{x}_N(n) = \text{IDFS}[\tilde{X}_N(k)]$ 也是以 N 为周期的,$\tilde{x}_N(n) = \sum\limits_{n=-\infty}^{\infty} x(n+iN)$。$\tilde{X}_N(k)$ 和 $\tilde{x}_N(n)$ 是一对离散傅里叶级数,其主值区间序列形成一对 DFT。需要注意,只有当序列满足 $\tilde{X}_N(k)$ 采样定理时才有上述结论,并且满足内插函数和内插公式。

3.5　关于 DFT 的应用

熟悉 DFT 在计算循环卷积、线性卷积和频谱分析三个方面的应用。

(1) 循环卷积与线性卷积的快速计算

快速算法的理论基础是循环卷积定理。例 3-3 已述及计算线性卷积的关键是确定循环

卷积的长度 L。设两个序列 $h(n)$ 和 $x(n)$ 的长度分别为 N 和 M，其线性卷积序列长度为 $L=N+M-1$。若循环卷积 $h(n)\otimes x(n)$ 的点数取为 $L\geqslant N+M-1$，则该循环卷积在数值上等于线性卷积，即可以用循环卷积计算线性卷积。

当线性卷积两个序列 $h(n)$ 和 $x(n)$ 中有一个是很长或者无限长时，需用文献[1]中介绍的分段卷积法计算，请参考文献[1]3.5.1 节。

（2）用 DFT 进行频谱分析

用 DFT 进行频谱分析依据的原理是 DFT 的物理意义。因为对序列进行 N 点 DFT 就是对序列频域采样点的频率为 $\omega_k=2\pi k/N(k=0,1,2,\cdots,N-1)$ 的 N 点离散采样。因为 DFT 有快速算法 FFT，因此 DFT 被广泛地应用于信号的频谱分析，它也是离散余弦变换、短时傅里叶变换、小波变换等的计算基础。

在用 DFT 进行离散频谱分析时，因为在采样点之间的频谱是不知道的，频率分辨率是一个重要技术指标。频率分辨率就是 $2\pi/N$，即频域采样间隔。这是因为 DFT 得到的只是序列连续频谱的离散采样值，故需分析频率分辨率。

要提高频率分辨率必须提高 DFT 的变换区间 N。具体措施请参考本章例 3-4。

（3）用 DFT 对模拟信号进行频谱分析

正确运用 DFT 对模拟信号进行频谱分析要正确地选择采样频率、频率分辨率、采样点数与 DFT 变换区间、观测时间和频谱分析范围 5 个参数。

对模拟信号进行采样必须满足采样定理，最小的采样频率决定于信号最高频率 f 的两倍，即 $f_{smin}=2f$。考虑其他因素对 DFT 实际应用的影响，还要适当提高采样频率。

频率分辨率 f 应该根据需要提出。选择需要分辨的最小频率间隔 f_{min} 满足 $f\leqslant f_{min}$。

采样频率 f_s、频率分辨率 f 确定后，运用下述关系式确定最少采样点数 N。参数 N、f_s 和 f 之间的关系为

$$f=\frac{f_s}{N}=\frac{1}{NT},N=\frac{f_s}{f}$$

所以，由上式可以确定最小的采样点数为 $N_{min}=\dfrac{f_{smin}}{f}$。

通常选择采样点数和 DFT(FFT)变换区间相等。但有时为便于运用，FFT 算法要求取变换点数服从 2 的整数幂要求。若采样点数不允许增多，可以通过序列尾部补零点来解决。

上述参数确定后，观测时间 T_p 就随之确定，$T_p=NT$。但 $T_p=\dfrac{1}{f}$，即该参数不是完全独立的参数。所以，若频率分辨率 f 确定，那么 $T_{pmin}=1/f$，要选择的观测时间必须满足 $T_p\geqslant 1/f$。要提高分辨率，只有通过增加观测时间、增加采样点数来解决。

频谱分析范围决定于采样频率。采样频率 f_s 确定后，频谱分析范围随之确定为 $f_s/2$，即待分析信号的最高频率必须 $\leqslant f_s/2$，否则频谱分析的结果误差很大，甚至不可用。

（4）关于 DFT 频谱分析误差

因为模拟信号的傅里叶正、逆变换均是在 $\pm\infty$ 之间的积分，所以，用 DFT 对模拟信号进行频谱分析是一种近似谱分析。DFT 是有限长序列的变换，所得频域函数也是用有限长序列表示的。若模拟信号有限长或者有间断点，则其频谱宽度必然是无限的，因此当时域离散化时，必然存在频谱混叠引起的分析误差。若模拟信号的频谱是有限长的，那么模拟信号一

定无限长,当时域离散化时,一定也只能将其截取其中一部分进行分析,这带来另一种分析误差——截断效应。综上所述,DFT 频谱分析误差可以总结为频谱混叠、截断效应(包括泄漏和谱间干扰)和栅栏效应三方面。

(5) 对模拟周期信号频谱分析的参数选择

周期信号的频谱是离散谱,如果周期序列的周期是 N,那么就有 N 条谱线,而序列经过 DFT 变换,变换到频域也是离散化的频谱函数。如果参数取得合适,可以利用 DFT 测试出周期序列的精确频率。

文献[1]中已证明,如果截取模拟周期信号的整数倍的一段,所选择的采样频率满足采样定理,对截取的一段进行采样,并保证每个周期中采样的点数一样,也就是说,通过采样得到的序列是周期的,则进行 DFT 可以得到精确的频谱和精确的频率。如果用 FFT 进行频谱分析,则要求变换点数满足 2 的整数幂,有时难以满足上面的要求。如果点数不太多,建议直接用 DFT 作谱分析。

例 3-4　已知 $x_1(t)=\cos(20\pi t)$,$x_2(t)=\cos(50\pi t)$。用 DFT 对 $x_a(t)=x_1(t)+x_2(t)$ 进行频谱分析。

(1) 问采样频率 f_s 和采样点数 N 应取多少才能精确求出 $x_1(t)$ 和 $x_2(t)$ 的中心频率?

(2) 按照(1)确定的 f_s 和 N 对 $x_a(t)$ 进行采样得到 $x(n)$,计算 $X(k)=\mathrm{DFT}[x(n)]$,画出 $|X(k)|$ 曲线,并标明 $x_1(t)$ 和 $x_2(t)$ 各自的峰值对应的 k 值。

解:为精确分析出周期信号的频率,采样频率取各余弦波频率的整数倍为宜,以便形成周期性的时域离散信号。已知 $x_1(t)=\cos(20\pi t)$ 和 $x_2(t)=\cos(50\pi t)$ 的频率分别为 $f_1=10$ Hz 和 $f_1=25$ Hz。选取采样频率 $\Omega_s=200\pi$。$x_1(t)$ 一个周期中采样 10 点,$x_2(t)$ 一个周期采样 4 点。取 $N=100$。取 $f_s=100$ Hz,作 $N=100$ 点 DFT,可以得到 $x_1(t)$ 和 $x_2(t)$ 的中心频率分别是 10 Hz 和 25 Hz,对应的 k 分别是 $k=20$ 和 $k=50$。再考虑 FFT 要求 N 服从 2 的整数幂,可以取 $N=2^7=128$,或 $N=2^8$,点数越大,分析出的信号频率越精确。

确定采样频率 $f_s=100$ Hz,变换点数 $N=100,128,256,512$ 的 DFT 分析如下:

$$x_a(t)=\cos(20\pi t)+\cos(50\pi t),\quad x(n)=\cos(0.4\pi n)+\cos(\pi n)$$

$x(n)$ 中含有 0.4π 和 π 两个频率。

由式 $\dfrac{2\pi}{N}k=\omega_k$ 计算最大幅度对应的 k 值。

$N=100$ 时,$k=20,50$,对应的频率 $\omega_{20}=0.4\pi$,$\omega_{50}=\pi$。

$N=128$ 时,$k=25.6,64$,取最近的整数为 $k=27,64$,对应的频率 $\omega_{27}=0.4219\pi$,$\omega_{64}=\pi$。

$N=256$ 时,$k=51.2,128$,取最近的整数为 $k=51,128$,对应的频率 $\omega_{51}=0.3984\pi$,$\omega_{128}=\pi$。

$N=100$ 时,用 DFT 可得准确信号频率,如图 3-1(a)所示,但此时不能用 FFT。在此基础上补 28 个零则可以用 FFT 得到准确频率,如图 3-1(b)所示,大致可以判断出中心频率。$N=128,512$ 时均可以用 FFT,并且随着 N 的增加,误差趋于减小,如图 3-1(c)和(d)所示。比较图 3-1(b)和(c)还可以看出,相同变换点数情况下,直接增加采样点数比补零的效果并不差,但更直接。也说明无论信号的尾部加多少零点,所截取的一段信号的信息都不会再增加。就是说,若某段信号经过傅里叶变换后相邻的两个频率信号已经分不开了,则通过尾部加零点增大 FFT 的变换区间并不能观察得更仔细,已经分不开的频谱还是模糊。因此,为了提高分辨率在信号尾部加零点的说法不完全正确。

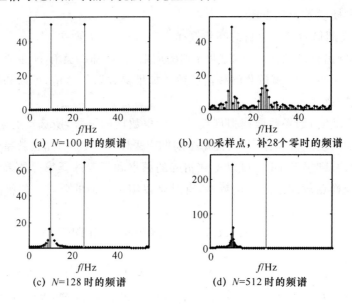

(a) $N=100$ 时的频谱   (b) 100采样点,补28个零时的频谱

(c) $N=128$ 时的频谱   (d) $N=512$ 时的频谱

图 3-1

MATLAB 程序如下:

```
% 采样频率 Fs = 100Hz
Fs = 100;
% N = 100 及绘图程序
N1 = 100;n = 0:N1 - 1;
xn = cos(20 * pi * n/Fs) + cos(50 * pi * n/Fs);
Xk100 = fft(xn);
%
k = 0:length(Xk100) - 1;f = k * Fs/N1;
subplot(221);stem(f,abs(Xk100),´.´)
line([0,1.2 * Fs/2],[0,0]);
axis([0,1.1 * Fs/2,0,1.1 * max(abs(Xk100))]);
xlabel(´f/Hz´);ylabel(´X100(f)´);
% 补 28 个零及绘图程序
N2 = 128;n = 0:N2 - 1;
xnb = zeros(1,N2);
xnb(1:N1) = xn;
Xkb280 = fft(xnb);
k = 0:length(Xkb280) - 1;f = k * Fs/N2;
subplot(222);stem(f,abs(Xkb280),´.´)
```

```
line([0,1.2 * Fs/2],[0,0]);
axis([0,1.1 * Fs/2,0,1.1 * max(abs(Xkb280))]);
xlabel('f/Hz');ylabel('Xb280(f)');
% N = 128 及绘图程序
N1 = 128;n = 0:N1 - 1;
xn = cos(20 * pi * n/Fs) + cos(50 * pi * n/Fs);
Xk128 = fft(xn);
k = 0:length(Xk128) - 1;f = k * Fs/N1;
subplot(223);stem(f,abs(Xk128),'.')
line([0,1.2 * Fs/2],[0,0]);
axis([0,1.1 * Fs/2,0,1.1 * max(abs(Xk128))]);
xlabel('f/Hz');ylabel('X128(f)');
% N = 512 及绘图程序
N1 = 512;n = 0:N1 - 1;
xn = cos(20 * pi * n/Fs) + cos(50 * pi * n/Fs);
Xk512 = fft(xn);
k = 0:length(Xk512) - 1;f = k * Fs/N1;
subplot(224);stem(f,abs(Xk512),'.')
line([0,1.2 * Fs/2],[0,0]);
axis([0,1.1 * Fs/2,0,1.05 * max(abs(Xk512))]);
xlabel('f/Hz');ylabel('X512(f)');
```

若不知道信号的周期,或者难以满足上面的要求,则可以截取信号较长的一段,采样以后再进行 FFT。因为当截取的一段包含周期很多时,可以得到很近似的频谱,这时用幅度最高的位置确定周期信号的频率,可以获得与频率真值近似的结果。或在此基础上进一步加大观察长度,增加 FFT 变换点数,以获得更精确的频率值。

例 3-5　已知 $f_1=1\text{ kHz}, f_2=1.1\text{ kHz}$,用采样频率 $f_s=6\text{ kHz}$ 对 $x(t)=\cos(2\pi f_1 t)+\cos(2\pi f_2 t)$ 进行采样得到 $\tilde{x}(t)$。试用 DFT 进行谱分析。

解:已知 $f_1=1\text{ kHz}, f_2=1.1\text{ kHz}$。因此要求分辨率 $\Delta f=0.5\text{ kHz}$,对应的数字分辨率要大于

$$f=2\pi\Delta f/f_s=2\pi/60$$

故采样点数 $N \geqslant 60$。

分别选择采样点数 $N=60,32$ 作 DFT 频率特性,如图 3-2(a) 和 (b) 所示。再在选择 $N=32$ 点采样序列后补 32 个零点,作 64 点 DFT 频率特性如图 3-2(c) 所示。显而易见,图 3-2(a) 中的两个余弦波图 3-2(b) 则无法区分,图 3-2(c) 所作 64 点 DFT 在点数上符合要求,但因原信号采样点数仅为 32,采样点数并没有增加到 64,依然无法区分几个波形。因此,不能靠尾部加零点获得增加序列点数的方法提高 DFT 分辨率。

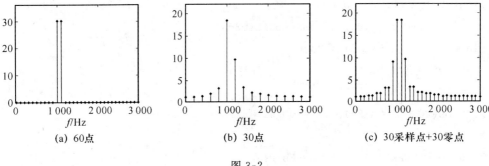

(a) 60点　　　　　(b) 30点　　　　　(c) 30采样点+30零点

图 3-2

MATLAB 程序如下：

```
% 采样频率 Fs = 6000Hz
Fs = 6000;
% 60 点采样及其 DFT 谱分析
N1 = 60;n = 0:N1 - 1;
xn = cos(2 * pi * 1000 * n/Fs) + cos(2 * pi * 1100 * n/Fs);
Xk60 = fft(xn);
% 绘图部分
k = 0:length(Xk60) - 1;f = k * Fs/N1;
subplot(221);stem(f,abs(Xk60),´.´)
line([0,Fs/2],[0,0]);axis([0,Fs/2,0,1.2 * max(abs(Xk60))]);
xlabel(´f/Hz´);ylabel(´X60(f)´);title(´´)
% 30 点采样及其 DFT 谱分析
N2 = 30;n = 0:N2 - 1;
xn = cos(2 * pi * 1000 * n/Fs) + cos(2 * pi * 1100 * n/Fs);
Xk30 = fft(xn);
% 绘图部分
k = 0:length(Xk30) - 1;f = k * Fs/N2;
subplot(222);stem(f,abs(Xk30),´.´)
line([0,Fs/2],[0,0]);axis([0,Fs/2,0,1.2 * max(abs(Xk30))]);
xlabel(´f/Hz´);ylabel(´X30(f)´)
% N = 60 = 30 + 30 * 0 点采样及其 DFT 谱分析
N3 = 60;n = 0:N3 - 1;
xn1 = zeros(1,N3);
xn1(1:N2) = xn;
Xk30030 = fft(xn1);
% 绘图部分
k = 0:length(Xk30030) - 1;f = k * Fs/N3;
subplot(223);stem(f,abs(Xk30030),´.´)
line([0,Fs/2],[0,0]);axis([0,Fs/2,0,1.2 * max(abs(Xk30030))]);
```

```
xlabel('f/Hz');ylabel('X30030(f)')
```

3.6　思考题参考解答

1. 试解释时间函数的"连续性"和"周期性"分别与其频谱函数的"非周期性"和"离散化"相对应。

答：设 $x(n)$ 是 $x(t)$ 等间隔采样所得离散信号，它们的频谱分别为 $X(e^{j\omega})$ 和 $X(j\Omega)$，即

$$X(j\Omega) = \int_{-\infty}^{\infty} x(t)e^{-j\Omega t}\,dt, X(e^{j\omega}) = \sum_{k=-\infty}^{\infty} x(n)e^{-j\omega k}$$

则 $x(n)$ 的频谱 $X(e^{j\omega})$ 是连续信号 $x(t)$ 频谱 $X(j\Omega)$ 的周期化，即

$$X(e^{j\omega}) = \sum_{k=-\infty}^{\infty} x(n)e^{-j\omega k} = \frac{1}{T}\sum_{k=-\infty}^{\infty} X[j(\Omega + n\omega_{sam})], \omega_{sam} = 2\pi/T, \omega = \Omega T$$

上式说明，若离散序列 $x(n)$ 是连续信号 $x(t)$ 的等间隔采样，则序列 $x(n)$ 的频谱 $X(e^{j\omega})$ 是信号 $x(t)$ 的频谱 $X(j\Omega)$ 的周期化。也就是说，信号在时域的离散化对应其频谱的周期化。反之亦然，就是说在时域、频域的变换中，其中一个域中的周期性一定反映为另一个域中的离散性；一个域中的非周期性必然对应另一个域中的连续性。

2. 连续周期函数和周期序列的傅里叶级数表示式中的复指数序列有什么差别？

答：连续周期函数的傅里叶级数中的复指数序列为 $e^{j\Omega t}$，是时间的连续函数；周期序列的傅里叶级数表示式中的复指数序列为 $e^{j\omega_0 n}$，是对应时间序列 $n=0,1,\cdots,N-1$ 的 N 个离散序列。

3. 模拟域的频率 Ω 与数字域 ω 之间有什么关系？试分别画出理想数字低通、高通滤波器的幅频特性。

答：数字域 ω 与模拟域的频率 Ω 有 $\omega = \Omega T$，T 为采样时间间隔。

理想数字低通、高通滤波器的幅频特性如图 3-3 所示。容易发现，数字滤波器的幅频特性均以 2π 为周期，并以 π 为对称中心。图中同时给出了理想数字带通和理想数字带阻滤波器的幅频特性。

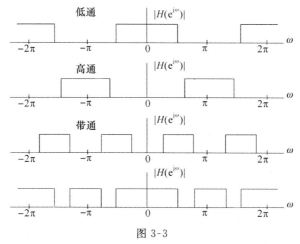

图 3-3

4. 在频域对一个长度为 N 的序列的 z 变换进行均匀采样,在时域不发生混叠的条件是什么?

答:根据频域采样定理,N 应大于或等于在时域满足采样定理的采样值 M。

5. 有限长序列的 DFT 和 z 变换有什么关系?

答:长度为 M 的有限长序列 $x(n)$ 的 $N(N{\geqslant}M)$ 点的 DFT 变换为

$$X(k) = \mathrm{DFT}[x(n)]_N = \sum_{n=0}^{N-1} x(n)W_N^{kn} \quad k = 0,1,\cdots,N-1$$

序列的 z 变换

$$X(z) = \mathrm{ZT}[x(n)]_N = \sum_{n=0}^{M-1} x(n)z^{-n}$$

与其 DFT 比较,得

$$X(k) = X(z)\big|_{z=e^{j\frac{2\pi}{N}k}} \quad k = 0,1,\cdots,N-1$$

可知序列的 N 点 DFT 是序列的 z 变换在单位圆上采样频率间隔为 $2\pi/N$ 的等间隔采样。

6. 试解释有限长序列的共轭对称性的含义。

答:有限长序列 $x(n)$ 的共轭对称性是指,若有限长序列 $x_{\mathrm{ep}}(n)$ 满足

$$x_{\mathrm{ep}}(n) = x_{\mathrm{ep}}^*(N-n) \quad 0{\leqslant}n{\leqslant}N-1$$

则称 $x_{\mathrm{ep}}(n)$ 为共轭对称序列。如果有限长序列 $x_{\mathrm{op}}(n)$ 满足

$$x_{\mathrm{op}}(n) = -x_{\mathrm{op}}^*(N-n) \quad 0{\leqslant}n{\leqslant}N-1$$

则称 $x_{\mathrm{op}}(n)$ 为共轭反对称序列。二者均指序列对 $n=N/2$ 点共轭对称或共轭反对称。

7. 试说明如何用循环卷积来计算线性卷积。

答:设长度分别是 N 和 M 的有限长序列 $h(n)$ 和 $x(n)$,它们的线性卷积和循环卷积分别表示为

$$y_{\mathrm{l}}(n) = h(n) * x(n) = \sum_{m=0}^{N-1} h(m)x(n-m)$$

$$y_{\mathrm{c}}(n) = h(n) \otimes x(n) = \sum_{m=0}^{N-1} h(m)x((n-m))_L R_L(n)$$

当循环卷积长度 $L{\geqslant}N+M-1$ 时,主值序列满足 $y_{\mathrm{c}}(n) = y_{\mathrm{l}}(n)$。这样就可以用 FFT 计算循环卷积 $y_{\mathrm{c}}(n)$,也就是可以计算线性卷积 $y_{\mathrm{l}}(n)$。

8. 离散傅里叶变换与离散傅里叶级数变换有什么关系?

答:用一个长度为 M 的有限长序列 $x(n)$ 构造一个周期序列,将 $x(n)$ 以 $N(N{\geqslant}M)$ 为周期进行周期延拓,形成以 N 为周期的周期序列 $\tilde{x}(n)$。

$$\tilde{x}_N(n) = \sum_{m=-\infty}^{\infty} x(n+mN) \text{ 或 } x_N(n) = \tilde{x}_N(n)R_N(n)$$

显然,$\tilde{x}_N(n)$ 是 $x(n)$ 以 N 为周期的延拓序列,$x(n)$ 的 DFT 和 $\tilde{x}_N(n)$ 的 DFS 如下:

$$X(k) = \mathrm{DFT}[x(n)]_N = \sum_{n=0}^{N-1} x(n)W_N^{kn} \quad k = 0,1,\cdots,N-1$$

$$\tilde{X}(k) = \mathrm{DFS}[\tilde{x}_N(n)] = \sum_{n=0}^{M-1} \tilde{x}_N(n)W_N^{kn} = \sum_{n=0}^{M-1} x(n)W_N^{kn} \quad -\infty < k < \infty$$

比较上述两式,容易看出 $X(k)$ 正是 $\tilde{X}(k)$ 的主值序列,或者说,$\tilde{X}(k)$ 是主值序列 $X(k)$ 以 N 为周期进行延拓所得的序列。

9. 试分析用 DFT 进行谱分析可能产生哪些误差。

答：用 DFT 进行谱分析的过程中，要对连续信号采样和截断，由此可能引起分析误差。

（1）混叠现象。对连续信号进行谱分析时，要对其采样后才能用 DFT 进行谱分析，因此采样频率 f_s 必须满足采样定理，否则会在 $\omega=\pi$ 附近发生频率混叠。

（2）栅栏效应。因为 N 点 DFT 是在频率区间 $[0,2\pi]$ 上对信号的频谱进行 N 点等间隔采样，而采样点之间的频谱函数是不知道的。这就造成了从 $N+1$ 个栅栏缝隙中观看信号频谱的情况，仅得到 N 个缝隙中看到的频谱函数值，这种现象称为栅栏效应。

（3）截断效应。实际中遇到的信号可能是无限长的，用 DFT 对其进行谱分析时，需要用矩形窗函数 $R_N(n)$ 截断成有限长序列 $y(n)=x(n)R_N(n)$。根据傅里叶变换频域卷积定理，有

$$Y(\mathrm{e}^{\mathrm{j}\omega}) = \mathrm{FT}[y(n)] = \frac{1}{2\pi}X(\mathrm{e}^{\mathrm{j}\omega}) * R_N(\mathrm{e}^{\mathrm{j}\omega}) = \frac{1}{2\pi}\int_{-\pi}^{\pi} X(\mathrm{e}^{\mathrm{j}\theta})R_N(\mathrm{e}^{\mathrm{j}(\omega-\theta)})\mathrm{d}\theta$$

可见，截断后序列频谱与原序列频谱必然有差别，主要表现在两个方面：一方面是使原来的离散谱线向附近展宽，形成泄漏；另一方面是在主谱线两边形成很多旁瓣，引起不同频率分量间的干扰，形成谱间干扰。

10. 用 DFT 进行谱分析时，提高频域分辨率有哪些措施？

答：由于存在截断效应，增加 N 可以使 $R_N(\omega)$ 的主瓣变窄，提高频率分辨率，但旁瓣个数和幅度并不减小。为了减小谱间干扰，应采用其他形状的窗函数代替矩形窗。更好的措施是用近代谱估计方法。

11. 解释"频域采样造成时域周期延拓"这一现象。采取什么措施可避免其负面影响？

答：根据傅里叶变换时域、频域对偶关系，一个域中的离散采样一定反映为另一个域中的周期延拓。所以，频域的 N 点采样必然造成时域信号以 NT 为周期的延拓。

为避免其负面影响，频域 $[0,2\pi]$ 区间采样点数 N 不应小于序列长度 M（M 为时域点数），即 $N \geqslant M$。否则，频域采样将造成时域信号产生混叠失真。

12. 判断以下说法正确与否，对的打"√"，错的打"×"，并说明理由。

（1）对于一个信号序列，如果能作序列傅里叶变换对它进行分析，也就能作 DFT 对它进行分析。

（2）FFT 是序列傅里叶变换的快速算法。

（3）如果 DFT 的运算量与点数 N 成正比，那么就不会有现在这种 FFT 算法了。

答：（1）×。若该信号序列是有限长的，则可以作 DFT 对它进行分析。否则不能，因为频域采样会造成时域信号产生混叠失真。

（2）×。FFT 是序列离散傅里叶变换的快速算法。

（3）√

13. 采用 FFT 算法，可用快速卷积完成线性卷积。试写出采用快速卷积计算线性卷积 $x(n)*h(n)$ 的步骤（注意说明点数）。

答：设有限长序列 $x(n)$ 和 $h(n)$ 的长度分别为 N_1 和 N_2，那么用 $N \geqslant N_1+N_2-1$ 的循环卷积可以计算线性卷积，即可用 FFT 来计算线性卷积 $x(n)*h(n)$。步骤如下。

（1）取 $N \geqslant N_1+N_2-1$，并对序列 $x(n)$ 和 $h(n)$ 补零，使其长度均为 N，即

$$x(n) = \begin{cases} x(n) & n=0,1,\cdots,N_1-1 \\ 0 & n=N_1,N_1+1,\cdots,N-1 \end{cases}$$

$$h(n) = \begin{cases} x(n) & n=0,1,\cdots,N_1-1 \\ 0 & n=N,N_1+1,\cdots,N-1 \end{cases}$$

(2) 用 FFT 计算 $x(n)$ 和 $h(n)$ 的 N 点 DFT $X(k)$ 和 $H(k)$。

(3) 计算 $Y(k)=X(k)H(k)$。

(4) 用 IFFT 计算 N 点 $\text{IFFT}[Y(k)]$ 得到 $y(n)=x(n)*h(n)=\text{IFFT}[Y(k)]$。

14. N 点时间抽取基 2-FFT 流图中,每个输入信号共经过 $\log_2 N$ 级蝶形运算。请问从输出到输入各级,依次的每个蝶形运算距离(蝶形结跨过的线数)有什么规律?如何将顺序输入的信号序列符合时间抽取基 2-FFT 要求的输入序列顺序?

答: 从输出到输入,各级蝶形运算距离分别为 $\dfrac{N}{2},\dfrac{N}{4},\dfrac{N}{8},\cdots,1$。

顺序输入的信号序列可以通过变址运算转换成码位倒置顺序的存储,排成符合时间抽取基 2-FFT 要求的输入序列顺序。

15. FFT 主要利用了 DFT 定义中的正交完备基函数 $W_N^n(n=0,1,\cdots,N-1)$ 的周期性和对称性,通过将大点数的 DFT 运算转换为多个小数点的 DFT 运算,实现计算量的降低。请写出 W_N 的周期性和对称性表示式。

答: 正交完备基函数 $W_N^n(n=0,1,\cdots,N-1)$ 的周期性:

$$W_N^{(n+N)k}=W_N^{nk}=W_N^{(k+N)n}$$

正交完备基函数 $W_N^n(n=0,1,\cdots,N-1)$ 的对称性:

$$W_N^{n+N/2}=-W_N^{nk}$$

16. FFT 算法中,将一个长序列分解为若干短序列来计算 DFT 可节省运算量,现有另一种变换,其运算量 M 与序列长度 N 的关系是 $M=aN+b(a,b$ 是常数$)$,可否借鉴 FFT 的思路?为什么?

答: 不能借鉴 FFT 的思路。因为若序列长度为 N,则直接计算 N 点 DFT 的运算量与 N^2 成正比。当采用 FFT 算法时,若将 $N=PQ$(这里设 N 是一个复合数),则 FFT 的总运算量与 $PQ^2+QP^2=N(P+Q)$ 成正比,而 $N(P+Q)<N^2$,故可减少运算量。

若采用另一类变换,其运算量 $S=aN+b(a,b$ 是常数$)$,则将 N 分解为 $N=PQ$ 时,其总运算量与 $P(aQ+b)+Q(aP+b)=2aN+b(P+Q)$ 成正比,而 $2aN+b(P+Q)>aN+b$,故若借鉴 FFT 的思路反倒会增加运算量。

3.7　练习题参考解答

1. 设 $x(n)=R_4(n)$,$\tilde{x}(n)=x((n))_6$,试求 $\tilde{X}(k)$,并作图表示 $\tilde{x}(n)$、$\tilde{X}(k)$。

解: 由

$$\tilde{X}(k)=\sum_{n=0}^{5}\tilde{x}(n)W_6^{nk}=\sum_{n=0}^{5}\tilde{x}(n)\mathrm{e}^{-\mathrm{j}\frac{2\pi}{6}nk}=1+\mathrm{e}^{-\mathrm{j}\frac{\pi}{3}k}+\mathrm{e}^{-\mathrm{j}\frac{2\pi}{3}k}+\mathrm{e}^{-\mathrm{j}\pi k}$$

计算求得

$$\tilde{X}(0)=4,\tilde{X}(1)=-\mathrm{j}\sqrt{3},\tilde{X}(2)=1$$

$$\widetilde{X}(3)=0,\widetilde{X}(4)=1,\widetilde{X}(5)=-\mathrm{j}\sqrt{3}$$

$\widetilde{x}(n)$、$|\widetilde{X}(k)|$ 如图 3-4 所示。

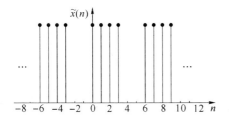 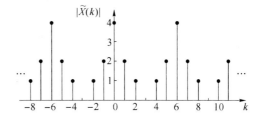

图 3-4

2. 设 $x(n)=\begin{cases} n+1 & 0\leqslant n\leqslant 4 \\ 0 & 其他 \end{cases}$，$h(n)=R_4(n-2)$，令 $\widetilde{x}(n)=x((n))_6$，$\widetilde{h}(n)=h((n))_6$。试求

$\widetilde{x}(n)$ 与 $\widetilde{h}(n)$ 的周期卷积并作图。

解：计算 $\widetilde{y}(n)$ 在一个周期内的值

$$\widetilde{y}(n)=\widetilde{x}(n)*\widetilde{h}(n)=\sum_m \widetilde{x}(m)\widetilde{h}(n-m)$$

表 3-1 为 $\widetilde{y}(n)$ 在一个周期内的值。

表 3-1

n ＼ $\widetilde{x}(m)$ ＼ $\widetilde{h}(n-m)$	1	2	3	4	5	0	$\widetilde{h}(n)$
0	0	1	1	1	1	0	14
1	0	0	1	1	1	1	12
2	1	0	0	1	1	1	10
3	1	1	0	0	1	1	8
4	1	1	1	0	0	1	6
5	1	1	1	1	0	0	10

$\widetilde{x}(n)$ 与 $\widetilde{h}(n)$ 的周期卷积 $\widetilde{y}(n)$ 如图 3-5 所示。

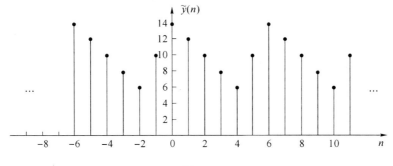

图 3-5

3. 如图 3-6 所示,序列 $\tilde{x}(n)$ 是周期为 6 的周期性序列,试求其傅里叶级数的系数。

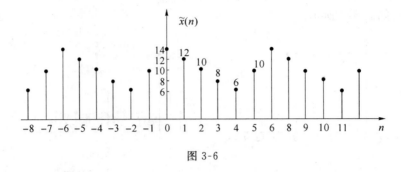

图 3-6

解:由

$$\tilde{X}(k) = \sum_{n=0}^{5} \tilde{x}(n)W_6^{nk} = \sum_{n=0}^{5} \tilde{x}(n)e^{-j\frac{2\pi}{6}nk}$$

$$= 14 + 12e^{-j\frac{2\pi}{6}k} + 10e^{-j\frac{2\pi}{6}2k} + 8e^{-j\frac{2\pi}{6}3k} + 6e^{-j\frac{2\pi}{6}4k} + 10e^{-j\frac{2\pi}{6}5k}$$

计算求得

$$\tilde{X}(0) = 60, X(1) = 9 - j3\sqrt{3}, \tilde{X}(2) = 3 + j\sqrt{3}$$

$$\tilde{X}(3) = 0, \tilde{X}(4) = 3 - j3\sqrt{3}, \tilde{X}(5) = 9 + j\sqrt{3}$$

4. 图 3-7 画出了几个周期序列 $\tilde{x}(n)$,这些序列可以表示成傅里叶级数

$$\tilde{x}(n) = \frac{1}{N}\sum_{k=0}^{N-1} \tilde{X}(k)e^{j\frac{2\pi}{N}nk}$$

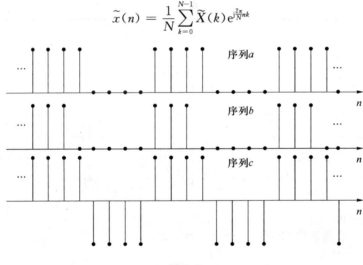

图 3-7

问:(1) 哪些序列能够通过选择时间原点使所有的 $\tilde{X}(k)$ 成为实数?

(2) 哪些序列能够通过选择时间原点使所有的 $\tilde{X}(k)$(除 $\tilde{X}(0)$ 外)成为虚数?

(3) 哪些序列能做到 $\tilde{X}(k) = 0 (k = \pm2, \pm4, \pm6, \cdots)$?

解:(1) 要使 $\tilde{X}(k)$ 为实数,即要求 $\tilde{X}^*(k) = \tilde{X}(k)$。

根据 DFT 的性质,$\tilde{x}(n)$ 应满足实部、虚部奇对称(以 $n=0$ 为轴)。又由图知,$\tilde{x}(n)$ 为实序列,虚部为零,故 $x(n)$ 应满足偶对称

$$\tilde{x}(n) = \tilde{x}(-n)$$

即 $\widetilde{x}(n)$ 是以 $n=0$ 为对称轴的偶对称,可看出序列 b 满足这个条件,如图 3-8 所示。

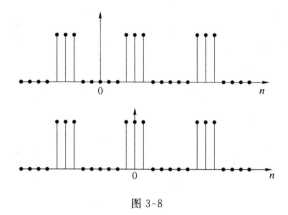

图 3-8

(2) 要使 $\widetilde{X}(k)$ 为虚数,即要求 $\widetilde{X}^*(k)=-\widetilde{X}(k)$。

根据 DFT 的性质,$\widetilde{x}(n)$ 应满足实部奇对称,虚部偶对称(以 $n=0$ 为轴),又已知 $\widetilde{x}(n)$ 为实序列,故

$$\widetilde{x}(n)=-\widetilde{x}(-n)$$

即在一个周期内,$\widetilde{x}(n)$ 在同一圆周上是以 $n=0$ 为对称轴的奇对称,所以题目给定的三个序列都不满足这个条件。

(3) 由于是 8 点周期序列,对于序列 a 有

$$\widetilde{X}_1(k) = \sum_{n=0}^{3} e^{-j\frac{2\pi}{8}nk} = \frac{1-e^{-j\pi k}}{1-e^{-j\frac{\pi}{4}k}} = \frac{1-(-1)^k}{1-e^{-j\frac{\pi}{4}k}}$$

当 $k=\pm2,\pm4,\pm6,\cdots$ 时,$\widetilde{X}_1(k)=0$。

对于序列 b 有

$$\widetilde{X}_1(k) = \sum_{n=0}^{2} e^{-j\frac{\pi}{4}nk} = \frac{1-e^{-j\frac{3}{4}\pi k}}{1-e^{-j\frac{\pi}{4}k}}$$

当 $k=\pm2,\pm4,\pm6,\cdots$ 时,$\widetilde{X}_1(k)\neq0$。

对于序列 c 有

$$\widetilde{x}_3(n)=\widetilde{x}_1(n)-\widetilde{x}_1(n+4)$$

根据序列位移性质可知

$$\widetilde{X}_3(k)=\widetilde{X}_1(k)-e^{-j\pi k}\widetilde{X}_1(k)=(1-e^{-j\pi k})\frac{1-(-1)^k}{1-e^{-j\frac{\pi}{4}k}}$$

当 $k=\pm2,\pm4,\pm6,\cdots$ 时,$\widetilde{X}_3(k)=0$。

综上所得,序列 a、序列 c 满足 $\widetilde{X}(k)=0(k=\pm2,\pm4,\pm6,\cdots)$。

5. 图 3-9 所示为两个有限长序列,试画出它们的 6 点圆周卷积。

解:
$$y(n) = \left[\sum_{n=0}^{5} x_1(m) x_2((n-m))_6 \right] R_6(n)$$

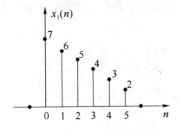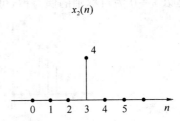

图 3-9

结果如图 3-10 所示。

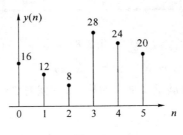

图 3-10

6. 计算以下序列的 N 点离散傅里叶变换，在变换区间 $0 \leqslant n \leqslant N-1$ 内，序列定义为

(1) $x(n)=1$

(2) $x(n)=\delta(n)$

(3) $x(n)=\delta(n-n_0), 0<n_0<N$

(4) $x(n)=R_m(n), 0<m<N$

(5) $x(n)=e^{j\frac{2\pi}{N}nm}, 0<m<N$

(6) $x(n)=\cos\left(\frac{2\pi}{N}nm\right), 0<m<N$

(7) $x(n)=e^{j\omega_0 n}R_N(n)$

(8) $x(n)=\sin(\omega_0 n)R_N(n)$

(9) $x(n)=\cos(\omega_0 n)R_N(n)$

(10) $x(n)=nR_N(n)$

解： (1) $X(k)=\sum\limits_{n=0}^{N-1} 1 \cdot W_N^{kn}=\sum\limits_{n=0}^{N-1}e^{-j\frac{2\pi}{N}kn}=\dfrac{1-e^{-j\frac{2\pi}{N}kN}}{1-e^{-j\frac{2\pi}{N}k}}=\begin{cases} N & k=0 \\ 0 & k=1,2,\cdots,N-1 \end{cases}$

(2) $X(k)=\sum\limits_{n=0}^{N-1}\delta(n)W_N^{kn}=\sum\limits_{n=0}^{N-1}\delta(n)=1 \quad k=0,1,2,\cdots,N-1$

(3) $$X(k)=\sum_{n=0}^{N-1}\delta(n-n_0)W_N^{kn}$$

令 $m=n-n_0$

$$X(k)=\sum_{m=-n_0}^{N-1-n_0}\delta(m)W_N^{k(m-n_0)}=W_N^{kn_0}\sum_{m=0}^{N-1}\delta(m)=W_N^{kn_0} \quad k=0,1,2,\cdots,N-1$$

(4) $X(k)=\sum\limits_{m=0}^{N-1}W_N^{km}=\dfrac{1-W_N^{km}}{1-W_N^{k}}=e^{-j\frac{\pi}{N}k(m-1)}\dfrac{\sin\left(\dfrac{\pi}{N}mk\right)}{\sin\left(\dfrac{\pi}{N}k\right)}, k=0,1,2,\cdots,N-1$

(5) $X(k)=\sum\limits_{n=0}^{N-1}e^{j\frac{2\pi}{N}mn}W_N^{kn}=\sum\limits_{n=0}^{N-1}e^{j\frac{2\pi}{N}(m-k)n}=\dfrac{1-e^{-j\frac{2\pi}{N}(m-k)N}}{1-e^{-j\frac{2\pi}{N}(m-k)}}=\begin{cases} N & k=m \\ 0 & k\neq m \end{cases} \quad 0\leqslant k\leqslant N-1$

(6) $$X(k)=\sum_{n=0}^{N-1}\cos\left(\frac{2\pi}{N}mn\right)W_N^{kn}=\sum_{n=0}^{N-1}\frac{1}{2}(e^{j\frac{2\pi}{N}mn}+e^{-j\frac{2\pi}{N}mn})e^{-j\frac{2\pi}{N}kn}$$

$$= \frac{1}{2} \sum_{n=0}^{N-1} e^{j\frac{2\pi}{N}(m-k)n} + \frac{1}{2} \sum_{n=0}^{N-1} e^{-j\frac{2\pi}{N}(m+k)n}$$

$$= \frac{1}{2} \left[\frac{1 - e^{j\frac{2\pi}{N}(m-k)N}}{1 - e^{j\frac{2\pi}{N}(m-k)}} + \frac{1 - e^{-j\frac{2\pi}{N}(m+k)N}}{1 - e^{-j\frac{2\pi}{N}(m+k)}} \right]$$

$$= \begin{cases} \dfrac{N}{2} & k = m, k = N - m \\ 0 & k \neq m, k \neq N - m \end{cases} \quad 0 \leqslant k \leqslant N - 1$$

（7）$X_7(k) = \sum_{n=0}^{N-1} e^{j\omega_0 n} W_N^{kn} = \sum_{n=0}^{N-1} e^{j\left(\omega_0 - \frac{2\pi}{N}k\right)n} = \dfrac{1 - e^{-j(\omega_0 - \frac{2\pi}{N}k)N}}{1 - e^{-j(\omega_0 - \frac{2\pi}{N}k)}}$

$$= e^{j\left(\omega_0 - \frac{2\pi}{N}k\right)\left(\frac{N-1}{2}\right)} \frac{\sin\left[\left(\omega_0 - \frac{2\pi}{N}k\right)\frac{N}{2}\right]}{\sin\left[\left(\omega_0 - \frac{2\pi}{N}k\right)/2\right]} \quad k = 0, 1, 2, \cdots, N - 1$$

或

$$X_7(k) = \frac{1 - e^{-j\omega_0 N}}{1 - e^{-j(\omega_0 - \frac{2\pi}{N}k)}} \quad k = 0, 1, 2, \cdots, N - 1$$

（8）解法一，直接计算。

$$x_8(n) = \sin(\omega_0 n) R_N(n) = \frac{1}{2j} \left[e^{j\omega_0 n} - e^{-j\omega_0 n} \right] R_N(n)$$

$$X_8(k) = \sum_{n=0}^{N-1} x_8(n) W_N^{kn} = \frac{1}{2j} \sum_{n=0}^{N-1} \left[e^{j\omega_0 n} - e^{-j\omega_0 n} \right] e^{-j\frac{2\pi}{N}kn}$$

$$= \frac{1}{2j} \left[\sum_{n=0}^{N-1} e^{j\left(\omega_0 - \frac{2\pi}{N}k\right)n} - \sum_{n=0}^{N-1} e^{j\left(\omega_0 + \frac{2\pi}{N}k\right)n} \right]$$

$$= \frac{1}{2j} \left[\frac{1 - e^{j\omega_0 N}}{1 - e^{j\left(\omega_0 - \frac{2\pi}{N}k\right)}} - \frac{1 - e^{-j\omega_0 N}}{1 - e^{-j\left(\omega_0 + \frac{2\pi}{N}k\right)}} \right]$$

解法二，由 DFT 的共轭对称性求解。

因为

$$x_7(n) = e^{j\omega_0 n} R_N(n) = \left[\cos(\omega_0 n) + j\sin(\omega_0 n) \right] R_N(n)$$

$$x_8(n) = \sin(\omega_0 n) R_N(n) = \text{Im}[x_7(n)]$$

所以

$$\text{DFT}[jx_8(n)] = \text{DFT}[j\text{Im}[x_7(n)]] = X_{7o}(k)$$

即

$$X_8(k) = jX_{7o}(k) = -j\frac{1}{2} \left[X_7(k) - X_7^*(N-k) \right]$$

$$= \frac{1}{2j} \left[\frac{1 - e^{j\omega_0 N}}{1 - e^{j(\omega_0 - \frac{2\pi}{N}k)}} - \left(\frac{1 - e^{-j\omega_0 N}}{1 - e^{-j(\omega_0 - \frac{2\pi}{N}(N-k))}} \right)^* \right]$$

$$= \frac{1}{2j} \left[\frac{1 - e^{j\omega_0 N}}{1 - e^{j(\omega_0 - \frac{2\pi}{N}k)}} - \frac{1 - e^{-j\omega_0 N}}{1 - e^{-j(\omega_0 + \frac{2\pi}{N}k)}} \right]$$

结果与解法一所得结果相同。此题验证了共轭对称性。

（9）解法一，直接计算。

$$x_9(n) = \sin(\omega_0 n) R_N(n) = \frac{1}{2}\left[e^{j\omega_0 n} + e^{-j\omega_0 n}\right]$$

$$X_9(k) = \sum_{n=0}^{N-1} x_9(n) W_N^{-kn} = \frac{1}{2}\sum_{n=0}^{N-1}\left[e^{j\omega_0 n} + e^{-j\omega_0 n}\right]e^{-j\frac{2\pi}{N}kn}$$

$$= \frac{1}{2}\left[\frac{1-e^{j\omega_0 N}}{1-e^{j(\omega_0 - \frac{2\pi}{N}k)}} - \frac{1-e^{-j\omega_0 N}}{1-e^{j(\omega_0 + \frac{2\pi}{N}k)}}\right]$$

解法二,由 DFT 的共轭对称性可得同样的结果。

因为

$$x_9(n) = \cos(\omega_0 n) R_N(n) = \mathrm{Re}[x_7(n)]$$

所以

$$X_9(k) = \mathrm{DFT}[x_9(n)] = X_7(k) = \frac{1}{2}\left[x_7(k) + X_7^*(N-k)\right]$$

$$= \frac{1}{2}\left[\frac{1-e^{j\omega_0 N}}{1-e^{j(\omega_0 - \frac{2\pi}{N}k)}} - \frac{1-e^{-j\omega_0 N}}{1-e^{-j(\omega_0 + \frac{2\pi}{N}k)}}\right]$$

(10) 解法一。

$$X(k) = \sum_{n=0}^{N-1} n W_N^{kn} \quad k = 0,1,2,\cdots,N-1$$

上式直接计算较难,可根据循环移位性质求解 $X(k)$。因为 $x(n) = n R_N(n)$,所以

$$x(n) - x(n-1)_N R_N(n) + N\delta(n) = R_N(n)$$

等式两边进行 DFT 得到

$$X(k) - X(k)W_N^k + N = N\delta(k)$$

故

$$X(k) = \frac{N[\delta(k)-1]}{1-W_N^k} \quad k=0,1,2,\cdots,N-1$$

当 $k=0$ 时,可直接计算得出 $X(0)$,即

$$X(0) = \sum_{n=0}^{N-1} n W_M^0 = \sum_{n=0}^{N-1} n = \frac{N(N-1)}{2}$$

这样,可写成如下形式:

$$X(k) = \begin{cases} \dfrac{N(N-1)}{2} & k=0 \\[2mm] \dfrac{-N}{1-W_N^k} & k=1,2,\cdots,N-1 \end{cases}$$

解法二。

当 $k=0$ 时,

$$X(k) = \sum_{n=0}^{N-1} n = \frac{N(N-1)}{2}$$

当 $k \neq 0$ 时,

$$X(k) = 0 + W_N^k + 2W_N^{2k} + 3W_N^{3k} + \cdots + (N-1)W_N^{(N-1)k}$$

$$W_N^k X(k) = 0 + W_N^{2k} + 2W_N^{3k} + 3W_N^{4k} + \cdots + (N-2)W_N^{(N-1)k} + (N-1)$$

$$X(k) - W_N^k X(k) = \sum_{n=1}^{N-1} W_N^{kn} - (N-1)$$
$$= \sum_{n=0}^{N-1} W_N^{kn} - 1 - (N-1) = -N$$

所以，$X(k) = \dfrac{-N}{1 - W_N^k}, k \neq 0$，即

$$X(k) = \begin{cases} \dfrac{N(N-1)}{2} & k=0 \\ \dfrac{-N}{1-W_N^k} & k=1,2,\cdots,N-1 \end{cases}$$

7. 已知长度为 $N=10$ 的两个有限长序列

$$x_1(n) = \begin{cases} 1 & 0 \leqslant n \leqslant 4 \\ 0 & 5 \leqslant n \leqslant 9 \end{cases}$$

$$x_2(n) = \begin{cases} 1 & 0 \leqslant n \leqslant 4 \\ -1 & 5 \leqslant n \leqslant 9 \end{cases}$$

作图表示 $x_1(n)$、$x_2(n)$ 和两序列的循环卷积。循环卷积长度 $L=12$。

解： $x_1(n)$ 如图 3-11(a) 所示，$x_2(n)$ 如图 3-11(b) 所示。注意，$x_1(n)$、$x_2(n)$ 是 10 点序列，$x_1(n) * x_2(n)$ 是 $10+10-1=19$ 点序列。

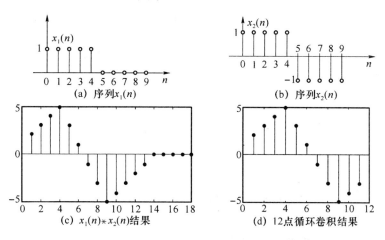

图 3-11

用下面的 MATLAB 程序完成卷积运算，并绘制卷积结果序列图形。

```
x1 = [1 1 1 1 1 0 0 0 0 0];           % 系列 x1(n)
x2 = [1 1 1 1 1 -1 -1 -1 -1 -1];      % 系列 x2(n)
y = conv(x1,x2);                       % 卷积结果存入 y(n)
N = size(y,2) - 1;                     % 计算卷积结果序列长度
n = 0:N;                               % 计算采样时间
stem(n,y1,'.');                        % 绘制卷积结果序列图形
```

12 点循环卷积的结果如图 3-11(d) 所示。该结果可以从卷积结果截取来获得，或者由 12 点循环卷积直接计算得到。请读者自己编写相应计算程序。

8. 证明离散傅里叶变换的对称定理。即若假设 $X(k) = \mathrm{DFT}[x(n)]$，则
$$\mathrm{DFT}[X(n)] = Nx(N-n)$$

证明： 因为
$$X(k) = \sum_{n=0}^{N-1} x(n) W_N^{kn}$$

所以
$$\mathrm{DFT}[X(n)] = \sum_{n=0}^{N-1} X(n) W_N^{kn} = \sum_{n=0}^{N-1} \left(\sum_{m=0}^{N-1} X(m) W_N^{mn} \right) W_N^{kn}$$
$$= \sum_{m=0}^{N-1} x(m) \sum_{n=0}^{N-1} W_N^{n(m+k)}$$

由于
$$\sum_{n=0}^{N-1} W_N^{n(m+k)} = \begin{cases} N & m = N-k \\ 0 & m \neq N-k, 0 \leqslant m \leqslant N-1 \end{cases}$$

所以
$$\mathrm{DFT}[X(n)] = Nx(N-k) \quad k = 0,1,\cdots,N-1$$

9. 已知下列序列 $X(k)$，求 $x(n) = \mathrm{IDFT}[X(k)]$。

(1) $X(k) = \begin{cases} \dfrac{N}{2} \mathrm{e}^{\mathrm{j}\theta} & k = m \\[2mm] \dfrac{N}{2} \mathrm{e}^{-\mathrm{j}\theta} & k = N-m \\[2mm] 0 & \text{其他} \end{cases}$
　　(2) $X(k) = \begin{cases} -\dfrac{N}{2} \mathrm{e}^{\mathrm{j}\theta} & k = m \\[2mm] \dfrac{N}{2} \mathrm{e}^{-\mathrm{j}\theta} & k = N-m \\[2mm] 0 & \text{其他} \end{cases}$

其中，m 为正整数，$0 < m < N/2$。

解： (1) $x(n) = \mathrm{IDFT}[X(k)] = \dfrac{1}{N} \sum_{k=0}^{N-1} X(k) W_N^{-kn}$
$$= \frac{1}{N} \left[\frac{N}{2} \mathrm{e}^{\mathrm{j}\theta} \mathrm{e}^{\mathrm{j}\frac{2\pi}{N}mn} + \frac{N}{2} \mathrm{e}^{-\mathrm{j}\theta} \mathrm{e}^{\mathrm{j}\frac{2\pi}{N}(N-m)n} \right] = \frac{1}{2} \left[\mathrm{e}^{\mathrm{j}\left(\frac{2\pi}{N}mn+\theta\right)} + \mathrm{e}^{-\mathrm{j}\left(\frac{2\pi}{N}mn+\theta\right)} \right]$$
$$= \cos\left(\frac{2\pi}{N}mn + \theta \right) \quad n = 0,1,2,\cdots,N-1$$

(2) $\qquad x(n) = \mathrm{IDFT}[X(k)] = \dfrac{1}{N} \sum_{k=0}^{N-1} X(k) W_N^{-kn}$
$$= \frac{1}{N} \left[-\frac{N}{2} \mathrm{e}^{\mathrm{j}\theta} W_N^{mn} + \frac{N}{2} \mathrm{e}^{-\mathrm{j}\theta} W_N^{-(N-m)n} \right]$$
$$= -\frac{1}{2} \left[\mathrm{e}^{\mathrm{j}\left(\frac{2\pi}{N}mn+\theta\right)} - \mathrm{e}^{-\mathrm{j}\left(\frac{2\pi}{N}mn+\theta\right)} \right]$$
$$= -\mathrm{j}\sin\left(\frac{2\pi}{N}mn + \theta \right) \quad n = 0,1,2,\cdots,N-1$$

10. 如果 $X(k) = \mathrm{DFT}[x(n)]$，证明 DFT 的初值定理 $x(0) = \dfrac{1}{N} \sum_{k=0}^{N-1} X(k)$。

证明： 由 IDFT 公式 $x(n) = \dfrac{1}{N} \sum_{k=0}^{N-1} X(k) W_N^{-kn} \quad n = 0,1,2,\cdots,N-1$

可知

$$x(0) = \frac{1}{N}\sum_{k=0}^{N-1}X(k)$$

11. 设 $x(n)$ 的长度为 N，且

$$X(k)=\text{DFT}[x(n)] \quad 0\leqslant k\leqslant N-1$$

令　　　　$h(n)=x((n))_N R_{rN}(n) \quad H(k)=\text{DFT}[h(n)] \quad 0\leqslant k\leqslant rN-1$

求 $X(k)$ 与 $H(k)$ 的关系式。

解：
$$H(k)=\sum_{k=0}^{rN-1}h(n)W_{rN}^{kn}=\sum_{k=0}^{rN-1}x((n))_N e^{-j\frac{2\pi}{rN}kn}$$

令 $n=n'+lN,l=0,1,\cdots,r-1,n'=0,1,\cdots,N-1,$则

$$H(k)=\sum_{l=0}^{r-1}\sum_{n'=0}^{N-1}x((n'+lN))_N e^{-j\frac{2\pi(n'+lN)}{rN}kn}$$

$$=\sum_{l=0}^{r-1}\Big[\sum_{n'=0}^{N-1}x(n')e^{-j\frac{2\pi}{rN}k}\Big]e^{-j\frac{2\pi}{r}lk}=X\Big(\frac{k}{r}\Big)\sum_{l=0}^{r-1}e^{-j\frac{2\pi}{r}lk}$$

因为

$$\sum_{l=0}^{r-1}e^{-j\frac{2\pi}{r}lk}=\begin{cases}r & \dfrac{k}{r}=\text{shi }\alpha \\[2mm] 0 & \dfrac{k}{r}\neq\text{shi }\alpha\end{cases}$$

所以

$$H(k)=\begin{cases}rX\Big(\dfrac{k}{r}\Big) & \dfrac{k}{r}=\text{整数} \\[3mm] 0 & \dfrac{k}{r}\neq\text{整数}\end{cases}\quad 0\leqslant k\leqslant rK-1$$

12. 证明若 $x(n)$ 实偶对称，即 $x(n)=x(N-n)$，则 $X(k)$ 也实偶对称；若 $x(n)$ 实奇对称，即 $x(n)=-x(N-n)$，则 $X(k)$ 为纯虚函数且奇对称。

证明：由 DFT 的共轭对称性可知，如果

$$x(n)=x_{\text{ep}}(n)+x_{\text{op}}(n)$$

且

$$X(k)=\text{Re}[X(k)]+j\text{Im}[X(k)]$$

则

$$\text{Re}[X(k)]=\text{DFT}[x_{\text{ep}}(n)],j\text{Im}[X(k)]=\text{DFT}[x_{\text{op}}(n)]$$

因此，当 $x(n)=-x(N-n)$ 时，等价于上式中 $x_{\text{op}}(n)=0$，$x(n)$ 中只有 $x_{\text{ep}}(n)$ 成分，所以 $X(k)$ 只有实部，即 $X(k)$ 为实函数。

同样由 DFT 的共轭对称性可知，实序列的 DFT 必然为共轭对称函数，即

$$X(k)=X^*(N-k)=X(N-k)$$

所以 $X(k)$ 实偶对称。

同理，当 $x(n)=-x(N-n)$ 时，等价于 $x(n)$ 中只有 $x_{\text{op}}(n)$ 成分，即 $x_{\text{ep}}(n)=0$。所以 $X(k)$ 只有纯虚部，且由于 $x(n)$ 为实序列，所以 $X(k)$ 共轭对称

$$X(k)=X^*(N-k)=-X(N-k)$$

$X(k)$ 为纯虚函数且奇对称。

13. 若 $X(k)=\text{DFT}[x(n)]$，$Y(k)=\text{DFT}[y(n)]$，$Y(k)=X((k+l))_N R_N(k)$。证明

$$y(n)=\text{IDFT}[Y(k)]=W_N^{ln}x(n)$$

证明： $y(n) = \text{IDFT}[Y(k)] = \dfrac{1}{N}\sum_{k=0}^{N-1}Y(k)W_N^{-kn} = \dfrac{1}{N}\sum_{k=0}^{N-1}X((k+l))_N W_N^{-kn}$

$$= W_N^{ln}\frac{1}{N}\sum_{k=0}^{N-1}X((k+l))_N W_N^{-(k+l)n}$$

令 $m=k+l$，

$$y(n) = W_N^{nl}\frac{1}{N}\sum_{m=l}^{N-1+l}X((m))_N W_N^{-mn} = W_N^{nl}\frac{1}{N}\sum_{m=0}^{N-1}X(m)W_N^{-mn}$$

$$= W_N^{nl}x(n)$$

14. 已知 $x(n)$ 长度为 N，

$$X(k)=\text{DFT}[x(n)]$$

$$y(n)=\begin{cases}x(n) & 0\leqslant n\leqslant N-1 \\ 0 & N\leqslant n\leqslant N-1\end{cases}$$

$$Y(k)=\text{DFT}[y(n)] \quad 0\leqslant k\leqslant rN-1$$

求 $Y(k)$ 与 $X(k)$ 的关系式。

解： $Y(K) = \sum_{n=0}^{rN-1}y(n)W_{rN}^{kn} = \sum_{n=0}^{N-1}x(n)W_{rN}^{kn} = \sum_{n=0}^{N-1}x(n)W_N^{\frac{k}{r}n} = X\left(\dfrac{k}{r}\right), \dfrac{k}{r} = $ 整数时，$0\leqslant$

$k\leqslant rN-1$。

15. 证明离散相关定理。若 $X(k)=X_1^*(k)X_2(k)$，则

$$x(n) = \text{IDFT}[X(k)] = \sum_{l=0}^{N-1}x_1^*(l)x_2((l+n))_N R_N(n)$$

证明： 根据 DFT 的唯一性，只要证明

$$\text{DFT}[x(n)] = \text{DFT}\Big[\sum_{l=0}^{N-1}x_1^*(l)x_2((l+n))_N R_N(n)\Big] = X_1^*(k)X_2(k)$$

即可。

$$X(k) = \text{DFT}[x(n)] = \sum_{n=0}^{N-1}\Big(\sum_{l=0}^{N-1}x_1^*(l)x_2((l+n))_N\Big)W_N^{kn}$$

$$= \sum_{l=0}^{N-1}x_1^*(l)\sum_{n=0}^{N-1}x_2((l+n))_N W_N^{kn}$$

$$= \Big(\sum_{l=0}^{N-1}x_1(l)W_N^{kl}\Big)^*\sum_{n=0}^{N-1}x_2((l+n))_N W_N^{k(l+n)}$$

令 $m=l+n$，

$$\sum_{n=0}^{N-1}x_2((l-m))_N W_N^{k(l+n)} = \sum_{m=l}^{N-1+l}x_2((m))_N W_N^{km}$$

$$= \sum_{m=0}^{N-1}x_2((m))_N W_N^{km}$$

$$= \sum_{m=0}^{N-1} x_2(m)W_N^{km} = X_2(k)$$

所以

$$X(k) = X_1^*(k)X_2(k) \quad 0 \leqslant k \leqslant N-1$$

当然也可以直接计算 $X(k) = X_1^*(k)X_2(k)$ 的 IDFT。

$$x(n) = \text{IDFT}[X(k)] = \text{IDFT}[X_1^*(k)X_2(k)]$$

$$= \frac{1}{N}\sum_{k=0}^{N-1} X_1^*(k)X_2(k)W_N^{-kn}$$

$$= \frac{1}{N}\sum_{k=0}^{N-1} \left(\sum_{l=0}^{N-1} x_1(l)W_N^{kl}\right)^* X_2(k)W_N^{-kn}$$

$$= \sum_{l=0}^{N-1} x_1^*(l) \frac{1}{N}\sum_{k=0}^{N-1} X_2(k)W_N^{-k(l+n)} \quad 0 \leqslant n \leqslant N-1$$

由于

$$\frac{1}{N}\sum_{k=0}^{N-1} X_2(k)W_N^{-k(l+n)} = \frac{1}{N}\sum_{k=0}^{N-1} X_2(k)W_N^{-k((l+n))_N} = x_2((l+n))_N$$

所以

$$x(n) = \sum_{l=0}^{N-1} x_1^*(l)x_2((l+n))_N R_N(n)$$

16. 已知序列向量 $x(n) = \{\underline{1}, 2, 3, 2, 1\}$。

(1) 求出 $x(n)$ 的傅里叶变换 $X(e^{j\omega})$，画出幅频特性和相频特性曲线。

(2) 计算 $x(n)$ 的 $N(N \geqslant 5)$ 点离散傅里叶变换 $X(k)$，画出幅频特性和相频特性曲线。

(3) 将 $X(e^{j\omega})$ 和 $X(k)$ 的幅频特性和相频特性曲线画在同一幅图中，验证 $X(k)$ 是 $X(e^{j\omega})$ 的等间隔采样，采样间隔为 $2\pi/N$。

(4) 计算 $X(k)$ 的 N 点 IDFT，验证 DFT 和 IDFT 的唯一性。

解：(1)根据傅里叶变换定义，得

$$X(e^{j\omega}) = \sum_{n=-\infty}^{\infty} x(n)e^{-j\omega n} = \sum_{n=0}^{4} x(n)e^{-j\omega n}$$

$$= x(0) + x(1)e^{-j\omega} + x(2)e^{-j2\omega} + x(3)e^{-j3\omega} + x(4)e^{-j4\omega}$$

$$= 1 + 2e^{-j\omega} + 3e^{-j2\omega} + 2e^{-j3\omega} + e^{-j4\omega}$$

其幅频特性和相频特性分别如图 3-12(a)和(b)所示。

(2) $x(n)$ 的 $N(N \geqslant 5)$ 点离散傅立叶变换 $X(k)$ 为

$$X(k) = \sum_{n=0}^{N-1} x(n)e^{-j\frac{2\pi}{N}kn} = \sum_{n=0}^{4} x(n)e^{-j\frac{2\pi}{N}kn} \quad 0 \leqslant k \leqslant 4$$

其幅频特性和相频特性分别如图 3-12(c)和(d)所示。

(3) $X(e^{j\omega})$ 和 $X(k)$ 的幅频特性和相频特性曲线画在同一幅图中，分别如图 3-12(e)和 (f)所示。容易看到，$X(k)$ 是 $X(e^{j\omega})$ 的等间隔采样，采样间隔为 $2\pi/N$。

(4) 略。

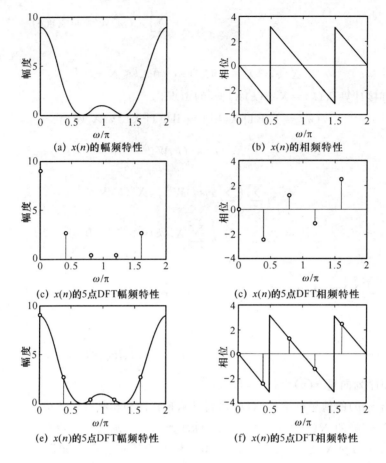

(a) $x(n)$的幅频特性   (b) $x(n)$的相频特性

(c) $x(n)$的5点DFT幅频特性   (c) $x(n)$的5点DFT相频特性

(e) $x(n)$的5点DFT幅频特性   (f) $x(n)$的5点DFT相频特性

图 3-12

用 MATLAB 解题的参考程序如下：

```
clear all;close all;
xn = [1 2 3 2 1];                  % 输入时域序列向量
N = 32;M = 1024;
xjw = fft(xn,M);                   % 计算 xn 的 1024 点 DFT,近似表示序列的傅里叶变换
xk32 = fft(xn,N);                  % 计算 xn 的 32 点 DFT
xn32 = ifft(xk32,N);               % 计算 xk32 的 32 点 IDFT
% 绘制 xn 的幅频特性和相频特性
k = 0:M - 1;wk = 2 * k/M;          % 产生 M 点 DFT 对应的采样点频率(关于 pi 归一化)
subplot(221);plot(wk,abs(xjw));    % 绘制 M 点 DFT 的幅频特性图
xlabel('omega/pi');ylabel('幅度'); % 标注坐标系
subplot(223);plot(wk,angle(xjw));  % 绘制 M 点 DFT 的幅频特性图
xlabel('omega/pi');ylabel('相位'); % 标注坐标系
line([0 2],[0 0])
% 计算 xn 的 5 点 DFT 并绘图
```

```
xk5 = fft(xn,5);subplot(222);plot(wk,abs(xjw));
xlabel('omega/pi');ylabel('幅度');          %标注坐标系
hold on
pp = 0:2/5:2 - 2/5;stem(pp,abs(xk5));
xlabel('omega/pi');ylabel('幅度');          %标注坐标系
subplot(224);stem(pp,angle(xk5));          %绘制 M 点 DFT 的幅频特性图
hold on
plot(wk,angle(xjw));                        %绘制 M 点 DFT 的幅频特性图
line([0 2],[0 0])
xlabel('omega/pi');ylabel('相位');          %标注坐标系
```

17. 设 $X(k)=\text{DFT}[x(n)]_N$，用 $X(k)$ 表示下面两个序列的 N 点 DFT：

$$x_\mathrm{c}(n)=x(n)\cos\left(\frac{2\pi mn}{N}\right)R_N(n)\qquad x_\mathrm{s}(n)=x(n)\sin\left(\frac{2\pi mn}{N}\right)R_N(n)$$

解：$x_\mathrm{c}(n)=x(n)\cos\left(\frac{2\pi mn}{N}\right)R_N(n)=\frac{1}{2}x(n)\left[\mathrm{e}^{\mathrm{j}\frac{2\pi}{N}mn}+\mathrm{e}^{-\mathrm{j}\frac{2\pi}{N}mn}\right]R_N(n)$

$$X_\mathrm{c}(k)=\frac{1}{2}\sum_{n=0}^{N-1}x(n)\left[\mathrm{e}^{\mathrm{j}\frac{2\pi}{N}mn}+\mathrm{e}^{-\mathrm{j}\frac{2\pi}{N}mn}\right]W_N^{kn}=\frac{1}{2}\sum_{n=0}^{N-1}x(n)\left[W_N^{n((k-m))_N}+W_N^{n((k+m))_N}\right]$$

$$=\frac{1}{2}\left[X((k-m))_N+X((k+m))_N\right]\quad k=0,1,2,\cdots,N-1$$

同样的推导，可得

$$x_\mathrm{s}(n)=x(n)\sin\left(\frac{2\pi mn}{N}\right)R_N(n)=\frac{1}{2\mathrm{j}}x(n)\left[\mathrm{e}^{\mathrm{j}\frac{2\pi}{N}mn}-\mathrm{e}^{-\mathrm{j}\frac{2\pi}{N}mn}\right]R_N(n)$$

$$X_\mathrm{s}(k)=\frac{1}{2\mathrm{j}}\sum_{n=0}^{N-1}x(n)\left[\mathrm{e}^{\mathrm{j}\frac{2\pi}{N}mn}-\mathrm{e}^{-\mathrm{j}\frac{2\pi}{N}mn}\right]W_N^{kn}=\frac{1}{2}\sum_{n=0}^{N-1}x(n)\left[W_N^{n((k-m))_N}-W_N^{n((k+m))_N}\right]$$

$$=\frac{1}{2\mathrm{j}}\left[X((k-m))_N-X((k+m))_N\right]\quad k=0,1,2,\cdots,N-1$$

18. $X(k)$ 为实序列 $x(n)$ 的 8 点 DFT，其前 5 个值为 $0.25,0.125-\mathrm{j}0.3018,0,0.125-\mathrm{j}0.0518,0$。

（1）求 $X(k)$ 的其余 3 点的值。

（2）若 $x_1(n)=\displaystyle\sum_{m=-\infty}^{\infty}x(n+5+8m)R_8(n)$，求 $X_1(k)=\text{DFT}[x_1(n)]_8$。

（3）$x_2(n)=x(n)\mathrm{e}^{\mathrm{j}\pi n/4}$，求 $X_2(k)=\text{DFT}[x_2(n)]_8$。

解：（1）因为 $x(n)$ 为实序列，所以 $X(k)$ 满足共轭对称性：$X^*(N-k)=X(k)$。由此可得 $X(k)$ 的其余三点的值为 $0.125+\mathrm{j}0.0581,0,0.125+\mathrm{j}0.3018$。

（2）因为 $x_1(n)=\displaystyle\sum_{m=-\infty}^{\infty}x(n+5+8m)R_8(n)=x((n+5))R_8(11)$。由 DFT 的循环卷积性质得

$X_1(k)=X(k)W_8^{-5k}$

$=\{0.25,0.125-\mathrm{j}0.3018,0,0.125-\mathrm{j}0.0518,0,0.125+\mathrm{j}0.0518,0,0.125$

$+j0.3018\}W_8^{-5k}$

(3) $X_2(k)=\sum\limits_{n=0}^{7}x_2(n)W_8^{kn}=\sum\limits_{n=0}^{7}x(n)W_8^{(k-1)n}=\sum\limits_{n=0}^{7}x(n)W_8^{n((k-1))_8}=X((k-1))_8R_N(k)$

$\qquad = \{0.125+j0.3018,0.25,0.125-j0.3018,0,0.125+j0.0518,0,0.125+$
$j0.0518\}$

19. 证明离散帕塞瓦尔定理。若 $X(k)=\mathrm{DFT}[x(n)]$，则

$$\sum_{n=0}^{N-1}|x(n)|^2=\frac{1}{N}\sum_{k=0}^{N-1}|X(k)|^2$$

证明：$\dfrac{1}{N}\sum\limits_{k=0}^{N-1}|X(k)|^2=\dfrac{1}{N}\sum\limits_{k=0}^{N-1}X(k)X^*(k)=\dfrac{1}{N}\sum\limits_{k=0}^{N-1}X(k)\Big(\sum\limits_{n=0}^{N-1}x(n)W_N^{kn}\Big)^*$

$\qquad\qquad =\sum\limits_{n=0}^{N-1}x^*(n)W_N^{kn}\dfrac{1}{N}\sum\limits_{k=0}^{N-1}X(k)W_N^{-kn}=\sum\limits_{n=0}^{N-1}x^*(n)x(n)=\dfrac{1}{N}\sum\limits_{n=0}^{N-1}|x(n)|^2$

20. 已知 $f(n)=x(n)+jy(n)$，$x(n)$ 与 $y(n)$ 均为 N 长实序列。设 $F(k)=\mathrm{DFT}[f(n)]$，$0\leqslant k\leqslant N-1$。

(1) $F(k)=\dfrac{1-a^N}{1-aW_N^k}+j\dfrac{1-b^N}{1-bW_N^k}$ (2) $F(k)=1+jN$

试求 $X(k)=\mathrm{DFT}[x(n)]$、$Y(k)=\mathrm{DFT}[y(n)]$ 以及 $x(n)$ 和 $y(n)$。

解：由 DFT 的共轭对称性知道，$x(n)\leftrightarrow X(k)=F_{ep}(k)$

$$jy(n)\leftrightarrow jY(k)=F_{op}(k)$$

方法一。

(1) $$F(k)=\frac{1-a^N}{1-aW_N^k}+j\frac{1-b^N}{1-bW_N^k}$$

$$X(k)=F_{ep}(k)=\frac{1}{2}[F(k)+F^*(N-k)]=\frac{1-a^N}{1-aW_N^k}$$

$$Y(k)=-jF_{op}(k)=\frac{1}{2j}[F(k)-F^*(N-k)]=\frac{1-b^N}{1-bW_N^k}$$

$$x(n)=\frac{1}{N}\sum_{k=0}^{N-1}X(k)W_N^{-kn}=\frac{1}{N}\sum_{k=0}^{N-1}\frac{1-a^N}{1-aW_N^k}W_N^{-kn}=\frac{1}{N}\sum_{k=0}^{N-1}\Big(\sum_{m=0}^{N-1}a^mW_N^{km}\Big)W_N^{-kn}$$

$$=\sum_{m=0}^{N-1}a^m\frac{1}{N}\sum_{k=0}^{N-1}W_N^{k(m-n)}\quad 0\leqslant n\leqslant N-1$$

由于

$$\frac{1}{N}\sum_{k=0}^{N-1}W_N^{k(m-n)}=\begin{cases}1 & m=n\\0 & m\neq 0\end{cases}$$

所以

$$x(n)=a^n\quad 0\leqslant n\leqslant N-1$$

同理

$$y(n)=b^n,0\leqslant n\leqslant N-1$$

(2) $$F(k)=1+jN$$

$$X(k) = \frac{1}{2}\big[F(k) + F^*(N-k)\big] = \frac{1}{2}\big[1 + \mathrm{j}N + 1 - \mathrm{j}N\big] = 1$$

$$Y(k) = \frac{1}{2\mathrm{j}}\big[F(k) - F^*(N-k)\big] = N$$

$$x(n) = \frac{1}{N}\sum_{k=0}^{N-1} W_N^{-kn} = \delta(n),\quad y(n) = \frac{1}{N}\sum_{k=0}^{N-1} N W_N^{-kn} = N\delta(n)$$

方法二。

令 $A(k) = \dfrac{1 - a^N}{1 - aW_N^k}$，$B(k) = \dfrac{1 - b^N}{1 - bW_N^k}$，只要证明 $A(k)$ 为共轭对称的，$B(k)$ 为共轭反对称的，则

$$A(k) = F_{\mathrm{ep}}(k) = X(k),\quad B(k) = F_{\mathrm{op}}(k) = \mathrm{j}Y(k)$$

因为

$$A^*(N-k) = \left(\frac{1 - a^N}{1 - aW_N^{(N-k)}}\right)^* = \frac{1 - a^N}{1 - aW_N^k} = A(k),\text{共轭对称}$$

$$B^*(N-k) = \left(\mathrm{j}\frac{1 - b^N}{1 - bW_N^{(N-k)}}\right)^* = -\mathrm{j}\frac{1 - b^N}{1 - bW_N^k} = -B(k),\text{共轭反对称}$$

所以

$$X(k) = F_{\mathrm{ep}}(k) = A(k) = \frac{1 - a^N}{1 - aW_N^k},\quad Y(k) = \frac{1}{\mathrm{j}}F_{\mathrm{op}}(k) = \frac{1}{\mathrm{j}}B(k) = \frac{1 - b^N}{1 - bW_N^k}$$

由方法一知

$$x(n) = \mathrm{IDFT}[X(k)] = a^n R_N(n)$$

$$y(n) = \mathrm{IDFT}[Y(k)] = b^n R_N(n)$$

21. 已知序列 $x(n) = a^n u(n)$，$0 < a < 1$，对 $x(n)$ 的 z 变换 $X(z)$ 在单位圆上等间隔采样 N 点，采样值为

$$X(k) = X(z)\big|_{z = W_N^{-k}},\ k = 0, 1, \cdots, N-1$$

求有限长序列 $x_N(n) = \mathrm{IDFT}[X(k)]$。

解：根据傅里叶变换的性质，$X(\mathrm{e}^{\mathrm{j}\omega}) = X(z)\big|_{z = \mathrm{e}^{\mathrm{j}\omega}}$ 是以 2π 为周期的周期函数，所以

$$\widetilde{X}(k) = X((k))_N = X(z)\big|_{z = \mathrm{e}^{\mathrm{j}\frac{2\pi}{N}k}}$$

以 N 为周期，将 $\widetilde{X}(k)$ 看做一周期序列 $\widetilde{x}(n)$ 的 DFS 系数，则

$$x(n) = \frac{1}{N}\sum_{k=0}^{N-1}\widetilde{X}(k)\mathrm{e}^{\mathrm{j}\frac{2\pi}{N}kn} = \frac{1}{N}\sum_{k=0}^{N-1}\widetilde{X}(k)W_N^{-kn}$$

代入

$$\widetilde{X}(k) = X(z)\big|_{z = \mathrm{e}^{\mathrm{j}\frac{2\pi}{N}k} = W_N^{-kn}} = \sum_{n=-\infty}^{\infty} x(n)z^{-n}\big|_{W_N^{-kn}} = \sum_{n=-\infty}^{\infty} x(n)W_N^{kn}$$

$$\widetilde{x}(n) = \frac{1}{N}\sum_{k=0}^{N-1}\left(\sum_{n=-\infty}^{\infty} x(m)W_N^{km}\right)W_N^{-kn} = \sum_{n=-\infty}^{\infty} x(m)\frac{1}{N}\sum_{k=0}^{N-1}W_N^{k(m-n)}$$

由于

$$\frac{1}{N}\sum_{k=0}^{N-1}W_N^{k(m-n)} = \begin{cases} 1 & m = n + lN \\ 0 & \text{其他} \end{cases}$$

所以

$$\tilde{x}(n) = \sum_{l=-\infty}^{\infty} x(n+lN)$$

由题意知

$$X(k) = \tilde{X}(k) R_N(k)$$

所以根据有关 $X(k)$ 与 $x_N(n)$ 的周期延拓序列的 DFS 系数的关系有

$$x_N(n) = \mathrm{IDFT}[X(k)] = \tilde{x}(n) R_N(n)$$

$$= \sum_{l=-\infty}^{\infty} x(n+lN) R_N(n) = \sum_{l=-\infty}^{\infty} a^{n+lN} u(n+lN) R_N(n)$$

由于 $0 \leqslant n \leqslant N-1$,所以

$$u(n+lN) = \begin{cases} 1 & n+lN \geqslant 0 \rightarrow l \geqslant 0 \\ 0 & l < 0 \end{cases}$$

因此

$$x_N(n) = a^n \sum_{l=0}^{\infty} a^{lN} R_N(n) = \frac{a^n}{1-a^N} R_N(n)$$

22. 两个有限长序列 $x(n)$ 和 $y(n)$ 的零值区间为

$$x(n) = 0 \quad n < 0, 8 \leqslant n$$

$$y(n) = 0 \quad n < 0, 20 \leqslant n$$

对每个序列作 20 点 DFT,即

$$X(k) = \mathrm{DFT}[x(n)] \quad k = 0, 1, \cdots, 19$$

$$Y(k) = \mathrm{DFT}[y(n)] \quad k = 0, 1, \cdots, 19$$

如果

$$F(k) = X(k) Y(k) \quad k = 0, 1, \cdots, 19$$

$$f(n) = \mathrm{IDFT}[F(k)] \quad k = 0, 1, \cdots, 19$$

试问在哪些点上 $f(n) = x(n) * y(n)$? 为什么?

解:如前所述,记 $f_1(n) = x(n) * y(n)$,而 $f(n) = \mathrm{IDFT}[F(k)] = x(n) \ast y(n)$。$f_1(n)$ 长度为 27,$f(n)$ 长度为 20。前面已推出二者的关系为

$$f(n) = f_1(n+20m) R_{20}(n)$$

只有在如上周期延拓序列中无混叠的点上,才满足 $f(n) = f_1(n)$,所以

$$f(n) = f_1(n) = x(n) * y(n) \quad 7 \leqslant n \leqslant 19$$

23. 证明频域循环移位性质。设

$$X(k) = \mathrm{DFT}[x(n)]_N, Y(k) = \mathrm{DFT}[y(n)]_N = X((k+m))_N R_N(k)$$

证明:$y(n) = \mathrm{IDFT}[Y(k)]_N = W_N^{mn} x(n)$。

证明:$y(n) = \mathrm{IDFT}[Y(k)]$

$$= \frac{1}{N} \sum_{k=0}^{N-1} Y(k) W_N^{-kn} = \frac{1}{N} \sum_{k=0}^{N-1} X((k+m))_N W_N^{-kn}$$

$$= W_N^{mn} \frac{1}{N} \sum_{k=0}^{N-1} X((k+m))_N W_N^{-(k+m)n}$$

令 $l = k+m$,

$$y(n) = W_N^{mn} \frac{1}{N} \sum_{l=m}^{N-1+l} X(l)_N W_N^{-nl} = W_N^{mn} \frac{1}{N} \sum_{l=0}^{N-1} X(l)_N W_N^{-nl} = W_N^{mn} x(n)$$

24. 已知序列 $h(n) = R_4(n)$，$x(n) = nR_4(n)$。分别计算 4 点和 8 点循环卷积及线性卷积，即

(1) $y_c(n) = h(n)④x(n)$ (2) $y_c(n) = h(n)⑧x(n)$ (3) $y(n) = h(n)*x(n)$

解：本题可以用手工计算，或者用计算机辅助计算方法求解。下面的参考答案由计算机辅助计算方法求得。

根据题设条件，编写 MATLAB 计算程序如下：

```
clear all;close all;
hn = [1 1 1 1];xn = [0 1 2 3];
%借助 DFT 计算 4 点循环卷积 yn4c
h4k = fft(hn,4);                 %计算 hn 的 4 点 DFT
x4k = fft(xn,4);                 %计算 xn 的 4 点 DFT
yk4c = h4k.*x4k;                 %计算 yn4c 的 4 点 DFT yk4c
yn4c = ifft(yk4c,4);             %对 yk4c 作 IDFT 变换，得 yn4c
subplot(221);stem(xn,yn4c);      %绘制 yn4c 波形图
xlabel('n');ylabel('yn4c');axis([0 9 0 8])
%借助 DFT 计算 8 点循环卷积 yn4c
h8k = fft(hn,8);                 %计算 hn 的 8 点 DFT
x8k = fft(xn,8);                 %计算 xn 的 8 点 DFT
yk8c = h8k.*x8k;                 %计算 yn4c 的 8 点 DFT
yn8c = ifft(yk8c,8);             %对 yk8c 作 IDFT 变换，得 yn8c
xn8 = [xn,4 5 6 7];
subplot(222);stem(xn8,yn8c);     %绘制 yn8c 波形图
xlabel('n');ylabel('yn8c');axis([0 9 0 8])
%计算 xn 与 hn 的线性卷积 yn
yn = conv(hn,xn);
subplot(223);stem(yn);           %绘制 yn 波形图
xlabel('n');ylabel('yn');axis([0 9 0 8])
```

计算结果如图 3-13 所示。

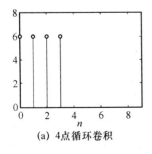 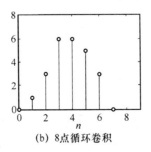 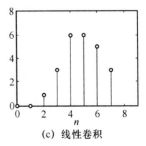

(a) 4点循环卷积　　　　　(b) 8点循环卷积　　　　　(c) 线性卷积

图 3-13

25. 试证:若 $x(n)$ 的频谱是 $X(e^{j\omega})$,则 $x(-n)$ 的频谱必定是 $X(e^{-j\omega})$。

证明:因为 $X(e^{j\omega}) = \sum\limits_{n=-\infty}^{\infty} x(n)e^{-j\omega n}$,而 $x(-n)$ 的频谱为 $X'(e^{j\omega}) = \sum\limits_{n=-\infty}^{\infty} x(-n)e^{-j\omega n}$,令 $l=-n$,得

$$X'(e^{j\omega}) = \sum_{l=\infty}^{-\infty} x(l)e^{j\omega l} = \sum_{l=-\infty}^{-\infty} x(l)e^{-(-j\omega l)} = \sum_{l=-\infty}^{\infty} x(l)e^{-(-j\omega l)}$$

比较 $X'(e^{j\omega})$ 与 $X(e^{j\omega})$,得

$$X'(e^{j\omega}) = X(e^{-j\omega})$$

26. 证明:若 $x(n)$ 为实奇对称,即 $x(n)=-x(N-n)$,则其 $X(e^{j\omega})=\text{DFT}[x(n)]$ 为纯虚数且奇对称。

解:$X(e^{j\omega}) = \sum\limits_{n=-\infty}^{\infty} x(n)e^{-j\omega n}$,两边取共轭,得 $X^*(e^{j\omega}) = \sum\limits_{n=-\infty}^{\infty} x(n)e^{j\omega n} = \sum\limits_{n=-\infty}^{\infty} x(n)e^{-j(-\omega)n} = X(e^{j\omega})$。

而

$$X(e^{j\omega}) = \sum_{n=-\infty}^{\infty} x(n)e^{-j\omega n} = \sum_{n=-\infty}^{\infty} x(n)(\cos\omega + j\sin\omega)$$

由于 $x(n)$ 为实奇对称,上式中 $x(n)\cos\omega$ 是奇函数,必有 $\sum\limits_{n=-\infty}^{\infty} x(n)\cos\omega = 0$。因此

$$X(e^{j\omega}) = j\sum_{n=-\infty}^{\infty} x(n)\sin\omega$$

可见,$X(e^{j\omega})$ 是纯虚数,且是 ω 的奇函数。

27. 若 $x(n)$ 为实序列且偶对称,即 $x(n)=x(N-n)$。证明其 DFT $X(k)$ 为纯实序列且偶对称。

解:仿本章题 26,解题如下。

$$X(e^{j\omega}) = \sum_{n=-\infty}^{\infty} x(n)e^{-j\omega n}$$,两边取共轭,得 $X^*(e^{j\omega}) = \sum\limits_{n=-\infty}^{\infty} x(n)e^{j\omega n} = \sum\limits_{n=-\infty}^{\infty} x(n)e^{-j(-\omega)n} = X(e^{j\omega})$。

而

$$X(e^{j\omega}) = \sum_{n=-\infty}^{\infty} x(n)e^{-j\omega n} = \sum_{n=-\infty}^{\infty} x(n)(\cos\omega + j\sin\omega)$$

由于 $x(n)$ 为实偶对称,上式中 $x(n)\sin\omega$ 是奇函数,必有 $\sum\limits_{n=-\infty}^{\infty} x(n)\sin\omega = 0$。因此

$$X(e^{j\omega}) = \sum_{n=-\infty}^{\infty} x(n)\cos\omega$$

可见,$X(e^{j\omega})$ 是纯实数,且是 ω 的偶函数。

28. 用微处理器对实数序列作谱分析,要求谱分辨率 $f \leqslant 25\,\text{Hz}$,信号最高频率为 $1\,\text{kHz}$,试确定以下各参数:

(1) 最小记录时间 $T_{p\min}$;(2) 最大采样间隔 $T_{\max}$;(3) 最少采样点数 $N_{\min}$;

(4) 在频带宽度不变的情况下,要求谱分辨率提高一倍,最少采样点数和最小记录时间是多少?

解:(1) 已知 $f=25\,\text{Hz}$

$$T_{pmin} = \frac{1}{f} = \frac{1}{25}s = 0.04\ s$$

（2）
$$T_{max} = \frac{1}{f_{smin}} = \frac{1}{2f_{max}} = \frac{1}{2 \times 10^3}\ s = 0.5\ ms$$

（3）
$$N_{min} = \frac{T_p}{t} = \frac{0.04}{0.5 \times 10^{-3}} = 80$$

（4）频带宽度不变就意味着采样间隔 T 不变，应该使记录时间扩大一倍，为 0.08 s，实现频率分辨率提高 1 倍（f 变为原来的 1/2）。

$$N_{min} = \frac{0.08\ s}{0.5\ ms} = 160$$

29. 已知调幅信号的载波频率 $f_c = 1\ kHz$，调制信号频率 $f_m = 100\ Hz$，用 FFT 对其进行谱分析，试问：

（1）最小记录时间 T_p 为多少？（2）最低采样频率 f_s 为多少？（3）最少采样点数 N 为多少？

解： 由已知条件得知，已调 AM 信号的最高频率 $f_{max} = 1.1\ kHz$，频率分辨率 $f \leqslant 100\ Hz$（对本题所给单频 AM 调制信号应满足 $100/f =$ 整数）。

（1）$T_p = \dfrac{1}{f} = \dfrac{1}{100}\ s = 0.01\ s = 10\ ms$

（2）$f_s = 2f_{max} = 2.2\ kHz$

（3）$N_{min} = \dfrac{T_p}{T_{max}} = T_p f_s = 10 \times 10^{-3} \times 2.2 \times 10^3 = 22$

30. 希望利用 $h(n)$ 长度为 $N = 50$ 的有限长脉冲响应滤波器对一段很长的数据序列进行滤波处理，要求采用重叠保留法通过离散傅里叶变换（即快速傅里叶变换）来实现。即对输入序列进行分段（假设每段长度为 $M = 100$ 个采样点），但相邻两段必须重叠 V 个点，然后计算各段与 $h(n)$ 的 L（假设 $L = 128$）点循环卷积，得到输出序列 $y_m(n)$，m 表示第 m 段计算输出。最后，从 $y_m(n)$ 取出 B 个，使每段取出的 B 个采样连接到滤波器输出 $y(n)$。

（1）求 V。　（2）求 B。　（3）确定取出的 B 个采样应为 $y_m(n)$ 中的哪些采样点。

解： 本题涉及滤波器和卷积内容，建议学习文献[1]第 4 章和第 5 章后再做本题。

先用 $h(n)$ 与各段输入卷积得 $y_{lm}(n)$，$y_{lm}(n)$ 中前 49 个点[第 0 点，第 48 点]不正确，不能作为滤波输出，后 51 个点[第 49 点，第 99 点]为正确的滤波输出序列 $y(n)$ 的一段。因此，

$$V = 50 - 1 = 49 \qquad\qquad B = 100 - 49 = 51$$

对于 128 点的循环卷积 $y_m(n)$ 上述结论也是正确的。因为

$$y_m(n) = \sum_{r=-\infty}^{\infty} y_{lm}(n + 128r)R_{128}(n)$$

$y_{lm}(n)$ 的长度为

$$N + M - 1 = 50 + 100 - 1 = 149$$

所以，$n \in [21, 127]$ 区间对应的 $y_m(n) = y_{lm}(n)$。当然[第 49 点，第 99 点] $y_{lm}(n)$ 二者亦相等，所取出的 51 个点为 $y_m(n)$。

综上所述，$V = 49$，$B = 51$。选取 $y_{lm}(n)$ 中第 49～99 点作为滤波输出 $y_m(n)$。

请读者结合作图来说明本题的求解。

31. 假设一次复乘需要 1 μs，而且假定计算一个 DFT 总共需要的时间由计算所有乘法

所需的时间决定。

(1) 直接计算一个 1 024 点的 DFT 需多少时间?

(2) 计算一个 FFT 需多少时间?

(3) 对 4 096 点 DFT 重复问题(1)和(2)。

解:(1) 当 $N=1\,024=2^{10}$ 时,直接计算 DFT 的复数乘法运算次数为

$$N^2=1\,024^2$$

(2) 复数加法计算次数为

$$N(N-1)=1\,024\times1\,023=1\,047\,552 \text{ 次}$$

直接计算所用计算时间 T_D 为

$$T_D=5\times10^{-6}\times1\,024^2+1\,047\,552\times10^{-6}=6.290\,432 \text{ s}$$

用 FFT 计算 1 024 点 DFT 所需计算时间为

$$T_F=5\times10^{-6}\times\frac{N}{2}\log_2 N+N\log_2 N\times10^{-6}$$

$$=5\times10^{-6}\times\frac{1\,024}{2}\times10+1\,024\times10\times10^{-6}=35.84 \text{ ms}$$

快速卷积时,要计算一次 N 点 FFT(考虑到 $H(k)=\text{DFT}[h(n)]$ 已计算好存入内存)、一次 N 点 IFFT 和 N 次频域复数乘法。所以,计算 1 024 点快速卷积的时间约为

$$T_c=2T_F+1\,024 \text{ 次复乘计算时间}$$

$$=71\,680\ \mu s+5\times1\,024\ \mu s$$

$$=76\,800\ \mu s$$

所以,每秒钟处理的采样点数(即采样速率)$f_s<\dfrac{1\,024}{76\,800\times10^{-6}}=132.8$ 次/秒。由采样定理知,可实时处理的信号最高频率为

$$f_{\max}<\frac{f_s}{2}=\frac{132.8}{2}\ \text{Hz}=66.4\ \text{Hz}$$

应当说明,实际实现时,$f_{\max}$ 还要小一些。这是由于实际采样频率高于奈奎斯特速率,而且在采用重叠相加法时,重叠部分要计算两次。重叠部分长度与 $h(n)$ 长度有关,而且还有存取数据指令周期等。

(3) 略。请读者参考本题解(1)和解(2)。

32. 已知 $X(k)$、$Y(k)$ 是两个 N 点实序列 $x(n)$、$y(n)$ 的 DFT 值,现需要从 $X(k)$、$Y(k)$ 求 $x(n)$、$y(n)$ 值,为了提高运算效率,试用一个 N 点 IFFT 运算一次完成。

解:依据题意 $x(n)\Leftrightarrow X(k),y(n)\Leftrightarrow Y(k)$,取序列

$$Z(k)=X(k)+jY(k)$$

对 $Z(k)$ 作 N 点 IFFT 可得序列 $z(n)$。

又根据 DFT 性质

$$\text{IDFT}[X(k)+jY(k)]=\text{IDFT}[X(k)]+j\text{IDFT}[Y(k)]=x(n)+jy(n)$$

由原题可知,$x(n)$、$y(n)$ 都是实序列。再根据 $z(n)=x(n)+jy(n)$,可得

$$x(n)=\text{Re}[z(n)], y(n)=\text{Im}[z(n)]$$

33. $N=16$ 时绘制基 2 按时间抽选法及按频率抽选法的 FFT 算法流图(按时间抽选采用输入倒位序,输出自然顺序;按频率抽选采用输入自然顺序,输出倒位序)。

解:(1) 按时间抽取,如图 3-14(a)所示。

(2) 按频率抽取,如图 3-14(b)所示。

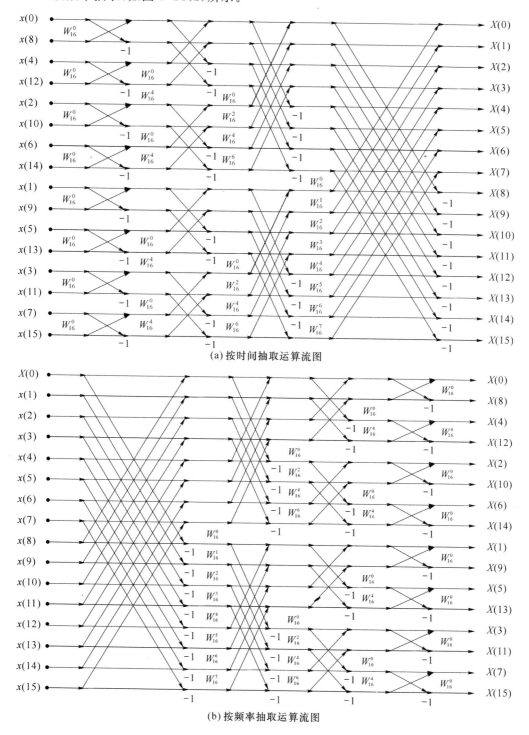

(a) 按时间抽取运算流图

(b) 按频率抽取运算流图

图 3-14

34. $N=16$,导出基 4-FFT 公式,画出算法流图,并就运算量与基 2-FFT 相比较(不计乘 ± 1 及乘 $\pm j$ 的运算量)。

解:依题意

$$N=4\times 4=r_1 r_2$$

对于 $n<N$,有

$$n=n_1 r_2+n_0 \quad n_1=0,1,2,3,n_0=0,1,2,3$$

同样令 $N=r_2 r_1$,对于频率变量 $k(k<N)$ 有

$$k=k_1 r_1+k_0 \quad k_1=0,1,2,3,k_0=0,1,2,3$$

可得

$$x(n)=x(n_1 r_2+n_0)=x(4n_1+n_0)=x(n_1,n_0)$$
$$X(k)=X(k_1 r_1+k_0)=X(4k_1+k_0)=X(k_1,k_0)$$

根据上式

$$X(k)=\sum_{n=0}^{15} x(n)W_{16}^{nk}=\sum_{n_0=0}^{3}\sum_{n_1=0}^{3} x(4n_1+n_0)W_{16}^{(4n_1+n_0)(4k_1+k_0)}$$
$$=\sum_{n_0=0}^{3}\sum_{n_1=0}^{3} x(4n_1+n_0)W_{16}^{4n_1 k_0}W_{16}^{4n_0 k_1}W_{16}^{n_0 k_0}$$
$$=\sum_{n_0=0}^{3}\left\{\left[\sum_{n_1=0}^{3} x(4n_1+n_0)W_{16}^{4n_1 k_0}\right]W_{16}^{n_0 k_0}\right\}W_{16}^{4n_0 k_1}$$

令

$$X_1(k_0,n_0)=\sum_{n_1=0}^{3} x(n_1,n_0)W_4^{n_1 k_0} \quad k_0=0,1,2,3$$

则

$$X_1'(k_0,n_0)=X_1(k_0,n_0)W_{16}^{n_0 k_0}$$

而

$$X_2(k_0,k_1)=\sum_{n_1=0}^{3} X_1'(k_0,n_0)W_4^{n_0 k_1} \quad k_0=0,1,2,3$$

所以

$$X(k)=X(k_1,k_0)=X_2(k_0,k_1)=X_2(4k_1+k_0)$$

计算量比较如下。

基 4:只在乘旋转因子时有复乘,复乘 8 次;复加 64 次。

基 2:复乘 10 次;复加 64 次。

基 4 算法流图如图 3-15 所示。

35. 试用 N 为组合数时 FFT 算法求 $N=12$ 的结果(采用混合基-3×4),并画出算法流图。

解:依题意 $N=3\times 4=r_1 r_2$,对于 $0\leqslant n\leqslant N$,有

$$n=n_1 r_2+n_0 \quad n_1=0,1,2,n_0=0,1,2,3$$

同样令 $N=r_2 r_1$,对于频率变量 $k(0\leqslant k<N)$ 有

$$k=k_1 r_1 + k_0 \quad k_1 = 0,1,2,3, k_0 = 0,1,2$$

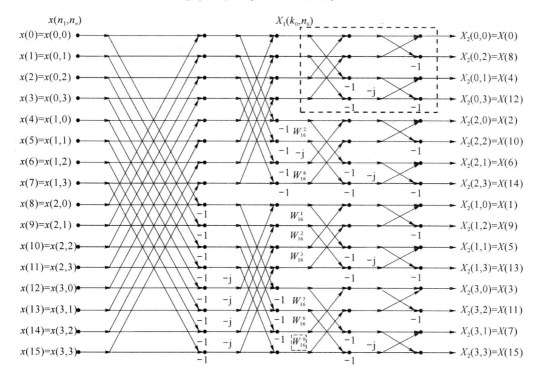

图 3-15

可得

$$x(n) = x(n_1 r_2 + n_0) = x(4n_1 + n_0) = x(n_1, n_0)$$
$$X(k) = X(k_1 r_1 + k_0) = X(3k_1 + k_0) = X(k_1, k_0)$$

根据上式

$$X(k) = \sum_{n=0}^{11} x(n) W_{12}^{nk} = \sum_{n_0=0}^{3} \sum_{n_1=0}^{2} x(n_1, n_0) W_{12}^{(4n_1+n_0)(3k_1+k_0)}$$

$$= \sum_{n_0=0}^{3} \sum_{n_1=0}^{2} x(n_1, n_0) W_{12}^{4n_1 k_0} W_{12}^{3n_0 k_1} W_{12}^{n_0 k_0}$$

$$= \sum_{n_0=0}^{3} \left\{ \left[\sum_{n_1=0}^{2} x(n_1, n_0) W_{16}^{n_1 k_0} \right] W_{12}^{n_0 k_0} \right\} W_{4}^{n_0 k_1}$$

算法流图如图 3-16 所示。最后输出为 $X(k_1, k_0)$，是倒位序的，按 $k=3k_1+k_0$ 可算出其相应的 k 值，再整序后，即可得正常顺序的输出。

36. 同上题，导出 $N=30=3\times2\times5$ 的结果，并画出算法流图。

解：依题意 $N=3\times2\times5=r_1 r_2 r_3$，对于 $n \leqslant N$，有

$$n = n_2 r_2 r_3 + n_1 r_3 + n_0 = 10n_2 + 5n_1 + n_0 \quad n_2 = 0,1,2, n_1 = 0,1, n_0 = 0,1,2,3,4$$

同样令 $N=r_3 r_2 r_1$，对于频率变量 $k(0 \leqslant k < 30)$ 有

$$k = k_2 r_2 r_1 + k_1 r_1 + k = 6k_2 + 3k_1 + k_0 \quad k_2 = 0,1,2,3,4, k_1 = 0,1, k_0 = 0,1,2$$

可得

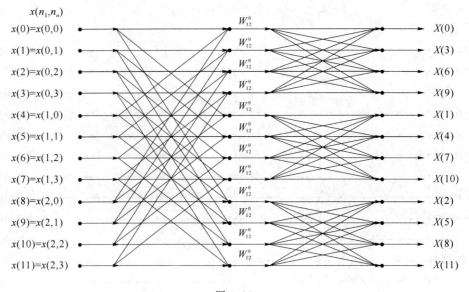

图 3-16

$$x(n) = x(10n_2 + 5n_1 + n_0) = x(n_2, n_1, n_0)$$

$$X(k) = X(6k_2 + 3k_1 + k_0) = X(k_2, k_1, k_0)$$

根据上式

$$X(k) = \sum_{n=0}^{29} x(n) W_{30}^{nk} = \sum_{n_2=0}^{2} \sum_{n_1=0}^{1} \sum_{n_0=0}^{4} x(n_2, n_1, n_0) W_{30}^{(10n_2+5n_1+n_0)(6k_2+3k_1+k_0)}$$

$$= \sum_{n_2=0}^{2} \sum_{n_1=0}^{1} \sum_{n_0=0}^{4} x(n_2, n_1, n_0) W_{30}^{10n_2 k_0} W_{30}^{15n_1 k_1} W_{30}^{5n_1 k_0} \times W_{30}^{6n_0 k_2} W_{30}^{3n_0 k_1} W_{30}^{n_0 k_0}$$

$$= \sum_{n_0=0}^{4} \left\{ \left[\sum_{n_1=0}^{1} \left[\left(\sum_{n_2=0}^{2} x(n_2, n_1, n_0) W_3^{n_2 k_0} \right) W_6^{n_1 k_0} \right] W_2^{n_1 k_1} \right] W_{30}^{(3k_1+k_0)n_0} \right\} W_5^{n_0 k_2}$$

令

$$X_1(k_0, n_1, n_0) = \sum_{n_2=0}^{2} x(n_2, n_1, n_0) W_4^{n_1 k_0} \quad k_0 = 0, 1, 2, 3$$

$$X'_1(k_0, n_1, n_0) = X_1(k_0, n_1, n_0) W_6^{n_1 k_0}$$

$$X_2(k_0, k_1, n_0) = \sum_{n_1=0}^{1} X'_1(k_0, n_1, n_0) W_2^{n_1 k_1} \quad k_0 = 0, 1$$

$$X'_2(k_0, k_1, n_0) = X_2(k_0, k_1, n_0) W_{30}^{(3k_1+k_0)n_0}$$

则

$$X_3(k_0, k_1, k_2) = \sum_{n_0=0}^{4} X'_2(k_0, k_1, k_2) W_5^{n_0 k_2} \quad k_2 = 0, 1, 2, 3, 4$$

所以

$$X(k) = X(k_2, k_1, k_0) = X_3(k_0, k_1, k_2) = X_3(6k_2 + 3k_1 + k_0)$$

$N = 30 = 3 \times 2 \times 5$ 的算法流图如图 3-17 所示。

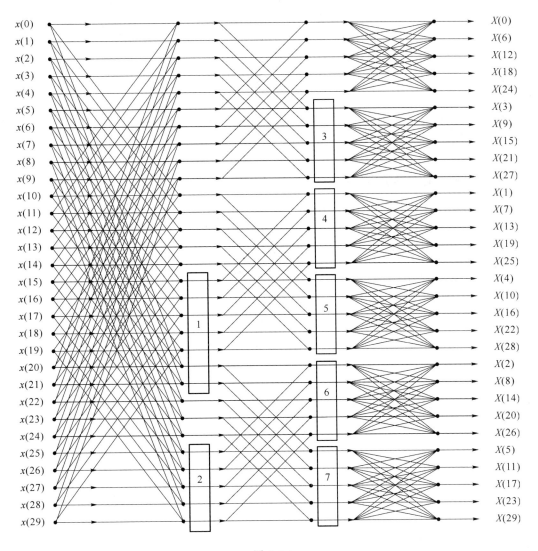

图 3-17

37. $N=10$ 的有限长序列 $x(n)$ 的傅里叶变换为 $X(e^{j\omega})$。试计算 $X(e^{j\omega})$ 在频率 $\omega_k = 2\pi k^2/100(k=0,1,\cdots,9)$ 时的 10 个采样。要求计算时不能采用先算出比要求数多的采样，然后再丢掉一些的办法，并讨论采用下列各方法的可能性。

(1) 直接利用 10 点快速傅里叶变换算法。

(2) 利用线性调频 z 变换算法。

解：(1) 若直接利用 10 点快速傅里叶变换算法，则

$$X(e^{j\omega k}) = \sum_{n=0}^{9} x(n)e^{-j\omega_k n} = \sum_{n=0}^{9} x(n)e^{-j\frac{2\pi k^2}{100}n}$$

将 n 为偶数与 n 为奇数的部分分开，可得

$$X(e^{j\omega k}) = \sum_{n\text{为偶数}} x(n)e^{-j\frac{2\pi k^2}{100}n} + \sum_{n\text{为奇数}} x(n)e^{-j\frac{2\pi k^2}{100}n} = \sum_{r=0}^{4} x(2r)e^{-j\frac{2\pi k^2 2r}{100}} + \sum_{r=0}^{4} x(2r+1)e^{-j\frac{2\pi k^2 (2r+1)}{100}}$$

$$= \sum_{r=0}^{4} x(2r)e^{-j\frac{2\pi k^2 r}{50}} + e^{-j\frac{2\pi k^2}{100}} \sum_{r=0}^{4} x(2r+1)e^{-j\frac{2\pi k^2 r}{50}} = G_0(k) + e^{-j\frac{2\pi k^2}{100}} G_1(k) \quad k=0,1,\cdots,9$$

（2）如考虑利用线性调频 z 变换算法，则

$$X(z_k) = \sum_{n=0}^{9} x(n)A^{-n}W^{nk}$$

这里 W 是 k 的函数，所以不能利用线性调频 z 变换算法。

38. 当 $N=8$ 时，求按时间抽取基 2-FFT 算法的流图，其中输入用正常顺序，而输出用倒位序。

解：按要求设计出的流图如图 3-18 所示。

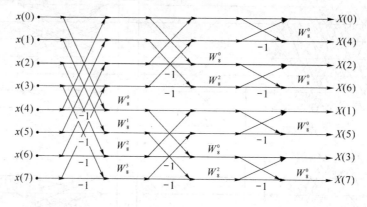

图 3-18

39. 实现按时间抽取基 3-FFT 算法的第一级结构。

解：$X(k) = \sum_{n=0}^{8} x(n)W_9^{nk} = \sum_{r=0}^{2} x(3r)W_9^{3rk} + \sum_{r=0}^{2} x(3r+1)W_9^{(3r+1)k} + \sum_{r=0}^{2} x(3r+2)W_9^{(3r+2)k}$

$$= \sum_{r=0}^{2} x(3r)W_3^{rk} + W_9^k \sum_{r=0}^{2} x(3r+1)W_3^{rk} + W_9^{2k} \sum_{r=0}^{2} x(3r+2)W_3^{rk}$$

$$= Y_0(k) + Y_1(k)W_9^k + Y_2(k)W_9^{2k}$$

根据上式可得

$$X(0) = Y_0(0) + Y_1(0) + Y_2(0), X(1) = Y_0(1) + Y_1(1)W_9^1 + Y_2(1)W_9^2$$

$$X(2) = Y_0(2) + Y_1(2)W_9^2 + Y_2(2)W_9^4, X(3) = Y_0(0) + Y_1(0)W_9^3 + Y_2(0)W_9^6$$

$$X(4) = Y_0(1) + Y_1(1)W_9^4 + Y_2(1)W_9^8, X(5) = Y_0(2) + Y_1(2)W_9^5 + Y_2(2)W_9^{10}$$

$$X(6) = Y_0(0) + Y_1(0)W_9^6 + Y_2(0)W_9^{12}, X(7) = Y_0(1) + Y_1(1)W_9^7 + Y_2(1)W_9^{14}$$

$$X(8) = Y_0(2) + Y_1(2)W_9^8 + Y_2(2)W_9^{16}$$

其中 $Y_0(k) = \sum_{r=0}^{2} x(3r)W_3^{rk}$，$Y_1(k) = \sum_{r=0}^{2} x(3r+1)W_3^{rk}$，$Y_2(k) = \sum_{r=0}^{2} x(3r+2)W_3^{rk}$，$r=0,1$，$2, k=0,1,\cdots,8$。于是，可得按时间抽取基 3-FFT 算法的第一级结构，如图 3-19 所示。图中省略了 W 因子，请读者参考上述公式计算。

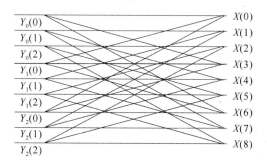

图 3-19

40. 当 $N=9$ 时,求按时间抽取基 3-FFT 算法的流图,其中输入为倒位序,而输出为正常序。

解:参考本章习题 39。有 $Y_0(k)=\sum\limits_{r=0}^{2}x(3r)W_3^{rk},Y_1(k)=\sum\limits_{r=0}^{2}x(3r+1)W_3^{rk},Y_2(k)=\sum\limits_{r=0}^{2}x(3r+2)W_3^{rk},r=0,1,2,k=0,1,\cdots,8$。解得

$$Y_0(0)=\sum_{r=0}^{2}x(3r)=x(0)+x(3)+x(6),Y_0(1)=\sum_{r=0}^{2}x(3r)W_3^{r}=x(0)+x(3)W_3^{1}+x(6)W_3^{2}$$

$$Y_0(2)=\sum_{r=0}^{2}x(3r)W_3^{2r}=x(0)+x(3)W_3^{2}+x(6)W_3^{4}$$

$$Y_1(0)=\sum_{r=0}^{2}x(3r+1)=x(1)+x(4)+x(7)$$

$$Y_1(1)=\sum_{r=0}^{2}x(3r+1)W_3^{r}=x(1)+x(4)W_3^{1}+x(7)W_3^{2}$$

$$Y_1(2)=\sum_{r=0}^{2}x(3r+1)W_3^{2r}=x(1)+x(4)W_3^{2}+x(7)W_3^{4}$$

$$Y_2(0)=\sum_{r=0}^{2}x(3r)=x(2)+x(5)+x(8),Y_2(1)=\sum_{r=0}^{2}x(3r+2)W_3^{r}=x(2)+x(5)W_3^{1}+x(8)W_3^{2}$$

$$Y_2(2)=\sum_{r=0}^{2}x(3r+2)W_3^{2r}=x(2)+x(5)W_3^{2}+x(8)W_3^{4}$$

可得按时间抽取基 3-FFT 算法的算法结构如图 3-20 所示。图中省略了 W 因子,请读者参考上述公式计算。

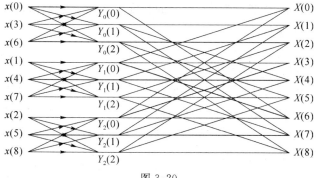

图 3-20

41. 画一个 10 点的 FFT 流图,按 $N=2\times5$ 两级分解;请在图上标明时域、频域各输入、输出项的排列顺序,并标出由第 4 根水平线(从上往下数)发出的所有支路的系数。

解:
$$X(k) = \sum_{n=0}^{9} x(n)W_{10}^{nk} = \sum_{r=0}^{4} x(2r)W_{10}^{2rk} + \sum_{r=0}^{4} x(2r+1)W_{10}^{(2r+1)k}$$

$$= \sum_{r=0}^{4} x(2r)W_{5}^{rk} + W_{10}^{k}\sum_{r=0}^{4} x(2r+1)W_{5}^{rk}$$

$$= X_1(k) + W_{10}^{k}X_2(k) \quad k=0,1,\cdots,4 \tag{a}$$

根据 DFT 的周期性,可得
$$X(k+5) = X_1(k) - W_N^k X_2(k) \quad k=0,1,\cdots,4 \tag{b}$$

其中
$$X_1(k) = \sum_{r=0}^{4} x(2r)W_{5}^{rk} = x(0) + x(2)W_{5}^{k} + x(4)W_{5}^{2k} + x(6)W_{5}^{3k} + x(8)W_{5}^{4k}$$

$$X_2(k) = \sum_{r=0}^{4} x(2r+1)W_{5}^{rk} = x(1) + x(3)W_{5}^{k} + x(5)W_{5}^{2k} + x(7)W_{5}^{3k} + x(9)W_{5}^{4k}$$

由所得 $X_1(k)$ 和 $X_2(k)$ 计算公式,结合 $X(k)$ 计算公式(a)和(b)可得 10 点的 FFT 流图如图 3-21 所示。除了图中标注的系数外,根据 $X_1(k)$ 计算公式算得,从上往下数第 4 根水平线发出的所有支路的系数分别为 $W_5^0, W_5^3, W_5^6, W_5^9 = W_5^4, W_5^{12} = W_5^2$。

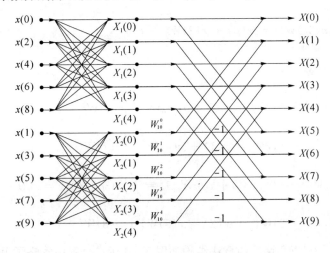

图 3-21

42. 已知实序列 $x(n)$ 的长度为 16,$h(n)$ 的长度为 9,计算它们的线性卷积 $y(n)=x(n)*h(n)$。可按照下面的某种方法进行。

方法一:直接计算线性卷积。

方法二:通过一个圆周卷积计算线性卷积。

方法三:用基 2-FFT 算法计算线性卷积。

确定上述每一种方法所需的实数乘法的最小数目。对于基 2-FFT 算法,在计算乘法时不包括乘 $\pm1, \pm j$ 和 W_N^0。

解:方法一:直接计算线性卷积

$$y(n) = x(n) * h(n) = \sum_{m=0}^{16+9-1} h(n)x(n-m) = \sum_{m=0}^{24} h(n)x(n-m) \quad n=0,1,\cdots,24$$

实数乘法的最小数目 $=24^2=576$。

方法二:通过一个圆周卷积计算线性卷积

$$y_c(n) = h(n) \bigotimes x(n) = \sum_{m=0}^{N-1} h(m)x((n-m))_L R_L(n) \quad N=0,1,\cdots,24$$

只有当 $N \geqslant 24$ 时才能得到线性卷积值。N 越大,实数乘法次数越多。当 $N=24$ 时,实数乘法的最小数目与方法 1 相同,即 $24^2=576$。

方法三:用基 2-FFT 算法计算线性卷积,这时需要进行下述计算:

$$Y(k)=H(k)X(k)=\text{DFT}[h(n)]\text{DFT}[x(n)], y(n)=\text{IDFT}[Y(k)]$$

$H(k)$ 需要作 $N\log_2 N = 16\log_2 16 = 64$ 次实数乘法,$X(k)$ 需要作 $N\log_2 N = 9\log_2 9 \rightarrow 16\log_2 16 = 64$ 次实数乘法,$\text{IDFT}[Y(k)]$ 需要作 $N\log_2 N = 24\log_2 24 + 1 \rightarrow 32\log_2 32 + 1 = 161$,合计为 289 次实数乘法。

43. 已知实序列 $x(n)$ 的长度为 16,$h(n)$ 的长度为 10,重做习题 35。

解:方法一:直接计算线性卷积

$$y(n) = x(n) * h(n) = \sum_{m=0}^{16+10-1} h(n)x(n-m) = \sum_{m=0}^{25} h(n)x(n-m) \quad n=0,1,\cdots,24$$

实数乘法的最小数目 $=25^2=625$。

方法二:通过一个圆周卷积计算线性卷积

$$y_c(n) = h(n) \bigotimes x(n) = \sum_{m=0}^{N-1} h(m)x((n-m))_L R_L(n) \quad N=0,1,\cdots,24$$

只有当 $N \geqslant 25$ 时才能得到线性卷积值。N 越大,实数乘法次数越多。当 $N=25$ 时,实数乘法的最小数目与方法一相同,即 $25^2=625$。

方法三:用基 2-FFT 算法计算线性卷积,这时需要进行的实数计算次数仍为

$$Y(k)=H(k)X(k)=\text{DFT}[h(n)]\text{DFT}[x(n)], y(n)=\text{IDFT}[Y(k)]$$

$H(k)$ 需要作 $N\log_2 N = 16\log_2 16 = 64$ 次实数乘法,$X(k)$ 需要作 $N\log_2 N = 9\log_2 9 \rightarrow 16\log_2 16 = 64$ 次实数乘法,$\text{IDFT}[Y(k)]$ 需要作 $N\log_2 N = 24\log_2 24 + 1 \rightarrow 32\log_2 32 + 1 = 161$,合计为 289 次实数乘法。

44. 序列 $x(n)=\{1,1,0,0\}$,其 4 点 DFT $|X(k)|$ 如图 3-22 所示。现将 $x(n)$ 按下列 (1)、(2)、(3)的方法扩展成 8 点,它们 8 点的 DFT 各是什么形状(画出时域图和频域图,尽量利用 DFT 的特性)?

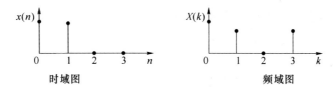

时域图　　　　　　　频域图

图 3-22

(1) $y_1(n) = \begin{cases} x(n) & n=0\sim3 \\ x(n-4) & n=4\sim7 \end{cases}$ 　　(2) $y_2(n) = \begin{cases} x(n) & n=0\sim3 \\ 0 & n=4\sim7 \end{cases}$

(3) $y_3(n) = \begin{cases} x(n/2) & n=偶数 \\ 0 & n=奇数 \end{cases}$

解:(1) $Y_1(k_1) = \sum_{n=0}^{7} y_1(n)W_8^{nk_1} = \sum_{n=0}^{3} y_1(n)W_8^{nk_1} + \sum_{n=4}^{7} y_1(n)W_8^{nk_1}$

$$= \sum_{n=0}^{3} x(n)W_8^{nk_1} + \sum_{n=4}^{7} x(n-4)W_8^{nk_1}$$

$$= \sum_{n=0}^{3} x(n)W_8^{nk_1} + \sum_{n=0}^{3} x(n)W_8^{(n+4)k_1}$$

$$= \sum_{n=0}^{3} x(n)W_8^{nk_1} + (-1)^{k_1}\sum_{n=0}^{3} x(n)W_8^{nk_1}$$

$$= \sum_{n=0}^{3} [x(n) + (-1)^{k_1}x(n)]W_8^{nk_1} \quad 0 \leqslant k_1 \leqslant 7$$

将 $Y_1(k_1)$ 分解为偶数组和奇数组,即

$$Y_1(2k) = \sum_{n=0}^{3}[x(n)+x(n)]W_8^{2nk} = \sum_{n=0}^{3} 2x(n)W_4^{nk} = 2X(k) \quad 0 \leqslant k \leqslant 3$$

$$Y_1(2k+1) = \sum_{n=0}^{3}[x(n)-x(n)]W_8^{n(2k+1)} = 0 \quad 0 \leqslant k \leqslant 3$$

(2) $Y_2(k_1) = \sum_{n=0}^{7} y_2(n)W_8^{nk_1} = \sum_{n=0}^{3} y_2(n)W_8^{nk_1} + \sum_{n=4}^{7} y_2(n)W_8^{nk_1} = \sum_{n=0}^{3} x(n)W_8^{nk_1}$

$$= \sum_{n=0}^{3} 2x(n)W_4^{nk_1/2} = X(k_1/2) = X(k)$$

当 $k_1 = 2k$ 时,此处 $0 \leqslant k_1 \leqslant 3, 0 \leqslant k \leqslant 3$。

(3) $Y_3(k_1) = \sum_{n=0}^{7} y_3(n)W_8^{nk_1}$,令 $n=2r$,

$$Y_3(k_1) = \sum_{r=0}^{3} x(r)W_8^{nk_1} = \sum_{r=0}^{3} x(r)W_4^{nk_1} = X((k_1))_4 = X(k)$$

此处 $0 \leqslant k_1 \leqslant 3, 0 \leqslant k \leqslant 3, k = k_1\bmod 4$。

$y_1(n)$、$y_2(n)$ 和 $y_3(n)$ 的 8 点 DFT 波形分别如图 3-23 所示。

45. 将长度 2 048 的输入序列 $x(n)$ 用长度为 72 的线性相位有限脉冲响应滤波器 $h(n)$ 滤波。这个滤波过程为两个有限长序列的线性卷积。要求:

(1) 确定适当的 2 的幂的变换长度,以得到最小数目的相乘,并计算可能需要的相乘总数量。

(2) 若用直接卷积法,则乘法总数量可能是多少?

解:(1) 为了应用 FFT 算法,取大于滤波器 $h(n)$ 长度 72 的最小 2 的整数幂为 $2^7=128$ 为变换长度,且序列 $x(n)$ 长度 2 048$=16\times128$。因此,采用重叠卷积法计算,取变换长度选为 128 是合适的。

（2）若用直接卷积法,则由 $y(n)=h(n)*x(n)=\sum_{m=0}^{2\,048+128-1}h(m)x(n-m)=\sum_{m=0}^{2\,175}h(m)x(n-m)$,得乘法总数量约为 $2\,048\times72=147\,456$。用(1)中重叠卷积法的乘法计算量为 $16\times128\times\log_2128=14\,336$,计算量不到直接计算量 10%。

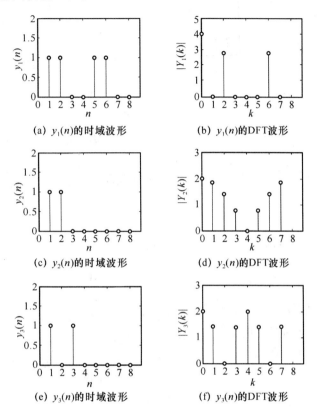

(a) $y_1(n)$的时域波形　　　　(b) $y_1(n)$的DFT波形

(c) $y_2(n)$的时域波形　　　　(d) $y_2(n)$的DFT波形

(e) $y_3(n)$的时域波形　　　　(f) $y_3(n)$的DFT波形

图 3-23

46. 设 $x_a(t)=x_1(t)+x_2(t)+x_3(t)$,式中,$x_1(t)=\cos 8\pi t$,$x_2(t)=\cos 16\pi t$,$x_3(t)=\cos 20\pi t$。

（1）如用 FFT 对 $x_a(t)$进行频谱分析,问采样频率 f_s 和采样点数 N 应如何选择,才能精确地求出 $x_1(t)$、$x_2(t)$和 $x_3(t)$的中心频率? 为什么?

（2）按照所选择的 f_s 和 N 对 $x_a(t)$进行采样,得到 $x(n)$,进行 FFT,得到 $X(k)$。画出 $|X(k)|$的曲线图,并标出 $x_1(t)$、$x_2(t)$和 $x_3(t)$各自的峰值所对应的 k 值分别是多少?

解:(1)f_s 和采样点数 N 应满足采样定理和分辨率的要求。为此,选择 $f_s=32\ \text{Hz}$,$N=16$。这时 $x_1(t)$可取两个周期,每周期 8 点,$x_2(t)$可取 4 个周期,每周期 4 点,$x_3(t)$可取 5 个周期,每周期 3.2 点。

（2）画出 $|X(k)|$幅频特性,如图 3-24 所示。信号 $x_a(t)=x_1(t)+x_2(t)+x_3(t)$各分量 $x_1(t)$、$x_2(t)$和 $x_3(t)$的频率分别出现在 $k=2,4,5$ 处。

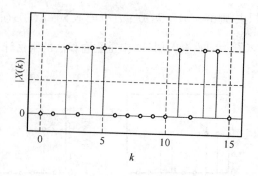

图 3-24

47. 假设模拟信号的最高频率为 $f=10\text{ kHz}$,要求分辨率 $f=10\text{ Hz}$,用 FFT 对其进行谱分析。试问:

(1) 最小记录时间是多少?　　(2) 最大采样间隔是多少?(3) 最少采样点数是多少?

解:(1) 最小记录时间 $T_{\text{pmin}}=\dfrac{1}{f}=0.1\text{ s}$。

(2) 最大采样间隔 $T_{\max}=\dfrac{1}{2f}=0.05\text{ ms}$。

(3) 最少的采样点数 $N_{\min}=\dfrac{T_{\text{pmin}}}{T_{\max}}=2\,000$。

48. 假设模拟信号 $x_a(t)=\cos(2\pi f_1 t+\varphi_1)+\cos(2\pi f_2 t+\varphi_2)$,$f_1=4\text{ kHz}$,$\varphi_1=\pi/8$,式中 $f_2=5\text{ kHz}$,$\varphi_2=\pi/4$。用快速傅里叶变换对其进行频谱分析,试问:

(1) 采样频率取多高?　　　　　　(2) 观察时间取多长?
(3) 快速傅里叶变换的变换区间取多少?　　(4) 画出 $x_a(t)$ 幅度谱。

解:(1) 选择采样频率为 f_1 和 f_2 的公倍数,$f_s=20\text{ kHz}$,每周期 f_1 采样 5 点,f_2 采样 4 点。

(2) 设分辨率为 $f=1\text{ kHz}$,$T_{\text{pmin}}=\dfrac{1}{f}=1\text{ ms}$,$T_{\max}=\dfrac{1}{2f}=0.05\text{ ms}$,最少采样点 $N_{\min}=\dfrac{T_{\text{pmin}}}{T_{\max}}=20$。

(3) FFT 的变换区间必须是 2 的整数幂,可取 32、64 等。

(4) N 分别取 20 和 64 时,$x_a(t)$ 的幅度谱分别如图 3-25(a) 和 (b) 所示。

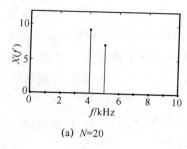

(a) $N=20$

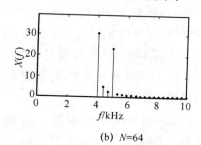

(b) $N=64$

图 3-25

49. 假设模拟信号为 $x_a(t)=\cos(2\pi f_1 t+\varphi_1)+\cos(2\pi f_2 t+\varphi_2)$,式中,$f_1=4\text{ kHz}$,$\omega_1=$

$\pi/8$，$f_2=3\ \text{kHz}$，$\omega_2=\pi/4$。用 FFT 分析它的频谱，试问：

  （1）采样频率取多高？   （2）观察时间取多长？

  （3）FFT 的变换区间取多少？   （4）绘制 $x_a(t)$ 的幅频特性曲线。

  解：（1）选择采样频率为 f_1 和 f_2 的公倍数，$f_s=12\ \text{kHz}$，每周期 f_1 采样 3 点，f_2 采样 4 点。

  （2）设分辨率为 $f=1\ \text{kHz}$，$T_{pmin}=\dfrac{1}{f}=1\ \text{ms}$，$T_{max}=\dfrac{1}{2f}=0.125\ \text{ms}$，最少采样点 $N_{min}=$

$\dfrac{T_{pmin}}{T_{max}}=12$。

  （3）FFT 的变换区间必须是 2 的整数幂，可取 32、64 等。

  （4）$x_a(t)$ 的幅度谱分别如图 3-26 所示。

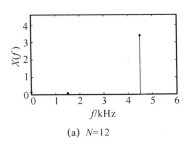
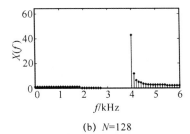

  （a）$N=12$ （b）$N=128$

图 3-26

  50. 已知调幅信号的载波频率 $f_c=12.5\ \text{kHz}$，调制信号频率 $f_m=1\ \text{kHz}$，用 FFT 对其进行谱分析，试问：

  （1）最小记录时间 T_p 为多少？ （2）最低采样频率 f_s 为多少？

  （3）最少采样点数 N 为多少？

  解：（1）最小记录时间 $T_p=\dfrac{1}{f_m}=1\ \text{ms}$。

  （2）采样频率为 f_c 和 f_m 的公倍数，$f_s=27\ \text{kHz}$，每周期 f_1 采样 2.16 点，f_2 采样 27 点。

  （3）设分辨率为 $f=1\ \text{kHz}$，$T_{pmin}=T_{max}=\dfrac{1}{2f_s}=1/27\ \text{ms}$，最少采样点 $N_{min}=\dfrac{T_{pmin}}{T_{max}}=27$。

第**4**章　数字滤波器的算法结构

4.1 引　言

数字滤波器的算法结构研究数字信号处理系统的实现方法。

一阶、二阶滤波器也称为简单滤波器。二阶特殊滤波器既简单、实用,又各有特点。

掌握数字滤波器的算法结构是数字信号处理实现和应用的基础。

4.2 本章学习要点

具有理想频率特性的滤波器称为理想滤波器。理想滤波器的通带幅度为常数,阻带幅度为零,具有线性相位特性,单位脉冲响应是非因果无限长序列,通带中通过的信号波形无失真,阻带中的信号完全滤除。

理想滤波器不能具体实现,只能将其截断并移位,获得近似实现。

数字信号处理系统(滤波器)设计完毕后得到的是该系统的系统函数或者差分方程,实际实现还要设计具体的算法,这些算法对系统的成本以及运算误差等均有影响。本章要求掌握以下几点。

(1)由算法结构(也称系统流图)写出系统的系统函数或者差分方程。

(2)掌握 FIR 系统的直接型、级联型和频率采样结构、FIR 线性相位结构以及用快速卷积法实现 FIR 系统。

(3)掌握 IIR 系统的直接型、级联型、并联型算法结构。

(4)了解格形网络结构,熟悉全零点格形网络结构系统函数、由 FIR 直接型转换成全零点格形网络结构、全极点格形网络结构及其系统函数,全零点型和全极点型的相互转换。

(5)算法结构转置方法和步骤。

(6)了解如何用软件实现各种网络结构,排列运算次序。

4.3　按照系统函数或差分方程绘制算法结构图

已知系统函数设计系统的算法结构图主要依据系统函数的特点和要求确定,然后根据算法结构图可以方便地设计出硬件或软件进行实现。

系统的算法结构有多种,可分为 FIR 系统和 IIR 系统两类。FIR 系统结构一般没有反馈回路,单位脉冲响应是有限长的,系统恒稳定,但选择性不如 IIR 系统高,当要求选择性高时,FIR 系统将有很高的阶数。FIR 中主要有直接型结构、线性相位结构和频率采样结构。IIR 网络结构有反馈回路,也称递归结构,其单位脉冲响应是无限长的,存在稳定性问题,但选择性高。IIR 网络结构主要有直接型、级联型和并联型结构。

(1) FIR 系统的线性相位结构

实序列满足式 $h(n)=\pm h(N-n-1)$ 的 FIR 系统具有线性相位单位脉冲响应。该式说明 $h(n)$ 对称于 $(N-1)/2$,偶对称时式中取"+"号,奇对称时式中取"−"号。

FIR 线性相位系统函数满足下面的公式:

$$H(z) = \sum_{n=0}^{\frac{N}{2}-1} h(n)\left[z^{-n} \pm z^{-(N-n-1)}\right] \quad N \text{ 为偶数} \tag{4-1}$$

$$H(z) = \sum_{n=0}^{\frac{N}{2}-1} h(n)\left[z^{-n} \pm z^{-(N-n-1)}\right] + h\left(\frac{N-1}{2}\right)z^{\frac{N-1}{2}} \quad N \text{ 为奇数} \tag{4-2}$$

FIR 线性相位系统零点分布特点是四个一组,即如果 z_1 是零点,那么 z_1^*、z_1^{-1}、$(z_1^{-1})^*$ 也是零点。

例 4-1　设 FIR 滤波器的系统函数为 $H(z)=0.1(1+0.9z^{-1}+2.1z^{-2}+0.9z^{-3}+z^{-4})$,求出其单位脉冲响应,判断是否具有线性相位,画出直接型结构和线性相位结构(如果存在)。

解: FIR 滤波器 $H(z)$ 的单位脉冲响应为

$$h(n) = 0.1[\delta(n)+0.9\delta(n-1)+2.1\delta(n-2)+0.9\delta(n-3)+\delta(n-4)]$$

序列长度为 $N=5$,序列对 $n=2$ 对称,因此系统具有线性相位性质。画出其直接型结构和线性相位结构如图 4-1 所示。

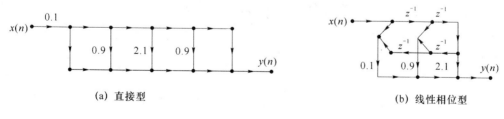

(a) 直接型　　　　　　　　　　　　　(b) 线性相位型

图 4-1

(2) FIR 系统的频率采样结构

FIR 系统的频率采样结构图绘制依据是频率采样定理。由频率采样定理得到

$$H(z) = \frac{1 - z^{-N}}{N} \sum_{k=0}^{N-1} \frac{H(k)}{1 - W_N^{-k} z^{-1}} \tag{4-3}$$

式中，$H(k)$是在区间$[0,2\pi]$对传递函数N点等间隔采样值，可以对单位采样响应$h(n)$进行DFT得到。频率采样定理要求采样点数必须大于等于$h(n)$的长度，否则会发生时域混叠现象。这也解释了由于IIR系统的单位脉冲响应是无限长的，因此不能用频率采样结构实现。

实际运用式(4-3)时，为保证系统稳定性，避免复数运算，将式(4-3)改写为

$$H(z) = \frac{1 - z^{-N} r^{-N}}{N} \left[\frac{H(0)}{1 - rz^{-1}} + \frac{H\left(\frac{N}{2}\right)}{1 + rz^{-1}} + \sum_{k=1}^{\frac{N}{2}-1} \frac{\alpha_{0k} + \alpha_{1k} z^{-1}}{1 - 2\cos\left(\frac{2\pi}{N}k\right) z^{-1} + r^2 z^{-2}} \right] \quad N \text{ 为偶数} \tag{4-4}$$

$$H(z) = \frac{1 - z^{-N} r^{-N}}{N} \left[\frac{H(0)}{1 - rz^{-1}} + \sum_{k=1}^{\frac{N}{2}-1} \frac{\alpha_{0k} + \alpha_{1k} z^{-1}}{1 - 2\cos\left(\frac{2\pi}{N}k\right) z^{-1} + r^2 z^{-2}} \right] \quad N \text{ 为奇数} \tag{4-5}$$

式(4-4)和式(4-5)中，$\alpha_{0k} = 2\mathrm{Re}[H(k)]$，$\alpha_{1k} = -2\mathrm{Re}[rH(k)W_N^{-k}]$。修正半径一般取$r = 0.85 \sim 0.95$比较合适。

(3) IIR系统的级联型结构和并联型结构

IIR系统基本算法结构有直接型、级联型和并联型。一般低阶系统用直接型，高阶系统用级联型或并联型设计级联型结构。

设计并联型结构时要将系统函数用部分分式展开，并要求展开的部分分式为真分式。部分分式的各系数通过待定系数法确定。部分分式的一般表达式为

$$H(z) = C + \sum_{k=1}^{N} \frac{A_k}{1 - p_k z^{-1}} \tag{4-6}$$

式中，p_k是极点，C是常数，A_k是展开式中的系数。一般p_k、A_k都是复数，为了避免复数乘法，将共轭成对的极点放在一起，形成一个二阶网络，采用直接II型结构实现，即

$$H_k(z) = \frac{b_{k0} + b_{k1} z^{-1}}{1 + a_{k1} z^{-1} + a_{k2} z^{-1}} \tag{4-7}$$

总的系统函数为

$$H(z) = C + \sum_{k=1}^{L} H_k(z) \tag{4-8}$$

式(4-8)中，L是$(N+1)/2$整数部分。当N为奇数时，$H_k(z)$中有一个是实数极点。按照IIR的并联型结构，其中每一个分系统均是一阶网络或者是二阶网络，每个分系统均用直接II型结构。

例 4-2 假设系统函数如下式，画出它的并联型结构。

$$H(z) = \frac{(2 - 0.379z^{-1})(4 - 1.24z^{-1} + 5.246z^{-2})}{(1 - 0.5z^{-1})(1 - z^{-1} + 0.5z^{-2})}$$

解：系统函数$H(z)$的分子分母是因式分解形式，但不是真分式。先化成真分式，即

$$H(z) = 16 + \frac{-8 + 20z^{-1} - 6z^{-2}}{(1 - 0.5z^{-1})(1 - z^{-1} + 0.5z^{-2})}$$

上式的第二项已是真分式，可以进行因式分解

$$H_1(z) = \frac{-8 + 20z^{-1} - 6z^{-2}}{(1 - 0.5z^{-1})(1 - z^{-1} + 0.5z^{-2})}$$

$$\frac{H_1(z)}{z} = \frac{-8z^2 + 20z - 6}{(z - 0.5)(z^2 - z + 0.5)} = \frac{A}{z - 0.5} + \frac{Bz + C}{z^2 - z + 0.5}$$

$$A = \mathrm{Res}\left[\frac{H_1(z)}{z}, 0.5\right] = \frac{H_1(z)}{z}(z - 0.5)\Big|_{z=0.5} = 8$$

$$\frac{H_1(z)}{z} = \frac{8}{z - 0.5} \frac{Bz + C}{z^2 - z + 0.5}$$

再根据待定系数法得到系数 $B = 16, C = 20$,

$$H_1(z) = \frac{8}{1 - 0.5z^{-1}} + \frac{-16 + 20z^{-1}}{1 - z^{-1} + 0.5z^{-2}}$$

最后得

$$H(z) = 16 + \frac{8}{1 - 0.5z^{-1}} + \frac{-16 + 20z^{-1}}{1 - z^{-1} + 0.5z^{-2}}$$

按照上式画出系统并联型算法结构,如图 4-2 所示。

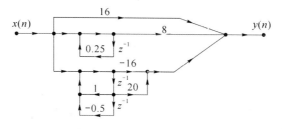

图 4-2

4.4　关于特殊滤波器

（1）一阶低通滤波器的系统函数一般由一个极点 a 和一个零点组成,即

$$H(z) = \frac{1 - a}{2} \frac{1 + z^{-1}}{1 - az^{-1}} \quad 0 < a < 1 \tag{4-9}$$

其带宽近似为 $1 - a$。

一阶高通滤波器的系统函数为

$$H(z) = \frac{1 - a}{2} \frac{1 - z^{-1}}{1 + az^{-1}} \quad 0 < a < 1 \tag{4-10}$$

其带宽也近似为 $1 - a$。

为避免复数运算,一阶滤波器的系数必须是实的,因此一阶滤波器只有一阶低通和一阶高通滤波器。

（2）二阶数字滤波器的系统函数一般表示为

$$H(z) = G \frac{(z - z_1)(z - z_2)}{(z - p_1)(z - p_2)} \tag{4-11}$$

式中,G 是常数,一般取 G 使幅度特性的最大值为 1;p_1、p_2 为共轭极点;z_1、z_2 为共轭零点,这样安排可方便地通过选择极零点位置,形成低通、高通、带通等滤波器。

（3）低通和高通之间的简单变换方法

除了文献[1]第 5 章介绍的变换方法外,低通和高通滤波器还可以用下面的方法进行变换。

利用关系 $H_{hp}(e^{j\omega}) = H_{lp}[e^{j(\omega-\pi)}]$ 可以实现低通到高通变换;利用低通到高通单位脉冲响应之间的关系 $h_{hp}(n) = (-1)^n h_{lp}(n)$ 变换;或者利用低通滤波器差分方程 $y(n) = -\sum_{k=1}^{N} a_k y(n-k)$ 转换

为高通差分方程 $y(n) = \sum_{k=1}^{N} (-1)^k a_k y(n-k) + \sum_{k=0}^{M} (-1)^k b_k x(n-k)$ 来变换。

（4）常用的特殊滤波器

常用的特殊滤波器包括全通滤波器、数字谐振器、数字陷波器、最小相位滤波器、梳状滤波器、正弦波发生器等。这类滤波器的共同特点是全为二阶系统,虽然简单,通过适当设计可以获得较好的性能指标,因此有广泛应用。

例 4-3 实验分析极点位置对二阶低通滤波器特性的影响。

解：设二阶低通滤波器极点 $p_1 = re^{j\omega_c}$,$p_2 = re^{-j\omega_c}$,系统函数为

$$H(z) = \frac{1}{(1 - p_1 z^{-1})(1 - p_2 z^{-1})}$$

当 $\omega_c = \pi/6$,r 分别为 0.65、0.8、0.95 时,滤波器的幅度特性分别如图 4-3(a)、(b)和(c)所示。容易发现 r 越大,即极点越靠近单位圆,形成的峰值越尖锐。反之极点远离单位圆时通带内较为平坦,或者将两个极点靠近一些,使通带窄一些,通带内更平坦一些。

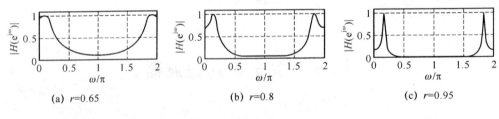

图 4-3

当 $r = 0.95$,ω_c 分别为 $\pi/6$,$\pi/10$,$\pi/16$ 时,滤波器的幅度特性如图 4-4(a)、(b)和(c)所示。图 4-4 表明,极点的角度影响峰值的位置,峰值位置就是极点的角度位置。

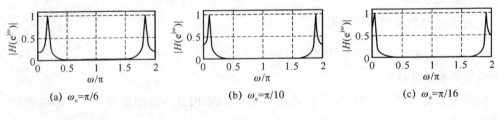

图 4-4

例 4-4 已知 $H(z) = 1 - 0.4z^{-1} - 0.8z^{-2} + 0.86z^{-3}$。试求该滤波器的格形结构反射系数,并画出信号流图。

解：格形滤波器分为全零点型、全极点型和零极点组合型，分别对应滑动平均系统（MA 系统）、自回归系统（AR 系统）和自回归-滑动平均系统（ARMA 系统）。在 MATLAB 中可用 tf2latc 函数计算相应格形滤波器的系数向量。

对于 FIR 滤波器，直接输入首项归一化的 FIR 滤波器系数向量 b，调用函数 tf2latc 即可求出格形滤波器的反射系数向量 k，调用格式如下：

$$k = tf2latc(b/b(1))$$

反之，已知格形滤波器的反射系数向量 K，调用函数 latc2tf，可以求出直接型全零点滤波器系数向量 b。调用格式如下：

$$b = latc2tf(K)$$

对于 IIR 滤波器，与上述方法相同，直接输入首项归一化的 IIR 滤波器系数向量 a，调用函数 tf2latc 即可求出格形滤波器的反射系数向量 k，调用格式如下：

$$k = tf2latc(a/a(1))$$

但应注意，此时所求得反射系数 k 向量中不包含 $k_0 = 1$。同样，调用函数 latc2tf，可以求出直接型全极点滤波器系数向量 a。调用方式同上。本题求解如下：

$N = 3$，得到

$$Y(z) = (1 \ 0) \begin{bmatrix} 1 & k_3 z^{-1} \\ k_3 & z^{-1} \end{bmatrix} \begin{bmatrix} 1 & k_2 z^{-1} \\ k_2 & z^{-1} \end{bmatrix} \begin{bmatrix} 1 & k_1 z^{-1} \\ k_1 & z^{-1} \end{bmatrix} \begin{bmatrix} 1 \\ 1 \end{bmatrix} X(z)$$

$$= [1 + (k_1 + k_1 k_2 + k_3) z^{-1} + (k_1 k_3 + k_2 + k_1 k_2 k_3) z^{-2} + k_2 k_3 z^{-3}] X(z)$$

$$H(z) = \frac{Y(z)}{X(z)} = 1 + (k_1 + k_1 k_2 + k_3) z^{-1} + (k_1 k_3 + k_2 + k_1 k_2 k_3) z^{-2} + k_2 k_3 z^{-3}$$

解方程组

$$\begin{cases} k_1 + k_1 k_2 + k_3 = -0.4 \\ k_1 k_3 + k_2 + k_1 k_2 k_3 = -0.8 \\ k_2 k_3 = 0.86 \end{cases}$$

可得全零点格形网络参数 k。用 MATLAB 计算网络参数 k 如下：

b = [1 -0.4 -0.8 0.86];

k = tf2latc(b/b(1))

k = -1.4724 -1.7512 0.8600

或者用下面的方法计算。

b = [1 -0.4 -0.8 0.86];

k = poly2rc(b)

k = -1.4724 -1.7512 0.8600

可见两者结果相同。$H(z)$ 的格形结构图如图 4-5 所示。

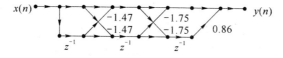

图 4-5

4.5 思考题参考解答

1. 直接 I 型、II 型结构的 IIR 滤波器各有什么优缺点?

答: 直接型结构由差分方程或系统函数直接得到,容易获得该结构是其优点。这种结构最大的缺点是对参数的量化非常敏感。当 N 较大时,由于参数量化会导致系统的零极点位置有较大的位移,如果极点移到单位圆上或单位圆外,将导致系统不稳定。因此,经常使用的是一阶、二阶 IIR 直接结构。

2. 级联型结构的 IIR 滤波器有什么优缺点?

答: 级联型结构是由一阶系统或若干二阶系统级联而成的系统。结构中的每个一阶系统决定一个零点和一个极点,每个二阶系统决定一对零点和一对极点,通过调节零点系数和极点系数,可以分别改变一对零点或一对极点的位置。相对于直接型结构,调整方便是级联型的优点。此外,级联结构中后面网络输出不会再流入到前面,运算误差的积累相对直接型较小。

3. 并联型结构的 IIR 滤波器有什么优缺点?

答: 并联型结构通常由一个一阶网络与若干分子阶次较分母阶次低的二阶网络并联而成。结构中的每个一阶网络决定一个实数极点,每个二阶网络决定一对共轭极点,因此调整极点位置方便,但零点位置调整不如级联型方便。这种结构中,由于基本网络是并联的,产生的运算误差互不影响,相对于直接型和级联型,并联型运算误差最小,并且由于基本网络并联,可同时对输入信号进行运算,相对于直接型和级联型,并联型运算速度最高。

4. 级联型结构的 FIR 滤波器有什么优缺点?

答: 并联型结构的 FIR 滤波器有两个优点:一是其在频率采样点 ω_k 处 $H(e^{j\omega}) = H(k)$ 为乘法器的系数,调整该系数就能直接调整频率特性;二是对于任意滤波器,只要 $h(n)$ 的长度 N 相等,除乘法器的系数 $H(k)$ 不同外,其他结构包括梳状滤波器和并联一阶或二阶网络结构均一样,便于实现标准化、模块化。

其缺点是当 N 较大时,二阶网络很多,使乘法器和延时器很多,造成结构复杂。

5. 什么是线性相位? 单位脉冲响应 $h(n)$ 满足 $h(n) = \pm h(N-1-n)$ 的 FIR 滤波器为什么具有线性相位特性?

答: 略。参考文献[1]6.1.1 节。

6. 修正频率采样结构为什么可以克服频率采样结构 FIR 滤波器的不稳定性?

答: 略。参考文献[1]189 页。

7. "转置定理"与"求逆准则"有什么差别?

答: "转置定理"适用于所有介绍过的网络的转置变换,而"求逆准则"只适用于零点、极点格形结构的相互转换。

8. 数字谐振器零点有几种放置法? 各放置法有什么特点?

答: 数字谐振器的零点有两种放置法,可以放置在原点,或将两个零点放置在 $z = \pm 1$ 处。零点放置在原点时,如果两个极点非常接近单位圆,则 $\omega \approx \omega_r$,它的 3 dB 带宽为 $\Delta\omega \approx 2$,且极点越靠近单位圆,谐振峰越尖锐,如图 4-6 所示。

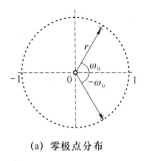
(a) 零极点分布

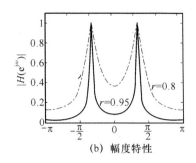
(b) 幅度特性

图 4-6

零点放置在 $z=\pm1$ 处,当极点很靠近单位圆时,它的谐振频率仍然可用 ω_0 进行估计,
3 dB带宽用 $\Delta\omega\approx2(1-r)$ 估计。其次,在 $\omega=\pi,0,-\pi$ 处的幅度为零,如图 4-7 所示。

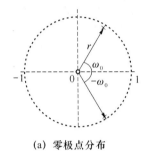
(a) 零极点分布

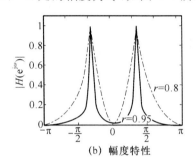
(b) 幅度特性

图 4-7

9. 何谓数字陷波器? 其幅度特性有什么特点? 其极点位置有什么特点?

答:对于用以滤除某单一频率的二阶滤波器,其幅度特性在 $\omega=\pm\omega_0$ 处为零,在其他频
率上接近于常数,是非常适合滤除单频干扰的滤波器。

对于希望幅度特性在 $\omega=\pm\omega_0$ 处为零的陷波器,设其零点为 $z=\mathrm{e}^{\pm\mathrm{j}\omega_0}$,其两个极点 $p_{1,2}=a\mathrm{e}^{\pm\mathrm{j}\omega_0}$
放在很靠近零点的地方,如图 4-8 所示。其极点位置的特点是在很靠近零点的地方。

10. 试写出二阶数字陷波器的系统函数,其中的参数 a 怎样影响陷波器的性能?

答:二阶数字陷波器的系统函数为

$$H(z)=\frac{(z-\mathrm{e}^{\mathrm{j}\omega_0})(z-\mathrm{e}^{-\mathrm{j}\omega_0})}{(z-a\mathrm{e}^{\mathrm{j}\omega_0})(z-a\mathrm{e}^{-\mathrm{j}\omega_0})}$$

其幅频特性如图 4-9 所示,式中,$0\leqslant a<1$;如果 $a=0$,滤波器变成 FIR 滤波器,β 缺少极点
的作用。从图中可见,如果 a 比较小,缺口将比较大,对 $\omega=\pm\omega_0$ 近邻的频率分量影响显著。

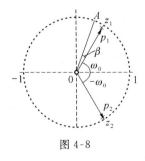
图 4-8

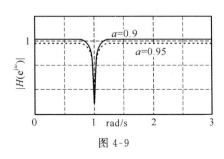
图 4-9

11. 何谓全通滤波器? 其零极点分布有何特点?

答:如果滤波器的幅度特性在整个频带$[0,2\pi]$上均等于常数,即

$$|H(e^{j\omega})| = 常数 \quad 0 \leqslant \omega \leqslant 2\pi$$

则该滤波器称为全通滤波器。因为信号通过全通滤波器后,其输出的幅度特性保持不变,仅相位发生变化,所以全通滤波器也称为纯相位滤波器。

全通滤波器的系统函数为

$$H(z) = \frac{\sum_{k=0}^{N} a_k z^{-N+k}}{\sum_{k=0}^{N} a_k z^{-k}} = z^{-N} \frac{\sum_{k=0}^{N} a_k z^{k}}{\sum_{k=0}^{N} a_k z^{-k}} = z^{-N} \frac{D(z^{-1})}{D(z)} \text{ 或 } H(z) = \prod_{i=1}^{L} \frac{z^{-2} + a_{1i} z^{-1} + a_{2i}}{a_{2i} z^{-2} + a_{1i} z^{-1} + 1}$$

从上式可见,如果z_k是它的零点,那么$p_k = z_k^{-1}$就是它的极点,全通滤波器的零点和极点互成倒易关系。又因为$D(z^{-1})$和$D(z)$的系数是实数,零点和极点均以共轭对形式出现。z_k是零点,z_k^*也是零点,$p_k = z_k^{-1}$是极点,$p_k^* = (z_k^{-1})^*$也是极点,形成四个极零点一组的形式。当然如果零点在单位圆上,或者零点是实数,则以两个一组的形式出现。

12. 何谓最小相位系统? 如何判断系统是最小相位系统与否?

答:对于因果稳定滤波器中的一类滤波器,如果其全部零点位于单位圆内,则称为最小相位滤波器,系统函数用$H_{\min}(z)$表示。全部零点位于单位圆外的因果稳定滤波器,称为最大相位滤波器,系统函数用$H_{\max}(z)$表示。零点既不全在单位圆内,也不全在单位圆外的称为混合相位滤波器。

最小相位滤波器的重要性质可以作为判断方法和依据。

方法1:任何一个因果稳定的滤波器$H(z)$均可以用一个最小相位滤波器$H_{\min}(z)$和一个全通滤波器$H_{ap}(z)$级联构成,即$H(z) = H_{\min}(z) H_{ap}(z)$。将$H(z)$零点(或者极点)以共轭倒易关系从单位圆外(内)搬到单位圆内(外),滤波器的幅频特性保持不变,而相位特性会发生变化。比较变换前后不同的相位特性,即可作出判断。

方法2:利用共轭倒易关系,可以将同一个系统函数零点在单位圆内外进行相互转移,得到若干幅频特性相同的滤波器,但其中只有全部零点均在单位圆内的是最小相位系统。

方法3:最小相位系统的逆系统因果稳定。给定一个因果稳定系统$H(z) = B(z)/A(z)$,其逆系统定义为

$$H^{-1}(z) = \frac{1}{H(z)} = \frac{A(z)}{B(z)}$$

从上式易见,原系统的零、极点变成了逆系统的极、零点。因此只有当因果稳定系统$H(z)$是最小相位系统时,它的逆系统$H^{-1}(z)$才是因果稳定的,同时该逆系统也是一个最小相位系统。

13. 试写出两种二阶正弦波发生器的系统函数。其工作原理是什么?

答:两个系统函数

$$H_1(z) = \frac{Y_1(z)}{X(z)} = \frac{z^{-1} \sin \omega_0}{1 - 2z^{-1} \cos \omega_0 + z^2}, H_2(z) = \frac{Y_2(z)}{X(z)} = \frac{z^{-1} \cos \omega_0}{1 - 2z^{-1} \cos \omega_0 + z^2}$$

在$x(n) = A\delta(n)$的激励下可以分别产生正弦波和余弦波

$$y_1(n) = A\sin(\omega_0 n)u(n), y_2(n) = A\cos(\omega_0 n)u(n)$$

依据系统稳定性原理,为保证滤波器的因果稳定性,其系统函数的极点必须全部集中在单位圆内,否则因果稳定性不能保证。正弦波发生器正是根据这一原理,将极点设置在单位圆上,故可以形成一个正弦波发生器。

4.6 练习题参考解答

1. 用直接 I 型、直接 II 型结构实现以下系统函数:

$$H(z) = \frac{3 + 4.2z^{-1} + 0.8z^{-2}}{2 + 0.6z^{-1} - 0.4z^{-2}}$$

解:系统函数 $H(z)$ 分母的 z^0 项的系数应该化简为 1。分母 $z^i (i = 1, 2, \cdots)$ 的系数取负号,即为反馈链的系数。

因为

$$H(z) = \frac{1.5 + 2.1z^{-1} + 0.4z^{-2}}{1 + 0.3z^{-1} - 0.2z^{-2}} = \frac{1.5 + 2.1z^{-1} + 0.4z^{-2}}{1 - (-0.3z^{-1} + 0.2z^{-2})}$$

而系统函数为

$$H(z) = \frac{\displaystyle\sum_{m=0}^{M} b_m z^{-m}}{1 - \displaystyle\sum_{n=1}^{N} a_n z^{-n}} = \frac{Y(z)}{X(z)}$$

两式相比较,可得 $a_1 = -0.3, a_2 = 0.2, b_0 = 1.5, b_1 = 2.1, b_2 = 0.4$。

直接 I 型结构如图 4-10(a)所示,直接 II 型结构如图 4-10(b)所示。

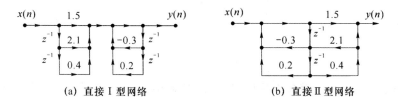

(a) 直接 I 型网络　　　　　　　　(b) 直接 II 型网络

图 4-10

2. 用级联型结构实现以下系统函数:

$$H(z) = \frac{4(z+1)(z^2 - 1.4z + 1)}{(z - 0.5)(z^2 + 0.9z + 0.8)}$$

试问一共能构成几种级联型结构?

解:因为

$$H(z) = A \prod_k \frac{1 + \beta_{1k}z^{-1} + \beta_{2k}z^{-2}}{1 - \alpha_{1k}z^{-1} - \alpha_{2k}z^{-2}} = \frac{4(1 + z^{-1})(1 - 1.4z^{-1} + z^{-2})}{(1 \div 0.5z^{-1})(1 + 0.9z^{-1} + 0.8z^{-1})}$$

则

$$A = 4, \beta_{11} = 1, \beta_{21} = 0, \beta_{12} = -1.4, \beta_{22} = 1$$
$$\alpha_{11} = 0.5, \alpha_{21} = 0, \alpha_{12} = -0.9, \alpha_{22} = -0.8$$

由此可得,若采用二阶节实现,考虑分子分母组合成二阶(一阶)基本节的方式,则 $H(z)$ 有四种实现形式,分别如图 4-11(a)~(d)所示。

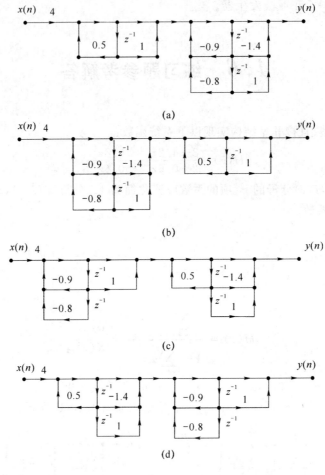

图 4-11

3. 已知系统用下面的差分方程描述,试分别画出系统的直接型、级联型和并联型结构。

$$y(n)=\frac{3}{4}y(n-1)-\frac{1}{8}y(n-2)+x(n)+\frac{1}{3}x(n-1)$$

解:对系统差分方程取 z 变换,整理后得

$$Y(z)-\frac{3}{4}z^{-1}Y(z)-\frac{1}{8}z^{-2}Y(z)=X(z)+\frac{1}{3}z^{-1}X(z)$$

$$H(z)=\frac{Y(z)}{X(z)}=\frac{1+\frac{1}{3}z^{-1}}{1-\frac{3}{4}z^{-1}+\frac{1}{8}z^{-2}}$$

(1) 按照系统函数 $H(z)$,画出直接型结构如图 4-12(a)所示。

(2) 将 $H(z)$ 的分母进行因式分解,得

$$H(z)=\frac{1+\dfrac{1}{3}z^{-1}}{1-\dfrac{3}{4}z^{-1}+\dfrac{1}{8}z^{-2}}=\frac{1+\dfrac{1}{3}z^{-1}}{\left(1-\dfrac{1}{2}z^{-1}\right)\left(1-\dfrac{1}{4}z^{-1}\right)}$$

根据上式可得到 $H(z)$ 的两种级联结构。

第一种级联结构 $H(z)=\dfrac{1}{\left(1-\dfrac{1}{2}z^{-1}\right)\left(1-\dfrac{1}{4}z^{-1}\right)}\dfrac{1+\dfrac{1}{3}z^{-1}}{}$，画出级联型结构如图 4-12(b)所示。

第二种级联结构 $H(z)=\dfrac{1+\dfrac{1}{3}z^{-1}}{\left(1-\dfrac{1}{2}z^{-1}\right)}\dfrac{1}{\left(1-\dfrac{1}{4}z^{-1}\right)}$，画出级联型结构如图 4-12(c)所示。

（3）将 $H(z)$ 进行部分分式展开

$$H(z)=\frac{1+\dfrac{1}{3}z^{-1}}{\left(1-\dfrac{1}{2}z^{-1}\right)\left(1-\dfrac{1}{4}z^{-1}\right)},\frac{H(z)}{z}=\frac{z+\dfrac{1}{3}}{\left(z-\dfrac{1}{2}\right)\left(z-\dfrac{1}{4}\right)}=\frac{A}{z-\dfrac{1}{2}}+\frac{B}{z-\dfrac{1}{4}}$$

$$A=\frac{z+\dfrac{1}{3}}{\left(z-\dfrac{1}{2}\right)\left(z-\dfrac{1}{4}\right)}\left(z-\dfrac{1}{2}\right)\bigg|_{z=\frac{1}{2}}=\frac{10}{3},B=\frac{z+\dfrac{1}{3}}{\left(z-\dfrac{1}{2}\right)\left(z-\dfrac{1}{4}\right)}\left(z-\dfrac{1}{4}\right)\bigg|_{z=\frac{1}{4}}=-\frac{7}{3}$$

$$\frac{H(z)}{z}=\frac{\dfrac{10}{3}}{z-\dfrac{1}{2}}+\frac{-\dfrac{7}{3}}{z-\dfrac{1}{4}},H(z)=\frac{\dfrac{10}{3}z}{z-\dfrac{1}{2}}+\frac{-\dfrac{7}{3}z}{z-\dfrac{1}{4}}=\frac{\dfrac{10}{3}}{1-\dfrac{1}{2}z^{-1}}+\frac{-\dfrac{7}{3}z}{1-\dfrac{1}{4}z^{-1}}$$

根据上式画出 $H(z)$ 的并联型结构如图 4-12(d)所示。

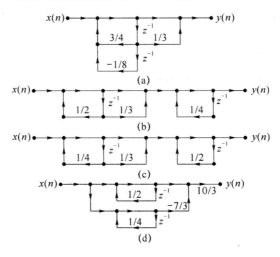

图 4-12

4. 设 $x(n)$ 和 $y(n)$ 分别表示系统的输入和输出信号，$|a|<1$，$|b|<1$。系统的差分方程为

$$y(n)=(a+b)y(n-1)-aby(n-2)+(a+b)x(n-1)+x(n-2)+ab$$

试画出系统的直接型和级联型结构。

解：对系统差分方程取 z 变换得

$$Y(z)=(a+b)Y(z)z^{-1}-abY(z)z^{-2}+(a+b)X(z)z^{-1}+X(z)z^{-2}+ab$$

整理后得

$$H(z)=\frac{Y(z)}{X(z)}=\frac{ab+(a+b)z^{-1}+z^{-2}}{1-(a+b)z^{-1}+abz^{-2}}$$

（1）按照系统函数 $H(z)$，画出直接型结构如图 4-13(a) 所示。

（2）将 $H(z)$ 的分母进行因式分解，得

$$H(z)=\frac{(a-z^{-1})(b-z^{-1})}{(1-az^{-1})(1-bz^{-1})}=\frac{(z^{-1}-a)(z^{-1}-b)}{(1-az^{-1})(1-bz^{-1})}$$

根据上式可得到 $H(z)$ 的两种级联结构。

第一种级联结构 $H(z)=\dfrac{(z^{-1}-a)}{(1-az^{-1})}\dfrac{(z^{-1}-b)}{(1-bz^{-1})}$，画出级联型结构如图 4-13（b）所示。

第二种级联结构 $H(z)=\dfrac{(z^{-1}-b)}{(1-az^{-1})}\dfrac{(z^{-1}-a)}{(1-bz^{-1})}$，画出级联型结构如图 4-13(c) 所示。

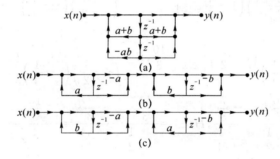

图 4-13

5. 给出以下系统函数的并联型实现：

$$H(z)=\frac{5.2+1.58z^{-1}+1.41z^{-2}-1.6z^{-3}}{(1-0.5z^{-1})(1+0.9z^{-1}+0.8z^{-2})}$$

解：对此系统函数进行因式分解并展成部分分式，得

$$H(z)=\frac{5.2+1.58z^{-1}+1.41z^{-2}-1.6z^{-3}}{(1-0.5z^{-1})(1+0.9z^{-1}+0.8z^{-2})}=4+\frac{0.2}{1-0.5z^{-1}}+\frac{1+0.3z^{-1}}{1+0.9z^{-1}+0.8z^{-2}}$$

则 $G_0=4$，$\alpha_{11}=0.5$，$\alpha_{21}=0$，$\alpha_{12}=-0.9$，$\alpha_{22}=-0.8$，$\gamma_{01}=0.2$，$\gamma_{11}=0$，$\gamma_{02}=1$，$\gamma_{02}=0.3$。

并联结构如图 4-14 所示。

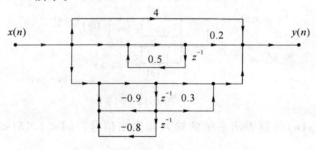

图 4-14

6. 用横截型（FIR 滤波器的横截型又称横向型，也称直接型）结构实现以下系统函数：

$$H(z)=\left(1-\frac{1}{2}z^{-1}\right)(1+6z^{-1})(1-2z^{-1})\left(1+\frac{1}{6}z^{-1}\right)(1-z^{-1})$$

解：

$$H(z)=\left(1-\frac{1}{2}z^{-1}\right)(1+6z^{-1})(1-2z^{-1})\left(1+\frac{1}{6}z^{-1}\right)(1-z^{-1})$$

$$=\left(1-\frac{1}{2}z^{-1}-2z^{-1}+z^{-2}\right)\left(1+\frac{1}{6}z^{-1}+6z^{-1}+z^{-2}\right)(1-z^{-1})$$

$$=\left(1-\frac{5}{2}z^{-1}+z^{-2}\right)\left(1+\frac{37}{6}z^{-1}+z^{-2}\right)(1-z^{-1})$$

$$=1+\frac{8}{3}z^{-1}-\frac{205}{12}z^{-2}+\frac{205}{12}z^{-3}-\frac{8}{3}z^{-4}-z^{-5}$$

$H(z)$横向结构如图 4-15 所示。

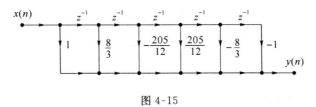

图 4-15

7. 已知 FIR 滤波器的单位脉冲响应为

$$h(n)=\delta(n)+0.3\delta(n-1)+0.72\delta(n-2)+0.11\delta(n-3)+0.12\delta(n-4)$$

试画出其级联型结构实现。

解： 根据 $H(z)=\sum_{n=0}^{N-1}h(n)z^{-n}$，得

$$H(z)=1+0.3z^{-1}+0.72z^{-2}+0.11z^{-3}+0.12z^{-4}=(1+0.2z^{-1}+0.3z^{-2})(1+0.1z^{-1}+0.4z^{-2})$$

而 FIR 级联型结构的模型公式为

$$H(z)=\prod_{k=1}^{\frac{N}{2}}(\beta_{0k}+\beta_{1k}z^{-1}+\beta_{2k}z^{-2})$$

对照上式可得

$$\beta_{01}=1,\beta_{11}=0.2,\alpha_{21}=0.3,\beta_{02}=1,\beta_{12}=0.1,\beta_{22}=0.4$$

级联结构如图 4-16 所示。

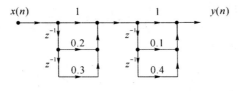

图 4-16

8. 设某 FIR 数字滤波器的系统函数为 $H(z)=\frac{1}{5}(1+3z^{-1}+5z^{-2}+3z^{-3}+z^{-4})$。试画出该滤波器的线性相位结构。

解:由题中所给条件可知

$$h(n)=\frac{1}{5}\delta(n)+\frac{3}{5}\delta(n-1)+\delta(n-2)+\frac{3}{5}\delta(n-3)+\frac{1}{5}\delta(n-4)$$

则

$$h(0)=h(4)=\frac{1}{5}=0.2,h(1)=h(3)=\frac{1}{5}=0.6,h(2)=1$$

即 $h(n)$ 是偶对称,对称中心在 $n=\frac{N-1}{2}$ 处,N 为奇数($N=5$)。

$H(z)$ 的线性相位结构如图 4-17 所示。

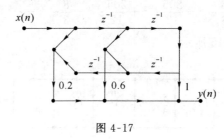

图 4-17

9. 用频率采样结构实现以下系统函数:

$$H(z)=\frac{5-2z^{-3}-3z^{-6}}{1-z^{-1}}$$

采样点数 $N=6$,修正半径 $r=0.9$。

解:因为 $N=6$,所以根据式(4-4)和式(4-5)可得

$$H(z)=\frac{1}{6}(1-r^6z^{-6})\Big[H_0(z)+H_3(z)+\sum_{k=1}^{2}H_k(z)\Big]$$

$$H(z)=\frac{(5+3z^{-3})(1-z^{-3})}{1-z^{-1}}=(5+3z^{-3})(1+z^{-1}+z^{-2})$$

故

$$H(k)=H(z)\big|_{z=2\pi k/N}=(5+3\mathrm{e}^{-\mathrm{j}\pi k})(1+\mathrm{e}^{-\mathrm{j}\frac{\pi}{3}k}+\mathrm{e}^{-\mathrm{j}\frac{2\pi}{3}k})$$

因而

$$H(0)=24,H(1)=2-2\sqrt{3}\mathrm{j},H(2)=0,H(3)=2,H(4)=0,H(5)=2+2\sqrt{3}\mathrm{j}$$

则

$$H_0(z)=\frac{H(0)}{1-rz^{-1}}=\frac{24}{1-0.9z^{-1}},H_3(z)=\frac{H(3)}{1+rz^{-1}}=\frac{2}{1+0.9z^{-1}}$$

接下来再求 $H_k(z)$。$k=1$ 时

$$H_1(z)=\frac{\beta_{01}+\beta_{11}z^{-1}}{1-2z^{-1}r\cos\left(\frac{2\pi}{N}\right)+r^2z^{-2}},\quad\beta_{01}=2\mathrm{Re}[H(1)]=2\mathrm{Re}(2-2\sqrt{3}\mathrm{j})$$

$$\beta_{11}=-2\times0.9\times\mathrm{Re}[H(1)W_6^1]=3.6,H_1(z)=\frac{4+3.6z^{-1}}{1-0.9z^{-1}+0.81z^{-2}}$$

$k=2$ 时,$\beta_{02}=\beta_{12}=0,H_2(z)=0$。结构如图 4-18 所示。

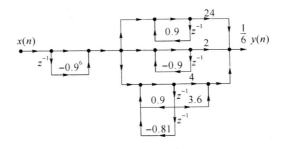

图 4-18

10. 已知 FIR 滤波器系统函数在单位圆上的 16 个等间隔采样点为

$$H(0)=12, H(1)=-3-\mathrm{j}\sqrt{3}, H(1)=1+\mathrm{j}$$

$$H(3)\sim H(13)=0, H(14)=1-\mathrm{j}, H(15)=-3+\mathrm{j}\sqrt{3}$$

试画出该系统的频率采样结构。

解：(1) 有复数乘法的频率采样结构

$$H(z)=\frac{1-z^{-N}}{N}\sum_{k=0}^{N-1}\frac{H(k)}{1-W_N^{-k}z^{-1}},$$

上式中，$H(k)=H(z)\big|_{e^{\frac{2\pi}{N}k}}$，$k=0,1,\cdots,N-1$。本题中 $N=16$。根据上式画出系统结构如图 4-19(a)所示。

(2) 无复数乘法的频率采样结构

取修正半径 $r=0.9$，将题设系统中复共轭的并联支路合并，得

$$H(z)=\frac{1-r^N z^{-N}}{N}\sum_{k=0}^{N-1}\frac{H(k)}{1-rW_N^{-k}z^{-1}}=\frac{1-0.9^{16}z^{-16}}{16}\sum_{k=0}^{15}\frac{H(k)}{1-rW_{16}^{-k}z^{-1}}$$

$$=\frac{1}{16}(1-0.185\,3-z^{-16})\left[\frac{H(0)}{1-0.9z^{-1}}+\left(\frac{H(1)}{1-0.9W_{16}^{-1}z^{-1}}+\frac{H(15)}{1-0.9W_{16}^{-15}z^{-1}}\right)\right.$$

$$\left.+\left(\frac{H(2)}{1-0.9W_{16}^{-2}z^{-1}}+\frac{H(14)}{1-0.9W_{16}^{-14}z^{-1}}\right)\right]$$

$$=\frac{1}{16}(1-0.185\,3-z^{-16})\left[\frac{12}{1-0.9z^{-1}}+\left(\frac{-6-6.182z^{-1}}{1-1.663z^{-1}+0.81z^{-2}}+\frac{2-2.545\,6z^{-1}}{1-1.272\,8z^{-1}+0.81z^{-2}}\right)\right]$$

根据上式画出系统结构如图 4-19(b)所示。

11. 设滤波器差分方程为 $y(n)=x(n)+x(n-1)+\dfrac{1}{3}y(n-1)+\dfrac{1}{4}y(n-2)$。

(1) 试用直接 Ⅰ 型、直接 Ⅱ 型及一阶节的级联型、一阶节的并联型结构实现该差分方程。

(2) 求系统的频率响应(幅度及相位)。

(3) 设采样频率为 10 kHz，输入正弦波幅度为 5，频率为 1 kHz，试求稳态输出。

解：(1)根据 $y(n)=\sum_{k=1}^{N}a_k y(n-k)+\sum_{k=0}^{M}b_k x(n-k)$，可得

$$a_1=\frac{1}{3},\quad a_2=\frac{1}{4},\quad b_0=1,\quad b_1=1$$

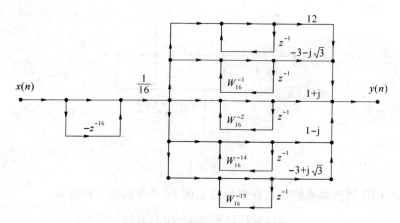

(a) 有复数乘法的频率采样结构

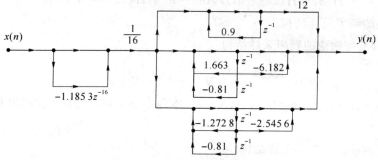

(b) 无复数乘法的频率采样结构

图 4-19

直接 I 型结构及直接 II 型结构分别如图 4-20(a) 和 (b) 所示。

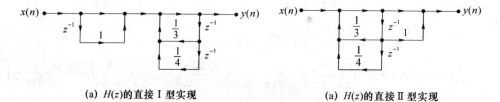

(a) $H(z)$ 的直接 I 型实现　　　　　　(a) $H(z)$ 的直接 II 型实现

图 4-20

一阶节级联型的 $H(z)$ 如下:

$$H(z) = \frac{1+z^{-1}}{1-\frac{1}{3}z^{-1}-\frac{1}{4}z^{-2}} = \frac{1+z^{-1}}{\left(1-\frac{1+\sqrt{10}}{6}z^{-1}\right)\left(1-\frac{1-\sqrt{10}}{6}z^{-1}\right)}$$

$$= \frac{1+z^{-1}}{(1-0.69z^{-1})(1+0.36z^{-1})}$$

级联结构示意图如图 4-21 所示。

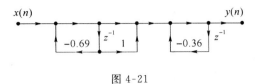

图 4-21

一阶节并联型的 $H(z)$ 求得如下：

$$H(z) = \frac{1+z^{-1}}{\left(1-\dfrac{1+\sqrt{10}}{6}z^{-1}\right)\left(1-\dfrac{1-\sqrt{10}}{6}z^{-1}\right)}$$

$$= \frac{\dfrac{1}{2}+\dfrac{7}{20}\sqrt{10}}{1-\dfrac{1+\sqrt{10}}{6}z^{-1}} + \frac{\dfrac{1}{2}-\dfrac{7}{20}\sqrt{10}}{1-\dfrac{1-\sqrt{10}}{6}z^{-1}} = \frac{1.61}{1-0.69z^{-1}} - \frac{0.61}{1+0.36z^{-1}}$$

并联结构如图 4-22 所示。

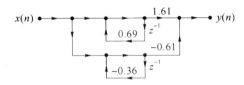

图 4-22

（2）由题意可知 $H(z) = \dfrac{1+z^{-1}}{1-\dfrac{1}{3}z^{-1}-\dfrac{1}{4}z^{-2}}$，可推出

$$H(\mathrm{e}^{\mathrm{j}\omega}) = \frac{1+\mathrm{e}^{-\mathrm{j}\omega}}{1-\dfrac{1}{3}\mathrm{e}^{-\mathrm{j}\omega}-\dfrac{1}{4}\mathrm{e}^{-2\mathrm{j}\omega}} = \frac{(1+\cos\omega)-\mathrm{j}\sin\omega}{1-\dfrac{1}{3}\cos\omega-\dfrac{1}{4}\cos2\omega+\mathrm{j}\left[\dfrac{1}{3}\sin\omega+\dfrac{1}{4}\sin2\omega\right]}$$

$$x(t) = 5\sin(2\pi t \times 10^3)$$

由 $\Omega T_1 = 2\pi \times 10^3 T_1 = 2\pi$，可得周期

$$T_1 = \frac{1}{1\,000}\,\mathrm{s} = 10^{-3}\,\mathrm{s} = 1\,\mathrm{ms}$$

由采样频率为 $10\,\mathrm{kHz}$，得采样周期为

$$T = \frac{1}{10 \times 10^3}\,\mathrm{s} = 0.1 \times 10^{-3}\,\mathrm{s} = 0.1\,\mathrm{ms}$$

在 $x(t)$ 的一个周期内，采样点数为 10 个，且在下一周期内的采样值与 $(0,2\pi)$ 间的采样值完全一样。所以可以将输入看为

$$x(n) = 5\sin(2\pi \times 10^3 \times nT) = 5\sin(10^3 \times 2\pi \times 10^{-4}n)$$

$$= 5\sin\left(\frac{1}{5}n\pi\right) \quad n = 0,1,\cdots,9$$

由此看出 $\omega_0 = 0.2\pi$。根据公式可得此稳态输出为

$$y(n) = 5H(\mathrm{e}^{\mathrm{j}\omega_0})\sin[\omega_0 n + \arg(H(\mathrm{e}^{\mathrm{j}\omega_0}))] = 12.13\sin(0.2\pi n - 0.9)$$

12. 写出图 4-23 所示结构的系统函数及差分方程。

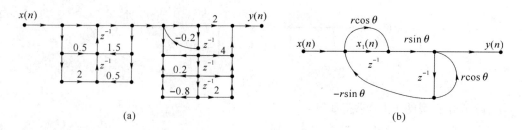

图 4-23

解：观察图 4-23，其中图(a)所示系统结构的左边是一个直接Ⅱ型结构的转置，右边是一个并联型结构，所以此结构是两者的级联。可遵循并联相加、级联相乘的原则求得它的系统函数。

图 4-23(b)所示结构的求解可通过对各节点的求解来获得，即将输入节点和输出节点分别用中间节点表示，然后将中间节点消去，即可得到输入节点与输出节点之间的关系，从而求得系统函数。

（1）根据图 4-23(a)，此结构的系统函数为

$$H(z) = \frac{1+0.5z^{-1}+2z^{-2}}{1-1.5z^{-1}-0.5z^{-2}}\left(\frac{2}{1+0.2z^{-1}}+\frac{4+z^{-1}+2z^{-2}}{1-0.2z^{-1}+0.8z^{-2}}\right)$$

$$= \frac{6+4.4z^{-1}+16.5z^{-2}+5.1z^{-3}+7.8z^{-4}+0.8z^{-5}}{1-1.5z^{-1}+0.26z^{-2}-0.98z^{-3}-0.62z^{-4}-0.08z^{-5}}$$

则此系统的差分方程为

$$y(n) = 6x(n)+4.4x(n-1)+16.5x(n-2)+5.1x(n-3)+7.8x(n-4)+0.8x(n-5)$$
$$+1.5y(n-1)-0.26y(n-2)-0.98y(n-3)+0.62y(n-4)+0.08y(n-5)$$

（2）根据图 4-23(b)可得

$$X_1(z) = X(z)-rz^{-1}Y(z)\sin\theta+rz^{-1}X_1(z)\cos\theta$$

得

$$X_1(z) = \frac{X(z)-rz^{-1}Y(z)\sin\theta}{1-rz^{-1}\cos\theta}$$

而 $Y(z) = rz^{-1}X_1(z)\sin\theta+rz^{-1}Y(z)\cos\theta$，因此

$$Y(z)(1-rz^{-1}\cos\theta) = rz^{-1}\sin\theta\frac{X(z)-rz^{-1}Y(z)\sin\theta}{1-rz^{-1}\cos\theta}$$

$$Y(z)(1-2rz^{-1}\cos\theta+r^2z^{-2}) = rz^{-1}X(z)\sin\theta$$

所以此结构的系统函数为

$$H(z) = \frac{Y(z)}{X(z)} = \frac{rz^{-1}\sin\theta}{1-2rz^{-1}\cos\theta+r^2z^{-2}}$$

其差分方程为

$$y(n) = r(\sin\theta)x(n-1)+2r(\cos\theta)y(n-1)-r^2y(n-2)$$

13. 已知 $H(z) = 1-0.4z^{-1}-0.8z^{-2}+0.86z^{-3}$。试求该滤波器的格形结构反射系数，并画出信号流图。

解：参考本章例 4-4。

14. 证明：线性相位 FIR 滤波器的零点必定是互为倒数的共轭对。（提示：$ZT[x(n)] =$

$X(z^{-1})$。)

证明：线性相位 FIR 滤波器的单位脉冲响应 $h(n)$ 应该满足下面的条件：

$$h(n)=\pm h(N-1-n)$$

当 $h(n)=h(N-1-n)$ 时

$$H(z)=\sum_{n=0}^{N-1}h(n)z^{-n}=\sum_{n=0}^{N-1}h(N-1-n)z^{-n}$$

令 $m=N-1-n$，得

$$H(z)=\sum_{m=0}^{N-1}h(m)z^{-(N-1-m)}=z^{-(N-1)}\sum_{m=0}^{N-1}h(m)z^{m}=z^{-(N-1)}H(z^{-1}) \tag{a}$$

当 $h(n)=-h(N-1-n)$ 时，可以推导出

$$H(z)=-z^{-(N-1)}H(z^{-1}) \tag{b}$$

根据以上分析，线性相位的 FIR 滤波器的传输函数具有如下的零点分布特点。

若 $z=z_i$ 是零点，则它的倒数也必定是零点，而且由于 $h(n)$ 是实数，$H(z)$ 的零点必须以共轭对出现，这种互为倒数的共轭对有以下几种可能的情况。

第一种情况，既不在实轴又不在单位圆上，那么必然是四个互为倒数的两组共轭对，如图 4-24 中的 z_1、$1/z_1$、z_1^*、$1/z_1^*$ 所示。

第二种情况，z_i 是单位圆上的复零点，其共轭倒数就是其本身，如图 4-24 中的 z_3、z_3^* 所示。

第三种情况，z_i 是实数又不在单位圆上，其共轭就是其本身，如图 4-24 中的 z_2、$1/z_2$ 所示。

第四种情况，z_i 既在单位圆上又在实轴上，则四个互倒的零点都合为一点，因此是成单点出现，如图 4-24 中 z_4 所示。

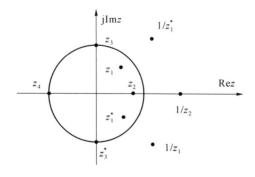

图 4-24

15. 已知 $H(z)=1-0.4z^{-1}+0.8z^{-2}+0.86z^{-3}$。试求此系统的格形结构数据，并画出信号流图。

解：$N=3$，得到

$$Y(z)=(1\ 0)\begin{bmatrix}1 & k_3z^{-1}\\ k_3 & z^{-1}\end{bmatrix}\begin{bmatrix}1 & k_2z^{-1}\\ k_2 & z^{-1}\end{bmatrix}\begin{bmatrix}1 & k_1z^{-1}\\ k_1 & z^{-1}\end{bmatrix}\begin{bmatrix}1\\ 1\end{bmatrix}X(z)$$

$$=[1+(k_1+k_1k_2+k_3)z^{-1}+(k_1k_3+k_2+k_1k_2k_3)z^{-2}+k_2k_3z^{-3}]X(z)$$

$$H(z)=\frac{Y(z)}{X(z)}=1+(k_1+k_1k_2+k_3)z^{-1}+(k_1k_3+k_2+k_1k_2k_3)z^{-2}+k_2k_3z^{-3}$$

解方程

$$\begin{cases} k_1 + k_1 k_2 + k_3 = -0.4 \\ k_1 k_3 + k_2 + k_1 k_2 k_3 = 0.8 \\ k_2 k_3 = 0.86 \end{cases}$$

可得全零点格形网络参数 k。用 MATLAB 计算网络参数 k 如下：

b＝[1 －0.4 －0.8 0.86]；

k＝tf2latc(b/b(1))

k＝ －0.7747 4.3932 0.8600

或者用下面的方法计算。

b＝[1 －0.4 0.8 0.86]；

k＝poly2rc(b)

k＝ －0.7747 4.3932 0.8600

两者结果相同。$H(z)$ 的格形结构图如图 4-25 所示。

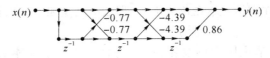

图 4-25

16. 已知 $H(z) = \dfrac{1 + 0.85z^{-1} - 0.42z^{-2} + 0.34z^{-3}}{1 - 0.6z^{-1} - 0.78z^{-2} + 0.48z^{-3}}$，试求此系统的格形结构。

解：本题中 $H(z) = \dfrac{1 + 0.85z^{-1} - 0.42z^{-2} + 0.34z^{-3}}{1 - 0.6z^{-1} - 0.78z^{-2} + 0.48z^{-3}}$，得

$$a = [1 \quad -0.6 \quad -0.78 \quad 0.48], b = [1 \quad 0.85 \quad -0.42 \quad 0.34]$$

用 MATLAB 计算网络参数 K、C 参数如下：

a＝[1 －0.6 －0.78 0.48]；

b＝[1 0.85 －0.42 0.34]；

[K,C]＝tf2latc(b,a)

K＝[－0.8127 －0.6393 0.4800]′   C＝[1.5536 1.0519 －0.2160 0.3400]′

$H(z)$ 的格形结构如图 4-26 所示。

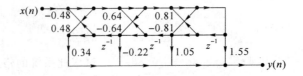

图 4-26

17. 已知系统函数分别为 $H_1(z) = 1 + 2z^{-1} + z^{-2}$ 和 $H_2(z) = 1 - 0.6z^{-1} + 0.825z^{-2} - 0.9z^{-3}$ 的两个 FIR 滤波器，试分别画出它们的直接型结构和格形结构，并求出格形结构的有关参数。

解：(1) 已知 $H_1(z) = 1 + 2z^{-1} + z^{-2}$，得到

$$H(z) = \frac{Y(z)}{X(z)} = 1 + (k_1 + k_1 k_2)z^{-1} + k_2 z^{-2}$$

将已知参数代入上式,得 $k_1+k_1k_2=2,k_2=1$。容易解得 $k_1=k_2=1$。$H_1(z)$ 的直接型和格形结构图如图 4-27(a) 和 (b) 所示。

(2) $H_2(z)=1-0.6z^{-1}+0.825z^{-2}-0.9z^{-3}$,得到

$$Y(z)=(1\ 0)\begin{pmatrix}1 & k_3z^{-1}\\ k_3 & z^{-1}\end{pmatrix}\begin{pmatrix}1 & k_2z^{-1}\\ k_2 & z^{-1}\end{pmatrix}\begin{pmatrix}1 & k_1z^{-1}\\ k_1 & z^{-1}\end{pmatrix}\begin{pmatrix}1\\ 1\end{pmatrix}X(z)$$

$$=[1+(k_1+k_1k_2+k_3)z^{-1}+(k_1k_3+k_2+k_1k_2k_3)z^{-2}+k_2k_3z^{-3}]X(z)$$

$$H(z)=\frac{Y(z)}{X(z)}=1+(k_1+k_1k_2+k_3)z^{-1}+(k_1k_3+k_2+k_1k_2k_3)z^{-2}+k_2k_3z^{-3}$$

解方程

$$\begin{cases}k_1+k_1k_2+k_3=-0.6\\ k_1k_3+k_2+k_1k_2k_3=0.825\\ k_2k_3=-0.9\end{cases}$$

可得全零点格形网络参数 k。下面用 MATLAB 计算网络参数 k 如下:

```
b = [1  -0.6   0.825   -0.9];
k = tf2latc(b/b(1))
k =   0.3000    1.5000    -0.9000
```

$H_2(z)$ 的直接型和格形结构图如图 4-27(c) 和 (d) 所示。

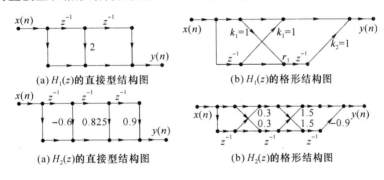

(a) $H_1(z)$ 的直接型结构图　　　(b) $H_1(z)$ 的格形结构图

(a) $H_2(z)$ 的直接型结构图　　　(b) $H_2(z)$ 的格形结构图

图 4-27

18. 已知 FIR 格形网络结构的参数 $k_1=-0.08,k_2=0.217,k_3=1,k_4=0.5$,求系统的系统函数并画出它的直接型结构。

解:先求系统的差分方程。运用格形滤波器系数公式

$$a_k^{(l)}=k_l \quad l=1,2,\cdots,N$$

$$a_k^{(l-1)}=\frac{a_k^{(l)}-k_la_{l-k}^{(l)}}{1-k_l^2}k_l \quad k=1,2,\cdots,l-1$$

或

$$a_k^{(l)}=a_k^{(l-1)}+a_l^{(l)}a_{l-k}^{(l-1)} \quad 1\leqslant k\leqslant l-1,l=1,2,\cdots,N$$

其中 $a_k=h(k)$ 为系统单位脉冲响应系数。代入已知数据,可以解得

$$a_4^{(4)}=k_4=0.5,a_3^{(3)}=k=1,a_2^{(2)}=k_2=0.217,a_1^{(1)}=k_1=-0.08$$

$$l=2,k=1,a_1^{(2)}=a_1^{(1)}+a_2^{(2)}a_1^{(1)}=k_1+k_2k_1=-0.08+0.217\times(-0.08)=-0.097$$

$$l=3,k=2,a_2^{(3)}=a_2^{(2)}+a_3^{(3)}a_1^{(2)}=k_2+k_3a_1^{(2)}=0.217-0.1=0.12$$

$$l=3,k=1,a_1^{(3)}=a_1^{(2)}+a_3^{(3)}a_2^{(2)}=-0.097+0.217=0.147$$

$$l=4,k=1,a_1^{(4)}=a_1^{(3)}+a_4^{(4)}a_3^{(3)}=0.147+0.5=0.647$$

$$l=4, k=2, a_2^{(4)}=a_2^{(3)}+a_4^{(4)}a_2^{(3)}=0.12+0.5\times0.12=0.18$$

$$l=4, k=3, a_3^{(4)}=a_3^{(3)}+a_4^{(4)}a_1^{(3)}=1+0.5\times0.147=1.085$$

$$a_0=1, a_1=a_1^{(4)}=0.647, a_2=a_2^{(4)}=0.18, a_3=a_3^{(4)}=1.085, a_4=0.5$$

得所给系统函数为

$$H(z)=1+0.647z^{-1}+0.18z^{-2}+1.085z^{-3}+0.5z^{-4}$$

它的直接型结构如图 4-28 所示。

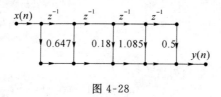

图 4-28

19. 假设系统的系统函数为 $H(z)=1+2.88z^{-1}+3.404z^{-2}+1.74z^{-3}+0.4z^{-4}$。

（1）求描述系统的差分方程，并画出系统的直接型结构。

（2）画出相应的格形结构，并求出它的系数。

（3）系统是最小相位吗？

解：（1）系统的差分方程为

$$h(n)=\delta(n)+2.88\delta(n-1)+3.4048\delta(n-2)+1.74\delta(n-3)+0.4\delta(n-4)$$

其直接型结构如图 4-29(a)所示。

（2）下面用 MATLAB 计算网络参数 k 如下

b = [1 2.88 3.4048 1.74 0.4];

k = tf2latc(b/b(1))

解得 k＝[0.8000   1.2000   0.7000   0.4000]

画出系统的格形结构如图 4-29(b)所示。

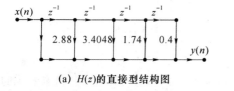

(a) $H(z)$的直接型结构图

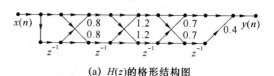

(a) $H(z)$的格形结构图

图 4-29

（3）根据系统函数可以求出系统的零点为

$-1.0429+j0.6276, -1.0429-j0.6276, -0.3971+j0.3350, -0.3971-j0.3350$

容易知道，零点 $-1.0429+j0.6276$ 和 $-1.0429-j0.6276$ 位于 z 平面单位圆外，因此系统不是最小相位系统。

第5章 IIR数字滤波器的设计

5.1 引 言

滤波器设计就是根据滤波器指标要求,确定一种可实现的滤波器硬件结构或滤波算法结构,来实现指标要求的滤波功能。目前,已开发出众多滤波器设计软件,只要滤波器设计的概念清楚,以正确的指标参数调用相应的滤波器设计程序或工具箱函数,便可得到正确的设计结果。因此,正确掌握滤波器的基本概念及滤波器的基本设计方法显得尤为重要。

数字滤波器设计的主要任务如下。

- 按照技术指标要求确定滤波器的性能要求。
- 用一个因果稳定的离散线性时不变系统的系统函数去逼近所确定的滤波器性能要求。离散线性时不变系统可以采用无限脉冲响应系统或有限脉冲响应系统。
- 利用有限精度算法来实现这个系统函数。
- 物理系统实现技术:按需选择具体硬件来实现,用通用数字信号处理器或通用计算机软件实现。

IIR 滤波器与 FIR 滤波器的设计方法大不相同。对于 IIR 数字滤波器而言,设计的结果是滤波系统函数 $H(z)$,而 FIR 数字滤波器的设计结果是其单位脉冲响应 $h(n)$。

本章着重介绍利用模拟滤波器理论来设计 IIR 数字滤波器的方法。

5.2 模拟滤波器设计

(1) 关于模拟滤波器设计指标

模拟低通滤波器的技术指标定义如图 5-1 所示。Ω_p 和 Ω_s 分别称为通带边界频率和阻带边界频率。通带和阻带内的最大误差称为波纹幅度,分别由波纹幅度参数 ε 和 A 决定。

通带波纹幅度越小，ε 的值越小；而阻带波纹幅度越小，A 的值越大。波纹幅度的单位用分贝（dB）表示，用 α_p 表示通带最大衰减（或称为通带峰值波纹），用 α_s 表示阻带最小衰减，即

$$\alpha_p = -20\lg\frac{1}{\sqrt{1+\varepsilon^2}} = 10\lg(1+\varepsilon^2) \tag{5-1}$$

$$\alpha_s = -20\lg\frac{1}{A} = 20\lg A \tag{5-2}$$

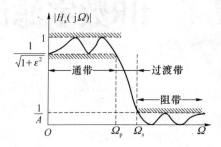

图 5-1

实际工程中，设计指标常常以通带边界频率 Ω_p、通带最大衰减 α_p、阻带边界频率 Ω_s 和阻带最小衰减 α_s 给出。由式(5-1)和式(5-2)可以求得

$$\varepsilon = \sqrt{10^{\alpha_p/10}-1} \tag{5-3}$$

$$A = 10^{\alpha_s/20} \tag{5-4}$$

工程实际中，滤波器的幅频响应特性习惯用损耗函数（或称为衰减函数）$\alpha(\Omega)$ 来描述，即

$$\alpha(\Omega) = -20\lg|H_a(j\Omega)| = -10\lg|H_a(j\Omega)|^2 \tag{5-5}$$

习惯上把 $\alpha(\Omega) = 3\text{ dB}$ 时的边界频率称为 3 dB 截止频率，用 Ω_c 表示。损耗函数的优点是对幅频响应中 $|H_a(j\Omega)|$ 的取值非线性压缩，放大了小的幅度，有利于同时观察通带和阻带幅频特性的变化情况。

定义通带边界频率 Ω_p 和阻带边界频率 Ω_s 之比为过渡比（选择性）参数，用 k 表示，即

$$k = \Omega_p/\Omega_s \tag{5-6}$$

显然，k 值越接近于 1，过渡带越窄，表明选择性越好。对于低通滤波器，$k<1$。

定义参数 k_1 为偏离参数，一般 $k_1 \ll 1$。k_1 用下式计算：

$$k_1 = \frac{\varepsilon}{\sqrt{A^2-1}} \tag{5-7}$$

易见当 ε 越小，而 A 越大时，k_1 才越小，通带和阻带的波纹就越小。

(2) 模拟滤波器的设计流程

模拟滤波器(AF)的设计大体分四步。

• 确定需要设计的"实际 AF" $H(j\Omega)$ 指标。

• 将实际 AF 指标转换成相应的低通 AF $|G(j\lambda)|$ 指标。

• 根据实际滤波特性要求，选择合适的 AP 类型，设计相应的归一化低通 $G(p)$，$\lambda_p = 1$。

• 频率变换，将 $G(p)$ 转换成实际 AF 系统函数 $H(s)$。

各种类型 AF 归一化低通原型的设计公式和图表及系统函数 $G(p)$ 在 AF 设计手册中给出,因此 AF 的设计是很方便的。对需要设计的实际 AF(低通、高通、带通和带阻 AF),关键是将其指标参数用频率变换公式转换成相应的归一化低通指标参数,就可以将所设计 AF 问题转化为设计归一化低通 AF。设计好归一化低通 $G(p)$ 后,将其转换成所需设计滤波器 $H(s)$。常用的归一化低通 AF 系统函数 $G(p)$ 转换关系和频率变换公式如下。

① 低通到高通的频率变换

低通原型 $G(p)$ 到高通滤波器的映射关系为 $p = \lambda_p \Omega_{ph}/s$。$\Omega_{ph}$ 为希望设计的高通滤波器 $H_{HP}(s)$ 的通带边界频率,λ_p 为低通原型滤波器通带边界频率,归一化后 $\lambda_p = 1$。

将通带边界频率为 λ_p 的低通原型滤波器 $G(p)$ 转换成通带边界频率为 Ω_{ph} 的高通滤波器 $H_{HP}(s)$ 的公式为

$$H_{HP}(s) = G(p)\big|_{p = \lambda_p \Omega_{ph}/s} \tag{5-8}$$

② 低通到带通的频率变换

低通原型 $G(p)$ 到带通滤波器 $H_{BP}(s)$ 的频率变换公式为 $p = \lambda_p \dfrac{s^2 + \Omega_0^2}{B_w s}$。$B_w = \Omega_{pu} - \Omega_{pl}$ 表示带通滤波器的通带宽度,Ω_{pl} 和 Ω_{pu} 分别为带通滤波器的通带下截止频率和通带上截止频率,Ω_0 称为带通滤波器的中心频率。

低通原型 $G(p)$ 转换为带通滤波器 $H_{BP}(s)$ 的公式为

$$H_{BP}(s) = G(p)\big|_{p = \lambda_p \frac{s^2 + \Omega_0^2}{B_w s}} \tag{5-9}$$

③ 低通原型 $G(p)$ 到带阻的频率变换

低通原型 $G(p)$ 到带阻滤波器 $H_{BP}(s)$ 的频率变换公式为 $p = \lambda_p \dfrac{B_w s}{s^2 + \Omega_0^2}$。$B_w = \Omega_{su} - \Omega_{sl}$ 表示带阻滤波器的阻带宽度,Ω_{sl} 和 Ω_{su} 分别为带阻滤波器的阻带下截止频率和阻带上截止频率,Ω_0 称为带阻滤波器的阻带中心频率。

通带边界频率为 λ_p 的低通原型滤波器 $G(p)$ 转换为期望的带阻滤波器 $H_{BS}(s)$ 的公式为

$$H_{BP}(s) = G(p)\big|_{p = \lambda_p \frac{B_w s}{s^2 + \Omega_0^2}} \tag{5-10}$$

(3) 归一化模拟低通滤波器的设计

设计 AF 要求熟悉典型 AF 的特点,以便选择适合设计要求的滤波器类型。常用的典型 AF 特点如下。

• 巴特沃思(Butterworth)AF:幅频特性单调下降,但选择性差。

• 切比雪夫 I 型(Chebyshev I)AF:通带幅频特性有等波纹,过渡带和阻带单调下降,选择性比切比雪夫 II 好。

• 切比雪夫 II 型(Chebyshev II)AF:通带幅频特性单调下降,阻带等波纹。

• 椭圆(Ellipse)AF:选择性好,但通带和阻带均有等波纹。

• 贝塞尔(Bessel)AF:通带内有较好的线性相位特性。

以巴特沃思 AF 为例,归一化低通 AF 设计步骤及有关公式归纳如下。

① 根据指标参数计算阶数 N 为

$$N=\frac{\lg\left(\varepsilon/\sqrt{A^2-1}\right)}{\lg\left(\Omega_{\mathrm{p}}/\Omega_{\mathrm{s}}\right)}=\frac{\lg k_1}{\lg k} \tag{5-11}$$

阶数 N 必须是整数,取大于等于上式计算所得的 N 值的最小整数。接下来利用 N 求出 3 dB 截止频率 Ω_{c}。

$$\Omega_{\mathrm{c}}=\frac{\Omega_{\mathrm{p}}}{\varepsilon^{1/N}},\Omega_{\mathrm{c}}=\frac{\Omega_{\mathrm{s}}}{(A^2-1)^{1/2N}} \tag{5-12}$$

② 由 3 dB 截止频率 Ω_{c} 和阶数 N,可以确定巴特沃思模拟低通滤波器的系统函数 $H_{\mathrm{a}}(s)$ 为

$$H_{\mathrm{a}}(s)=\frac{\Omega_{\mathrm{c}}^N}{D_N(s)} \tag{5-13}$$

式(5-13)中,分母 $D_N(s)$ 称为 N 阶巴特沃思多项式。$D_N(s)$ 的系数有多项式系数、极点因式多项式系数等常用形式。常用形式中的系数均可以通过计算得到,或查表(文献[1]表 5-1)得到。

一般查表得到归一化 N 阶巴特沃思多项式 $D_N'(p)$。归一化 N 阶巴特沃思模拟低通滤波器的系统函数为

$$G(p)=1/D_N'(p) \tag{5-14}$$

最后通过去归一化,得到所要设计的 N 阶巴特沃思模拟低通滤波器 $H_{\mathrm{a}}(s)$ 为

$$H_{\mathrm{a}}(s)=G(p)\big|_{p=s/\Omega_{\mathrm{c}}} \tag{5-15}$$

例 5-1 要求截止频率 $f_{\mathrm{p}}=5\,000$ Hz,通带最大衰减 $\alpha_{\mathrm{p}}=3$ dB,阻带起始频率 $f_{\mathrm{s}}=10\,000$ Hz,阻带最小衰减 $\alpha_{\mathrm{s}}=30$ dB。试设计模拟低通巴特沃思滤波器。

解:(1) 计算阶数 N 和 3 dB 截止频率 Ω_{c}。先计算出波纹幅度参数为

$$\varepsilon=\sqrt{10^{\alpha_{\mathrm{p}}/10}-1}=\sqrt{10^{3/10}-1}=0.997\,6,A=10^{\alpha_{\mathrm{s}}/20}=10^{30/20}=10^{3/2}$$

$$k=\frac{\Omega_{\mathrm{p}}}{\Omega_{\mathrm{s}}}=0.5,k_1=\frac{\varepsilon}{\sqrt{A^2-1}}=\frac{0.997\,6}{31.607\,0}=0.031\,6$$

再将 k 和 k_1 代入式中得到 $N=\dfrac{\lg k_1}{\lg k}=4.982$,取整数 $N=5$。

$$\Omega_{\mathrm{c}}=\frac{\Omega_{\mathrm{s}}}{(A^2-1)^{1/2N}}=\frac{2\pi f_{\mathrm{s}}}{999^{1/10}}=31\,493.158\,2 \text{ rad/s}$$

(2) 求系统函数。查文献[1]表 5-1 得到归一化 5 阶巴特沃思多项式为

$$D_5(p)=(p^2+0.618\,0p+1)(p^2+1.618\,0p+1)(p+1)$$

将 $D_5(p)$ 和 Ω_{c} 代入式中,得到系统函数

$$H_{\mathrm{a}}(s)=\frac{1}{D_N(s/\Omega_{\mathrm{c}})}=\frac{\Omega_{\mathrm{c}}^5}{(s^2+0.618\,0\Omega_{\mathrm{c}}s+\Omega_{\mathrm{c}}^2)(s^2+1.618\,0\Omega_{\mathrm{c}}s+\Omega_{\mathrm{c}}^2)(s+\Omega_{\mathrm{c}})}$$

将 Ω_{c} 值代入上式即得到所设计的模拟低通巴特沃思滤波器的系统函数

$$H_{\mathrm{a}}(s)=\frac{3.098\,0\times10^{22}}{(s^2+1.946\,2\times10^4s+9.918\,2\times10^8)(s^2+5.095\,6\times10^4s+9.918\,2\times10^8)(s+3.149\,3\times10^4)}$$

例 5-2 要求通带截止频率 $f_{\mathrm{p}}=20$ kHz,阻带截止频率 $f_{\mathrm{s}}=10$ kHz,f_{p} 处最大衰减为 3 dB,阻带最小衰减 $\alpha_{\mathrm{s}}=15$ dB,设计一个巴特沃思高通滤波器 $H_{\mathrm{a}}(s)$。

解:(1) 确定高通滤波器的技术指标要求:

$$f_{\mathrm{p}}=20 \text{ kHz},\alpha_{\mathrm{p}}=3\text{dB};f_{\mathrm{s}}=10 \text{ kHz},\alpha_{\mathrm{s}}=15 \text{ dB}$$

归一化频率(因为 $\alpha_p = 3\ \mathrm{dB}$,所以 $f_c = f_p$):

$$\eta_p = \frac{f_p}{f_c} = \frac{20 \times 10^3}{20 \times 10^3} = 1, \eta_s = \frac{f_s}{f_c} = \frac{10 \times 10^3}{20 \times 10^3} = 0.5$$

(2)相应低通滤波器的技术指标要求:

$$\lambda_p = \frac{1}{\eta_p} = 1, \alpha_p = 3\ \mathrm{dB}, \lambda_s = \frac{1}{\eta_s} = 2, \alpha_s = 15\ \mathrm{dB}$$

(3)设计相应的归一化低通 $G(p)$。题目要求采用巴特沃思类型,故

$$k_{sp} = \sqrt{\frac{10^{0.1\alpha_p} - 1}{10^{0.1\alpha_s} - 1}} = 0.18, \lambda_{sp} = \frac{\lambda_s}{\lambda_p} = 2, N = -\frac{\lg k_{sp}}{\lg \lambda_{sp}} = -\frac{\lg 0.18}{\lg 2} = 2.47$$

所以,取 $N = 3$。查文献[1]表 5-1 得到 3 阶巴特沃思归一化低通 $G(p)$ 为

$$G(p) = \frac{1}{p^3 + 2p^2 + 2p + 1}$$

(4)将 $G(p)$ 变换成实际高通滤波器系统函数 $H(s)$,即

$$H(s) = G(p)\big|_{p = \frac{\Omega_c}{s}} = \frac{s^3}{s^3 + 2\Omega_c s^2 + 2\Omega_c^2 s + \Omega_c^3}$$

式中,$\Omega_c = 2\pi f_c = 2\pi \times 20 \times 10^3\ \mathrm{rad/s} = 4\pi \times 10^4\ \mathrm{rad/s}$。

例 5-3　要求带宽为 200 Hz,中心频率 1 000 Hz,通带内衰减不大于 3 dB,在频率小于 830 Hz 或大于 1 200 Hz 处的衰减不小于 25 dB,试设计一切比雪夫带通滤波器。

解:已知,$\Omega_{BW} = 2\pi \times 200, \Omega_2 = 2\pi \times 1\ 000, \alpha_p = 3\ \mathrm{dB}, \Omega_{sl} = 2\pi \times 830, \Omega_{sh} = 2\pi \times 1\ 200, \alpha_s = 25\ \mathrm{dB}$。

(1)将频率归一化,有 $\eta_2^2 = 25, \eta_{sl} = 4.15, \eta_{sh} = 6$。由 $\eta_2^2 = \eta_1 \eta_3$ 求出

$$\eta_1 = 4.525, \eta_3 = 5.525$$

(2)求低通滤波器的技术指标。

$$\lambda_p = \frac{\eta_3^2 - \eta_2^2}{\eta_3}, -\lambda_p = \frac{\eta_1^2 - \eta_2^2}{\eta_1} = -1, \lambda_s = \frac{\eta_{sh}^2 - \eta_2^2}{\eta_{sh}} = 1.833, -\lambda_s = \frac{\eta_{sl}^2 - \eta_2^2}{\eta_{sl}} = -1.874$$

$\lambda_p = 1$ 可以不用计算而直接给出。由于所给的技术要求并不完全对称,λ_s 与 $-\lambda_s$ 的绝对值略有不同。取其中绝对值较小者为 λ_s,即 $\lambda_s = 1.833$。这样,可保证在 $\lambda_s = 1.833$ 处的衰减为 25 dB,在 $\lambda = 1.874$ 处的衰减 $\alpha_{\lambda=1.874} \geqslant 25\ \mathrm{dB}$,更能满足要求。

(3)设计低通切比雪夫滤波器 $G(p)$。由技术参数 $\alpha_p = 3\ \mathrm{dB}, \alpha_s = 25\ \mathrm{dB}, \lambda_p = 1, \lambda_s = 1.833$ 得 $\varepsilon^2 = 0.9\ 952\ 623, N = 3$,

$$G(p) = \frac{1}{\varepsilon \times 2^2(p + 0.298\ 6)(p^2 + 0.298\ 6p + 0.839\ 2)}$$

(4)计算带通系统函数 $H(s)$,即有

$$H(s) = G(p)\big|_{p = \frac{s^2 + \Omega_1\Omega_3}{s(\Omega_3 - \Omega_1)}} = G(p)\big|_{p = \frac{s^2 + 4\pi^2 \times 1\ 000^2}{s \times 2\pi \times 200}}$$

5.3　IIR 数字滤波器设计

(1)模拟信号数字滤波器设计重要公式

当用数字滤波器对模拟信号滤波时,用 f_s 表示采样频率(采样次数/秒),用 f_p 和 f_s 分别表示模拟通带和阻带边界频率(以 Hz 为单位),用 ω_p 和 ω_s 分别表示相应的数字滤波器通带和阻带边界频率(以 rad 为单位),则有如下关系式:

$$\omega_p = \Omega_p / f_s = 2\pi f_p / f_s$$
$$\omega_s = \Omega_s / f_s = 2\pi f_s / f_s$$

(2) IIR 数字滤波器的设计

IIR 数字滤波器的设计方法如图 5-2 所示,可以归纳为以下步骤。

- 根据技术指标要求确定 DF 指标参数。
- 选择合适的 DF 设计方法,将 DF 指标转换成相应的 AF 指标。
- 设计 DF 相应的 AF 系统函数 $H_0(s)$。
- 用所选设计方法将 $H(s)$ 转换成 DF 系统函数 $H(z)$。

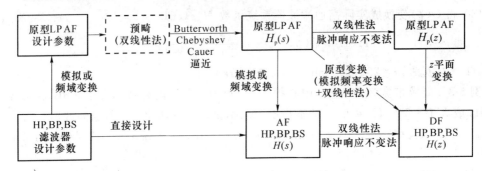

图 5-2

① 脉冲响应不变法

设计流程如下:

$$H(s) \xrightarrow{L^{-1}[\cdot]} h_a(t) \xrightarrow{\text{采样}} h_a(nT) = h(n) \xrightarrow{Z[\cdot]} H(z)$$

设 $H(s)$ 只有单阶极点,分母多项式和分子多项式分别是 N 阶、M 阶($N > M$),则 $H(s)$ 可分解为 N 个部分分式之和

$$H(s) = \sum_{k=1}^{N} \frac{A_k}{1 - e^{s_{pk}T} z^{-1}} \tag{5-16}$$

将 $H(s)$ 的极点 s_{pk}(s_{pk} 为单极点时)和部分分式的系数 A_k 直接代入下式,有

$$H(z) = \sum_{k=1}^{N} \frac{TA_k}{1 - e^{s_{pk}T} z^{-1}} \tag{5-17}$$

即得到 $H(s)$,此时不必经历 $H(s) \rightarrow h_a(t) \rightarrow h_a(nT) \rightarrow H(z)$ 的过程。

若 $H(s)$ 含有高阶极点,则需按设计流程 $H(s) \rightarrow h_a(t) \rightarrow h_a(nT) \rightarrow H(z)$ 进行。

s 平面和 z 平面之间的映射关系如下:

$$z = e^{sT} \rightarrow r e^{j\omega} = e^{\sigma T} e^{j\Omega T} \rightarrow \begin{cases} r = e^{\sigma T} \\ \omega = \Omega T \end{cases} \tag{5-18}$$

s 平面的左半平面($\sigma < 0$)映射到 z 面的单位圆内($r < 1$)。s 面的虚轴 $j\Omega$($\sigma = 0$)映射到 z

面的单位圆上($r=1$)。s 和 z 面之间非一一对应,s 面上每一个宽度为 $\dfrac{2\pi}{T}$ 的横带都重叠地映射到整个 z 面上。

脉冲响应不变法的优点是模拟频率 Ω 与数字频率 ω 是线性关系 $\omega=\Omega T$;时域模仿性好。其缺点是有频谱的周期延拓效应,只适用于滤波器非零带宽小于采样频率一半的场合。

② 双线性变换法

设计流程如下:

$$H(s)\rightarrow 微分方程\rightarrow 差分方程\rightarrow H(z)$$

将双线性变换公式 $s=\dfrac{2}{T}\dfrac{1-z^{-1}}{1+z^{-1}}$ 代入 $H(s)$,即得到 $H(z)$ 为

$$H(z)=H(s)\big|_{s=\frac{2}{T}\frac{1-z^{-1}}{1+z^{-1}}} \tag{5-19}$$

s 平面和 z 平面之间的映射关系如下

$$z=\frac{\dfrac{2}{T}+s}{\dfrac{2}{T}-s}\rightarrow re^{j\omega}=\frac{\dfrac{2}{T}+\sigma+j\Omega}{\dfrac{2}{T}-\sigma-j\Omega} \tag{5-20}$$

s 平面的左半平面($\sigma<0$)映射到 z 平面的单位圆内($r<1$)。s 平面的虚轴 $j\Omega$($\sigma=0$)映射到 z 平面的单位圆上($r=1$)。整个 s 平面一一映射到 z 平面。

双线性变换法不会出现周期延拓造成的频谱混叠现象,适用于具体分段常数频率特性的各类 IIR 滤波器。但是模拟频率 Ω 与数字频率 ω 是非线性关系,$\Omega=\dfrac{2}{T}\tan\dfrac{\omega}{2}$。由双线性变换所得的数字频率响应将产生"畸变"。可以采用预畸变的办法来补偿畸变,如图 5-3 所示。

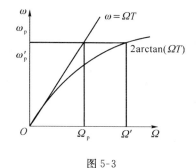

图 5-3

为了让模拟滤波器的特征频率 Ω_p 变到预期的数字频率 ω_p 处,一开始就把目标修正为 Ω' 而不是 Ω_p。这样,双线性变换后,Ω' 正好"畸变"到 ω_p。

把目标从 Ω_p 修正为 Ω' 就叫"预畸变"。预畸变公式为

$$\Omega'=\frac{2}{T}\tan\frac{\omega_p}{2}=\frac{2}{T}\tan\frac{\Omega_p T}{2} \tag{5-21}$$

需要注意,预畸变不能在整个频域段消除非线性畸变,只是消除模拟和数字滤波器在特征频率点上的畸变。

对通带临界频率 Ω_p 和阻带临界频率 Ω_s 进行预畸:

$$\Omega'_p=\frac{2}{T}\tan\frac{\Omega_p T}{2},\quad \Omega'_s=\frac{2}{T}\tan\frac{\Omega_s T}{2} \tag{5-22}$$

以预畸后的参数 Ω'_p、Ω'_s、α_p 和 α_s 为目标参数,求出模拟滤波器转移函数 $H(s)$。通过变量代换求 $H(z)$

$$H(z)=H(s)\big|_{s=\frac{2}{T}\frac{1-z^{-1}}{1+z^{-1}}} \tag{5-23}$$

③ 数字域的频率变换

巴特沃思、切比雪夫和椭圆逼近所得出的模拟低通滤波器原型 $H(s)$ 经脉冲响应不变法

或双线性变换法后,得到的是数字低通原型。数字低通原型经过有理变换,可以得到所需的高通、带通、带阻,或者是另一种截止频率不同的低通数字滤波器。

将变换前的数字低通原型所在的平面称为 u 平面,把变换后的平面称为 z 平面。定义从 u 平面到 z 平面的映射为

$$u^{-1} = G(z^{-1}) \tag{5-24}$$

从而

$$H(z) = H(u)\big|_{u^{-1} = G(z^{-1})} \tag{5-25}$$

映射关系 $u^{-1} = G(z^{-1})$ 必须满足以下条件:首先 $G(z^{-1})$ 是有理函数。其次,u 平面的单位圆内要映射到 z 平面的单位圆内,以满足稳定性的要求。最后,u 平面的单位圆正好要映射到 z 平面的单位圆,以使稳态频响满足一定的频率变换关系。

以 $\mathrm{e}^{\mathrm{j}\theta}$ 表示 u 平面的单位圆,以 $\mathrm{e}^{\mathrm{j}\omega}$ 表示 z 平面的单位圆,则有

$$\mathrm{e}^{-\mathrm{j}\theta} = G(\mathrm{e}^{-\mathrm{j}\omega}) = \left| G(\mathrm{e}^{-\mathrm{j}\omega}) \right| \mathrm{e}^{\mathrm{jarg}[G(\mathrm{e}^{-\mathrm{j}\omega})]} \tag{5-26}$$

所以

$$\begin{cases} \left| G(\mathrm{e}^{-\mathrm{j}\omega}) \right| = 1 \\ \arg[G(\mathrm{e}^{-\mathrm{j}\omega})] = -\theta \end{cases} \tag{5-27}$$

即 $G(z^{-1})$ 为全通函数,可写成下列形式,即

$$G(z^{-1}) = \pm \prod_{i=1}^{N} \frac{z^{-1} - \alpha_i^*}{1 - \alpha_i z^{-1}} \tag{5-28}$$

为使系统稳定,必须使 $|\alpha_i| < 1$。通过选择适当的 N 值和常数 α_i,可以得到一系列的变换。

由截止频率为 θ_p 的数字低通原型到其他数字滤波器的频率变换关系如表 5-1 所示。

表 5-1

所需类型	变换关系	有关的设计公式	截止频率
低通	$u^{-1} = \dfrac{z^{-1} - \alpha}{1 - \alpha z^{-1}}$	$\alpha = \dfrac{\sin\left(\dfrac{\theta_\mathrm{p} - \omega_\mathrm{p}}{2}\right)}{\sin\left(\dfrac{\theta_\mathrm{p} + \omega_\mathrm{p}}{2}\right)}$	ω_p
高通	$u^{-1} = \dfrac{z^{-1} + \alpha}{1 + \alpha z^{-1}}$	$\alpha = -\dfrac{\cos\left(\dfrac{\theta_\mathrm{p} + \omega_\mathrm{p}}{2}\right)}{\cos\left(\dfrac{\theta_\mathrm{p} - \omega_\mathrm{p}}{2}\right)}$	ω_p
带通	$u^{-1} = \dfrac{\dfrac{k-1}{k+1} - \dfrac{2\alpha k}{k+1}z^{-1} + z^{-2}}{1 - \dfrac{2\alpha k}{k+1}z^{-1} + \dfrac{k-1}{k+1}z^{-2}}$	$\alpha = \dfrac{\cos\left(\dfrac{\omega_\mathrm{p2} + \omega_\mathrm{p1}}{2}\right)}{\cos\left(\dfrac{\omega_\mathrm{p2} - \omega_\mathrm{p1}}{2}\right)}$ $k = \cot\left(\dfrac{\omega_\mathrm{p2} - \omega_\mathrm{p1}}{2}\right)\tan\left(\dfrac{\theta_\mathrm{p}}{2}\right)$	上截止频率 ω_p2 下截止频率 ω_p1
带阻	$u^{-1} = \dfrac{\dfrac{1-k}{1+k} - \dfrac{2\alpha k}{1+k}z^{-1} + z^{-2}}{1 - \dfrac{2\alpha k}{1+k}z^{-1} + \dfrac{1-k}{1+k}z^{-2}}$	$\alpha = \dfrac{\cos\left(\dfrac{\omega_\mathrm{p2} + \omega_\mathrm{p1}}{2}\right)}{\cos\left(\dfrac{\omega_\mathrm{p2} - \omega_\mathrm{p1}}{2}\right)}$ $k = \tan\left(\dfrac{\omega_\mathrm{p2} - \omega_\mathrm{p1}}{2}\right)\tan\left(\dfrac{\theta_\mathrm{p}}{2}\right)$	上截止频率 ω_p2 下截止频率 ω_p1

④ 其他原型变换法

由原型 LP AF 设计 HP、BP 和 BS DF 的另一条路径如图 5-4 所示。

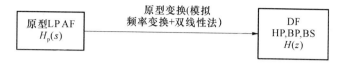

图 5-4

这种方法直接利用模拟滤波器的低通原型,通过一定的频率变换关系,一步完成各种数字滤波器的设计。

- 高通变换

给出通带临界频率 ω_c 作为设计要求。

确定模拟低通的截止频率

$$\Omega_c = \arctan \frac{\omega_c}{2} \tag{5-29}$$

双线性变换公式

$$s = \frac{1 + z^{-1}}{1 - z^{-1}} \tag{5-30}$$

- 带通变换

给出上下边带的截止频率 ω_1、ω_2 作为设计要求。

确定模拟低通的截止频率:$\Omega_c = \dfrac{\cos \omega_0 - \cos \omega_1}{\sin \omega_1}$,中心频率

$$\cos \omega_0 = \frac{\cos \left(\dfrac{\omega_1 + \omega_2}{2} \right)}{\cos \left(\dfrac{\omega_1 - \omega_2}{2} \right)} \tag{5-31}$$

双线性变换公式

$$s = \frac{z^2 - 2z \cos \omega_0 + 1}{z^2 - 1} \tag{5-32}$$

- 带阻变换

给出上下边带的截止频率 ω_1、ω_2 作为设计要求。

确定模拟低通的截止频率

$$\Omega_c = \frac{\sin \omega_1}{\cos \omega_1 - \cos \omega_0} \tag{5-33}$$

中心频率

$$\cos \omega_0 = \frac{\cos \left(\dfrac{\omega_1 + \omega_2}{2} \right)}{\cos \left(\dfrac{\omega_1 - \omega_2}{2} \right)} \tag{5-34}$$

双线性变换公式

$$s = \frac{z^2 - 1}{z^2 - 2z \cos \omega_0 + 1} \tag{5-35}$$

上述从低通到高通、带通和带阻数字域的频率变换公式较复杂,特别是当阶数较高时计

算非常繁杂。工程实际中可以调用 MATLAB 信号处理工具箱函数直接设计各种类型的数字滤波器。

例 5-4 如果用 $h_a(t)$、$s_a(t)$ 和 $H_a(s)$ 分别表示一个时域连续线性时不变系统的单位脉冲响应、单位阶跃响应和系统函数，$h(n)$、$s(n)$ 和 $H(z)$ 分别表示一个时域离散线性非移变系统的单位脉冲响应、单位阶跃响应和系绕函数，问是否存在：

(1) 若 $h(n)=h_a(nT)$，则 $s(n)=\sum\limits_{k=-\infty}^{n} h_a(kT)$ 。

(2) 若 $s(n)=s_a(nT)$，则 $h(n)=h_a(nT)$

解：(1) $u(n)=u(n)*\delta(n)=\sum\limits_{k=-\infty}^{\infty} h(k)$

根据线性时不变系统的可加性，可以得出系统阶跃响应 $s(n)$ 为

$$s(n)=\sum_{k=-\infty}^{\infty} h(n-m)=\sum_{k=-\infty}^{\infty} h(k)$$

如果 $h(n)=h_a(nT)$，则 $s(n)=\sum\limits_{k=-\infty}^{n} h_a(kT)$ 成立。

(2) $\delta(n)=u(n)-u(n-1)$

与(1)同理，可得 $h(n)=s(n)-s(n-1)$。如果 $s(n)=s_a(nT)$，则利用

$$h_a(t)=\frac{ds_a(t)}{dt}, h_a(nT)=\frac{ds_a(t)}{dt}\Big|_{t=nT}$$

得 $h(n)=s_a(nT)-s_a((n-1)T)\neq h_a(nT)$。此时 $h(n)=h_a(nT)$ 不成立。

例 5-5 已知 3 dB 截止频率 $\omega_p=\omega_c=\dfrac{\pi}{3}$ rad，阻带截止频率 $\omega_p=\omega_s=\dfrac{4\pi}{5}$ rad，阻带最小衰减 $\alpha_s=15$ dB，采样频率 $f_s=30$ kHz，分别用脉冲响应不变法和双线性变换法设计幅频特性单调下降的低通 DF，并比较两者的性能。

解：(1) 用脉冲响应不变法

确定 DF 技术参数如下：

$$\omega_p=\frac{\pi}{3} \text{ rad}, \alpha_p=3 \text{ dB}, \omega_s=\frac{4\pi}{5} \text{ rad}, \alpha_s=15 \text{ dB}$$

用 $\omega=\Omega T$ 将 DF 指标参数转换成相应的 AF 指标参数，即

$$\Omega_p=\frac{\omega_p}{T}=\frac{\pi}{3}\times 30\times 10^3 \text{ rad/s}=10\,000\pi \text{ rad/s}, \alpha_p=3 \text{ dB}$$

$$\Omega_s=\frac{\omega_s}{T}=\frac{4\pi}{5}\times 30\times 10^3 \text{ rad/s}=24\,000\pi \text{ rad/s}, \alpha_s=15 \text{ dB}$$

计算阶数 N，根据要求，应选择巴特沃思 AF。由式(5-11)有

$$k_{sp}=\sqrt{\frac{10^{0.1\alpha_p}-1}{10^{0.1\alpha_s}-1}}=0.180\,3, \lambda_{sp}=\frac{\Omega_s}{\Omega_p}=\frac{24\,000\pi}{10\,000\pi}=2.4, N=-\frac{\lg k_{sp}}{\lg \lambda_{sp}}=-\frac{\lg 0.180\,3}{\lg 2.4}=1.956\,9$$

取 $N=2$。

查文献[1]表 5-1 得到二阶巴特沃思归一化低通原型为

$$G(p)=\frac{1}{p^2+\sqrt{2}\,p+1}$$

作频率变换,计算 AF 系统函数 $H_a(s)$,即

$$H_a(s)=G(p)\big|_{p=\frac{s}{\Omega_p}}=\frac{\Omega_p^2}{s^2+\sqrt{2}\,\Omega_p s+\Omega_p^2}=\frac{10^8\pi^2}{s^2+10^4\pi\sqrt{2}\,s+10^8\pi^2}$$

将 $H_a(s)$ 转换成 $H_1(z)$,为省略求极点 s_1 和 s_2 以及部分分式展开等计算,调用 MATLAB impinvar函数计算 $H_1(z)$,即

$$H_1(z)=\frac{0.426\,5z^{-1}}{1-0.704\,0z^{-1}+0.227\,4z^{-2}}$$

(2) 用双线性变换法

确定 DF 指标参数:与(1)相同。

预畸变校正计算,即用双线性变换公式 $\Omega=\frac{2}{T}\tan\frac{\omega}{2}$ 将 DF 指标参数转换成相应的 AF 指标参数。将 $H_a(s)$ 转换成 $H(z)$ 过程中的非线性畸变之后,保持 DF 原来边界频率不变。

$$\Omega_p=\frac{2}{T}\tan\frac{\omega_p}{2}=6\times10^4\tan\frac{\pi}{6}\text{ rad/s}=3.464\,1\times10^4\text{ rad/s},\alpha_p=3\text{ dB}$$

$$\Omega_s=\frac{2}{T}\tan\frac{\omega_s}{2}=6\times10^4\tan\frac{2\pi}{5}\text{ rad/s}=18.466\times10^4\text{ rad/s},\alpha_s=15\text{ dB}$$

计算滤波器阶数 N。由式(5-11)得

$$k_{sp}=\sqrt{\frac{10^{0.1\alpha_p}-1}{10^{0.1\alpha_s}-1}}=0.180\,3,\lambda_{sp}=\frac{\Omega_s}{\Omega_p}=\frac{18.466\,1}{3.466\,1}=5.327\,6,N=-\frac{\lg0.180\,3}{\lg5.327\,6}=1.024\,0$$

为了简化系统,可取 $N=1$。设计完成后进行校验,以便确认 $N=1$ 是否可行,若不能满足要求,应当取 $N=1$ 重新设计。

查文献[1]表 5-1 得归一化低通原型 $G(p)$ 为 $G(p)=\frac{1}{s+1}$。

经频率变换,得 $H_a(s)=G(p)\big|_{p=\frac{s}{\Omega_p}}=\frac{\Omega_p}{s+\Omega_p}=\frac{3.464\,1\times10^4}{s+3.464\,1\times10^4}$。

用双线性变换法将 $H_a(s)$ 转换成 $H_2(z)$。同样,为省略求极点 s_1 和 s_2 以及部分分式展开等计算,调用 MATLAB impinvar 函数计算 $H_2(z)$,得

$$H_2(z)=H_a(s)\big|_{s=\frac{2}{T}\frac{1-z^{-1}}{1+z^{-1}}}=\frac{3.464\,1\times10^4}{6\times10^4\frac{1-z^{-1}}{1+z^{-1}}+3.464\,1\times10^4}=\frac{0.366(1+z^{-1})}{1-0.267\,95z^{-1}}$$

(3) 比较所设计滤波器 $H_1(z)$ 和 $H_2(z)$ 的性能

用脉冲响应不变法设计的滤波器 $H_1(z)$ 和用双线性变换法设计的滤波器 $H_2(z)$ 的幅度衰减曲线分别如图 5-5(a)和(b)所示。

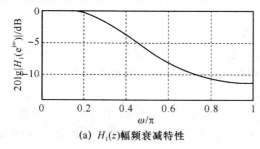

(a) $H_1(z)$幅频衰减特性

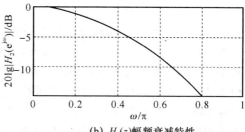

(b) $H_2(z)$幅频衰减特性

图 5-5

从图 5-5 可见,通带内 $H_1(z)$ 和 $H_2(z)$ 均能满足要求,但 $|H_1(e^{j\omega})|$ 在 $\omega=\pi$ 附近存在频谱混叠失真,使 $\omega_s=0.8\pi$ 处衰减不到 -12 dB,不满足指标要求。$|H_2(e^{j\omega})|$ 虽然无频谱混叠失真,满足性能要求,但存在非线性频率失真,且随着频率越高,失真越大。

5.4 思考题参考解答

1. 数字滤波器从结构上分为哪两类? 它们用差分方程来描述时有什么不同? 各有什么特性?

答:分为递归结构和非递归结构两类。

递归结构用差分方程来描述时,系统当前的输出不仅与当前及以前的输入有关,还与以前的输出有关;而非递归结构用差分方程来描述时,系统当前的输出仅与当前及以前的输入有关。

两类数字滤波器特性请参考第 6 章思考题 21。

2. 数字滤波器的技术要求有哪几项?

答:数字滤波器的技术要求主要有通带截止频率、阻带截止频率、通带最大衰减和阻带最小衰减 4 项。

3. IIR 滤波器的主要设计方法是什么?

答:IIR 滤波器的主要设计方法是幅度平方函数法。

常用的幅度平方函数有巴特沃思幅度平方函数、切比雪夫幅度平方函数、椭圆(考尔)幅度平方函数和贝塞尔函数等。

4. 巴特沃思和切比雪夫模拟滤波器的幅度平方函数各具有什么特点?

答:巴特沃思幅度平方函数的特点是其幅频特性为单调下降的,而切比雪夫滤波器大体与巴特沃思滤波器特性相似,为单调的,但切比雪夫 I 型通带和过渡带具有单调下降特性,阻带特性是波动的;切比雪夫 II 型则相反,其过渡带和阻带具有单调下降特性,通带特性是波动的。通常较多使用的是切比雪夫 I 型滤波器。相同技术指标要求的情况下,通常切比雪夫滤波器较巴特沃思滤波器阶次略低。

5. 巴特沃思和切比雪夫模拟滤波器的极点分布各有什么特点?

答:巴特沃思模拟滤波器的极点分布在半径为 Ω_c 的圆(巴特沃思圆)上。

切比雪夫 I 型模拟滤波器的极点分布在 $b\Omega_p$ 为长半轴、$a\Omega_p$ 为短半轴的椭圆上(文献[1]171 页)。

6. 简述脉冲响应不变法的优缺点和适用范围。

答:脉冲响应不变法的优点是:首先,频率坐标变换是线性的,即 $\omega=\Omega T$,这种方法设计的数字滤波器会很好地重现模拟滤波器的频率特性;其次,数字滤波器的单位脉冲响应完全模仿模拟滤波器的单位脉冲响应,时域特性逼近好。

脉冲响应不变法的缺点是会产生频率混叠现象。因此,适合低通、带通滤波器的设计,不适合高通、带阻滤波器的设计。并且对于带通和低通滤波器,需充分限带,若阻带衰减越大,则混叠效应越小。

7. 简述双线性变换法的优缺点和适用范围。

答：双线性变换法最大的优点是避免了频率响应的混叠现象，其缺点是数字频率 ω 和模拟频率 Ω 之间的非线性关系限制了它的应用范围，只有当非线性失真是允许的或能被补偿时，才能采用双线性变换。由于低通、高通、带通和带阻等滤波器具有分段恒定的频率特性，可以采用预畸变的方法来补偿频率畸变，因此可以采用双线性变换设计方法。而对于频率响应起伏较大的系统，如模拟微分器，就不能使用双线性变换使之数字化。此外，如果希望得到具有严格线性相位的数字滤波器，也不能使用双线性变换设计方法。

8. 用脉冲响应不变法和双线性变换法设计 IIR 滤波器时，在从模拟滤波器到数字滤波器转换的过程中，其幅度响应和相位响应各有什么样的特性？

答：略。请参考本章思考题 6 和 7。

9. 试写出利用模拟滤波器设计 IIR 数字低通滤波器的步骤。

答：对于低通型数字滤波器，如低通和带通模拟滤波器，可以分别用脉冲响应不变法和双线性变换法将模拟滤波器转换为数字滤波器；对于高通型滤波器，如高通和带阻滤波器，只能用双线性变换法，将模拟滤波器转换为数字滤波器。注意双线性变换时需进行非线性预畸变校正，将数字滤波器指标转换为过渡模拟滤波器指标，即

$$\Omega_{\mathrm{p}}=\frac{2}{T}\tan\frac{\omega_{\mathrm{p}}}{2}, \Omega_{\mathrm{s}}=\frac{2}{T}\tan\frac{\omega_{\mathrm{s}}}{2}$$

10. 数字高通、带通和带阻滤波器的设计方法是什么？

答：数字高通、带通和带阻滤波器的设计可以有两种技术途径。

其一，先将数字高通、带通和带阻滤波器进行非线性预畸变校正转换（参考本章思考题 9）得到对应的模拟高通、带通和带阻滤波器技术指标，再将上述技术指标转换为模拟低通滤波器指标，就可以选择所选择类型的低通滤波器进行模拟滤波器设计，设计得到模拟低通滤波器后，再进行上述设计过程的逆变换就可得到所需数字滤波器。

其二，先将数字高通、带通和带阻滤波器进行频率变换，得到低通数字滤波器，再将低通数字滤波器进行非线性预畸变校正转换（参考本章思考题 9）得到对应的模拟低通滤波器技术指标，然后就可以选择所选择类型的低通滤波器进行模拟滤波器设计，得到模拟低通滤波器后，再进行上述设计过程的逆变换就可得到所需数字滤波器。

11. 若要设计一数字高通滤波器，试写出具体的设计步骤。

答：略。请参考文献[1]203 页。

12. IIR 滤波器的直接设计法主要有哪些？适用范围如何？

答：IIR 滤波器的直接设计法主要有 3 种。

一是零极点累试法。该方法依据的原理是系统极点位置主要影响系统幅度特性峰值位置及尖锐程度，零点位置主要影响系统幅度特性的谷值及凹下的程度，这样就可以通过零点分析的几何作图法定性地画出系统的幅度特性，如不满足要求，可以通过移动零极点位置或增加（减少）零极点进行修正，因为这种修正是多次的，故称为零极点累试法。注意极点必须位于单位圆内，附属零极点必须共轭成对，以保证系统函数的有理式的系数是实数。

二是在频域利用幅度平方误差最小法直接设计 IIR 数字滤波器法。该方法利用待求系统函数与期望滤波器两者的幅度平方误差函数，在运用平方误差最小准则优化待求系统函数系数的求解，直到满足要求为止。这种方法也称为计算机辅助设计法。

还可以直接在时域逼近期望数字滤波器的单位脉冲响应来设计。这种方法中，限制目

标滤波器的单位脉冲响应程度等于限制系统函数中的系数数目总数,使得滤波器的选择性受到限制,对阻带要求很高的滤波器不适合用这种方法,但该方法得到的系数可作为其他更好优化方法的初始估计值。

13. 用双线性法设计 IIR 数字滤波器时,为什么要"预畸"? 如何"预畸"?

答:略。参考文献[1]194 页、195 页以及本章思考题 7。

14. "用双线性法设计 IIR DF 时,预畸变并不能消除变换中产生的所有频率点的非线性畸变"的说法正确与否,并说明理由。

答:√。

15. 试从以下几个方面比较脉冲响应不变法和双线性变换法的特点:基本思路、如何从 s 平面映射到 z 平面、频率变换的线性关系。

答:脉冲响应不变法和双线性变换法的特点比较如表 5-2 所示。

表 5-2

变换方法	脉冲响应不变法	双线性变换法
$s \rightarrow z$ 映射特点	对脉冲响应采样	用梯形面积代替曲线积分
	保持时域瞬态响应不变	保持稳态响应不变
	多点到一点标准 z 变换 频率变换关系 $\omega = \Omega T$ 频带宽于 π/T 时产生混叠	一点对一点分式线性变换 频率变换非线性 $\Omega = \frac{T}{2}\tan\frac{\omega}{2}$ 模拟频率 ∞ 压缩到数字频率 π

16. 下面的说法有概念错误,请指出错误原因,或举出反例。

(1) 采用双线性变换法设计 IIR DF 时,如果设计出的模拟滤波器具有线性频响特性,那么转换后的数字滤波器也具有线性频响特性。

(2) 将模拟滤波器转换为数字滤波器,除了双线性变换法外,脉冲响应不变法也是常用方法之一,它可以用来将模拟低通、带通和高通滤波器转换成相应的数字滤波器。

答:(1) 采用双线性变换法设计 IIR DF 时,模拟频率 Ω 与数字频率 ω 的关系 $\Omega = \frac{T}{2}\tan\frac{\omega}{2}$ 不是线性的。因此,变换前的线性频响特性曲线经过 $\omega \rightarrow \Omega$ 的非线性变换后,频响特性曲线的各频率成分的相对关系发生变化,不再具有线性特性。

(2) 脉冲响应不变法不适合设计高通型滤波器,只适用于设计频率严格有限的低通、带通等低通型滤波器。因为采用脉冲响应不变法时,其数字滤波器的频率响应是模拟滤波器频率响应的周期延拓。只有当模拟滤波器的频响是限带与采样频率一半之内时,周期延拓才不会造成频率混叠,使用该变换所得数字滤波器的频响才能不失真地重现模拟滤波器频响特性。

5.5 练习题参考解答

1. 递归滤波器的差分方程为
$$y(n) = -0.8y(n-1) + 0.1y(n-2) + x(n)$$

（1）求滤波器的单位脉冲响应。

（2）脉冲响应中有多少非零项？

解：（1）已知 $y(n) = -0.8y(n-1) + 0.1y(n-2) + x(n)$，由此得系统函数

$$H(z) = \frac{1}{1 + 0.8z^{-1} - 0.1z^{-2}}$$

由上式得

$$\frac{H(z)}{z} = \frac{1}{z^2 + 0.8z - 0.1} = \frac{-0.464}{z + 1.477} + \frac{0.464}{z - 0.667}$$

所以

$$y(n) = \text{Res}[H(z), -1.477] + \text{Res}[H(z), 0.667]$$
$$= [-0.464 \times 1.477^n + 0.464 \times 0.677^n]u(n) = 0.464(0.677^n - 1.477^n)u(n)$$

（2）因为系统是 IIR 系统，理论上讲，系统的单位脉冲响应为无限长。实际响应计算如下：

由系统函数可得系统向量

$$a = [1 \quad 0.8 \quad -0.1], b = [1]$$

调用函数 impz( ) 计算，调用格式为

y = impz(b, a, 500)

y = 1.000 0	0.419 2	-0.381 4	0.347 1	-0.315 8	0.287 4	-0.261 5	0.237 9
-0.216 5	0.197 0	-0.179 2	0.163 1	-0.148 4	0.135 0	-0.122 8	0.111 8
-0.101 7	0.092 5	-0.084 2	0.076 6	-0.069 7	0.063 4	-0.057 7	0.052 5
-0.047 8	0.043 5	-0.039 6	0.036 0	-0.032 8	0.029 8	-0.027 1	0.024 7
-0.022 5	0.020 4	-0.018 6	0.016 9	-0.015 4	0.014 0	-0.012 7	0.011 6
-0.010 5	0.009 6	-0.008 7	0.007 9	-0.007 2	0.006 6	-0.006 0	0.005 4
-0.005 0	0.004 5	-0.004 1	0.003 7	-0.003 4	0.003 1	-0.002 8	0.002 6
-0.002 3	0.002 1	-0.001 9	0.001 8	-0.001 6	0.001 5	-0.001 3	0.001 2
-0.001 1	0.001 0	-0.000 9	0.000 8	-0.000 8	0.000 7	-0.000 6	0.000 6
-0.000 5	0.000 5	-0.000 4	0.000 4	-0.000 4	0.000 3	-0.000 3	0.000 3
-0.000 2	0.000 2	-0.000 2	0.000 2	-0.000 2	0.000 2	-0.000 1	0.000 1
-0.000 1	0.000 1	-0.000 1	0.000 1	-0.000 1	0.000 1	-0.000 1	0.000 1
-0.000 1	0.000 0	-0.000 0	0.000 0	-0.000 0	0.000 0	其余数据省略	

可见，从工程角度看，系统单位脉冲响应的非零项有 97 项。

2. 求下列递归滤波器的滤波器形状，它的系统函数为 $H(z) = \dfrac{1}{1 - 0.5z^{-6}}$。

解：传输函数转为频率响应，得

$$H(e^{j\omega}) = \frac{1}{1 - 0.5e^{-j6\omega}}$$

本题中 b = [1]，a = [1 0 0 0 0 0 -0.5]，频率特性绘制程序如下：

b = [1];

a = [1 0 0 0 0 0 -0.5];

```
clf
[H,w] = freqz(b,a,400,´whole´);
Hf = abs(H);
Hx = angle(H);
plot(w,Hf)
```

系统频率特性如图 5-6 所示。

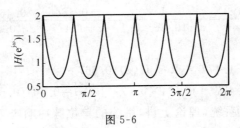

图 5-6

3. 已知模拟滤波器的系统函数为 $H_1(s) = \dfrac{a}{s+a}, a>0$。计算其 3 dB 截止频率 Ω_c。证明该滤波器具有单调下降的低通幅频响应特性，且 $|H_1(j0)|=1, |H_1(j\infty)|=0$。

解：因为 $H_1(s) = \dfrac{a}{s+a}, a>0$，故

$$H_1(j\Omega) = \frac{a}{j\Omega + a} \quad a>0$$

$$|H_1(j\Omega)| = \frac{a}{\sqrt{\Omega^2 + a^2}} \quad a>0$$

已知 $|H_1(j0)|=1, |H_1(j\infty)|=0$，可得该滤波器具有单调下降的低通幅频响应特性。

$$\alpha(\Omega) = -20\lg|H_1(j\Omega)| = -10\lg|H_1(j\Omega)|^2 = -10\lg\frac{a^2}{\Omega^2 + a^2}$$

可得 $\Omega_c = 0.996\,9a, a>0$。

4. 已知模拟滤波器的系统函数为 $H_h(s) = \dfrac{s}{s+a}, a>0$。计算其 3 dB 截止频率 Ω_c。证明该滤波器具有单调上升的高通幅频响应特性，且 $|H_h(j0)|=0, |H_h(j\infty)|=1$。

证明：已知 $H_h(s) = \dfrac{s}{s+a}, a>0$，所以

$$|H_h(j\Omega)| = \frac{a}{\sqrt{\Omega^2 + a^2}} \quad a>0$$

$$|H_h(j\Omega)| = \frac{\sqrt{\Omega^2}}{\sqrt{\Omega^2 + a^2}} = \frac{|\Omega|}{\sqrt{\Omega^2 + a^2}} \quad a>0$$

已知 $|H_h(j0)|=0, |H_h(j\infty)|=1$，可得该滤波器具有单调上升的高通幅频响应特性。

$$\alpha(\Omega) = -20\lg|H_h(j\Omega)| = -10\lg|H_h(j\Omega)|^2 = -10\lg\frac{\Omega^2}{\Omega^2 + a^2} = -10\lg\frac{|\Omega|}{\Omega^2 + a^2}$$

可得 $\Omega_c = 1.002\,4a, a>0$。

5. 练习题 3 中的低通滤波器系统函数 $H_1(s)$ 和练习题 4 中的高通滤波器系统函数 $H_h(s)$ 也可以分别表示成如下形式：

$$H_1(s) = [A_1(s) - A_2(s)]/2, H_h(s) = [A_1(s) + A_2(s)]/2$$

其中，$A_1(s)$ 和 $A_2(s)$ 是模拟全通滤波器系统函数。求出 $A_1(s)$ 和 $A_2(s)$。

解：
$$H_1(s) = [A_1(s) - A_2(s)]/2 = \frac{a}{s+a} \quad a > 0$$

$$H_h(s) = [A_1(s) + A_2(s)]/2 = \frac{s}{s+a} \quad a > 0$$

联立上述两式，解得 $A_1(s) = 1$，$A_2(s) = \dfrac{s-a}{s+a}$，$a > 0$。$A_1(s)$ 和 $A_2(s)$ 是模拟全通滤波器的系统函数。

6. 已知模拟滤波器系统函数 $H_{bp}(s) = \dfrac{bs}{s^2 + bs + \Omega_0^2}$，$b > 0$。

(1) 验证 $H_{bp}(s)$ 表示带通滤波器，且 $|H_{bp}(j0)| = |H_{bp}(j\infty)| = 0$，$|H_{bp}(j\Omega_0)| = 1$。

(2) 确定上、下 3 dB 截止频率 Ω_{cl} 和 Ω_{cu}，验证关系：$\Omega_{cl}\Omega_{cu} = \Omega_0^2$ 和 3 dB 带宽为 $b = \Omega_{cu} - \Omega_{cl}$。

解： (1) 首先计算 Ω_{cl} 和 Ω_{cu}，以验证关系 $\Omega_{cl}\Omega_{cu} = \Omega_0^2$。MATLAB 计算程序如下：

```
% 设定初始值
a = 1;b = 1;                    % 令 a = Ω₀²Ω₀²
B = [b 0];                      % 输入模拟滤波器系统函数系数
A = [1 b a];
[H,w] = freqs(B,A);
Hf = abs(H);                    % Hf = 0.707 时对应的 ω 值即为上下 3 dB 截止频率
```

运行结果：$\Omega_{cl} \approx 0.620\,3$，$\Omega_{cu} \approx 1.637\,7$。

(2) 由上述结果可得 $\Omega_{cl}\Omega_{cu} = 1$，$\Omega_{cu} - \Omega_{cl} = 1$。得证 $\Omega_{cl}\Omega_{cu} = \Omega_0^2$，$\Omega_{cu} - \Omega_{cl} = B$。

7. 已知模拟滤波器系统函数 $H_{bs}(s) = \dfrac{s^2 + \Omega_0^2}{s^2 + bs + \Omega_0^2}$，$b > 0$。

(1) 验证 $H_{bs}(s)$ 表示带阻滤波器，且 $|H_{bs}(j0)| = |H_{bs}(j\infty)| = 1$，$|H_{bs}(j\Omega_0)| = 0$。

(2) 确定上、下 3 dB 截止频率 Ω_{cl} 和 Ω_{cu}，验证关系：$\Omega_{cl}\Omega_{cu} = \Omega_0^2$ 和 3 dB 凹口带宽为 $b = \Omega_{cu} - \Omega_{cl}$。

解： (1) 首先计算 Ω_{cl} 和 Ω_{cu}，以验证关系 $\Omega_{cl}\Omega_{cu} = \Omega_0^2$。MATLAB 计算程序如下：

```
% 设定初始值
a = 1;b = 1;                    % 令 a = Ω₀²Ω₀²
B = [1 0 a];                    % 输入模拟滤波器系统函数系数
A = [1 b a];
[H,w] = freqs(B,A);
Hf = abs(H);                    % Hf = 0.707 时对应的 ω 值即为上下 3 dB 截止频率
```

运行结果：$\Omega_{cl} \approx 0.626\,1$，$\Omega_{cu} \approx 1.615\,3$。

(2) 由上述结果可得 $\Omega_{cl}\Omega_{cu} = 1$，$\Omega_{cu} - \Omega_{cl} = 1$。得证 $\Omega_{cl}\Omega_{cu} = \Omega_0^2$，$\Omega_{cu} - \Omega_{cl} = B$。

8. 练习题 6 中的低通滤波器系统函数 $H_{bp}(s)$ 和练习题 7 中的高通滤波器系统函数 $H_{bs}(s)$ 也可以分别表示成如下形式：

$$H_{bp}(s) = [B_1(s) - B_2(s)]/2, H_{bs}(s) = [B_1(s) + B_2(s)]/2$$

式中，$B_1(s)$ 和 $B_2(s)$ 是模拟全通滤波器系统函数。求出 $A_1(s)$ 和 $A_2(s)$。

解：
$$H_{bp}(s) = [B_1(s) - B_2(s)]/2 = H_{bp}(s) = \frac{bs}{s^2 + bs + \Omega_0^2} \quad b > 0$$

$$H_{bs}(s) = [B_1(s) + B_2(s)]/2 = H_{bs}(s) = \frac{s^2 + \Omega_0^2}{s^2 + bs + \Omega_0^2} \quad b > 0$$

联立上述两式，解得 $B_1(s) = 1$，$B_2(s) = \dfrac{s^2 - bs + \Omega_0^2}{s^2 + bs + \Omega_0^2}$，$a > 0$。$B_1(s)$ 和 $B_2(s)$ 是模拟全通滤波器系统函数。

9. 设计一个模拟巴特沃思低通滤波器，要求通带截止频率 $f_p = 6\ \text{kHz}$，通带最大衰减 $\alpha_p = 3\ \text{dB}$，阻带截止频率 $f_s = 12\ \text{kHz}$，阻带最小衰减 $\alpha_s = 25\ \text{dB}$。求出滤波器归一化系统函数 $H_a(p)$ 以及实际的 $H_a(s)$。

解：（1）求阶数 N。

$$k_{sp} = \sqrt{\frac{10^{0.1\alpha_p} - 1}{10^{0.1\alpha_s} - 1}} = \sqrt{\frac{10^{0.3} - 1}{10^{2.5} - 1}} \approx 0.056\,2, \quad \lambda_{sp} = \frac{\Omega_s}{\Omega_p} = \frac{2\pi \times 12 \times 10^3}{2\pi \times 6 \times 10^3} = 6$$

将 k_{sp} 和 λ_{sp} 值代入 N 的计算公式，得

$$N = -\frac{\lg k_{sp}}{\lg \lambda_{sp}} = -\frac{\lg 0.056\,2}{\lg 2} = 4.15$$

所以取 $N = 5$（实际应用中，根据具体要求，也可能取 $N = 4$，指标稍微差一点，但阶数低一阶，使系统实现电路得到简化）。

（2）求归一化系统函数 $H_a(p)$。由阶数 $N = 5$ 查文献 [1] 表 5-1 得到 5 阶巴特沃思归一化低通滤波器系统函数为

$$H_a(p) = \frac{1}{p^5 + 3.2361p^4 + 5.2361p^3 + 5.2361p^2 + 3.2361p + 1}$$

或

$$H_a(p) = \frac{1}{(p^2 + 0.618p + 1)(p^2 + 1.618p + 1)(p + 1)}$$

当然，也可以按文献 [1] 式（5-24）计算出极点：

$$p_k = e^{j\pi\left(\frac{1}{2} + \frac{2k+1}{2N}\right)} \quad k = 0, 1, \cdots, N - 1$$

按文献 [1] 式（5-22）写出 $H_a(p)$ 的表达式

$$H_a(p) = \frac{1}{\displaystyle\prod_{k=0}^{4}(p - p_k)}$$

代入 p_k 值并进行分母展开得到与查表相同的结果。

（3）去归一化（即 LP-LP 频率变换），由归一化系统函数 $H_a(p)$ 得到实际滤波器系统函数 $H_a(s)$。

由于本题中 $H_a(p) = 3\ \text{dB}$，即 $\Omega_c = \Omega_p = 2\pi \times 6 \times 10^3\ \text{rad/s}$，因此

$$H_a(s) = H_a(p)\Big|_{p = \frac{s}{\Omega_c}}$$

$$= \frac{\Omega_c^5}{s^5 + 3.2361\Omega_c s^4 + 5.2361\Omega_c^2 s^3 + 5.2361\Omega_c^3 s^2 + 3.2361\Omega_c^4 s + \Omega_c^5}$$

上面结果中，Ω_c 的值未代入相乘，这样使读者能清楚地看到去归一化后，3 dB 截止频率对归

一化系统函数的改变作用。请读者将 Ω_c 的值代入上式,计算出 $H_a(s)$。

10. 设计一个模拟切比雪夫低通滤波器,要求通带截止频率 $f_p=3\text{ kHz}$,通带最大衰减 $\alpha_p=0.2\text{ dB}$,阻带截止频率 $f_s=12\text{ kHz}$,阻带最小衰减 $\alpha_s=50\text{ dB}$。求出归一化传输函数 $H_a(p)$ 以及实际的 $H_a(s)$。

解:(1) 确定滤波器技术指标。

$$\alpha_p=0.2\text{ dB},\quad \Omega_p=2\pi f_p=6\pi\times10^3\text{ rad/s}$$

$$\alpha_s=50\text{ dB},\quad \Omega_s=2\pi f_s=24\pi\times10^3\text{ rad/s}$$

$$\lambda_p=1,\quad \lambda_s=\frac{\Omega_s}{\Omega_p}=4$$

(2) 计算阶数 N 和 ε。

$$k^{-1}=\sqrt{\frac{10^{0.1\alpha_s}-1}{10^{0.1\alpha_p}-1}}\approx1\,456.65,N=\frac{\text{Arch}(k^{-1})}{\text{Arch}(\lambda_s)}=\frac{\text{Arch}(1\,456.65)}{\text{Arch}(4)}=3.865\,9$$

为了满足指标要求,取 $N=4$。

$$\varepsilon=\sqrt{10^{0.1\alpha_p}-1}=0.217\,1$$

(3) 求归一化系统函数 $H_a(p)$。

$$H_a(p)=\frac{1}{\varepsilon\times2^{N-1}\displaystyle\prod_{i=1}^{N}(p-p_i)}=\frac{1}{1.736\,8\displaystyle\prod_{i=1}^{N}(p-p_i)}$$

其中,极点 p_k 由文献[1]式(5-39)求出如下:

$$p_k=-\text{ch}(\varepsilon)\sin\left[\frac{(2k-1)\pi}{2N}\right]+j\text{ch}(\varepsilon)\cos\left[\frac{(2k-1)\pi}{2N}\right]\quad k=1,2,3,4$$

$$\varepsilon=\frac{1}{N}\text{Arsh}\left(\frac{1}{\varepsilon}\right)=\frac{1}{4}\text{Arsh}\left(\frac{1}{0.217\,1}\right)\approx0.558\,0$$

$$p_1=-\text{ch}(0.558\,0)\sin\left(\frac{\pi}{8}\right)+j\text{ch}(0.558\,0)\cos\left(\frac{\pi}{8}\right)=-0.443\,8+j1.071\,5$$

$$p_2=-\text{ch}(0.558\,0)\sin\left(\frac{3\pi}{8}\right)+j\text{ch}(0.558\,0)\cos\left(\frac{3\pi}{8}\right)=-1.071\,5+j0.443\,8$$

$$p_3=-\text{ch}(0.558\,0)\sin\left(\frac{5\pi}{8}\right)+j\text{ch}(0.558\,0)\cos\left(\frac{5\pi}{8}\right)=-1.071\,5-j0.443\,8$$

$$p_4=-\text{ch}(0.558\,0)\sin\left(\frac{7\pi}{8}\right)+j\text{ch}(0.558\,0)\cos\left(\frac{7\pi}{8}\right)=-0.443\,8-j1.071\,5$$

(4) 将 $H_a(p)$ 去归一化,求得实际滤波器系统函数 $H_a(s)$。其中 $s_k=\Omega_p p_k=6\pi\times10^3 p_k$,$k=1,2,3,4$。因为 $p_4=p_1{}^*$,$p_3=p_2{}^*$,所以 $s_4=s_1{}^*$,$s_3=s_2{}^*$。将两对共轭极点对应的因子相乘,得到分母为二阶因子的形式,其系数全为实数。

$$H_a(s)\frac{7.268\,7\times10^{16}}{(s^2+1.673\,1\times10^4 s+4.779\,1\times10^8)(s^2+4.039\,4\times10^4 s+4.779\,0\times10^8)}$$

也可得到分母多项式形式,请读者自己计算。

11. 已知模拟滤波器的传输函数 $H_a(s)$ 如下:

(1) $H_a(s)=\dfrac{s+a}{(s+a)^2+b^2}$

(2) $H_a(s) = \dfrac{b}{(s+a)^2+b^2}$

式中，a、b 为常数，设 $H_a(s)$ 因果稳定，采样周期为 T，试采用脉冲响应不变法分别将其转换成数字滤波器 $H(z)$。

解：该题所给 $H_a(s)$ 正是模拟滤波器二阶基本节的两种典型形式。所以，求解该题具有代表性，解该题的过程就是导出这两种典型形式 $H_a(s)$ 的脉冲响应不变法转换公式的过程。该采样周期为 T。

(1) $H_a(s) = \dfrac{s+a}{(s+a)^2+b^2}$ 的极点为 $s_{1,2} = -a \pm jb$。将 $H_a(s)$ 用待定系数法部分分式展开为

$$H_a(s) = \frac{s+a}{(s+a)^2+b^2} = \frac{A_1}{s-s_1} + \frac{A_1}{s-s_2}$$

$$= \frac{A_1(s-s_2)+A_2(s-s_1)}{(s+a)^2+b^2} = \frac{(A_1+A_2)-A_1 s_2 - A_2 s_1}{(s+a)^2+b^2}$$

比较分子各项系数可知，A、B 应满足方程：

$$\begin{cases} A_1 + A_2 = 1 \\ -A_1 s_2 - A_2 s_1 = a \end{cases}$$

解得 $A_1 = 1/2, A_2 = 1/2$，所以

$$H_a(s) = \frac{1/2}{s-(-a+jb)} + \frac{1/2}{s-(-a-jb)}$$

套用文献[1]式(5-24)，得到

$$H(z) = \sum_{k=1}^{2} \frac{A_k}{1-e^{s_k T}z^{-1}} = \frac{1/2}{1-e^{(-a+jb)T}z^{-1}} = \frac{1/2}{1-e^{(-a-jb)T}z^{-1}}$$

按照题目要求，上面的 $H(z)$ 表达式就可作为该题的答案。但在实际工作中，一般用无复数乘法器的二阶基本节结构实现。由于两个极点共轭对称，所以将 $H(z)$ 的两项通分并化简整理，可得

$$H(z) = \frac{1-z^{-1}e^{-aT}\cos(bT)}{1-2e^{-aT}\cos(bT)z^{-1}+e^{-2aT}z^{-2}}$$

这样，如果遇到将

$$H_a(s) = \frac{s+a}{(s+a)^2+b^2}$$

用脉冲响应不变法转换成数字滤波器时，直接套用上面的公式即可，且对应结构图中无复数乘法器，便于工程实际中实现。

(2) 由 $H_a(s) = \dfrac{b}{(s+a)^2+b^2}$，得 $H_a(s)$ 的极点为 $s_{1,2} = -a \pm jb$。将 $H_a(s)$ 部分分式展开为

$$H_a(s) = \frac{0.5j}{s-(-a+jb)} + \frac{0.5j}{s-(-a-jb)}$$

$$H(z) = \frac{0.5j}{1-e^{(-a+jb)T}z^{-1}} + \frac{0.5j}{1-e^{(-a-jb)T}z^{-1}}$$

通分并化简整理得

$$H(z)=\frac{z^{-1}e^{-aT}\sin(bT)}{1-2e^{-aT}\cos(bT)z^{-1}+e^{-2aT}z^{-2}}$$

12. 已知模拟滤波器的传输函数如下：

(1) $H_a(s)=\dfrac{1}{s^2+s+1}$

(2) $H_a(s)=\dfrac{1}{2s^2+3s+1}$

试采用脉冲响应不变法和双线性变换法分别将其转换为数字滤波器，设 $T=2\text{ s}$。

解：用脉冲响应不变法求解。

(1) 方法 1，直接按脉冲响应不变法设计公式，$H_a(s)$ 的极点公式为

$$s_1=-\frac{1}{2}+j\frac{\sqrt{3}}{2},\ s_2=-\frac{1}{2}-j\frac{\sqrt{3}}{2}$$

$$H_a(s)=\frac{-j\sqrt{3}/3}{s-\left(-\frac{1}{2}+j\frac{\sqrt{3}}{2}\right)}+\frac{j\sqrt{3}/3}{s-\left(-\frac{1}{2}-j\frac{\sqrt{3}}{2}\right)}$$

$$H(z)=\frac{-j\sqrt{3}/3}{1-e^{\left(-\frac{1}{2}+j\frac{\sqrt{3}}{2}\right)T}z^{-1}}+\frac{j\sqrt{3}/3}{1-e^{\left(-\frac{1}{2}-j\frac{\sqrt{3}}{2}\right)T}z^{-1}}$$

代入 $T=2\text{ s}$，

$$H(z)=\frac{-j\sqrt{3}/3}{1-e^{(-1+j\sqrt{3})}z^{-1}}+\frac{j\sqrt{3}/3}{1-e^{(-1-j\sqrt{3})}z^{-1}}=\frac{2\sqrt{3}}{3}\frac{z^{-1}e^{-1}\sin\sqrt{3}}{1-2e^{-1}z^{-1}\cos\sqrt{3}+e^{-2}z^{-2}}$$

方法 2，直接套用练习题 11(2)所得公式。为了套用公式，先对 $H_a(s)$ 的分母配方，将 $H_a(s)$ 化成练习题 11 中的标准形式

$$H_a(s)=\frac{b}{(s+a)^2+b^2}c\quad c\text{ 为一常数}$$

由于

$$s^2+s+1=\left(s+\frac{1}{2}\right)^2+\frac{3}{4}=\left(s+\frac{1}{2}\right)^2+\left(\frac{\sqrt{3}}{2}\right)^2$$

所以

$$H_a(s)=\frac{1}{s^2+s+1}=\frac{\sqrt{3}/2}{\left(s+\frac{1}{2}\right)^2+\left(\frac{\sqrt{3}}{2}\right)^2}\frac{2\sqrt{3}}{3}$$

对比可知，$a=\dfrac{1}{2}$，$b=\dfrac{\sqrt{3}}{2}$，套用公式得

$$H(z)=\frac{2\sqrt{3}}{3}\times\frac{z^{-1}e^{-aT}\sin(bT)}{1-2e^{-aT}\cos(bT)z^{-1}+e^{-2aT}z^{-2}}\Big|_{T=2}$$

$$=\frac{2\sqrt{3}}{3}\times\frac{z^{-1}e^{-1}\sin\sqrt{3}}{1-2e^{-1}z^{-1}\cos\sqrt{3}+e^{-2}z^{-2}}$$

(2) $H_a(s)=\dfrac{1}{2s^2+3s+1}=\dfrac{1}{s+1/2}+\dfrac{-1}{s+1}$

$$H(z) = \frac{1}{1 - e^{-\frac{1}{2}T}z^{-1}} + \frac{-1}{1 - e^{-T}z^{-1}}\bigg|_{T=2}$$

$$= \frac{1}{1 - e^{-1}z^{-1}} + \frac{-1}{1 - e^{-2}z^{-1}}$$

或通分合并两项得

$$H(z) = \frac{(e^{-1} - e^{-2})z^{-1}}{1 - (e^{-1} + e^{-2})z^{-1} + e^{-3}z^{-2}}$$

用双线性变换法求解。

(1)
$$H(z) = H_a(s)\big|_{s = \frac{2}{T}\frac{1-z^{-1}}{1+z^{-1}}, T=2} = \frac{1}{\left(\frac{1-z^{-1}}{1+z^{-1}}\right)^2 + \frac{1-z^{-1}}{1+z^{-1}} + 1} \cdot$$

$$= \frac{(1+z^{-1})^2}{(1-z^{-1})^2 + (1-z^{-1})(1+z^{-1}) + (1+z^{-1})^2}$$

$$= \frac{1 + 2z^{-1} + z^{-2}}{3 + z^{-2}}$$

(2)
$$H(z) = H_a(s)\big|_{s = \frac{2}{T}\frac{1-z^{-1}}{1+z^{-1}}, T=2} = \frac{1}{2\left(\frac{1-z^{-1}}{1+z^{-1}}\right)^2 + 3\frac{1-z^{-1}}{1+z^{-1}} + 1}$$

$$= \frac{(1+z^{-1})^2}{2(1-z^{-1})^2 + 3(1-z^{-2}) + (1+z^{-1})^2}$$

$$= \frac{1 + 2z^{-1} + z^{-2}}{6 - 2z^{-1}}$$

13. 要求从二阶巴特沃思模拟滤波器用双线性变换导出一低通数字滤波器,已知 3 dB 截止频率为 100 Hz,系统采样频率为 1 kHz。

解:归一化的二阶巴特沃思滤波器的系统函数为

$$H_a(s) = \frac{1}{s^2 + \sqrt{2}s + 1} = \frac{1}{s^2 + 1.414\,213\,6s + 1}$$

则将 $s = s/\Omega_c$ 代入,得出截止频率为 Ω_c 的模拟原型为

$$H_a(s) = \frac{1}{\left(\frac{s}{200\pi}\right)^2 + 1.414\,213\,6\left(\frac{s}{200\pi}\right) + 1} = \frac{394\,784.18}{s^2 + 888.58s + 394\,784.18}$$

由双线性变换公式可得

$$H(z) = H_a(s)\big|_{s = \frac{2}{T}\frac{1-z^{-1}}{1+z^{-1}}} = \frac{394\,784.18}{\left(2 \times 10^3 \frac{1-z^{-1}}{1+z^{-1}}\right)^2 + 888.58 \times \left(2 \times 10^3 \frac{1-z^{-1}}{1+z^{-1}}\right) + 394\,784.18}$$

$$= \frac{0.064(1 + 2z^{-1} + z^{-2})}{1 - 1.1683z^{-1} + 0.424\,1z^{-2}}$$

14. 设 $h_a(t)$ 表示一模拟滤波器的单位脉冲响应,即 $h_a(t) = \begin{cases} e^{-0.9t} & t \geq 0 \\ 0 & t < 0 \end{cases}$。用脉冲响应不变法,将此模拟滤波器转换成数字滤波器,$h(n)$ 表示单位采样响应,即 $h(n) = h_a(nT)$。确定系统函数 $H(z)$,并把 T 作为参数,证明 T 为任何值时,数字滤波器是稳定的,并说明数字滤波器近似为低通滤波器还是高通滤波器。

解:模拟滤波器系统函数为

$$H_a(s) = \int_0^\infty e^{-0.9t} e^{-st} \mathrm{d}t = \frac{1}{s+0.9}$$

$H_a(s)$的极点 $s_1 = -0.9$,数字滤波器系统函数应为

$$H(z) = \frac{1}{1-e^{s_1 T}z^{-1}} = \frac{1}{1-e^{-0.9T}z^{-1}}$$

$H(z)$的极点为 $z_1 = e^{-0.9T}$,$|z_1| = e^{-0.9T}$。所以,$T>0$ 时,$|z_1|<1$,$H(z)$满足稳定条件。对 $T=1$ 和 $T=0.5$,画出 $|H(e^{j\omega})|$ 曲线如图 5-7 实线和虚线所示。

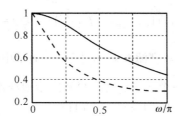

图 5-7

由图 5-7 可见,该数字滤波器近似为低通滤波器。且 T 值越小,滤波器频率混叠越小,滤波器特性越好(即选择性越好)。反之,T 越大,极点 $z_1 = e^{s_1 T} = e^{-0.9T}$ 离单位圆越远,$\omega = \pi$ 附近衰减越小,而且频率混叠越严重,使数字滤波器频响特性不能模拟原模拟滤波器的频响特性。

15. 假设某模拟滤波器 $H_a(s)$ 是一个低通滤波器,又知 $H(z) = H_a(s)|_{s=\frac{z+1}{z-1}}$,数字滤波器 $H(z)$ 的通带中心位于下面哪种情况? 并说明原因。

(1) $\omega = 0$(低通)。

(2) $\omega = \pi$(高通)。

(3) 除 0 和 π 以外的某一频率(带通)。

解:方法 1,按题意可写出

$$H(z) = H_a(s)|_{s=\frac{z+1}{z-1}}$$

故

$$s = j\omega = \frac{z+1}{z-1}\Big|_{z=e^{j\omega}} = \frac{e^{j\omega}+1}{e^{j\omega}-1} = j\frac{\cos\dfrac{\omega}{2}}{\sin\dfrac{\omega}{2}} = j\cot\frac{\omega}{2}$$

即 $|\Omega| = |\cot\dfrac{\omega}{2}|$。原模拟低通滤波器以 $|\Omega|=0$ 为通带中心,由上式可知,$|\Omega|=0$ 对应于 $\omega = \pi$,故答案为(2)。

方法 2,找出对应于 $|\Omega|=0$ 的数字频率 ω 的值即可。

令 $z=1$,对应于 $e^{j\omega}=1$,有 $\omega=0$,则 $H(1) = H_a(s)|_{s=\frac{1+1}{1-1}} = H_a(\infty)$ 对应的不是模拟低通滤波器。

令 $z=-1$,对应于 $e^{j\omega}=-1$,应有 $\omega=\pi$,则 $H(-1) = H_a(0)$,即 $|\Omega|=0$ 对应 $\omega=\pi$,将模拟低通中心频率 $|\Omega|=0$ 映射到 $\omega=\pi$ 处,所以答案为(2)。

方法 3,直接根据双线性变换法设计公式及模拟域低通到高通频率变换公式求解。

双线性变换设计公式为

$$H(z)=H_a(s)\big|_{s=\frac{2}{T}\frac{1-z^{-1}}{1+z^{-1}}=\frac{2}{T}\frac{z-1}{z+1}}$$

当 $T=2$ 时，$H(z)=H_a\left(\dfrac{z-1}{z+1}\right)$。这时，如果 $H_a(s)$ 为低通，则 $H(z)$ 亦为低通。

如果将 $H_a(s)$ 变换为高通滤波器：

$$H_{ah}(s)=H_a\left(\frac{1}{s}\right)$$

则可将 $H_{ah}(s)$ 用双线性变换法变成数字高通：

$$H_h(z)=H_{ah}(s)\big|_{s=\frac{z+1}{z-1}}=H_a\left(\frac{1}{s}\right)\big|_{s=\frac{z+1}{z-1}}=H_a\left(\frac{z+1}{z-1}\right)$$

这正是题中所给变换关系，所以数字滤波器 $H_a\left(\dfrac{z+1}{z-1}\right)$ 通带中心位于 $\omega=\pi$，故答案(2)正确。

16. 用双线性变换法设计一个三阶巴特沃思数字带通滤波器，采样频率为 $f_s=500\ \text{Hz}$，上、下边带截止频率分别为 $f_2=150\ \text{Hz}$，$f_1=30\ \text{Hz}$。

解： 由模拟低通→数字带通，得

$$\omega_1=\Omega_1 T=\frac{\Omega_1}{f_s}=\frac{30\times2\pi}{500}=\frac{3}{25}\pi,\quad \omega_2=\Omega_2 T=\frac{\Omega_2}{f_s}=\frac{150\times2\pi}{500}=\frac{3}{5}\pi$$

取归一化原型，$\Omega_c=1$，则有

$$D=\Omega_c\cot\frac{\omega_2-\omega_1}{2}=\cot\frac{6\pi}{25}=1.064\,9,\quad E=2\frac{\cos\left[(\omega_1+\omega_2)/2\right]}{\cos\left[(\omega_2-\omega_1)/2\right]}=2\frac{\cos\dfrac{9\pi}{25}}{\cos\dfrac{6\pi}{25}}=1.168\,2$$

查文献[1]表 5-1 得三阶归一化巴特沃思滤波器的系统函数为

$$H_{lp}(s)=\frac{1}{s^3+2s^2+2s+1}$$

$$H(z)=H_{lp}(s)\big|_{s=D\frac{1-Ez^{-1}+z^{-2}}{1-z^{-2}}}=\frac{1}{A^3+2B^2+2\times1.064\,9C+1}$$

其中

$$A=B=C=1.064\,9\frac{1-1.168\,2z^{-1}+z^{-2}}{1-z^{-2}}$$

代入后整理可得

$$H(z)=\frac{1-3z^{-2}+3z^{-4}-z^{-6}}{H+Iz^{-1}+Jz^{-2}+Kz^{-3}+Lz^{-4}+Mz^{-5}+Nz^{-6}}$$

其中

$$H=D^3+2D^2+2D+1=6.605\,35$$
$$I=-3ED^3-4ED^2-2ED=-12.018\,72$$
$$J=(3E^2+3)D^3+2(E^2+1)D^2-2D-3=8.799\,56$$
$$K=-(6E+E^3)D^3+4ED=-5.413\,07$$
$$L=(3E^2+3)D^3-2(E^2+1)D^2-2D+3=4.073\,70$$
$$M=-3ED^3+4ED^2-2ED=-1.421\,14$$
$$N=D^3-2D^2+2D-1=0.069\,38$$

将分母中 z^0 系数归一化,可得

$$H(z) = \frac{0.15139(1-3z^{-2}+3z^{-4}-z^{-6})}{1-1.81954z^{-1}+1.33219z^{-2}-0.81950z^{-3}+0.61673z^{-4}-0.21515z^{-5}+0.0105z^{-6}}$$

17. 要求模拟低通滤波器的通带边界频率为 2.1 kHz,通带最大衰减为 0.5 dB,阻带截止频率为 8 kHz,阻带最小衰减为 30 dB。求满足要求的最低阶数 N、滤波器系统函数 $H_a(s)$ 及其极点的位置。要求分别用巴特沃思滤波器、切比雪夫 I 型滤波器和椭圆滤波器进行设计。

解:已知 $f_p = 2.1$ kHz,$\alpha_p = 0.5$ dB,$f_s = 8$ kHz,$\alpha_s = 30$ dB。

(1) 设计巴特沃思滤波器

$$\varepsilon = \sqrt{10^{\alpha_p/10}-1} = \sqrt{10^{0.5/10}-1} = 0.3493, A = 10^{\alpha_s/20} = 10^{30/20} = 31.6228$$

$$k = \frac{\Omega_p}{\Omega_s} = \frac{2.1}{8} = 0.2625, k_1 = \frac{\varepsilon}{\sqrt{A^2-1}} = \frac{0.3493}{\sqrt{61.6228^2-1}} = 0.01105$$

$$N = \frac{\lg k_1}{\lg k} = 3.3682$$

N 取整数 4,$\Omega_c = \dfrac{\Omega_s}{(A^2-1)^{1/2N}} = \dfrac{2\pi f_s}{(A^2-1)^{1/8}} = \dfrac{2\pi \times 8 \times 10^3}{(31.6228^2-1)^{1/8}} = 21188.6782$

下面计算巴特沃思系统函数。查文献[1]表 5-1 得归一化 4 阶巴特沃思多项式为

$$D_4(p) = (p^2+0.7654p+1)(p^2+1.8478p+1)$$

$$H_a(s) = G(p)\big|_{p=\frac{s}{\Omega_c}} = \frac{1}{D_N(s/\Omega_c)} = \frac{\Omega_c^4}{(s^2+0.7654\Omega_c s+\Omega_c^2)(s^2+1.8478\Omega_c s+\Omega_c^2)}$$

$$= \frac{2.0157 \times 10^{17}}{(s^2+1.6217\times10^4 s+4.4896\times10^8)(s^2+3.9152\times10^4 s+4.4896\times10^8)}$$

由 $H_a(s)$ 可得极点为 $-0.3827\pm j0.9239, -0.9239\pm j0.3827$。

(2) 设计切比雪夫滤波器

$$\Omega_p = 2\pi f_p = 2\pi \times 2.1 \text{ kHz}, \alpha_p = 0.5 \text{ dB}, \Omega_s = 2\pi f_s = 2\pi \times 8 \text{ kHz}, \alpha_s = 30 \text{ dB}, \lambda_p = 1, \lambda_s = \frac{f_s}{f_p} = 3.81$$

$$k_1^{-1} = \sqrt{\frac{10^{0.1\alpha_s}-1}{10^{0.1\alpha_p}-1}} = 29.8389, N = \frac{\text{Arch}(29.8389)}{\text{Arch}(3.81)} = \frac{4.0887}{2.0131} = 2.031, \text{取 } N = 3$$

$$\varepsilon = \sqrt{10^{0.1\alpha_p}-1} = \sqrt{10^{0.01}-1} = 0.1526$$

$$\gamma = \left(\frac{1+\sqrt{1+\varepsilon^2}}{\varepsilon}\right)^{\frac{1}{N}} = \left(\frac{1+\sqrt{1+0.1526^2}}{0.1526}\right)^{\frac{1}{3}} = 2.3623, \xi = \frac{\gamma^2-1}{2\gamma} = 0.9695, \zeta = \frac{\gamma^2+1}{2\gamma} = 1.3928$$

$$H_a(p) = \frac{1}{0.1526 \times 2^{(3-1)} \prod\limits_{i=1}^{3}(p-p_i)}$$

由于上述计算比较繁复,下面用 MATLAB 计算。计算程序如下:

```
wp = 2 * pi * 2100;ws = 2 * pi * 8000;Rp = 0.5;As = 30;    % 输入设计参数
[N1,wp1] = cheb1ord(wp,ws,Rp,As,´s´)    % 调用切比雪夫 I 型设计函数
[z1,p1,k1] = cheb1ap(N1,Rp)    % 调用切比雪夫 I 原型函数,得左半平面零极点
B1 = k1 * real(poly(z1))    % 根据零点计算分子多项式系数向量 B,并输出数据
A1 = real(poly(p1))    % 根据极点计算分母多项式系数向量 A,并输出数据
```

程序运行结果为

N1 =   3

wp1 =   1.3195e + 004

B1 =   0.7157

A1 =   1.0000   1.2529   1.5349   0.7157

切比雪夫Ⅰ型模拟滤波器的系统函数为

$$H_a(s) = \frac{0.715\,7}{\left(\frac{s}{131\,95}\right)^3 + 1.252\,9\left(\frac{s}{188\,50}\right)^2 + 1.534\,9\left(\frac{s}{188\,50}\right) + 0.715\,7}$$

（3）设计椭圆滤波器

计算程序如下：

```
wp = 2 * pi * 2100;ws = 2 * pi * 8000;        % 输入设计指标
Rp = 0.5; As = 30;
[N, OmegaC] = ellipord(wp, ws, Rp, As, ´s´)% 调用椭圆设计函数
[z0,p0,k0] = ellipap(N,Rp,As)            % 调用椭圆原型函数,得到左半平面零极点
b0 = k0 * real(poly(z0))                 % 由零点计算分子系数向量
a0 = real(poly(p0))                      % 由极点计算分母系数向量
```

运行结果为

N = 3

OmegaC = 1.3195e + 004

b0 = 0.1690   0   0.8027

a0 = 1.0000   1.2285   1.5189   0.8027

得所设计滤波器的阶数 $N=3$，通带边界频率 $\omega_c=13\,195$ rad/s。系统函数直接型为

$$H_a(s) = \frac{0.169\left(\frac{s}{131\,95}\right)^2 + 0.802\,7}{\left(\frac{s}{131\,95}\right)^3 + 1.228\,5\left(\frac{s}{1319\,5}\right)^2 + 1.518\,9\left(\frac{s}{131\,95}\right) + 0.802\,7}$$

该系统频率特性如图 5-8 所示。

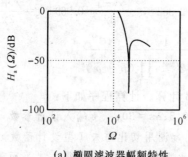
(a) 椭圆滤波器幅频特性

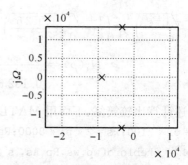
(b) 椭圆滤波器极点分布

图 5-8

18. 模拟高通滤波器的通带边界频率为 8 kHz，通带最大衰减为 0.5 dB，阻带截止频率

为 2.1 kHz,阻带最小衰减为 30 dB。求满足要求的最低阶数 N、滤波器系统函数 $H_a(s)$ 及其极点的位置。要求分别用巴特沃思滤波器、切比雪夫 I 型滤波器和椭圆滤波器进行设计。

解:(1) 设计巴特沃思滤波器

先将频率归一化。将 Ω_p 和 Ω_s 对 3 dB 截止频率 Ω_c 归一化,这里 $\Omega_c = \Omega_p$,则模拟高通的归一化频率为

$$\eta_p = \frac{\Omega_p}{\Omega_c} = 1, \eta_s = \frac{\Omega_s}{\Omega_c} = \frac{2.1}{8} = 0.262\,5$$

再作频率变换。模拟低通的归一化频率为

$$\lambda_p = \frac{1}{\eta_p} = 1, \lambda_s = \frac{1}{\eta_s} = \frac{1}{0.262\,5} = 3.809\,5$$

设计归一化模拟低通滤波器 $G(p)$。模拟低通滤波器的阶数 N 计算如下:

$$N = \frac{\lg k_1}{\lg k} = 3.683$$

取 $N=4$,查文献[1]表 5-1,得到归一化模拟低通系统函数 $G(p)$ 为

$$G(p) = \frac{1}{(p^2 + 0.765\,4p + 1)(p^2 + 1.847\,8p + 1)}$$

最后求高通滤波器的系统函数 $H(s)$。令 $p = \Omega_p/s = 2\pi \times 8\,000 = 502\,65$,代入上式即得高通滤波器的系统函数

$$H(s) = \frac{1}{\left[\left(\frac{502\,65}{s}\right)^2 + 0.618\left(\frac{502\,65}{s}\right) + 1\right]\left[\left(\frac{502\,65}{s}\right)^2 + 1.618\left(\frac{502\,65}{s}\right) + 1\right]}$$

求解本例题的 MATLAB 程序 ex618.m 如下:

```
% 程序名:ex618.m
% 设计巴特沃思高通模拟滤波器
wp = 1;ws = 3.8095;Rp = 0.5;As = 30;    % 设置滤波器指标参数
[N,wc] = buttord(wp,ws,Rp,As,´s´);      % 计算滤波器 G(p)阶数 N 和 3dB 截止频率
[B,A] = butter(N,wc,´s´);               % 计算低通滤波器 G(p)系统函数分子分母多项式系数
wph = 2 * pi * 100;                     % 高通模拟滤波器通带边界频率
[BH,AH] = lp2hp(B,A,wph);               % 低通 G(p)到高通 H(s)转换
% 低通滤波器 G(p)损耗函数曲线的绘制
w = 0:0.01:10;
Hk = freqs(B,A,w);
subplot(2,2,1);
plot(w,20 * log10(abs(Hk)));grid on
xlabel(´归一化频率´);ylabel(´幅度(dB)´)
axis([0,10, - 80,5]);
% 高通滤波器损耗函数 H(s)曲线的绘制
k = 0:511;fk = 0:250/512:250;w = 2 * pi * fk;
```

```
Hk = freqs(BH,AH,w);
subplot(2,2,2);
plot(fk,20 * log10(abs(Hk)));grid on
xlabel('频率(Hz)');ylabel('幅度(dB)')
```

滤波器的参数与手工计算相同,这里省略。为了了解所设计滤波器的性能,在这里绘制滤波器系统函数的损耗函数曲线,如图 5-9 所示。

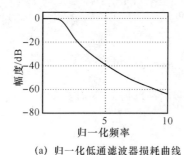

(a) 归一化低通滤波器损耗曲线

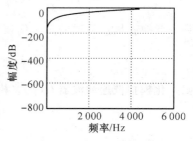

(b) 高通滤波器损耗函数曲线

图 5-9

本题其他部分解题过程和步骤与本章练习题 17 类似,请读者自己求解。

19. 设模拟滤波器的系统函数为 $H_a(s) = \dfrac{A}{s+a}$。试用脉冲响应不变法将 $H_a(s)$ 变换成数字滤波器的系统函数 $H(z)$,并确定数字滤波器在 $\omega = \pi$ 处的频谱混叠失真幅度与采样间隔 T 的关系。

解:当 $H_a(s)$ 满足:(1)只有单阶极点 s_k;(2)分母多项式阶次高于分子多项式阶次时,

$$H_a(s) = \sum_{k=1}^{N} \frac{A_k}{s - s_k} \longleftrightarrow H(z) = \sum_{k=1}^{N} \frac{A_k}{1 - e^{s_k T} z^{-1}}$$

因为 $H_a(s) = \dfrac{A}{s+a}$,满足条件(1)和(2),所以 $H(z) = \dfrac{A}{1 - e^{aT} z^{-1}}$。

$$|H(e^{j\omega})| = \left| \frac{A}{1 - e^{aT} e^{-j\omega}} \right| = \left| \frac{A}{1 - e^{aT}(\cos \omega - j\sin \omega)} \right| = \left| \frac{A}{(1 - e^{aT}\cos \omega) + je^{aT}\sin \omega} \right|$$

$$= \frac{A}{\sqrt{(1 - 2e^{aT}\cos \omega + e^{2aT})}}$$

在 $\omega = \pi$ 处,

$$|H(e^{j\omega})| = \frac{A}{|1 + e^{aT}|}$$

20. 证明:用脉冲响应不变法将 $H_a(s) = \dfrac{\Omega_1}{(s+\rho_1)^2 + \Omega_1^2}$ 变换成数字滤波器

$$H(z) = \frac{z^{-1} e^{-\rho_1 T} \sin \Omega_1 T}{1 - 2z^{-1} e^{-\rho_1 T} \cos \Omega_1 T + z^{-2} e^{-2\rho_1 T}}$$

证明:$H_a(s) = \dfrac{\Omega_1}{(s+\rho_1)^2 + \Omega_1^2} = \dfrac{\Omega_1}{(s+\rho_1 - j\Omega_1) + (s+\rho_1 + j\Omega_1)} = \dfrac{A_1}{s+\rho_1 - j\Omega_1} + \dfrac{A_2}{s+\rho_1 + j\Omega_1}$

$s_1 = -\rho_1 + j\Omega_1, s_2 = -\rho_1 - j\Omega_1 = s_1{}^*, A_1 = -j/2, A_2 = j/2 = A_1{}^*$

$$H(z) = \frac{-j/2}{1 - e^{(-\rho_1 + j\Omega_1)T}z^{-1}} + \frac{j/2}{1 - e^{(-\rho_1 - j\Omega_1)T}z^{-1}} = \frac{b_0 + b_1 z^{-1}}{1 + a_1 z^{-1} + a_2 z^{-2}}$$

$$b_0 = 2\mathrm{Re}A_1, b_1 = 2e^{-\rho_1 T}, a_1 = 2e^{-\rho_1 T}\cos(\Omega_1 T), a_2 = e^{-2\rho_1 T}$$

所以

$$H(z) = \frac{2e^{-\rho_1 T}\frac{1}{2}z^{-1}\sin\Omega_1 T}{1 - 2z^{-1}e^{-\rho_1 T}\cos\Omega_1 T + z^{-2}e^{-2\rho_1 T}} = \frac{z^{-1}e^{-\rho_1 T}\sin\Omega_1 T}{1 - 2z^{-1}e^{-\rho_1 T}\cos\Omega_1 T + z^{-2}e^{-2\rho_1 T}}$$

21. 证明：用脉冲响应不变法将 $H_a(s) = \dfrac{s + \Omega_1}{(s + \rho_1)^2 + \Omega_1^2}$ 变换成数字滤波器

$$H(z) = \frac{z^{-1}e^{-\rho_1 T}\cos\Omega_1 T}{1 - 2z^{-1}e^{-\rho_1 T}\cos\Omega_1 T + z^{-2}e^{-2\rho_1 T}}$$

证明：$H_a(s) = \dfrac{s + \Omega_1}{(s + \rho_1)^2 + \Omega_1^2} = \dfrac{\Omega_1}{(s + \rho_1 - j\Omega_1) + (s + \rho_1 + j\Omega_1)} = \dfrac{A_1}{s + \rho_1 - j\Omega_1} + \dfrac{A_2}{s + \rho_1 + j\Omega_1}$

$$s_1 = -\rho_1 - j\Omega_1, s_2 = -\rho_1 + j\Omega_1 = s_1^{*}, A_1 = 1/2, A_2 = 1/2 = A_1^{*}$$

$$H(z) = \frac{1/2}{1 - e^{(-\rho_1 - j\Omega_1)T}z^{-1}} + \frac{1/2}{1 - e^{(-\rho_1 + j\Omega_1)T}z^{-1}} = \frac{b_0 + b_1 z^{-1}}{1 + a_1 z^{-1} + a_2 z^{-2}}$$

$$b_0 = 2\mathrm{Re}A_1 = 1, b_1 = 2e^{-\rho_1 T}\mathrm{Re}[A_1 e^{j\Omega_1 T}] = 2e^{-\rho_1 T}\cos(\Omega_1 T), a_1 = -2e^{-\rho_1 T}\cos(\Omega_1 T), a_2 = e^{-2\rho_1 T}$$

所以

$$H(z) = \frac{z^{-1}e^{-\rho_1 T}\cos\Omega_1 T}{1 - 2z^{-1}e^{-\rho_1 T}\cos\Omega_1 T + z^{-2}e^{-2\rho_1 T}}$$

22. 用双线性变换法将理想模拟积分器的系统函数 $H_a(s) = 1/s$ 变换成数字积分器为

$$H(z) = H_a(s)\big|_{z = \frac{2}{T}\frac{1 - z^{-1}}{1 + z^{-1}}} = \frac{T}{2}\frac{1 + z^{-1}}{1 - z^{-1}}$$

（1）写出数字积分器的差分方程。

（2）求出模拟积分器和数字积分器的频率响应函数 $H_a(j\Omega)$ 和 $H(e^{j\omega})$，并画出其幅频特性和相频特性曲线，比较数字积分器的逼近误差。

（3）数字积分器在 $z = 1$ 处有一个极点，如果在通用计算机上编程实现数字积分器，为了避免计算的困难，对输入信号 $x(n)$ 有什么限制？

　　解：（1）由 $H_a(s) = 1/s$，得出 $s_1 = 0, A_1 = 1$。因此，数字积分器的差分方程为

$$[y(n) - y(n-1)]/T = [x(n) - x(n-1)]/2$$

（2）计算模拟积分器和数字积分器的频率响应函数

$$H_a(j\Omega) = \frac{1}{j\Omega}, H(e^{j\omega}) = \frac{T}{2}\frac{1 + e^{-j\omega}}{1 - e^{-j\omega}}$$

画模拟积分器和数字积分器的频率响应。下面用 MATLAB 程序求解：

```
%模拟积分器的系统函数
B = [0 1];
A = [1 0];
[H,w] = freqs(B,A);
subplot(2,2,1);
plot(w,abs(H)); % grid on20 * log10
```

```
xlabel('归一化频率');ylabel('幅度(dB)')
axis([0,10,0,80]);
subplot(2,2,2);
plot(w,angle(H)); % grid on
xlabel('归一化频率');ylabel('幅度(dB)')
axis([0,10,-3,0.5]);
% 数字积分器幅频相频曲线程序
% 模拟积分器的系统函数
B = [1 1];
A = [1 -1];
[H,w] = freqz(B,A,400,'whole'); %
subplot(2,2,3);
plot(w,abs(H));
xlabel('归一化频率');ylabel('幅度(dB)')
axis([0,7,0,140]);
subplot(2,2,4);
plot(w,angle(H));
xlabel('归一化频率');ylabel('幅度(dB)')
axis([0,7,-2,2]);
```

程序运行结果如图 5-10 所示。模拟积分器的幅频特性和相频特性分别如图 5-10(a) 和 (b) 所示。数字积分器的幅频特性和相频特性分别如图 5-10(c) 和 (d) 所示。可以看出,双线性变换法仅仅能保持原模拟滤波器的片断常数幅频响应特性,而不能保持原模拟滤波器的相频响应特性。

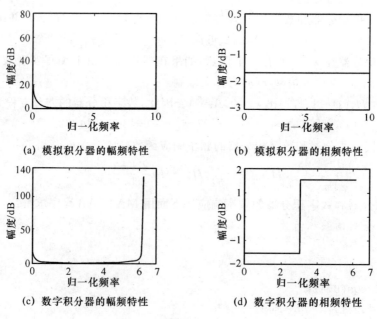

(a) 模拟积分器的幅频特性   (b) 模拟积分器的相频特性

(c) 数字积分器的幅频特性   (d) 数字积分器的相频特性

图 5-10

（3）$x(z)$ 在 $z=1$ 处有一个零点。在通用计算机上编程实现数字积分器时,为了避免计算的困难,应以增量 $\Delta x=x(n)-x(n-1)$ 进行计算,避免将 $x(n)-x(n-1)$ 的差值以 0 代入计算造成计算错误。

23. 设计低通数字滤波器,要求通带内频率低于 0.2π rad 时,容许幅度误差在 1 dB 之内,频率在 0.3π 到 π 之间的阻带衰减大于 10 dB;试采用巴特沃思型模拟滤波器进行设计,用脉冲响应不变法进行转换,采样间隔 $T=1$ ms。

解:本题要求用巴特沃思型模拟滤波器设计,所以由巴特沃思型滤波器的单调下降特性,数字滤波器指标描述如下:

$$\omega_p=0.2\pi\ \text{rad},\alpha_p=1\ \text{dB},\omega_s=0.3\pi\ \text{rad},\alpha_s=10\ \text{dB}$$

采用脉冲响应不变转换法,所以相应模拟低通巴特沃思型滤波器指标为

$$\Omega_p=\frac{\omega_p}{T}=0.2\pi\times1\,000=200\pi\ \text{rad/s},\alpha_p=1\ \text{dB}$$

$$\Omega_s=\frac{\omega_s}{T}=0.3\pi\times1\,000=300\pi\ \text{rad/s},\alpha_s=10\ \text{dB}$$

（1）求滤波器阶数 N 及归一化系统函数 $H_a(p)$。

$$k_{sp}=\sqrt{\frac{10^{0.1\alpha_p}-1}{10^{0.1\alpha_s}-1}}=\sqrt{\frac{10^{0.1}-1}{10^1-1}}=0.169\,6,\lambda_{sp}=\frac{\Omega_s}{\Omega_p}=\frac{300\pi}{200\pi}=1.5$$

$$N=-\frac{\lg k_{sp}}{\lg\lambda_{sp}}=-\frac{\lg 0.169\,6}{\lg 1.5}=4.376$$

取 $N=5$。查文献[1]表 5-1 得归一化低通原型模拟滤波器系统函数的极点为

$$H_a(p)=\frac{1}{\displaystyle\prod_{k=0}^{4}(p-p_k)}$$

$$p_0=-0.309\,0+j0.951\,1=p_4^*,p_1=-0.809\,0+j0.581\,8=p_3^*,p_2=-1$$

将 $H_a(p)$ 部分分式展开

$$H_a(p)=\sum_{k=0}^{4}\frac{A_k}{p-p_k}$$

其中,系数为

$$A_0=-0.138\,2+j0.425\,3,A_1=-0.809\,1-j1.113\,5$$
$$A_2=1.894\,7,\quad A_3=-0.809\,1+j1.113\,5$$
$$A_4=-0.1382-j0.4253$$

（2）去归一化求得相应的模拟滤波器系统函数 $H_a(s)$。

希望阻带指标刚好,让通带指标留有富裕量,所以按式(5-13)求 3 dB 截止频率 Ω_c。

$$\Omega_c=\Omega_s(10^{0.1\alpha_s}-1)^{\frac{1}{2N}}=300\pi(10-1)^{-\frac{1}{10}}\ \text{rad/s}=756.566\ \text{rad/s}$$

$$H_a(s)=H_a(p)\big|_{p=\frac{s}{\Omega_c}}=\sum_{k=0}^{4}\frac{\Omega_c A_k}{s-\Omega_c p_k}=\sum_{k=0}^{4}\frac{B_k}{s-s_k}$$

其中,$B_k=\Omega_c A_k,s_k=\Omega_c p_k$。

（3）用脉冲响应不变法将 $H_a(s)$ 转换成数字滤波器系统函数 $H(z)$:

$$H(z)=\sum_{k=0}^{4}\frac{B_k}{1-e^{s_k T}z^{-1}},\quad T=1\ \text{ms}=10^{-3}\ \text{s}$$

$$= \sum_{k=0}^{4} \frac{B_k}{1 - e^{10^{-3} s_k} z^{-1}}$$

24. 要求同题 11，试采用双线性变换法设计数字低通滤波器。

解：已知条件如下：

$$\omega_p = 0.2\pi \text{ rad}, \alpha_p = 1 \text{ dB}, \omega_s = 0.3\pi \text{ rad}, \alpha_s = 10 \text{ dB}$$

采用双线性变换法，所以要进行预畸变校正，确定相应的模拟滤波器指标（为了计算方便，取 $T = 1$ s）

$$\Omega_p = \frac{2}{T} \tan \frac{\omega_p}{2} = 2\tan 0.1\pi \text{ rad/s} = 0.649\,839\,4 \text{ rad/s}, \alpha_p = 1 \text{ dB}$$

$$\Omega_s = \frac{2}{T} \tan \frac{\omega_s}{2} = 2\tan 0.15\pi \text{ rad/s} = 1.019\,050\,9 \text{ rad/s}, \alpha_s = 10 \text{ dB}$$

（1）求相应模拟滤波器阶数 N。

$$k_{sp} = \sqrt{\frac{10^{0.1\alpha_p} - 1}{10^{0.1\alpha_s} - 1}} = \sqrt{\frac{10^{0.1} - 1}{10^1 - 1}} = 0.169\,6, \lambda_{sp} = \frac{\Omega_s}{\Omega_p} = \frac{1.019\,050\,9}{0.649\,839\,4} = 1.568\,2$$

$$N = -\frac{\lg k_{sp}}{\lg \lambda_{sp}} = -\frac{\lg 0.169\,6}{\lg 1.568\,2} = 3.943\,5, \text{取 } N = 4$$

（2）查文献[1]表 5-1 得

$$H_a(p) = \frac{1}{s^4 + 2.613\,1s^3 + 3.414\,2s^2 + 2.613\,1s + 1}$$

（3）去归一化，求出 $H_a(s)$。

$$\Omega_c = \Omega_p (10^{0.1\alpha_p} - 1)^{-\frac{1}{2N}} = 0.649\,839\,4(10^{0.1} - 1)^{-\frac{1}{8}} \text{ rad/s} = 0.774\,3 \text{ rad/s}$$

$$H_a(s) = H_a(p)\big|_{p = \frac{s}{\Omega_c}} = \frac{\Omega_c^4}{s^4 + 2.613\,1\Omega_c s^3 + 3.414\,2\Omega_c^2 s^2 + 2.613\,1\Omega_c^3 s + \Omega_c^4}$$

$$= \frac{0.359\,5}{s^4 + 2.023\,4s^3 + 2.047\,0s^2 + 1.213\,1s + 0.359\,5}$$

（4）用双线性变换法将 $H_a(s)$ 转换成 $H(z)$。

$$H(z) = H_a(s)\big|_{s = \frac{2}{T} \frac{1-z^{-1}}{1+z^{-1}}, T = 10^{-3} s}$$

$$= T^4 \Omega_c^4 (1+z^{-1})^4 [16(1-z^{-1})^4 + 2.613\,1\Omega_c (1+z^{-1})(1-z^{-1})^3 \times 8T + 3.414\,2\Omega_c^2 \times$$

$$2^2 T^2 (1+z^{-1})^2 (1-z^{-1})^2 + 2.613\,1\Omega_c^3 \times 2T^3(1+z^{-1})^3(1-z^{-1}) + T^4(1+z^{-1})^4\Omega_c^4]^{-1}$$

$$H(z) = (0.832\,9 \times 10^{-2} + 0.333\,1 \times 10^{-1}z^{-1} + 0.499\,7 \times 10^{-1}z^{-2} + 0.333\,1z^{-3} + 0.832\,9z^{-4})$$

$$\times (1 - 2.087\,2z^{-1} + 1.894\,8z^{-2} - 0.811\,9z^{-3} + 0.137\,5z^{-4})^{-1}$$

25. 请用两种方法证明：对具有同样截止频率 ω_0 的理想低通和理想高通滤波器，它们的单位脉冲响应序列之和等于冲激序列 $\delta(n)$。

证明：方法一，设理想低通和理想高通滤波器的 z 变换分别为 $H_L(z)$ 和 $H_H(z)$，它们的单位脉冲响应序列分别为 $h_L(n)$ 和 $h_H(n)$，其和为 $h(n)$，其 z 变换为 $H(z)$，则

$$H(z) = H_L(z) + H_H(z) = 1$$

所以

$$h(n) = \text{IZT}[H(z)] = \text{IZT}[1] = \delta(n)$$

方法二，设其系统函数分别为 $H_L(e^{j\omega})$ 和 $H_H(e^{j\omega})$，则

$$H_{L}(e^{j\omega}) = \begin{cases} 1 & |\omega| \leqslant \omega_{c} \\ 0 & \omega_{c} < |\omega| \leqslant \pi \end{cases}$$

$$H_{H}(e^{j\omega}) = \begin{cases} 0 & |\omega| < \omega_{c} \\ 1 & \omega_{c} \leqslant |\omega| \leqslant \pi \end{cases}$$

则

$$h_{L}(n) = \frac{1}{2\pi}\int_{-\omega_{c}}^{\omega_{c}} e^{j\omega n}d\omega = \frac{1}{2\pi j\,n}\int_{-\omega_{c}}^{\omega_{c}} e^{j\omega n}d(j\omega n) = \frac{\sin(\omega_{c}n)}{n\pi}$$

$$h_{H}(n) = \frac{1}{2\pi}\left(\int_{-\pi}^{-\omega_{c}} e^{j\omega n}d\omega + \int_{-\omega_{c}}^{\pi} e^{j\omega n}d\omega\right) = \frac{1}{2\pi}\int_{-\omega_{c}}^{\pi}(e^{j\omega n} + e^{-j\omega n})d\omega = \frac{1}{n\pi}\int_{-\omega_{c}}^{\pi}\cos(\omega n)d(\omega n)$$

$$= \frac{\sin(\omega n)}{n\pi}\Big|_{\omega_{c}}^{\pi} = \frac{\sin(n\pi)}{n\pi} - \frac{\sin(\omega_{c}n)}{n\pi} = \delta(n) - \frac{\sin(\omega_{c}n)}{n\pi}$$

所以

$$h_{L}(n) + h_{H}(n) = \delta(n)$$

26. 设计一个数字高通滤波器,要求通带截止频率 $\omega_{p} = 0.8\pi$ rad,通带衰减不大于 3 dB,阻带截止频率 $\omega_{s} = 0.5\pi$ rad,阻带衰减不小于 18 dB,要求采用巴特沃思型滤波器。

解:(1)确定数字高通滤波器的技术指标:

$$\omega_{p} = 0.8\pi \text{ rad}, \alpha_{p} = 3 \text{ dB}$$
$$\omega_{s} = 0.5\pi \text{ rad}, \alpha_{s} = 18 \text{ dB}$$

(2)确定相应模拟高通滤波器的技术指标。由于设计的是高通数字滤波器,所以应选用双线性变换法,进行预畸变校正求模拟高通边界频率(假设采样间隔 $T=2$ s)。

$$\Omega_{p} = \frac{2}{T}\tan\frac{\omega_{p}}{2} = 3.077\,7 \text{ rad/s}, \alpha_{p} = 3 \text{ dB}, \Omega_{s} = \frac{2}{T}\tan\frac{\omega_{s}}{2} = 1 \text{ rad/s}, \alpha_{s} = 10 \text{ dB}$$

(3)将高通滤波器指标转换成模拟低通指标。高通归一化边界频率($\Omega_{p} = \Omega_{c}$):

$$\eta_{p} = \frac{\Omega_{p}}{\Omega_{c}} = 1, \eta_{s} = \frac{\Omega_{s}}{\Omega_{c}} = \frac{1}{3.077\,7} = 0.324\,9$$

低通指标为

$$\lambda_{p} = \frac{1}{\eta_{p}} = 1, \alpha_{p} = 3 \text{ dB}; \lambda_{s} = \frac{1}{\eta_{s}} = 3.077\,7, \alpha_{s} = 18 \text{ dB}$$

(4)设计归一化低通 $G(p)$ 为

$$G(p) = \frac{1}{s^{2} + \sqrt{2}\,s + 1}$$

(5)频率变换,求模拟高通 $H_{a}(s)$:

$$H_{a}(s) = G(p)\big|_{p=\frac{\Omega_{c}}{s}} = \frac{s^{2}}{s^{2} + \sqrt{2}\,\Omega_{c}s + \Omega_{c}^{2}} = \frac{s^{2}}{s^{2} + 4.351\,5s + 9.467\,9}$$

(6)用双线性变换法将 $H_{a}(s)$ 转换成 $H(z)$:

$$H(z) = H_{a}(s)\big|_{s=\frac{2}{T}\frac{1-z^{-1}}{1+z^{-1}}} = \frac{1 - 2z^{-1} + z^{-2}}{14.819\,4 + 16.935\,8z^{-1} + 14.819\,4z^{-2}}$$

27. 设计一个数字带通滤波器,通带范围为 0.25π rad 到 0.45π rad,通带内最大衰减为 3 dB,0.15π rad 以下和 0.55π rad 以上为阻带,阻带内最小衰减为 15 dB,试采用巴特沃思型模拟低通滤波器。

解:(1) 确定数字带通滤波器技术指标。

$$\omega_u = 0.45\pi \text{ rad}, \omega_l = 0.25\pi \text{ rad}; \omega_{s2} = 0.55\pi \text{ rad}, \omega_{s1} = 0.15\pi \text{ rad}$$

通带内最大衰减 $\alpha_p = 3$ dB,阻带内最小衰减 $\alpha_s = 15$ dB。

(2) 确定相应模拟滤波器技术指标。为计算简单,设 $T = 2$ s。

$$\Omega_u = \frac{2}{T}\tan\frac{\omega_u}{2} = 0.854\,1 \text{ rad/s}, \Omega_l = \frac{2}{T}\tan\frac{\omega_l}{2} = 0.414\,2 \text{ rad/s}$$

$$\Omega_{s2} = \frac{2}{T}\tan\frac{\omega_{s2}}{2} = 1.170\,8 \text{ rad/s}, \Omega_{s1} = \frac{2}{T}\tan\frac{\omega_{s1}}{2} = 0.240\,1 \text{rad/s}$$

通带中心频率 $\Omega_0 = \sqrt{\Omega_u\Omega_l} = 0.594\,8$ rad/s,带宽 $B = \Omega_u - \Omega_l = 0.439\,9$ rad/s。将以上边界频率对 B 归一化,得到相应归一化带通边界频率:

$$\eta_u = \frac{\Omega_u}{B} = 1.941\,6, \eta_l = \frac{\Omega_l}{B} = 0.941\,6, \eta_{s2} = \frac{\Omega_{s2}}{B} = 2.661\,5, \eta_{s1} = \frac{\Omega_{s1}}{B} = 0.545\,8, \eta_0 = \sqrt{\eta_u\eta_l} = 1.352\,1$$

(3) 由归一化带通指标确定相应模拟归一化低通技术指标。

归一化阻带截止频率为

$$\lambda_s = \frac{\eta_{s2}^2 - \eta_0^2}{\eta_{s2}} = 1.974\,6$$

归一化通带截止频率为 $\lambda_p = 1, \alpha_p = 3$ dB, $\alpha_s = 18$ dB。

(4) 设计模拟归一化低通 $G(p)$ 为

$$k_{sp} = \sqrt{\frac{10^{0.1\alpha_p} - 1}{10^{0.1\alpha_s} - 1}} = \sqrt{\frac{10^{0.3} - 1}{10^{1.8} - 1}} = 0.126\,6, \lambda_{sp} = \frac{\lambda_s}{\lambda_p} = 1.974\,6$$

$$N = -\frac{\lg k_{sp}}{\lg \lambda_{sp}} = -\frac{\lg 0.126\,6}{\lg 1.974\,6} = 3.04$$

取 $N = 3$,因为 3.04 很接近 3,所以取 $N = 3$ 基本满足要求,且系统简单。当然,在工程实际中,最后要进行指标检验,如果达不到要求,应取 $N = 4$。

查文献[1]表 5-1 得到归一化低通系统函数

$$G(p) = \frac{1}{p^3 + 2p^2 + 2p + 1}$$

(5) 频率变换,将 $G(p)$ 转换成模拟带通 $H_a(s)$ 为

$$H_a(s) = G(p)\big|_{p = \frac{s^2 + \Omega_0^2}{sB}} = \frac{B^3 s^3}{(s^2 + \Omega_0^2)^3 + 2(s^2 + \Omega_0^2)^2 sB + 2(s^2 + \Omega_0^2)s^2 B^2 + s^3 B^3}$$

$$= \frac{0.085 s^3}{s^6 + 0.879\,8 s^5 + 1.448\,4 s^4 + 0.707\,6 s^3 + 0.512\,4 s^2 + 0.110\,1 s + 0.044\,3}$$

(6) 用双线性变换法将 $H_a(s)$ 转换成 $H(z)$ 为

$$H(z) = H_a(s)\big|_{s = \frac{2}{T}\frac{1-z^{-1}}{1+z^{-1}}}$$

$$= (0.018\,1 + 1.776\,4 \times 10^{-15} z^{-1} - 0.054\,3 z^{-2} - 4.440\,9 z^{-3} + 0.054\,3 z^{-4} -$$

$$2.775\,6 \times 10^{-15} z^{-5} - 0.018\,1 z^{-6})(1 - 2.272 z^{-1} + 3.515\,1 z^{-2} - 3.268\,5 z^{-3} +$$

$$2.312\,9 z^{-4} - 0.962\,8 z^{-5} + 0.278 z^{-6})^{-1}$$

28. 如图 5-11 表示一个数字滤波器的频率响应。

(1) 当用脉冲响应不变法时,试求原型模拟滤波器的频率响应。

（2）当采用双线性变换法时，试求原型模拟滤波器的频率响应。

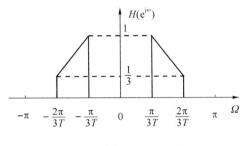

图 5-11

解：（1）脉冲响应不变法

因为 ω 大于折射频率时 $H(e^{j\omega})$ 为零，故用此法无失真。

$$H(e^{j\omega}) = T \times \frac{1}{T} H_a\left(j\frac{\omega}{T}\right) = H_a(j\Omega)$$

由图 5-11 可得

$$H(e^{j\omega}) = \begin{cases} \dfrac{2}{\pi}\omega + \dfrac{5}{3} & -\dfrac{2\pi}{3} \leqslant \omega \leqslant -\dfrac{\pi}{3} \\[3mm] -\dfrac{2}{\pi}\omega + \dfrac{5}{3} & \dfrac{\pi}{3} \leqslant \omega \leqslant \dfrac{2\pi}{3} \\[3mm] 0 & (-\pi,\pi) \text{ 之间的其他 } \omega \end{cases}$$

又由 $\Omega = \dfrac{\omega}{T}$，则有

$$H_a(j\Omega) = H(e^{j\omega})\big|_{\omega=\Omega T} = \begin{cases} \dfrac{2}{\pi}\Omega T + \dfrac{5}{3} & -\dfrac{2\pi}{3T} \leqslant \Omega \leqslant -\dfrac{\pi}{3T} \\[3mm] -\dfrac{2}{\pi}\Omega T + \dfrac{5}{3} & \dfrac{\pi}{3T} \leqslant \Omega \leqslant \dfrac{2\pi}{3T} \\[3mm] 0 & \text{其他 } \Omega \end{cases}$$

图 5-12 为脉冲响应不变法设计的滤波器的频率特性。

（2）双线性变换法

根据双线性变换公式，可得 $H_a(j\Omega) = H_a\left(jc\tan\dfrac{\omega}{2}\right)$，推出 $\Omega = c\tan\dfrac{\omega}{2}$，即 $\omega = 2\arctan\dfrac{\Omega}{c}$，

故

$$H_a(j\Omega) = \begin{cases} \dfrac{4}{\pi}\arctan\dfrac{\Omega}{c} + \dfrac{5}{3} & -\sqrt{3}c \leqslant \Omega \leqslant -\dfrac{\sqrt{3}}{3}c \\[3mm] -\dfrac{4}{\pi}\arctan\dfrac{\Omega}{c} + \dfrac{5}{3} & \dfrac{\sqrt{3}}{3}c \leqslant \Omega \leqslant \sqrt{3}c \\[3mm] 0 & \text{其他 } \Omega \end{cases}$$

图 5-13 为双线性变换法设计的滤波器的频率特性。

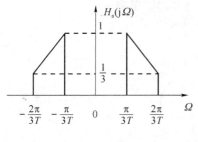
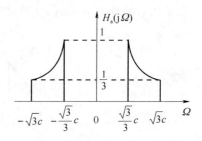

图 5-12   图 5-13

29. 分别用脉冲响应不变法和双线性变换法设计巴特沃思数字低通滤波器,要求通带边界频率为 0.2 rad,通带最大衰减为 1 dB,阻带边界频率为 0.3 rad,阻带最小衰减为 10 dB。调用 MATLAB 工具箱函数 buttord 和 butter 进行设计,计算数字滤波器系统函数 $H(z)$ 的系数,绘制损耗函数和相频特性曲线。这种设计对应于脉冲响应不变法还是双线性变换法?

解:(1) 脉冲响应不变法设计巴特沃思数字低通滤波器。

先将所给数字滤波器指标转换为相应模拟滤波器指标。设采样周期为 T,得

$$\Omega_p = \frac{\omega_p}{T} = \frac{0.2}{T} \text{ rad/s}, \Omega_s = \frac{\omega_s}{T} = \frac{0.3}{T} \text{ rad/s}, \alpha_p = 1 \text{ dB}, \alpha_s = 10 \text{ dB}$$

设计相应模拟滤波器

$$\varepsilon = \sqrt{10^{\alpha_p/10} - 1} = \sqrt{10^{1/10} - 1} = 0.508\,8, A = 10^{\alpha_s/20} = 10^{10/20} = 3.162\,3$$

$$k = \frac{\Omega_p}{\Omega_s} = \frac{0.2/T}{0.3/T} = \frac{2}{3}, k_1 = \frac{\varepsilon}{\sqrt{A^2-1}} = \frac{0.508\,8}{\sqrt{3.162\,3^2-1}} = 0.193\,3, N = \frac{\lg k_1}{\lg k} = 4.053\,3, 取 N = 5。$$

取 $T = 1$ s

$$\Omega_c = \frac{\Omega_s}{(A^2-1)^{1/2N}} = \frac{0.3}{(3.162\,3^2-1)^{1/10}} = 0.204\,8$$

查文献[1]表 5-1 得归一化 5 阶巴特沃思多项式系数 1、3.2361、5.2361、5.2361、3.2361,得归一化滤波器

$$H_a(p) = \frac{1}{p^5 + b_4 p^4 + b_3 p^3 + b_2 p^2 + b_1 p + b_0}$$

$H_a(p)$ 去归一化得 $H_a(s)$。将 $p = s/\Omega_c$ 代入 $H_a(p)$ 中得到

$$H_a(s) = H_a(p)\big|_{p=s/\Omega_c} = \sum_{k=1}^{5} \frac{\Omega_c A_k}{s - \Omega_c p_k} = \sum_{k=1}^{5} \frac{B_k}{s - s_k}$$

最后,将 $T = 1$ s 代入上式中,并将 $H_a(s)$ 转换为 $H(z)$,得

$$H(z) = \sum_{k=1}^{5} \frac{B_k}{1 - e^{s_k T} z^{-1}}$$

$$= \frac{2.220\,4 \times 10^{-16} + 2.882 \times 10^{-5} z^{-1} + 2.703\,6 \times 10^{-4} z^{-2} + 2.313\,7 \times 10^{-4} z^{-3} + 1.805\,7 \times 10^{-5} z^{-4}}{1 - 1.223 z^{-1} + 7.187\,1 z^{-2} - 6.154\,1 z^{-3} + 2.649\,8 z^{-4} - 4.587\,2 z^{-5}}$$

(2) 双线性变换法设计巴特沃思数字低通滤波器。

要求数字滤波器的指标为: $\omega_p = 0.2$ rad, $\omega_s = 0.3$ rad, $\alpha_p = 1$ dB, $\alpha_s = 10$ dB。

对数字滤波器指标作非线性校正,即取 $T = 2$ s,将设计指标转换为过渡滤波器指标。

$$\Omega_p = \frac{2}{T}\tan\frac{\omega_p}{2} = \tan\frac{0.2}{2} \text{ rad/s} = 0.001\,745 \text{ rad/s}, \alpha_p = 1 \text{ dB}$$

$$\Omega_s = \frac{2}{T}\tan\frac{\omega_s}{2} = \tan\frac{0.3}{2} \text{ rad/s} = 0.002\,618 \text{ rad/s}, \alpha_s = 10 \text{ dB}$$

$$\varepsilon = \sqrt{10^{\alpha_p/10}-1} = \sqrt{10^{1/10}-1} = 0.508\,8, A = 10^{\alpha_s/20} = 10^{10/20} = 3.162\,3$$

$$k = \frac{\Omega_p}{\Omega_s} = \frac{0.001\,745}{0.002\,618} = 0.666\,5, k_1 = \frac{\varepsilon}{\sqrt{A^2-1}} = \frac{0.508\,8}{\sqrt{3.162\,3^2-1}} = 0.193\,3, N = \frac{\lg k_1}{\lg k} = 4.050\,9, 取 N = 5$$

取 $T = 2$ s,

$$\Omega_c = \frac{\Omega_s}{(A^2-1)^{1/2N}} = \frac{0.002\,618}{(3.162\,3^2-1)^{1/10}} \text{ rad/s} = 2.101\,6\times10^{-3} \text{ rad/s}$$

查文献[1]表 5-1 得归一化 5 阶巴特沃思原型滤波器

$$H_a(p) = \frac{1}{(p^2+0.6180p+1)(p^2+1.6180p+1)(p+1)}$$

将 $p = s/\Omega_c$ 代入 $H_a(p)$，$H_a(p)$ 去归一化得 $H_a(s)$。

$$H_a(s) = \frac{\Omega_c^5}{s^5+3.863\,7\Omega_c s^4+7.464\,1\Omega_c^2 s^3+9.141\,6\Omega_c^3 s^2+7.464\,1\Omega_c^4 s+3.863\,7\Omega_c^5}$$

$$= \frac{4.099\,7\times10^{-14}}{s^5+0.812\times10^{-2}s^4+3.296\,7\times10^{-5}s^3+8.485\,4\times10^{-8}s^2+1.456\,1\times10^{-10}s+1.584\times10^{-13}}$$

再用双线性变换将模拟滤波器转换为数字滤波器，即

$$H(z) = H_a(s)\big|_{s=\frac{1-z^{-1}}{1+z^{-1}}}$$

$$= \frac{(0.040\,6+0.200\,7z^{-1}+0.415\,7z^{-2}+0.390\,8z^{-3}+0.214\,1z^{-4}+0.038\,1z^{-5})\times10^{-12}}{1-4.986\,4z^{-1}+9.945\,7z^{-2}-9.918\,7z^{-3}+4.945\,9z^{-4}-0.986\,5z^{-5}}$$

两种设计分别对应于脉冲响应不变法和双线性变换法。脉冲响应不变法数字滤波器系统函数 $H(z)$ 的损耗函数和相频特性曲线分别如图 5-14(a)和(b)所示，双线性变换法数字滤波器系统函数 $H(z)$ 的损耗函数和相频特性曲线分别如图 5-14(c)和(d)所示。

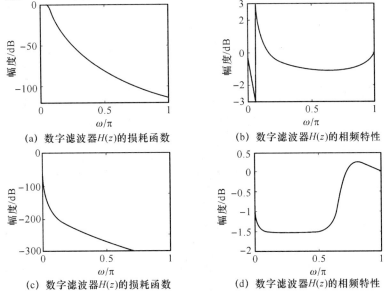

(a) 数字滤波器$H(z)$的损耗函数   (b) 数字滤波器$H(z)$的相频特性

(c) 数字滤波器$H(z)$的损耗函数   (d) 数字滤波器$H(z)$的相频特性

图 5-14

30. 设计一个工作于采样频率 80 kHz 的切比雪夫 I 型数字低通滤波器，要求通带边界频率为 4 kHz，通带最大衰减为 0.5 dB，阻带边界频率为 20 kHz，阻带最小衰减为 45 dB。调用 MATLAB 工具箱函数进行设计，计算数字滤波器系统函数 $H(z)$ 的系数，绘制损耗函数和相频特性曲线。

解：调用函数 cheb1ord 和 cheby1 设计切比雪夫 I 型数字低通滤波器的参考程序如下：

```
clear all; close all;
Fs = 80000;T = 1/Fs;
wp = 2 * 4000/Fs;ws = 2 * 20000/Fs;rp = 0.5;rs = 45;% 输入设计参数
[N,wp] = cheb1ord(wp,ws,rp,rs);% 调用切比雪夫 I 型数字滤波器阶数计算函数
[Bz,Az] = cheby1(N,rp,wp);% 调用切比雪夫 I 型数字滤波器设计函数,计算滤波器系数
% 以下绘制滤波器频率特性
wk = 0:pi/512:pi;
[Hz,w] = freqz(Bz,Az ,wk);% Bz,Az 为所设计切比雪夫数字低通滤波器的系统函数
Hx = angle(Hz);
subplot(221);
plot(wk/pi,20 * log10(abs(Hz)));grid on;
xlabel('omega/pi');ylabel('幅度(dB)');
axis([0,1, - 100,5]);
title('切比雪夫 I 型数字滤波器幅频特性');
subplot(222);
plot(w,Hx); axis([0 pi - 4 4]);
xlabel('omega/pi');ylabel('相位');
title('切比雪夫 I 型数字滤波器相位特性');
grid on
```

如图 5-15(a)和(b)所示，分别为切比雪夫 I 型数字低通滤波的损耗函数和相频特性曲线。

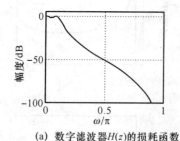
(a) 数字滤波器$H(z)$的损耗函数

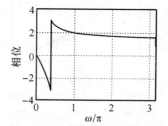
(b) 数字滤波器$H(z)$的相频特性

图 5-15

31. 设计一个工作于采样频率 5 000 kHz 的椭圆数字高通滤波器，要求通带边界频率为 325 kHz，通带最大衰减为 1.2 dB，阻带边界频率为 225 kHz，阻带最小衰减为 25 dB。调用 MATLAB 工具箱函数进行设计，计算数字滤波器系统函数 $H(z)$ 的系数，绘制损耗函数和相频特性曲线。

解：调用椭圆滤波器设计函数 ellipord 和 ellip 设计椭圆形数字低通滤波器的参考程序如下：

```
clear all; close all;
Fs = 2500000;fp = 325000;rp = 1.2;fs = 225000;rs = 25;% 输入设计参数
wp = 2 * fp/Fs;ws = 2 * fs/Fs;
[N,wpo] = ellipord(wp,ws,rp,rs);% 调用椭圆形数字滤波器阶数计算函数
[Bz,Az] = ellip(N,rp,rs,wpo,'high');% 调用椭圆形数字滤波器设计函数,计算滤波器系数
% 以下绘制滤波器频率特性
wk = 0:pi/512:pi;
[Hz,w] = freqz(Bz,Az ,wk);% Bz,Az 为所设计椭圆数字低通滤波器的系统函数
Hx = angle(Hz);
subplot(221);
plot(wk/pi,20 * log10(abs(Hz)));grid on;
xlabel('omega/pi');ylabel('幅度(dB)');
axis([0,1, - 100,5]);
subplot(222);
plot(w,Hx);axis([0 pi - 4 4]);
xlabel('omega/pi');ylabel('相位'); grid on
```

如图 5-16(a)和(b)分别为椭圆形数字低通滤波的损耗函数和相频特性曲线。

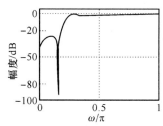

(a) 数字滤波器$H(z)$的损耗函数

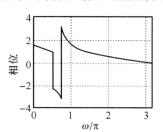

(b) 数字滤波器$H(z)$的相频特性

图 5-16

第**6**章 FIR数字滤波器的设计

6.1 引 言

有限长单位脉冲响应数字滤波器很容易获得严格的线性相位特性,这对于语音信号处理和数据传输是很重要的。另外,它总是可实现的和稳定的,既可按非递归型结构实现,也可按递归型实现。非递归 FIR 滤波器的运算量化噪声可做得较小。

但是,FIR 数字滤波器的优点是用较高的代价换来的,因而要求很大的处理量。不过,采用快速卷积结构可以解决这一问题。

本章在总结 FIR 滤波器特性的基础上,介绍窗函数法和频率采样法两种 FIR 滤波器设计方法。其他设计方法请读者参考文献[7]。

6.2 线性相移 FIR 数字滤波器的特点

FIR 滤波器的单位脉冲响应 $h(n)$ 仅含有有限个(N 个)非零值,是因果的有限长序列。该序列 $h(n)$ 的 z 变换为

$$H(z) = \sum_{n=0}^{N-1} h(n) z^{-n} \tag{6-1}$$

系统频率响应为

$$H(e^{j\omega}) = H(z) \Big|_{e^{j\omega}} = \sum_{n=0}^{N-1} h(n) e^{-j\omega n} = H(\omega) e^{j\varphi(\omega)} \tag{6-2}$$

式中,$H(\omega)$ 叫做幅度函数,注意 $H(\omega)$ 与 $|H(e^{j\omega})|$ 是不同的。$H(\omega)$ 是含正负符号的实函数,且 $H(\omega) = \pm |H(e^{j\omega})|$。$\varphi(\omega)$ 叫做相位函数。采用 $H(e^{j\omega}) = H(\omega) e^{j\varphi(\omega)}$ 的形式,是为了不破坏相位曲线的连贯性和表达上的方便。

（1）线性相位条件

线性相位指系统频率响应的相位函数 $\varphi(\omega)$ 与数字频率 ω 成线性关系，即

$$\varphi(\omega)=\beta-\alpha\omega \quad \alpha、\beta \text{ 为常数} \tag{6-3}$$

FIR 数字滤波器具有线性相位的充要条件是：$h(n)$ 是实序列，且 $h(n)$ 满足以 $n=\dfrac{N-1}{2}$ 为中心的偶对称或奇对称，即

$$h(n)=\pm h(N-1-n) \tag{6-4}$$

（2）线性相位特点

① $h(n)$ 偶对称的情况

当 $h(n)=h(N-1-n)$ 时，有

$$H(\omega)=\sum_{n=0}^{N-1}h(n)\cos\left[\omega\left(\frac{N-1}{2}-n\right)\right] \tag{6-5}$$

$$\varphi(\omega)=-\frac{N-1}{2}\omega \tag{6-6}$$

相位函数 $\varphi(\omega)$ 是严格的线性相位，如图 6-1 所示，说明 FIR 数字滤波器有 $\dfrac{N-1}{2}$ 个采样的群时延。

② $h(n)$ 奇对称的情况

当 $h(n)=-h(N-1-n)$ 时，有

$$H(\omega)=\sum_{n=0}^{N-1}h(n)\sin\left[\omega\left(\frac{N-1}{2}-n\right)\right] \tag{6-7}$$

$$\varphi(\omega)=\frac{\pi}{2}-\omega\left(\frac{N-1}{2}\right) \tag{6-8}$$

相位函数 $\varphi(\omega)$ 是严格的线性相位，如图 6-2 所示，说明 FIR 数字滤波器有 $\dfrac{N-1}{2}$ 个采样的群时延，而且还产生一个的 90° 相移。

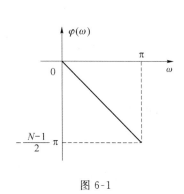

图 6-1

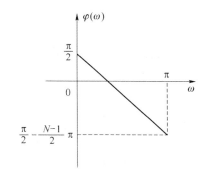

图 6-2

（3）幅度函数 $H(\omega)$ 的特性

第 1 种情况：$h(n)$ 偶对称，N 为奇数

$$H(\omega)=\sum_{n=0}^{(N-1)/2}a(n)\cos(\omega n) \tag{6-9}$$

其中

$$a(0)=h\left(\frac{N-1}{2}\right)$$

$$a(n)=2h\left(\frac{N-1}{2}-n\right) \quad n=1,2,\cdots,\frac{N-1}{2} \tag{6-10}$$

幅度函数 $H(\omega)$ 对 $\omega=0,\pi$ 偶对称，可通过 $h(n)$ 灵活设计幅度函数的零点位置。

第 2 种情况：$h(n)$ 偶对称，N 为偶数

$$H(\omega)=\sum_{n=1}^{N/2}b(n)\cos\left[\omega\left(n-\frac{1}{2}\right)\right] \tag{6-11}$$

其中

$$b(n)=2h\left(\frac{N}{2}-n\right) \quad n=1,2,\cdots,\frac{N}{2} \tag{6-12}$$

幅度函数 $H(\omega)$ 对 $\omega=0$ 偶对称，$H(\omega)$ 对 $\omega=\pi$ 奇对称，即 $H(z)$ 在 $z=-1$ 处为零。故这类 FIR 系统只能用做低通和带通滤波器。

第 3 种情况：$h(n)$ 奇对称，N 为奇数

$$H(\omega)=\sum_{n=1}^{(N-1)/2}c(n)\sin(\omega n) \tag{6-13}$$

其中

$$c(n)=2h\left(\frac{N-1}{2}-n\right) \quad n=1,2,\cdots,\frac{N-1}{2} \tag{6-14}$$

幅度函数 $H(\omega)$ 对 $\omega=0,\pi$ 奇对称，即 $H(z)$ 在 $z=\pm1$ 处为零。这类 FIR 系统只能用做带通滤波器。

第 4 种情况：$h(n)$ 奇对称，N 为偶数

$$H(\omega)=\sum_{n=1}^{N/2}d(n)\sin\left[\omega\left(n-\frac{1}{2}\right)\right] \tag{6-15}$$

其中

$$d(n)=2h\left(\frac{N}{2}-n\right) \quad n=1,2,\cdots,\frac{N}{2} \tag{6-16}$$

幅度函数 $H(\omega)$ 对 $\omega=\pi$ 偶对称，对 $\omega=0$ 奇对称，即 $H(z)$ 在 $z=1$ 处为零。故这类 FIR 系统只能用做高通和带通滤波器。

(4) 零点位置

线性相位 FIR 滤波器的零点特点是它们必是互为倒数的共轭对。即若 $z=z_i$ 是 $H(z)$ 的零点，则 $z_i^{-1},z_i^*,(z_i^*)^{-1}$ 都是 $H(z)$ 的零点。

零点 z_i 的位置有四种可能的情况。

① z_i 既不在实轴上，也不在单位圆上，则零点是互为倒数的两组共轭对，如图 6-3(a) 所示。

② z_i 不在实轴上，但在单位圆上，则零点是一组共轭对，如图 6-3(b) 所示。

③ z_i 在实轴上，但不在单位圆上，则零点是一对互为倒数的实数零点，如图 6-3(c) 所示。

④ z_i 既在实轴上，也在单位圆上，此时只有一个零点，或位于 $z=1$，或位于 $z=-1$，如

图 6-3(d)和(e)所示。

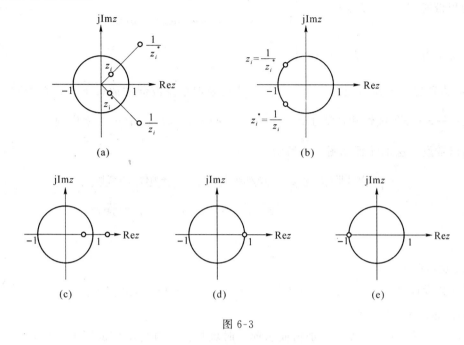

图 6-3

6.3 **FIR 数字滤波器的设计方法**

常用的 FIR 数字滤波器设计方法有窗函数法、频率采样法和切比雪夫逼近法三种。

（1）窗函数设计法

FIR 滤波器的设计就是要使所设计的 FIR 滤波器的频率响应 $H(e^{j\omega})$ 逼近期望的理想滤波器的响应 $H_d(e^{j\omega})$。从时域单位脉冲响应序列来看，就是使所设计滤波器的单位脉冲响应 $h(n)$ 逼近期望理想滤波器的单位采样响应序列 $h_d(n)$。

窗函数设计法就是从时域出发设计 FIR 数字滤波器的方法。根据问题的不同性质，期望理想滤波器可以分别为理想低通、高通、带通和带阻，利用窗函数截取理想滤波器的单位脉冲响应 $h_d(n)$ 得到 $h(n)$，并以有限长的 $h(n)$ 近似理想的 $h_d(n)$，以 $h(n)$ 的频率响应 $H(e^{j\omega})$ 逼近于理想的 $H_d(e^{j\omega})$，这就是窗函数法设计 FIR 数字滤波器的原理和过程。

理想低通、高通、带通和带阻滤波器满足线性相位的频率特点的频率响应函数在 $[-\pi,\pi]$ 主值区间的表达式如下：

理想低通
$$H_{dlp}(e^{j\omega}) = \begin{cases} e^{-j\omega a} & 0 \leqslant |\omega| \leqslant \omega_c \\ 0 & \omega_c < |\omega| \leqslant \pi \end{cases} \tag{6-17}$$

理想高通
$$H_{dlp}(e^{j\omega}) = \begin{cases} e^{-j\omega a} & \omega_c \leqslant |\omega| \leqslant \pi \\ 0 & 0 \leqslant |\omega| < \omega_c \end{cases} \tag{6-18}$$

理想带通 $\qquad H_{\text{dlp}}(e^{j\omega})=\begin{cases} e^{-j\omega a} & \omega_{\text{cl}}\leqslant|\omega|\leqslant\omega_{\text{ch}} \\ 0 & 0\leqslant|\omega|<\omega_{\text{cl}},\omega_{\text{ch}}<|\omega|\leqslant\pi \end{cases}$ (6-19)

理想带阻 $\qquad H_{\text{dlp}}(e^{j\omega})=\begin{cases} e^{-j\omega a} & 0\leqslant|\omega|<\omega_{\text{cl}},\omega_{\text{ch}}<|\omega|\leqslant\pi \\ 0 & \omega_{\text{cl}}\leqslant|\omega|\leqslant\omega_{\text{ch}} \end{cases}$ (6-20)

式中，ω_c 为理想滤波器的截止频率，ω_{cl} 和 ω_{ch} 分别为理想滤波器的通带下截止频率和上截止频率；$a=\dfrac{N-1}{2}$ 确保线性相位适于条件 $h(n)=h(N-1-n)$，且 $h(n)$ 为实序列。

窗函数设计法的流程如图 6-4 所示。

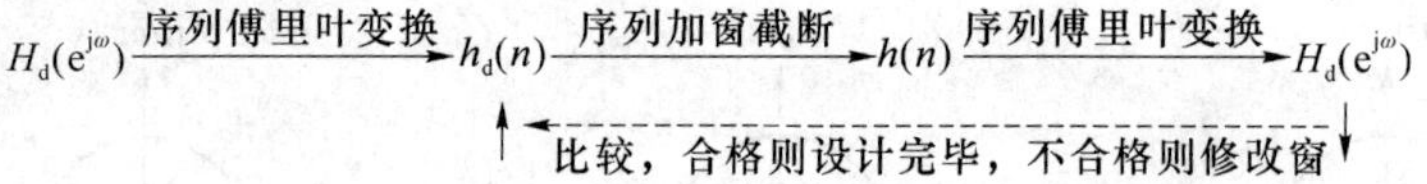

图 6-4

（2）窗函数的选择

窗函数设计法中最关键的一步是选择窗函数，即确定窗口大小、位置和形状。

① 窗函数截断的影响

$H(e^{j\omega})$ 和 $H_d(e^{j\omega})$ 的差异由加窗而引起。时域加窗对频率响应的影响表现在下面几个方面。

- 使理想频率特性不连续点处边沿加宽，形成一个过渡带。过渡带的宽度等于窗谱的主瓣宽度。
- 过渡带两旁产生肩峰和阻尼余振，其振荡幅度取决于旁瓣的相对幅度。振荡的多少取决于旁瓣的多少。
- 改变窗函数的长度将改变窗函数谱的绝对大小和主瓣、副瓣宽度，但不能改变主瓣与副瓣的相对比例，这个相对比例直接决定滤波器通带内的平稳和阻带的衰减。

需要注意增加窗函数长度 N 只能相应地减小过渡带宽度，而不能改变肩峰值。例如，在矩形窗函数的情况下，最大肩峰值为 8.95％，当 N 增加时，只能使起伏振荡变密，而最大肩峰总是 8.95％。这种现象称为吉布斯效应。

② 对窗函数的要求

窗谱的主瓣宽度应尽可能窄，以使设计的滤波器有较陡的过渡带。

窗谱的最大副瓣相对于主瓣尽可能小，使设计出的滤波器幅频特性中肩峰和余振较小，阻带衰减较大。

③ 常用窗函数

表 6-1 归纳了 6 种常用窗函数的主要性能，可供在设计 FIR 滤波器时参考。

表 6-1

窗函数名称	主瓣宽度	第一旁瓣相对（主瓣）幅度	滤波器性能指标		
			过渡带宽 $\Delta\omega/(2\pi/N)$	项数 N	阻带最小衰减
矩形窗	$4\pi/N$	-13 dB	0.9	$0.9(f_s/\Delta f)$	-21 dB
三角窗	$8\pi/N$	-25 dB	2.1	$2.1(f_s/\Delta f)$	-25 dB
汉宁窗	$8\pi/N$	-31 dB	3.1	$3.1(f_s/\Delta f)$	-44 dB
汉明窗	$8\pi/N$	-41 dB	3.3	$3.3(f_s/\Delta f)$	-53 dB
布莱克曼窗	$12\pi/N$	-57 dB	5.5	$5.5(f_s/\Delta f)$	-74 dB
凯塞窗 ($\beta=7.865$)	$10\pi/N$	-57 dB	5	$5(f_s/\Delta f)$	-80 dB

例 6-1 设理想带通滤波器的频域特性

$$H_d(e^{j\omega}) = \begin{cases} je^{-j\omega\tau} & -\omega_c \leqslant |\omega-\omega_0| \leqslant \omega_c \\ 0 & 0 \leqslant \omega < \omega_0-\omega_c, \omega_0+\omega_c < \omega \leqslant \pi \end{cases}$$

试用布莱克曼窗设计一个线性相位的带通滤波器。设 $\omega_c=0.2\pi, \omega_0=0.4\pi, N=51$。

解：题目只给定 $H_d(e^{j\omega})$ 在 $(0,\pi)$ 之间的表达式，但不可只用 $(0,\pi)$ 区域来求解，必须把它看成 $(-\pi,\pi)$ 或 $(0,2\pi)$ 之间的分布来求解。该滤波器的时域响应为

$$h_d(n) = \frac{1}{2\pi}\int_{-\pi}^{\pi} H_d(e^{j\omega})e^{j\omega n}d\omega = \frac{1}{2\pi}\int_{-\omega_c+\omega_0}^{\omega_c+\omega_0} je^{-j\omega\tau}e^{j\omega n}d\omega + \int_{-\omega_c-\omega_0}^{-\omega_c+\omega_0} je^{-j\omega\tau}e^{j\omega n}d\omega$$

$$= \frac{1}{2\pi}\frac{j}{j(n-\tau)}\left[e^{j(n-\tau)(\omega_0+\omega_c)} - e^{j(n-\tau)(\omega_0-\omega_c)} + e^{j(n-\tau)(\omega_c-\omega_0)} - e^{j(n-\tau)(-\omega_c-\omega_0)}\right]$$

$$= \frac{j}{\pi(n-\tau)}\left[\sin(\omega_0+\omega_c)(n-\tau) - \sin(\omega_0-\omega_c)(n-\tau)\right]$$

$$= \frac{2j}{\pi(n-\tau)}\sin\left[\omega_c(n-\tau)\right]\cos\left[\omega_0(n-\tau)\right]$$

要求 $N=51$。采用布莱克曼窗设计，于是

$$h(n) = h_d(n)w(n)$$

$$= \begin{cases} \left[0.42-0.5\cos\left(\dfrac{\pi n}{25}\right)+0.08\cos\left(\dfrac{2\pi n}{25}\right)\right]\dfrac{2j}{\pi(n-25)}\sin\left[0.2\pi(n-25)\right]\cos\left[0.4\pi(n-25)\right] & 0 \leqslant n \leqslant N-1 \\ 0 & n\text{ 为其他数} \end{cases}$$

其中，$\tau=\dfrac{N-1}{2}=25$，$w(n)$ 为窗函数。

所设计的带通滤波器的幅频响应曲线如图 6-5 所示。可见，该滤波器是 90°移相的线性相位带通滤波器，这种滤波器也称为正交变换线性相位带通滤波器。

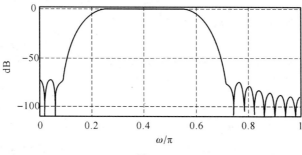

图 6-5

例 6-2 试用窗函数法设计第一类线性相位 FIR 高通数字滤波器,要求阻带最小衰减 α_s =50 dB,3 dB 截止频率 ω_c=0.75π rad,过渡带宽度 $\Delta\omega$=π/16。

解:根据设计要求,第一类线性相位 FIR 高通数字滤波器 N 必须取奇数(情况 1 可以设计任何滤波特性)。

按照要求确定待逼近理想高通频响应函数 $H_d(e^{j\omega})$ 为

$$H_d(e^{j\omega})=\begin{cases} e^{-j\omega\tau} & \omega_c\leqslant|\omega|\leqslant\pi \\ 0 & 0\leqslant|\omega|\leqslant\omega_c \end{cases}$$

求待逼近理想高通滤波器单位脉冲响应 $h_d(n)$ 为

$$h_d(n)=\frac{1}{2\pi}\int_{-\pi}^{\pi}H_d(e^{j\omega})e^{j\omega n}d\omega=\frac{1}{2\pi}\left[\int_{\pi}^{-\omega_c}e^{-j\omega\tau}e^{j\omega n}d\omega+\int_{\omega_c}^{\pi}e^{-j\omega\tau}e^{j\omega n}d\omega\right]$$

$$=\frac{1}{\pi(n-\tau)}\left[\sin(\pi(n-\tau))-\sin(\omega_c(n-\tau))\right]$$

其中,$\tau=\dfrac{N-1}{2}$。根据阻带最小衰减 α_s=50 dB,查表 6-1 选择汉明窗。汉明窗设计的滤波器过渡带宽度为 $\dfrac{8\pi}{N}$,本题要求过渡带宽度 $\Delta\omega$=π/16,所以应满足 $\dfrac{\pi}{16}=\dfrac{8\pi}{N}$,$N$=128。汉明窗为

$$\omega_{hm}(n)=\left[0.54-0.64\cos\left(\frac{2\pi n}{N-1}\right)\right]R_N(n)$$

取 N=129,则 $\tau=\dfrac{N-1}{2}$=64,ω_c=0.75π rad,得到

$$h(n)=\frac{1}{\pi(n-64)}\left[\sin\pi(n-64)-\sin\frac{3\pi}{4}(n-64)\right]\left[0.54-0.46\cos\frac{2\pi n}{128}\right]R_{128}(n)$$

为检验设计结果 $H(e^{j\omega})$=FT[$h(n)$],调用 MATLAB 函数 fft 计算 $h(n)$ 的 1 024 点 DFT,绘出 lg|$H(e^{j\omega})$|曲线如图 6-6 所示。由图可见,满足设计要求。

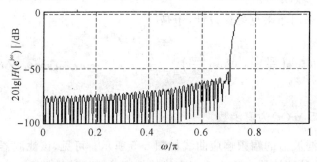

图 6-6

(3) 用频率采样法设计 FIR 数字滤波器

频率采样法是从频域出发,把给定的理想频率响应 $H_d(e^{j\omega})$ 加以等间隔采样,然后以此 $H_d(k)$ 作为实际 FIR 数字滤波器的频率特性的采样值 $H(k)$,再利用内插公式由 $H(k)$ 得 FIR 滤波器的系统函数 $H(z)$ 及频率响应 $H(e^{j\omega})$。

频率采样法设计流程如图 6-7 所示。

① 线性相位 FIR 滤波器的约束条件

若 $H(k)=H_d(e^{j\omega})\big|_{\omega=\frac{2\pi}{N}k}=H(k)e^{j\varphi(k)}$,其中 $H(k)$、$\varphi(k)$ 分别是对幅度函数 $H(\omega)$ 和相位

函数 $\varphi(\omega)$ 的第 k 个采样,则对第一、二类线性相位 FIR 滤波器,必须满足条件:

$$\begin{cases} H(k)=H(N-k) \\ \varphi(k)=-\varphi(n-k) \end{cases} \tag{6-21}$$

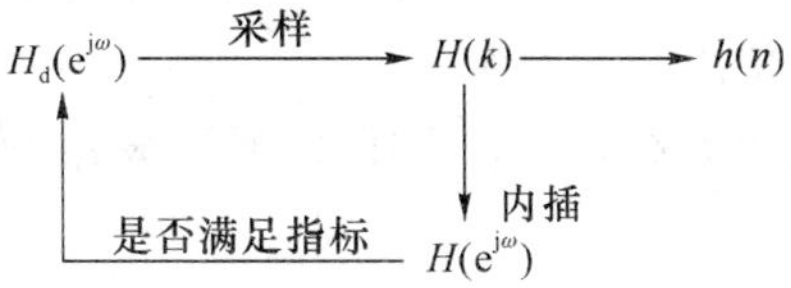

图 6-7

$$\varphi(k)=-\frac{\pi k(N-1)}{N} \tag{6-22}$$

对第三、四类线性相位 FIR 滤波器,必须满足条件:

$$\begin{cases} H(k)=H(N-k) \\ \varphi(k)=-\varphi(n-k) \end{cases} \tag{6-23}$$

$$\varphi(k)=\frac{\pi}{2}-\frac{\pi k(N-1)}{N} \tag{6-24}$$

② 过渡带采样的优化设计

为了提高逼近质量,减小在通带边缘由于采样点的陡然变化而引起的起伏振荡,可在通、阻带交界处人为地安排几个过渡点,以减小采样点间幅度值的落差,使过渡平缓,反冲减小,阻带最小衰耗增大。

增加采样点数,即加大 N 值,这时过渡带就等于采样间隔,即

$$\Delta B=\frac{2\pi}{N} \tag{6-25}$$

阻带衰耗在不加过渡采样点时为 -20 dB,加一个过渡采样点时为 $-44 \sim -54$ dB,加两个过渡采样点时为 $-65 \sim -75$ dB,加三个过渡采样点时为 $-85 \sim -95$ dB。相应地,过渡带分别增加到约 $3 \times \frac{2\pi}{N}$、$4 \times \frac{2\pi}{N}$ 和 $5 \times \frac{2\pi}{N}$。

增加过渡点可使阻带衰减明显提高,代价是过渡带变宽。增加一个过渡点,过渡带宽为 $4\pi/N$,增加两个过渡点,过渡带宽为 $6\pi/N$,式(6-25)修正为

$$\Delta B=\frac{2\pi}{N}(m+1) \quad m=0,1,2,3,\cdots \tag{6-26}$$

③ 频率采样的两种方法

对 $H_d(e^{j\omega})$ 进行频率采样,就是在 z 平面单位圆上的 N 个等间隔点上抽取频率响应值。在单位圆上可以有两种采样方式:频率采样 I 型,第一个采样点在 $\omega=0$ 处(即在 $z=-1$ 处);频率采样 II 型,第一个采样点在 $\omega=\frac{\pi}{N}$ 处(即在 $z=e^{j\frac{\pi}{N}}$ 处)。

每种采样方式可分为 N 是偶数与 N 是奇数两种。II 型是对 I 型的补充。如果一个已知的频率边沿距 II 型采样点比距 I 型采样点近,则采用 II 型频率采样设计出的滤波器具有较好的性能。

频率采样法的优点是可以在频域直接设计,并且适合于最优化设计,特别适用于设计窄

带选频滤波器。这时只有少数几个非零值的 $H(k)$，因而设计计算量小。

频率采样法的采样频率只能等于 $\dfrac{2\pi}{N}$ 的整数倍或等于 $\dfrac{2\pi}{N}$ 的整数倍加上 $\dfrac{\pi}{N}$，因而不能确保截止频率的自由取值。要想实现自由地选择截止频率，必须增加采样点数 N。但这又使计算量加大，使得频率采样法的使用受到限制。

例 6-3 利用频率采样法设计线性相位 FIR 低通滤波器，设 $N=16$，给定希望滤波器的幅度采样值为

$$H_d(k)=\begin{cases}1 & k=0,1,2,3\\0.389 & k=4\\0 & k=5,6,7\end{cases}$$

解：由希望逼近的滤波器幅度采样 $H_{dg}(k)$ 可构造出 $H_d(\mathrm{e}^{j\omega})$ 的采样 $H_d(k)$：

$$H_d(k)=\begin{cases}\mathrm{e}^{-j\frac{N-1}{N}\pi k}=\mathrm{e}^{-j\frac{15}{16}\pi k} & k=0,1,2,3,13,14,15\\0.389 & k=4,12\\0 & k=5,6,7,8,9,10,11\end{cases}$$

$$h(n)=\mathrm{IDFT}[H_d(k)]=\frac{1}{16}\sum_{k=0}^{15}H_d(k)W_{16}^{-kn}R_{16}(n)$$

$$=\frac{1}{16}\Big[1+\mathrm{e}^{-j\frac{15}{16}\pi}\mathrm{e}^{j\frac{\pi}{8}n}+\mathrm{e}^{-j\frac{15}{16}2\pi}\mathrm{e}^{j\frac{\pi}{8}2n}+\mathrm{e}^{-j\frac{15}{16}3\pi}\mathrm{e}^{j\frac{\pi}{8}3n}+0.389\mathrm{e}^{-j\frac{15}{16}4\pi}\mathrm{e}^{j\frac{\pi}{8}4n}$$

$$+\mathrm{e}^{-j\frac{15}{16}15\pi}\mathrm{e}^{j\frac{\pi}{8}15n}+\mathrm{e}^{-j\frac{15}{16}14\pi}\mathrm{e}^{j\frac{\pi}{8}14n}+\mathrm{e}^{-j\frac{15}{16}13\pi}\mathrm{e}^{j\frac{\pi}{8}13n}+0.389\mathrm{e}^{-j\frac{15}{16}12\pi}\mathrm{e}^{j\frac{\pi}{8}12n}\Big]$$

$$=\frac{1}{16}\Big\{1+2\cos\Big[\frac{\pi}{8}\Big(n-\frac{15}{2}\Big)\Big]+2\cos\Big[\frac{\pi}{4}\Big(n-\frac{15}{2}\Big)\Big]$$

$$+2\cos\Big[\frac{3\pi}{8}\Big(n-\frac{15}{2}\Big)\Big]+0.778\cos\Big[\frac{\pi}{2}\Big(n-\frac{15}{2}\Big)\Big]\Big\}$$

$h(n)$ 的幅频特性如图 6-8 所示。阻带最小衰减接近 $-40\ \mathrm{dB}$。请读者思考 $H_{dg}(4)$ 取多少时，阻带最小衰减可达到 $-40\ \mathrm{dB}$。

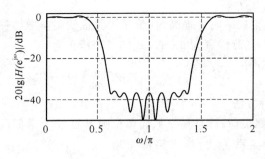

图 6-8

例 6-4 设信号 $x(t)=s(t)+v(t)$，其中 $v(t)$ 是干扰，$s(t)$ 与 $v(t)$ 的频谱不混叠，其幅度谱如图 6-9 所示。要求设计数字滤波器，将干扰滤除，指标是允许 $|s(f)|$ 在 $0\leqslant f\leqslant15\ \mathrm{kHz}$ 频率范围中幅度失真为 $\pm2\%(\delta_1=0.02)$；$f>20\ \mathrm{kHz}$，衰减大于 $40\ \mathrm{dB}(\delta_2=0.01)$；希望分别用 FIR 和 IIR 两种滤波器进行滤除干扰，最后进行比较。

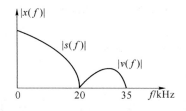

图 6-9

解：该题要求用采样数字系统对模拟信号 $x(t)$ 进行滤波处理。采样数字系统的组成框图及等效模拟滤波器 $H_a(\mathrm{j}\Omega)$ 如图 6-10 所示。

为简单起见，图 6-10 中假设 ADC 为无限精度采样器，DAC 为一理想低通滤波器 $G(\Omega)$。在工程实际中的 DAC 可加适当的预畸变校正滤波器实现本题的设计效果。

由题设知，等效模拟滤波器的设计指标如下。

通带：$0 \leqslant f \leqslant 15\ \mathrm{kHz}$，幅度失真为 $\pm 2\%$（$\delta_1 = 0.02$）。

阻带：$20\ \mathrm{kHz} < f$，衰减大于 40 dB（$\delta_2 = 0.01$）。

取采样频率 $f_s = 1/T = 80\ \mathrm{kHz}$，可得到要求设计的数字滤波器 $H(\mathrm{e}^{\mathrm{j}\omega})$ 的指标如下。

通带截止频率 $\omega_c = 2\pi f_c T = \dfrac{2\pi \times 15 \times 10^3}{80 \times 10^3}\mathrm{rad} = \dfrac{3}{8}\pi\ \mathrm{rad}$，通带波纹 $\delta_1 = 0.02$。

阻带截止频率 $\omega_s = 2\pi f_s T = \dfrac{2\pi \times 20 \times 10^3}{80 \times 10^3}\mathrm{rad} = \dfrac{\pi}{2}\ \mathrm{rad}$，阻带最小衰减 $\alpha_s = 40\ \mathrm{dB}$，阻带波纹 $\delta_2 = 0.01$。

本题 FIR 滤波器设计如下：

```
fc = 15000；fs = 20000；Fs = 80000；
f = [fc,fs]；
m = [1,0]；
dev = [0.02,0.01]；
[N,f0,m0,w] = remezord(f,m,dev,Fs)；
N = N + 1          % remezord 所求 N 不满足要求，要修正为 N + 1
hn = remez(N,f0,m0,w)
hw = fft(hn,512)；
w = 0:511;w = 2 * w/512；
subplot(3,2,1)；
plot(w,20 * log10(abs(hw)))；grid；
axis( [0,max(w)/2, - 90,5] )；
xlabel(´ω/π´)；ylabel(´20log|H(e^{jω})|(dB)´)
```

程序 mfdesigfir. m 运行得到 $h(n)$ 长度 N 和 $h(n)$ 数据如下：

N = 29

hn = 0.0037	− 0.0084	− 0.0128	− 0.0004	0.0164	0.0077	− 0.0215
− 0.0228	0.0211	0.0466	− 0.0094	− 0.0854	− 0.0326	0.1867
0.4007	0.4007	0.1867	− 0.0326	− 0.0854	− 0.0094	0.0466

$$0.0211 \qquad -0.0228 \qquad -0.0215 \qquad 0.0077 \qquad 0.0164 \qquad -0.0004 \qquad -0.0128$$

$$-0.0084 \qquad 0.0037$$

FIR 滤波器的幅频特性曲线如图 6-11 所示。

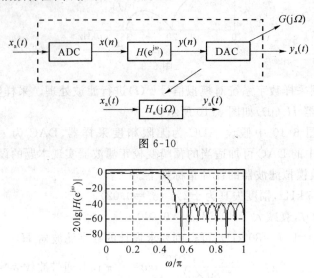

图 6-10

图 6-11

本题 IIR 滤波器设计如下,其中 ellipord 调用参数为:

$$\Omega_{\text{p}} = \frac{3}{8} \text{rad}, R_{\text{p}} = 20 \lg \frac{1+\delta_1}{1-\delta_1} = 20 \lg \frac{1.02}{0.98} \text{ dB}, \omega_{\text{s}} = \frac{1}{2} \text{rad}, R_{\text{s}} = 40 \text{ dB}$$

```
clear; close all
Wp = 3/8; dlt = 0.02;
Ws = 0.5;
Rp = 20 * log10((1 + dlt)/(1 - dlt));    % 计算通带最大衰减
Rs = 40;
[N,wc] = ellipord(Wp,Ws,Rp,Rs)
[b,a] = ellip(N,Rp,Rs,wc)
[hw,w] = freqz(b,a);
subplot(2,2,1);
plot(w/pi, 20 * log10(abs(hw))); grid;
axis([0,1, -80,5]);
xlabel('ω/π'); ylabel('幅度/dB')
subplot(2,2,3);
plot(w/pi,angle(hw));
grid;
axis([0,1, -5,5]);
xlabel('ω/π'); ylabel('相位/rad')
```

运行程序 mfdesigiir.m 的幅频特性和相频特性曲线分别如图 6-12(a)和(b)所示,其中滤波器参数如下：

N = 5

wc = 0.375 0

b = 0.047 6　　0.061 8　　0.104 2　　0.104 2　　0.061 8　　0.047 6

a = 1.000 0　　−1.988 5　　2.683 3　　−2.023 1　　0.977 2　　−0.221 9

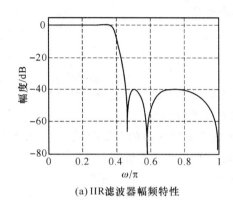

(a)IIR 滤波器幅频特性

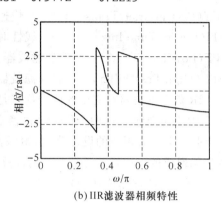

(b)IIR 滤波器相频特性

图 6-12

由系数向量 b 和 a 写出系统函数：

$$H(z)=\frac{0.047\,6+0.061\,8z^{-1}+0.104\,2z^{-2}+0.104\,2z^{-3}+0.061\,8z^{-4}+0.047\,6z^{-5}}{1-1.988\,5z^{-1}+2.683\,3z^{-2}-2.023\,1z^{-3}+0.977\,2z^{-4}-0.221\,9z^{-5}}$$

比较 FIR 和 IIR 滤波器的设计结果可知：对相同的设计技术目标，FIR 滤波器阶数（29阶）比 IIR 滤波器阶数（5 阶）高得多；FIR 滤波器具有严格线性相位特性，而 IIR 滤波器在通带内为近似线性相位特性；对不严格要求线性相位特性的应用场合，用 IIR 滤波器可使阶数大大降低。

（4）设计 FIR 数字滤波器的等波纹逼近法

利用切比雪夫最佳一致逼近理论，等波纹逼近设计法可设计出实际频率响应 $H(e^{j\omega})$ 与期望频率响应 $H_d(e^{j\omega})$ 之间的最大误差最小化的最佳拟合滤波器。因为这种方法设计的滤波器呈现等波纹频率响应特性，故称为等波纹逼近设计法。由于误差均匀分布于整个频带，对固定的阶数 N，可以得到通带最平坦、阻带最小、衰减达到最大的最优良滤波特性。因此，等波纹逼近法在 FIR 数字滤波器设计中得到广泛应用，在建立上述概念的基础上，正确调用设计程序，设置合适的参数，利用现成的设计程序，即可得到等波纹逼近 FIR 数字滤波器系数 $h(n)$，使设计工作简单易行。

6.4　思考题参考解答

1. 写出下列数字信号处理领域常用的英文缩写字母的中文含义：DSP，IIR，FIR，DFT，FFT，LTI，LPF，HPF。

答:DSP(Digital Signal Processing & Digital Signal Processer)——数字信号处理或数字信号处理器。

IIR(Finite Impulse Response)——无限脉冲响应。

FIR(Infinite Impulse Response)——有限脉冲响应。

DFT(Discrete Fourier Transform)——离散傅里叶变换。

FFT(Fast Fourier Transform)——快速傅里叶变换。

LTI(Linear Time Invariant)——线性时不变。

LPF(Low Pass Filter)——低通滤波器。

HPF(High Pass Filter)——高通滤波器。

2. FIR 数字滤波器最突出的两个优点是什么? 最主要的一个缺点是什么?

答:FIR 数字滤波器的两个优点是恒稳定和严格线性相位。

缺点是一般没有现成的设计公式,窗函数法只给出窗函数的计算公式,但计算通带、阻带衰减仍无现成的表达式。通常要借助计算机设计 FIR 数字滤波器。

3. 对第一类线性相位,$h(n)$应满足什么条件? 此时 $\theta(\omega)$ 如何表示?

答:对第一类线性相位,$h(n)$应满足 $h(n)=h(N-1-n)$,$\theta(\omega)=-\dfrac{N-1}{2}\omega$。

4. 对第一类线性相位,当 N 分别取奇数或偶数时,幅度函数 $H_g(\omega)$ 具有什么特性?

答:对第一类线性相位,当 N 分别取奇数或偶数时,幅度函数 $H_g(\omega)$ 具有低通特性。

5. 若要设计线性相位高通 FIR 数字滤波器,可否选择 $h(n)=h(N-1-n)$ 且取 N 为偶数?

答:要设计线性相位高通 FIR 数字滤波器,不可选择 $h(n)=h(N-1-n)$ 且取 N 为偶数。

6. 线性相位 FIR 数字滤波器零点分布具有什么特点?

答:由文献[1]式(6-23)知,$H(z)=-z^{-(N-1)}H(z^{-1})$,表明若 $z=z_i$ 是零点,则它的倒数也必定是零点。若零点既不在实轴又不在单位圆上,那么必然是四个互为倒数的两组共轭对;若 $z=z_i$ 是零点,则 z_i、$1/z_i$、z_i^*、$1/z_i^*$ 均是零点。

7. 试说明用窗函数法设计 FIR 数字滤波器的原理。

答:用窗函数法设计 FIR 数字滤波器的原理本质上说就是用窗函数截取带逼近目标滤波器的因果序列构造实际滤波器(参考文献[1]220 页)。

8. 何为线性相位滤波器? FIR 滤波器成为线性相位滤波器的充分条件是什么?

答:线性相位滤波器是指滤波器的相位频率函数 $\theta(\omega)$ 与数字频率 ω 满足线性关系的一类滤波器,即 $\theta(\omega)=b-a\omega(a、b$ 是常数)。

FIR 滤波器成为线性相位滤波器的充分条件是 $h(n)$ 是实序列,且 $h(n)$ 满足以 $n=\dfrac{N-1}{2}$ 为中心的偶对称或奇对称,即 $h(n)=\pm h(N-1-n)$。

9. 使用窗函数法设计 FIR 数字滤波器时,一般对窗函数的频谱有什么要求? 这些要求能同时得到满足吗? 为什么?

答:要求窗函数的阻带频谱满足衰减,外过渡带要小。

10. 使用窗函数法设计 FIR 数字滤波器时,增加窗函数的长度 N 值,会产生什么样的效果？能减小所形成的 FIR 数字滤波器幅度响应的肩峰和余振吗？为什么？

答：由于存在吉布斯效应，增加窗函数的长度 N 值，FIR 数字滤波器的幅度特性 $H(\omega)$ 的波动幅度没有多大改善。以矩形窗为例，带内最大肩峰比 $H(0)$ 高 8.95%，阻带最大负峰比零值高 8.95%，阻带最小衰减只有 $21\ \mathrm{dB}$。N 加大带来的最大好处就是 $H(\omega)$ 过滤带变窄（过滤带近似为 $4\pi/N$）。结论，加大 N 并不是减少吉布斯效应的有效方法。

11. 试写出使用窗函数法设计 FIR 数字滤波器的步骤。

答：略，请参考文献[1]220 页。

12. 说明用频率采样法设计 FIR 数字滤波器的原理。

答：该方法的理论依据是频域采样定理，具体设计时需注意采样序列应满足线性相位对称要求，其次对过渡频带可以采用增加过渡采样点的方法改善所设计滤波器的阻断和过渡带特性，一般过渡点不宜超过三个。

13. 用频率采样法设计 FIR 数字滤波器，为了增加阻带衰减，一般可采用什么措施？

答：不能简单采用增加采样点的方法，而应用增加过渡点的方法来改善滤波器阻带衰减。

14. 频率采样法适合哪类滤波器的设计？为什么？

答：频率采样法设计滤波器最大的优点是直接从频率域进行设计，比较直观，也适合设计具有任意幅度特性的滤波器。但同样存在边界频率不易控制的问题，原因是采样频率只能等于 $2\pi/N$ 的整数倍，这就限制了截止频率 ω_c 的自由取值。增加采样点数 N 对确定边界频率有好处，但 N 加大会增加滤波器的成本。故它适合于窄带滤波器的设计。

15. 什么是等波纹 FIR 数字滤波器？它的优点是什么？

答：窗函数设计法和频率采样设计法存在一个共同的现象，它们的通带和阻带存在幅度变化的波动。以窗函数设计法为例，在接近通带和阻带的边缘，通带波动和阻带波动最大。而阻带衰减在第一个旁瓣是满足要求的，但更高频率的旁瓣的衰减大大超出了要求。如果拉平波纹的幅度，就可以更好地逼近理想滤波器的响应，这样的滤波器就是等波纹 FIR 数字滤波器。对同样的技术指标，这样的滤波器误差在整个频带均匀分布，逼近需要的滤波器阶数较低；而对同样的滤波器阶数，这种逼近法的最大误差最小，这就是等波纹滤波器的优点。

16. 设计 IIR 数字滤波器时，通常先设计模拟滤波器，然后通过模拟 s 域（拉普拉斯变换域）到数字 z 域的变换，将模拟滤波器转换成数字滤波器。请说明一个好的 $s \rightarrow z$ 的变换关系需要考虑哪些因素，并说明脉冲响应不变法是否能满足这些条件。

答：一个好的 $s \rightarrow z$ 的变换关系需要考虑稳定性、频率关系和频率响应逼近度三个因素。

稳定性：脉冲响应不变法 $s \rightarrow z$ 的变换关系为 $z = \mathrm{e}^{sT}$。该映射关系把 s 平面的虚轴映射到 z 平面的单位圆上，s 平面的左半平面映射到 z 平面的单位圆内，即模拟滤波器的稳定性能够在变换得到的数字滤波器中得到保持。

频率关系：模拟频率 Ω 和数字频率 ω 的变换是线性关系 $\omega = \Omega T$。因此，具有线性相位特性的模拟滤波器变换后也一定具有线性相位特性。

频率响应逼近度：脉冲响应不变法 $s \rightarrow z$ 是多点到一点的映射，有频谱的周期延拓效应，只适应于设计频率严格有限的低通、带通滤波器。

17. 幅度特性曲线与损耗函数曲线有无本质区别？怎样计算损耗函数？

答：常用的信号或系统的幅度特性曲线用其傅里叶变换的绝对值$|H(e^{j\omega})|$表示。

而损耗函数曲线为滤波器输入与输出功率商的对数

$$\alpha(\Omega)=10\lg(P_1/P_2)=10\lg(|X(j\Omega)|^2/|Y(j\Omega)|^2)=-20\lg|H_a(j\Omega)|=-10\lg|H_a(j\Omega)|^2$$

即相当于$\alpha(\Omega)=-10\lg|H_a(j\Omega)|^2$。

损耗函数的优点是对幅频特性$|H_a(j\Omega)|$的取值进行非线性压缩，放大了小的幅度，从而可以同时观察通带和阻带幅频特性的变化情况，有利于观察取值较小的频率特性。

18. 判断以下说法正确与否，对的打"√"，错的打"×"，并说明理由。

(1) 线性相位FIR滤波器是指其相位与频率满足如下关系式：$\varphi(\omega)=-k\omega$，k为常数。

(2) 用频率采样法设计滤波器时，减少采样点数可能导致阻带最小衰减指标的不合格。

(3) 级联型结构的滤波器便于调整极点。

(4) 阻带最小衰减取决于所用窗谱主瓣幅度峰值与第一旁瓣幅度峰值之比。

(5) 只有当FIR系统的单位脉冲响应$h(n)$为实数，且满足奇/偶对称条件$h(n)=\pm h(N-n)$时，该FIR系统才是线性相位的。

(6) FIR滤波器一定是线性相位的，而IIR滤波器以非线性相频特性居多。

(7) FIR系统的系统函数一定在单位圆上收敛。

答：(1) ×。线性相位FIR滤波器是指其相位与频率满足如下关系式：$\varphi(\omega)=-k\omega+\beta$，$\beta$、$k$为常数。

(2) ×。减少采样点数不会改变阻带边界两采样点间的幅度落差，也不会改变阻带最小衰减。

(3) ×。级联型结构的滤波器便于调整零点。

(4) ×。阻带最小衰减取决于所用窗谱主瓣面积与第一旁瓣面积之比。

(5) ×。只有当FIR系统的单位脉冲响应$h(n)$为实数，且满足奇/偶对称条件$h(n)=\pm h(N-1-n)$时，该FIR系统才是线性相位的。

(6) ×。FIR滤波器只有满足一定条件时，才是线性相位的。

(7) √。

19. 窗函数设计FIR滤波器时，窗口的大小、形状和位置各对滤波器产生什么样的影响？

答：窗口的形状对滤波器的最小阻带衰减和过渡带宽度都产生影响，最小阻带衰减取决于窗函数谱主副瓣面积之比，过渡带宽取决于窗函数谱的主瓣宽度。此外，必须是对称形状的窗函数才能用以设计线性相位FIR滤波器。

20. 什么是吉布斯现象？旁瓣峰值衰减和阻带最小衰减各指什么？有什么区别和联系？

答：增加窗函数长度N只能相应地减少过渡带宽度，而不能改变肩峰值的现象称为吉布斯现象。

旁瓣峰值衰减适用于窗函数，它是窗函数谱主副瓣幅度之比，即

旁瓣峰值衰减$=20\lg$(第一旁瓣峰值/主瓣峰值)

阻带最小衰减适用于滤波器。工程上习惯用来描述滤波器，即损耗函数。损耗函数定

义为

$$\alpha(\Omega)=10\lg(P_1/P_2)=10\lg(|X(j\Omega)|^2/|Y(j\Omega)|^2)=-20\lg|H_a(j\Omega)|=-10\lg|H_a(j\Omega)|^2$$

21. FIR 和 IIR 滤波器各自的主要优缺点是什么？各适合于什么场合？

答：FIR 和 IIR 滤波器各自的主要优缺点和适合场合如表 6-2 所示。

表 6-2

序号	FIR 数字滤波器	IIR 数字滤波器
1	可以做到严格线性相位	相位一般是非线性的
2	恒稳定	不一定稳定
3	主要是非递归结构,也可含递归环节	一定是递归结构
4	信号通过系统可用快速卷积计算	不能用 FFT 作快速卷积
5	频率选择性差	频率选择性好
6	相同性能阶次较高	相同性能阶次较低
7	噪声小	噪声大,有噪声反馈
8	运算误差小	运算误差大,可能振荡
9	没有封闭公式的设计公式,依赖经验	有封闭设计公式
10	一般需要计算机计算	计算工具要求低
11	适用范围广	主要设计经典滤波器

22. 旁瓣峰值衰减和阻带最小衰减的定义是什么？它们的值取决于窗函数的什么参数？在应用中影响到什么参数？

答：旁瓣峰值衰减取决于窗函数谱的主副瓣幅度之比。

旁瓣峰值衰减＝20lg(第一旁瓣峰值/主瓣峰值)

阻带最小衰减适用于滤波器。工程上习惯用来描述滤波器,即损耗函数。损耗函数定义为

$$\alpha(\Omega)=10\lg(P_1/P_2)=10\lg(|X(j\Omega)|^2/|Y(j\Omega)|^2)=-20\lg|H_a(j\Omega)|=-10\lg|H_a(j\Omega)|^2$$

当滤波器使用窗函数法设计时,阻带最小衰减取决于窗函数谱主副瓣面积之比。

在应用中旁瓣峰值衰减和阻带最小衰减会影响到所设计滤波器的过渡带宽度及过渡带两旁的肩峰和阻尼余振。

6.5　练习题参考解答

1. 说明下列差分方程描述的滤波器具有有限脉冲响应,响应的长度是多少？它与差分方程中的最大延迟有什么关系？

$$y(n)=0.1x(n)+0.1x(n-1)+0.9x(n-2)+0.5x(n-3)+0.1x(n-4)$$

解：差分方程描述的滤波器的单位脉冲响应长度计算如下。设系统输入为 $\delta(n)$,则

$$y(n)=0.1\delta(n)+0.1\delta(n-1)+0.9\delta(n-2)+0.5\delta(n-3)+0.1\delta(n-4)$$

```
a = 1;
b = [0.1 0.1 0.9 0.5 0.1];
y = impz(b,a,10)
y =
```
      0.1000   0.1000   0.9000   0.5000   0.1000   0 0 0 0 0

系统响应长度为 5。响应长度与差分方程中最大延迟的关系是

$$响应长度＝差分方程中最大延迟＋1$$

2. 理想低通滤波器的脉冲响应在 $-3 \leqslant n \leqslant 3$ 之外截断,滤波器的通带边缘频率为 $\omega_c = \pi/4$ rad。

(1) 画出截断的脉冲响应。

(2) 将截断的脉冲响应移位为因果的,写出新的脉冲响应表达式并画出图。

(3) 画出因果脉冲响应的幅度响应 $|H(e^{j\omega})|$,并在同一图上画出理想低通滤波器的幅度响应。

解:该理想低通滤波器的频率响应为

$$H_d(e^{j\omega}) = \begin{cases} 1 & |\omega| \leqslant \omega_c \\ 0 & \omega_c < |\omega| < \pi \end{cases}$$

对应的脉冲响应为

$$h_d(n) = \frac{1}{2\pi} \int_{-\omega_c}^{\omega_c} e^{j\omega n} d\omega = \frac{\sin(\omega_c n)}{\pi n}$$

理想低通滤波器的频率响应如图 6-13(a)所示,图(b)为理想低通滤波器的相位特性,图(c)为理想低通滤波器的单位脉冲响应及其采样序列。

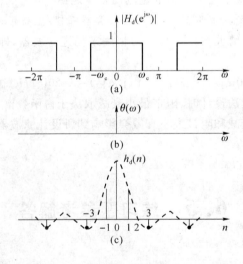

图 6-13

(1) 截断的脉冲响应为

hd =

     0.075 0   0.159 2   0.225 1 1 0.225 1   0.159 2   0.075 0

画出截断的脉冲响应如图 6-14(a)所示。

（2）将截断的脉冲响应移位为因果的

$$h(n)=\begin{cases}h_{\mathrm{d}}(n) & 0\leqslant n\leqslant 7-1\\ 0 & \text{其他}\end{cases}$$

如图 6-14(b)所示。

（3）因果脉冲响应的幅度响应 $|H(\mathrm{e}^{\mathrm{j}\omega})|$ 如图 6-14(c)中实线所示，理想低通滤波器的幅度响应如图中虚线所示。

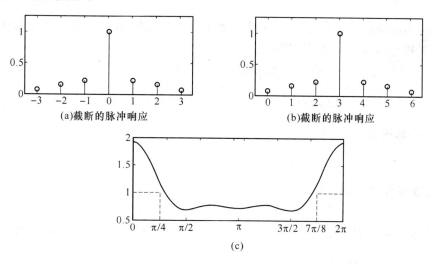

(a)截断的脉冲响应　　　　　　(b)截断的脉冲响应

(c)

图 6-14

3. 已知 FIR 滤波器的单位脉冲响应为

（1）$N=6,h(0)=h(5)=1.5,h(1)=h(4)=2,h(2)=h(3)=3$。

（2）$N=7,h(0)=-h(6)=3,h(1)=-h(5)=-2,h(2)=-h(4)=1,h(3)=0$。

试画出它们的线性相位型结构图，并分别说明它们的幅度特性、相位特性各有什么特点。

解：（1）线性相位型结构如图 6-15(a)所示。

由所给 $h(n)$ 的取值可知，$h(n)$ 满足 $h(n)=h(N-1-n)$，所以 FIR 滤波器具有第一类线性相位特性，即

$$\theta(\omega)=-\omega\frac{N-1}{2}=-2.5\omega$$

由于 $N=6$ 为偶数（情况），所以幅度特性关于 $\omega=\pi$ 点奇对称。

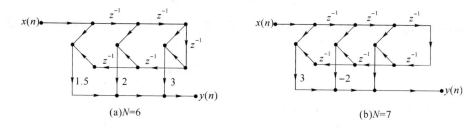

(a)N=6　　　　　　　　(b)N=7

图 6-15

（2）线性相位型结构如图 6-15(b)所示。由所给 $h(n)$ 的取值可知，$h(n)$ 满足 $h(n)=$

$-h(N-1-n)$，所以 FIR 滤波器具有第二类线性相位特性：

$$\theta(\omega) = -\frac{\pi}{2} - \omega \frac{N-1}{2} = -\frac{\pi}{2} - 3\omega$$

由于 $N=7$ 为奇数(情况 3)，所以幅度特性关于 $\omega=0,2\pi$ 两点奇对称。

4. 设 FIR 数字滤波器的系统函数为

$$H(z) = \frac{1}{10}(1 + 0.9z^{-1} + 2.1z^{-2} + 0.9z^{-3} + z^{-4})$$

求出该滤波器的单位采样响应 $h(n)$，判断是否具有线性相位，求出其幅度特性和相位特性，并画出其直接型结构和线性相位型结构。

解： 对 FIR 数字滤波器，其系统函数为

$$H(z) = \sum_{n=0}^{N-1} h(n)z^{-n} = \frac{1}{10}(1 + 0.9z^{-1} + 2.1z^{-2} + 0.9z^{-3} + z^{-4})$$

所以，其单位脉冲响应为

$$h(n) = \frac{1}{10}\{1, 0.9, 2.1, 0.9, 1\}$$

由 $h(n)$ 的取值可知 $h(n)$ 满足

$$h(n) = h(N-1-n), N=5$$

所以，该 FIR 滤波器具有第一类线性相位特性。设其频率响应函数为 $H(e^{j\omega})$，则

$$H(e^{j\omega}) = H_g(\omega)e^{j\theta(\omega)} = \sum_{n=0}^{N-1} h(n)e^{-j\omega n}$$

$$= \frac{1}{10}(1 + 0.9e^{-j\omega} + 2.1e^{-j2\omega} + 0.9e^{-j3\omega} + e^{-j4\omega})$$

$$= \frac{1}{10}(e^{j2\omega} + 0.9e^{j\omega} + 2.1 + 0.9e^{-j\omega} + e^{-j2\omega})e^{-j2\omega}$$

$$= \frac{1}{10}(2.1 + 1.8\cos\omega + 2\cos 2\omega)e^{-j2\omega}$$

幅度特性函数为

$$H_g(\omega) = \frac{2.1 + 1.8\cos\omega + 2\cos 2\omega}{10}$$

相位特性函数为

$$\theta(\omega) = -\omega \frac{N-1}{2} = -2\omega$$

由 $h(n)$ 画出其直接型结构和线性相位型结构分别如图 6-16(a)和(b)所示。幅频曲线如图 6-17 所示。

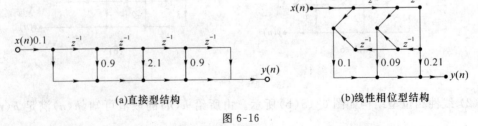

(a)直接型结构 (b)线性相位型结构

图 6-16

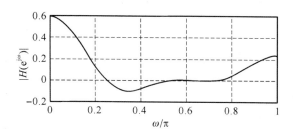

图 6-17

5. 根据下列各低通滤波器指标,选择 FIR 窗的类型并确定满足要求所需的项数。

(1) 阻带衰减 20 dB、过渡带宽度 1 kHz、采样频率 12 kHz。

(2) 阻带衰减 50 dB、过渡带宽度 2 kHz、采样频率 5 kHz。

(3) 阻带衰减 50 dB、过渡带宽度 500 Hz、采样频率 5 kHz。

(4) 通带增益 10 dB、阻带增益 -30 dB、通带边缘频率 5 kHz、阻带边缘频率 6.5 kHz、采样频率 22 kHz。

解:(1) 要求阻带衰减 20 dB,查表 6-1,矩形窗符合要求。由于采样频率 $f_s=12$ kHz,由题设过渡带宽 1 kHz,即 $\Delta f=1$ kHz,可得通带频率 $f_p=f_z-\Delta f=5$ kHz,于是

$$N=0.9(f_s/\Delta f)=0.9\times(12/1)=10.8$$

取 $N=11$。

(2) 要求阻带衰减 50 dB,查表 6-1,汉明窗符合要求。由于采样频率 $f_s=5$ kHz,由题设过渡带宽 2 kHz,即 $\Delta f=2$ kHz。查表 6-1,加汉明窗滤波器

$$N=3.3(f_s/\Delta f)=3.3\times(5/2)=8.25$$

取 $N=9$。

(3) 要求阻带衰减 50 dB,查表 6-1,汉明窗符合要求。由于采样频率 $f_s=5$ kHz,题设过渡带宽 2 kHz,即 $\Delta f=500$ Hz。查表 6-1,加汉明窗滤波器

$$N=3.3(f_s/\Delta f)=3.3\times(5/0.5)=33$$

取 $N=33$。

(4) 要求通带增益 10 dB、阻带增益 -30 dB,得阻带衰减为 10 dB$-(-30)$dB$=40$ dB。查表 6-1,汉宁窗符合要求。由通带边缘频率 5 kHz、阻带边缘频率 6.5 kHz 计算得过渡带宽 $\Delta f=(6.5-5)$kHz$=1.5$ kHz。采样频率 22 kHz,查表 6-1,加汉宁窗滤波器

$$N=3.1(f_s/\Delta f)=3.1\times(22/1.5)=45.47$$

取 $N=46$。

6. 用矩形窗设计线性相位低通滤波,逼近滤波器传输函数 $H_d(e^{j\omega})$ 为

$$H_d(e^{j\omega})=\begin{cases}e^{-j\omega a} & 0\leqslant|\omega|\leqslant\omega_c\\ 0 & \omega_c<|\omega|\leqslant\pi\end{cases}$$

(1) 求出相应于理想低通的单位脉冲响应 $h_d(n)$。

(2) 求出矩形窗设计法的 $h(n)$ 表达式,确定 a 与 N 之间的关系。

(3) N 取奇数或偶数对滤波特性有什么影响?

解:(1)
$$h_d(n)=\frac{1}{2\pi}\int_{-\pi}^{\pi}H_d(e^{-j\omega})e^{j\omega n}\,d\omega$$

$$= \frac{1}{2\pi}\int_{-\omega_c}^{\omega_c} e^{-j\omega a} e^{j\omega n} d\omega = \frac{\sin\left[\omega_c(n-\alpha)\right]}{\pi(n-\alpha)}$$

（2）为了满足线性相位条件，要求 $\alpha = \frac{N-1}{2}$，N 为矩形窗函数长度。加矩形窗函数得到

$$h(n)=h_d(n)R_N(n)=\frac{\sin\left[\omega_c(n-\alpha)\right]}{\pi(n-\alpha)}R_N(n)=\begin{cases}\dfrac{\sin\left[\omega_c(n-\alpha)\right]}{\pi(n-\alpha)} & 0\leqslant n\leqslant N-1, a=\dfrac{N-1}{2}\\ 0 & \text{其他 } n\end{cases}$$

（3）N 取奇数时，幅度特性函数 $H_g(\omega)$ 关于 $\omega=0,\pi,2\pi$ 三点偶对称，可实现各类幅频特性；N 取偶数时，幅度特性函数 $H_g(\omega)$ 关于 $\omega=\pi$ 奇对称，即 $H_g(\pi)=0$，所以不能实现高通、带阻和带阻滤波特性。

7. FIR 指标如下：通带增益 0 dB、阻带增益 -40 dB、通带边缘频率 1 kHz、阻带边缘频率 2.5 kHz、采样频率 12 kHz。

（1）画出滤波器的形状。

（2）选择窗并计算所需的项数。

（3）选择要用于设计的通带边缘频率。

解：（1）滤波器的形状如图 6-18 所示。

（2）要求通带增益 0 dB、阻带增益 -40 dB，查表 6-1，汉宁窗符合要求。已知采样频率 $f_s=12$ kHz，又由题设知过渡带宽 $\Delta f=(2.5-1)$kHz$=1.5$ kHz。查表 6-1，加汉宁窗滤波器，于是

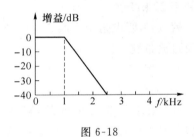

图 6-18

$$N=3.1(f_s/\Delta f)=3.1\times(12/1.5)=24.8$$

取 $N=25$。

（3）用于设计的通带边缘频率

$$f_d=f_p+\Delta f/2=(1+1.5/2)\text{kHz}=1.75\text{ kHz}$$

8. 请选择合适的窗函数及 N 来设计一个线性相位低通滤波器

$$H_d(e^{j\omega})=\begin{cases}e^{-j\omega a} & 0\leqslant\omega\leqslant\omega_c\\ 0 & \omega_c\leqslant\omega\leqslant\pi\end{cases}$$

要求其最小阻带衰减为 -45 dB，过渡带宽为 $\dfrac{8}{51}\pi$。

（1）求出 $h(n)$ 并画出 $20\lg|H_d(e^{j\omega})|$ 曲线（设 $\omega_c=0.5\pi$）。

（2）保留原有轨迹，画出用满足所给条件的其他几种窗函数设计出的 $20\lg|H_d(e^{j\omega})|$ 曲线。

解：（1）题目要求设计的低通滤波器的最小阻带衰减为 -45 dB，查表 6-1 知，汉明窗符合要求。选 $N=43$，过渡带宽 $\dfrac{6.6\pi}{N}<\dfrac{8\pi}{51}$，即小于所需的过渡带宽，满足要求。则有

$$\omega(n)=\left[0.54-0.46\cos\left(\frac{2n\pi}{N-1}\right)\right]R_N(n)$$

又根据题目所给低通滤波器的表达式求得

$$h_d(n)=\frac{1}{2\pi}\int_{-\omega_c}^{\omega_c}e^{-j\omega a}e^{j\omega n}d\omega=\frac{\omega_c}{\pi}\frac{\sin\left[\omega_c(n-\alpha)\right]}{\omega_c(n-\alpha)}$$

由此可得

$$h(n)=h_{\mathrm{d}}(n)\omega(n)=\begin{cases}\left[0.54-0.46\cos\left(\dfrac{n\pi}{21}\right)\right]\dfrac{\sin\left[0.5(n-21)\pi\right]}{(n-21)\pi} & 0\leqslant n\leqslant 42\\[2mm] 0 & \text{其他 } n\end{cases}$$

其中 $\alpha=(N-1)/2=21$。不同窗函数设计滤波器的程序如下:

```
wp = (0.5 - 4/51) * pi;ws = (0.5 + 4/51) * pi;
deltaw = ws - wp;wc = 0.5 * pi;N = 43;
hd = ideallp(wc,N);
wd1 = boxcar(N)´;b1 = hd. * wd1;          %用矩形窗设计
wd2 = hanning(N)´;b2 = hd. * wd2;         %用汉宁窗设计
wd3 = blackman(N)´;b3 = hd. * wd3;        %用布莱克曼窗设计
wd4 = hamming(N)´;b4 = hd. * wd4;         %用汉明窗设计
[H1,w] = freqz(b1,1);                     %用矩形窗设计滤波器的频率特性
[H2,w] = freqz(b2,1);                     %用汉宁窗设计滤波器的频率特性
[H3,w] = freqz(b3,1);                     %用布莱克曼窗设计滤波器的频率特性
[H4,w] = freqz(b4,1);                     %用汉明窗设计滤波器的频率特性
%下面绘制频率特性
subplot(221),plot(w/pi,20 * log10(abs(H1))),legend(´矩形窗´)
grid,axis([0 1 - 60 3]),title(´矩形窗´),xlabel(´ω/π´);
subplot(222),plot(w/pi,20 * log10(abs(H2))),legend(´汉宁窗´)
grid,axis([0 1 - 60 3]),title(´汉宁窗´),xlabel(´ω/π´);;
subplot(223),plot(w/pi,20 * log10(abs(H3))),legend(´布莱克曼窗´)
grid,axis([0 1 - 60 3]),title(´布莱克曼窗´),xlabel(´ω/π´);;
subplot(224),plot(w/pi,20 * log10(abs(H4))),legend(´汉明窗´)
grid,axis([0 1 - 60 3]),title(´汉明窗´),xlabel(´ω/π´);;
```

上述程序中的函数 ideallp 生成长度为 N 的理想低通滤波器的单位脉冲响应序列。其代码如下:

```
function hd = ideallp(wc,N);
% hd = 点 0 到 N - 1 之间的理想脉冲响应
% wc = 截止频率(弧度)
% N = 理想滤波器的长度
t = (N - 1)/2;
n = [0:(N - 1)];
m = n - t + eps;    %加 eps 避免除 0
hd = sin(wc * m)./(pi * m);
```

用矩形窗函数设计的低通滤波器的幅频特性如图 6-19(a)所示。

(2) 用其他窗函数设计的结果如图 6-19 所示。由图可见,布莱克曼窗(图 6-19(c))和汉明窗(图 6-19(d))设计的滤波器符合要求,而矩形窗(图 6-19(a))和汉宁窗(图 6-19(b))设计的滤波器阻带衰减达不到技术要求。

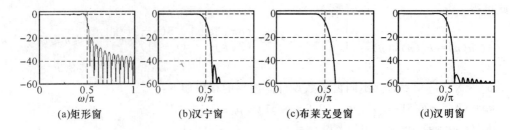

(a)矩形窗　　　(b)汉宁窗　　　(c)布莱克曼窗　　　(d)汉明窗

图 6-19

9. 对 10 kHz 采样设计低通 FIR 滤波器,通带边缘在 2 kHz,阻带边缘在 3 kHz,阻带衰减 20 dB,求滤波器的脉冲响应和差分方程。

解:要求阻带衰减 20 dB,查表 6-1 知,矩形窗符合要求。由于采样频率 $f_s = 10$ kHz,通带边缘在 2 kHz,阻带边缘在 3 kHz,过渡带宽 $\Delta f = (3-2)$ kHz $= 1$ kHz,于是

$$N = 0.9(f_s/\Delta f) = 0.9 \times (10/1) = 9$$

设计用边缘频率计算如下:

通带频率 $\omega_p = 2\pi(f_p/f_s) = 2\pi(2/10) = 0.4\pi$,阻带频率 $\omega_s = 2\pi(f_z/f_s) = 2\pi(3/10) = 0.6\pi$

设计滤波器的程序如下:

```
wp = (0.5 - 4/51) * pi;
ws = (0.5 + 4/51) * pi;
deltaw = ws - wp;
N = 9;
wd1 = boxcar(N)´;
hd = ideallp(wc,N);b1 = hd.* wd1          %用矩形窗设计
[H1,w] = freqz(b1,1);
plot(w,20 * log10(abs(H1)))
legend('矩形窗'),grid,axis([0 3 - 60 5]);
```

运算结果如下:

b1 = − 0.0000　　− 0.1061　0.0000　　0.3183　0.5000　0.3183　0.0000

　　 − 0.1061　　− 0.0000

因此滤波器的脉冲响应为

$$h_d(n) = \frac{\sin[\omega(n-4)]}{(n-4)\pi}$$

$y(n) = -0.106\,1\delta(n-1) + 0.318\,3\delta(n-3) + 0.5\delta(n-4) + 0.318\,3\delta(n-5) - 0.106\,1\delta(n-7)$

差分方程为

$y(n) = -0.106\,1x(n-1) + 0.318\,3x(n-3) + 0.5x(n-4) + 0.318\,3x(n-5) - 0.106\,1x(n-7)$

10. 低通滤波器具有如下指标:有限脉冲响应、阻带衰减 50 dB、通带边缘 1.75 kHz、过渡带宽度 1.5 kHz、采样频率 8 kHz。

(1) 写出滤波器的差分方程。

(2) 画出滤波器的幅度响应(dB 对 Hz)曲线,验证它满足指标。

解:(1) 要求阻带衰减 50 dB,查表 6-1 只能选择汉明窗

$$N = 3.3(f_s/\Delta f) = 3.3(8/1.5) = 17.6$$

取 $N=17$(注:第一类 FIR 低通滤波器要求 N 为奇数),窗函数变为

$$w(n)=0.54+0.46\cos\left(\frac{2\pi n}{N-1}\right)=0.54+0.46\cos(0.125\pi n)\quad -8\leqslant n\leqslant 8$$

以理想低通滤波器为逼近滤波器,理想低通滤波器的单位脉冲响应为

$$h_{\mathrm{d}}(n)=\frac{\sin(\omega n)}{n\pi}\quad -8\leqslant n\leqslant 8$$

通带频率 $\omega_{\mathrm{p}}=2\pi(f_{\mathrm{p}}/f_{\mathrm{s}})=2\pi(1.75/8)=0.4375\pi$。

阻带频率 $\omega_{\mathrm{s}}=2\pi(f_{\mathrm{z}}/f_{\mathrm{s}})=2\pi[(1.75+1.5)/8]=0.8125\pi$。

设计滤波器的程序参考题 9。

$$y(n)=-0.0052x(n-1)+0.0232x(n-3)-0.076x(n-5)+0.3072x(n-7)+0.5x(n-8)$$
$$+0.3072x(n-9)-0.076x(n-11)+0.0232x(n-3)-0.0052x(n-1)$$

(2)滤波器的幅度响应(dB 对 Hz)曲线如图 6-20 所示,由图可见滤波器满足指标要求。

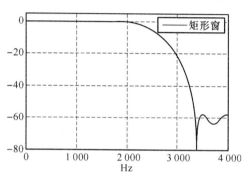

图 6-20

11. 用矩形窗设计一线性相位高通滤波器,逼近滤波器传输函数 $H_{\mathrm{d}}(\mathrm{e}^{\mathrm{j}\omega})$ 为

$$H_{\mathrm{d}}(\mathrm{e}^{\mathrm{j}\omega})=\begin{cases}\mathrm{e}^{-\mathrm{j}\omega a}&\omega_{\mathrm{c}}\leqslant\omega\leqslant\pi+\omega_{\mathrm{c}}\\0&\text{其他}\end{cases}$$

(1)求出该理想高通的单位脉冲响应 $h_{\mathrm{d}}(n)$。

(2)写出用矩形窗设计的滤波器 $h(n)$,确定 N 与 a 之间关系。

(3) N 的取值是否有限制? 为什么?

解:(1)直接用 IFT$[H_{\mathrm{d}}(\mathrm{e}^{\mathrm{j}\omega})]$计算:

$$h_{\mathrm{d}}(n)=\frac{1}{2\pi}\int_{-\pi}^{\pi}H_{\mathrm{d}}(\mathrm{e}^{\mathrm{j}\omega})\mathrm{e}^{\mathrm{j}\omega n}\mathrm{d}\omega=\frac{1}{2\pi}\left[\int_{-\pi}^{-\omega_{\mathrm{c}}}\mathrm{e}^{-\mathrm{j}\omega a}\mathrm{e}^{\mathrm{j}\omega n}\mathrm{d}\omega+\int_{\omega_{\mathrm{c}}}^{\pi}\mathrm{e}^{-\mathrm{j}\omega a}\mathrm{e}^{\mathrm{j}\omega n}\mathrm{d}\omega\right]$$

$$=\frac{1}{2\pi}\left[\int_{-\pi}^{-\omega_{\mathrm{c}}}\mathrm{e}^{\mathrm{j}\omega(n-a)}\mathrm{d}\omega+\int_{\omega_{\mathrm{c}}}^{\pi}\mathrm{e}^{\mathrm{j}\omega(n-a)}\mathrm{d}\omega\right]$$

$$=\frac{1}{2\pi\mathrm{j}(n-\alpha)}\left[\mathrm{e}^{-\mathrm{j}\omega_{\mathrm{c}}(n-a)}-\mathrm{e}^{-\mathrm{j}\pi(n-a)}+\mathrm{e}^{\mathrm{j}\pi(n-a)}-\mathrm{e}^{-\mathrm{j}\omega_{\mathrm{c}}(n-a)}\right]$$

$$=\frac{1}{\pi(n-\alpha)}\{\sin[\pi(n-\alpha)]-\sin[\omega_{\mathrm{c}}(n-\alpha)]\}=\delta(n-\alpha)-\frac{\sin[\omega_{\mathrm{c}}(n-\alpha)]}{\pi(n-\alpha)}$$

$h_{\mathrm{d}}(n)$表达式中第 2 项$\dfrac{\sin[\omega_{\mathrm{c}}(n-\alpha)]}{\pi(n-\alpha)}$正好是截止频率为 ω_{c} 的理想低通滤波器的单位脉冲响应。而 $\delta(n-\alpha)$对应于一个线性相位全通滤波器:

$$H_{\mathrm{dap}}(\mathrm{e}^{\mathrm{j}\omega})=\mathrm{e}^{-\mathrm{j}\omega a}$$

即高通滤波器可由全通滤波器减去低通滤波器实现。

（2）用 N 表示 $h(n)$ 长度，则

$$h(n)=h_d(n)R_N(n)=\left\{\delta(n-\alpha)-\frac{\sin[\omega_c(n-\alpha)]}{\pi(n-\alpha)}\right\}R_N(n)$$

为了满足线性相位条件 $h(n)=h(N-1-n)$，要求 a 满足 $\alpha=\dfrac{N-1}{2}$。

（3）N 必须取奇数。因为 N 为偶数时（情况 2），$H(e^{j\pi})=0$，不能实现高通。

12. 理想带通特性为

$$H_d(e^{j\omega})=\begin{cases}e^{-j\omega a} & \omega_c\leqslant|\omega|\leqslant B+\omega_c\\ 0 & |\omega|<\omega_c,\omega_c+B<|\omega|\leqslant\pi\end{cases}$$

其幅度特性如图 6-21 所示。

（1）求出该理想带通的单位脉冲响应 $h_d(n)$。

（2）写出用升余弦窗设计的滤波器 $h(n)$，确定 N 与 a 之间的关系。

（3）N 的取值是否有限制？为什么？

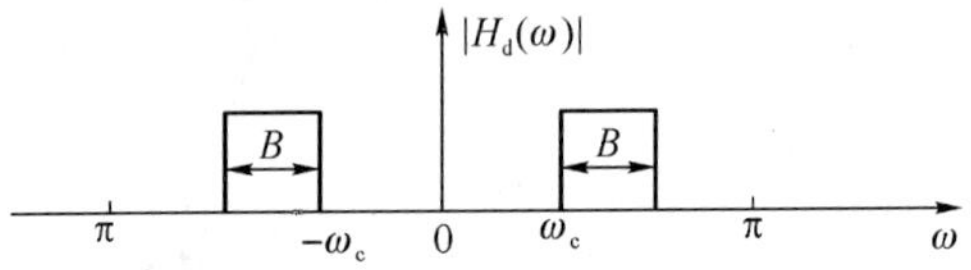

图 6-21

解：（1）$h_d(n)=\dfrac{1}{2\pi}\displaystyle\int_{-\pi}^{\pi}H_d(e^{j\omega})e^{j\omega n}d\omega$

$$=\frac{1}{2\pi}\left[\int_{-(\omega_c+B)}^{-\omega_c}e^{-j\omega a}e^{-j\omega n}d\omega+\int_{\omega_c}^{\omega_c+B}e^{-j\omega a}e^{-j\omega n}d\omega\right]$$

$$=\frac{\sin[(\omega_c+B)(n-\alpha)]}{\pi(n-\alpha)}-\frac{\sin[\omega_c(n-\alpha)]}{\pi(n-\alpha)}$$

式中两项分别为截止频率为 ω_c+B 和 ω_c 的理想低通滤波器的单位脉冲响应。$h_d(n)$ 表达式说明，带通滤波器可由两个低通滤波器相减实现。

（2）$h(n)=h_d(n)\omega(n)=\dfrac{\sin[\omega_c(n-\alpha)]}{\pi(n-\alpha)}R_N(n)$

$$=\begin{cases}\left\{\dfrac{\sin[(\omega_c+B)(n-\alpha)]}{\pi(n-\alpha)}-\dfrac{\sin[\omega_c(n-\alpha)]}{\pi(n-\alpha)}\right\}\left[0.54-0.46\cos\left(\dfrac{2n\pi}{N-1}\right)\right] & 0\leqslant n\leqslant N-1\\ 0 & \text{其他 } n\end{cases}$$

为了满足线性相位条件，α 与 N 应满足

$$\alpha=\frac{N-1}{2}$$

实质上，即使不要求线性相位，α 也应满足该关系，只有这样，才能截取 $h_d(n)$ 的主要能量，引起的误差最小。

（3）对 N 取值无限制。因为 N 取奇数和偶数时，均可实现带通滤波器。

13. 设计 FIR 滤波器满足下列指标：带通、采样频率 16 kHz、中心频率 4 kHz、通带边缘在 3 kHz 和 5 kHz、过渡带宽度为 900 Hz、阻带衰减 40 dB。求出并画出滤波器的脉冲响应（用软件重复计算）。

解：带通滤波器如图 6-22(a)所示。图中虚线为低通等效形式。由于采样频率为16 kHz，图中只画出 0～8 kHz 频段。带通滤波器的通带边缘频率为 3 kHz 和 5 kHz，中心频率 4 kHz，所以低通滤波器的边缘频率必须在 550 Hz。由于带通滤波器的过渡带宽度为 900 Hz，所以低通滤波器的过渡带宽度也为 900 Hz。这样通带边缘频率 f_1 及其等效数字频率 ω_1 为

$$f_1 = 550 + \frac{900}{2} = 1\,000, \omega_1 = 2\pi\frac{f_1}{f_s} = 0.125\pi$$

具有上述通带边缘频率的理想低通滤波器的单位脉冲响应为

$$h_1(n) = \frac{\sin(\omega_1 n)}{n\pi} = \frac{\sin(0.125\pi n)}{n\pi}$$

查表 6-1 可知，所需的阻带衰减（−40 dB）要求用汉宁窗。根据表 6-1

$$N = 3.1(f_s/\Delta f) = 3.1 \times (16/0.9) = 55.11$$

取 $N=55$，则窗函数为

$$w(n) = 0.5 + 0.5\cos\left(\frac{2\pi n}{N-1}\right) = 0.5 + 0.5\cos(0.04\pi n)$$

因为带通滤波器的中心频率要求为 4 kHz，故余弦函数 $\cos(\omega_0 n)$ 的中心频率 $\omega_0(f_0)$ 必须位于

$$\omega_0 = 2\pi\frac{f_0}{f_s} = 2\pi\frac{4}{16} = 0.5\pi$$

脉冲采样值由 $h(n) = h_1(n)w(n)\cos(\omega_0 n)$ 得出。图 6-22(b)为单位脉冲响应。计算结果列在表 6-3 中。从这个非递归 FIR 滤波器的单位脉冲响应可以得出其差分方程。单位脉冲响应为

$$h(n) = h(0)\delta(n) + h(1)\delta(n-1) + h(2)\delta(n-2) + \cdots + h(54)\delta(n-54)$$

差分方程为

$$h(n) = h(0)x(n) + h(1)x(n-1) + h(2)x(n-2) + \cdots + h(54)x(n-54)$$

利用单位脉冲响应计算幅度特性如图 6-22(c)所示。

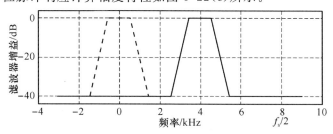

(a)带通滤波器及其低通等效

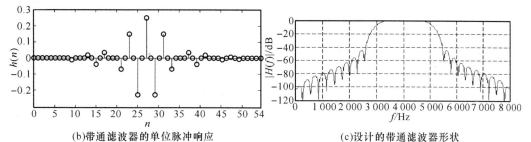

(b)带通滤波器的单位脉冲响应　　　　(c)设计的带通滤波器形状

图 6-22

单位脉冲响应和幅度特性计算程序如下：

```
ws1 = (2.55 * 2/16) * pi;wp1 = (3.45 * 2/16) * pi;
wp2 = (4.55 * 2/16) * pi;ws2 = (5.45 * 2/16) * pi;   %计算边缘频率
N = 55; wd = hanning(N);
wd = wd´;                                            %求窗函数
hd = ideallp((5 * 2/16) * pi,N) - ideallp((3 * 2/16) * pi,N);
                                                     %计算带通滤波器理想单位脉冲响应
h = hd. * wd;                                        %求实际滤波器单位脉冲响应
n = 0:54;
stem(n,h),axis([0 54 - 0.3 0.3])                     %绘制所求实际滤波器单位脉冲响应
xlabel(´n´),ylabel(´h(n)´)
[H,w] = freqz(h,1);                                  %计算滤波器频率特性
plot(w * 16000/(2 * pi),20 * log10(abs(H))),grid     %绘制滤波器频率特性
axis([0 8000 - 120 20])
xlabel(´(Hz)´),ylabel(´(dB)´)
```

表 6-3

n	$h_1(n)$	$w(n)$	$\cos(\omega_0 n)$	$h(n)$	新的 n
−27	−0.010 9	0.015 7	−0.000 0	0.000 0	0
−26	−0.008 7	0.003 9	−1.000 0	0.000 0	1
−25	−0.004 9	0	−0.000 0	0	2
−24	0.000 0	0.003 9	1.000 0	0.000 0	3
−23	0.005 3	0.015 7	−0.000 0	−0.000 0	4
−22	0.010 2	0.035 1	−1.000 0	−0.000 4	5
−21	0.014 0	0.061 8	−0.000 0	−0.000 0	6
−20	0.015 9	0.095 5	1.000 0	0.001 5	7
−19	0.015 5	0.135 5	−0.000 0	−0.000 0	8
−18	0.012 5	0.181 3	−1.000 0	−0.002 3	9
−17	0.007 2	0.232 1	−0.000 0	−0.000 0	10
−16	−0.000 0	0.287 1	1.000 0	−0.000 0	11
−15	−0.008 1	0.345 5	−0.000 0	0.000 0	12
−14	−0.016 1	0.406 3	−1.000 0	0.006 5	13
−13	−0.022 6	0.468 6	−0.000 0	0.000 0	14
−12	−0.026 5	0.531 4	1.000 0	−0.014 1	15
−11	−0.026 7	0.593 7	−0.000 0	0.000 0	16
−10	−0.022 5	0.654 5	−1.000 0	0.014 7	17
−9	−0.013 5	0.712 9	0.000 0	−0.000 0	18
−8	0.000 0	0.767 9	1.000 0	0.000 0	19
−7	0.017 4	0.818 7	−0.000 0	−0.000 0	20
−6	0.037 5	0.864 5	−1.000 0	−0.032 4	21
−5	0.058 8	0.904 5	0.000 0	0.000 0	22

n	$h_1(n)$	$w(n)$	$\cos(\omega_0 n)$	$h(n)$	新的 n
−4	0.079 6	0.938 2	1.000 0	0.074 7	23
−3	0.098 0	0.964 9	−0.000 0	−0.000 0	24
−2	0.112 5	0.984 3	−1.000 0	−0.110 8	25
−1	0.121 8	0.996 1	0.000 0	0.000 0	26
0	0	1.000 0	1.000 0	0	27
1	0.121 8	0.996 1	0.000 0	0.000 0	28
2	0.112 5	0.984 3	−1.000 0	−0.110 8	29
3	0.098 0	0.964 9	−0.000 0	−0.000 0	30
4	0.079 6	0.938 2	1.000 0	0.074 7	31
5	0.058 8	0.904 5	0.000 0	0.000 0	32
6	0.037 5	0.864 5	−1.000 0	−0.032 4	33
7	0.017 4	0.818 7	−0.000 0	−0.000 0	34
8	0.000 0	0.767 9	1.000 0	0.000 0	35
9	−0.013 5	0.712 9	0.000 0	−0.000 0	36
10	−0.022 5	0.654 5	−1.000 0	0.014 7	37
11	−0.026 7	0.593 7	−0.000 0	0.000 0	38
12	−0.026 5	0.531 4	1.000 0	−0.014 1	39
13	−0.022 6	0.468 6	−0.000 0	0.000 0	40
14	−0.016 1	0.406 3	−1.000 0	0.006 5	41
15	−0.008 1	0.345 5	−0.000 0	0.000 0	42
16	−0.000 0	0.287 1	1.000 0	−0.000 0	43
17	0.007 2	0.232 1	−0.000 0	−0.000 0	44
18	0.012 5	0.181 3	−1.000 0	−0.002 3	45
19	0.015 5	0.135 5	−0.000 0	−0.000 0	46
20	0.015 9	0.095 5	1.000 0	0.001 5	47
21	0.014 0	0.061 8	−0.000 0	−0.000 0	48
22	0.010 2	0.035 1	−1.000 0	−0.000 4	49
23	0.005 3	0.015 7	−0.000 0	−0.000 0	50
24	0.000 0	0.003 9	1.000 0	0.000 0	51
25	−0.004 9	0	−0.000 0	0	52
26	−0.008 7	0.003 9	−1.000 0	0.000 0	53
27	−0.010 9	0.015 7	−0.000 0	0.000 0	54

14. 已知图 6-23(a)中的 $h_1(n)$ 是偶对称序列，$N=8$，图 6-23(b)中的 $h_2(n)$ 是 $h_1(n)$ 循环移位(移 $\dfrac{N}{2}=4$ 位)后的序列。设

$$H_1(k)=\text{DFT}[h_1(n)],\ H_2(k)=\text{DFT}[h_2(n)]$$

（1）问 $|H_1(k)|=|H_2(k)|$ 成立否？$\theta_1(k)$ 与 $\theta_2(k)$ 有什么关系？

（2）$h_1(n)$、$h_2(n)$ 各构成一个低通滤波器，试问它们是否是线性相位的？延时是多少？

（3）这两个滤波器性能是否相同？为什么？若不同，谁优谁劣？

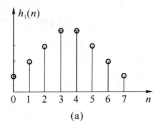
(a)

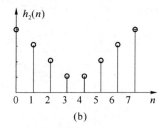
(b)

图 6-23

解：（1）根据题意可知

$$h_2((n))_8=h_1((n-4))_8$$

则

$$H(k)=\sum_{n=0}^{7}h_1((n-4))_8 W_8^{nk}\xrightarrow{i=n-4}\sum_{i=-4}^{3}\widetilde{h}_1(i)W_8^{ki}W_8^{4k}$$

$$=W_8^{4k}\sum_{i=0}^{7}\widetilde{h}_1(i)W_8^{ki}=H_1(k)W_8^{4k}$$

由上式可以看出

$$|H_2(k)|=|H_1(k)|,\ \theta_2(k)=\theta_1(k)-\frac{2\pi}{8}\times 4k=\theta_1(k)-k\pi$$

（2）$h_1(n)$、$h_2(n)$ 各构成低通滤波器时，由于都满足偶对称，因此都是线性相位的。延时为

$$\alpha=\frac{N-1}{2}=\frac{7}{2}=3.5$$

（3）由于

$$h_2(n)=h_1((n-4))_8 R_8(n)$$

故

$$H_2(k)=e^{-j\frac{2\pi}{8}k\times 4}H_1(k)=e^{-jk\pi}H_1(k)=(-1)^k H_1(k)$$

① 令

$$H_1(k)=|H_1(k)|e^{-j\theta_1(k)},\ H_2(k)=|H_2(k)|e^{-j\theta_2(k)}$$

则

$$|H_1(k)|=|H_2(k)|,\ \theta_2(k)=\theta_1(k)-k\pi$$

② $h_1(n)$ 及 $h_2(n)$ 都是以 $n=(N-1)/2=3.5$ 为对称中心的偶对称序列，故以它们构成的两个低通滤波器都是线性相位的，延时为 $\tau=(N-1)/2$。

③ 要求两个滤波器的性能，必须求出它们各自频率响应的幅度函数，根据它们的通带起伏以及阻带衰减情况，来加以比较。由于 $N=8$ 是偶数，又是线性相位的，故有

$$H(\omega) = \sum_{n=0}^{N/2-1} 2h(n)\cos\left[\left(\frac{N-1}{2}-n\right)\omega\right] = \sum_{n=0}^{3} 2h(n)\cos\left[\omega\left(\frac{7}{2}-n\right)\right]$$

$$= \sum_{n=0}^{N/2} 2h\left(\frac{N}{2}-n\right)\cos\left[\omega\left(n-\frac{1}{2}\right)\right] = \sum_{n=1}^{3} 2h(4-n)\cos\left[\omega\left(n-\frac{1}{2}\right)\right]$$

$$= 2\left[h(3)\cos(\omega/2) + h(2)\cos(3\omega/2) + h(1)\cos(5\omega/2) + h(0)\cos(7\omega/2)\right]$$

可以令

$$h_1(0) = h_1(7) = 1, h_1(1) = h_1(6) = 2, h_1(2) = h_1(5) = 3, h_1(3) = h_1(4) = 4$$

及

$$H_2(0) = h_2(7) = 4, h_2(1) = h_2(6) = 3, H_2(2) = h_2(5) = 2, h_2(3) = h_2(4) = 1$$

代入 $H(\omega)$ 可得

$$H_1(\omega) = 2\left[4\cos(\omega/2) + 3\cos(3\omega/2) + 2\cos(5\omega/2) + \cos(7\omega/2)\right]$$

$$H_2(\omega) = 2\left[\cos(\omega/2) + 2\cos(3\omega/2) + 3\cos(5\omega/2) + 4\cos(7\omega/2)\right]$$

$H_1(\omega)$ 及 $H_2(\omega)$ 的图形如图 6-24 所示。

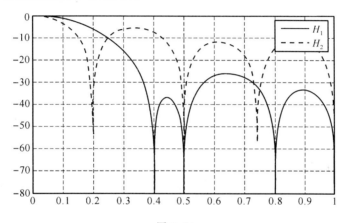

图 6-24

根据图 6-24，从阻带看，$H_1(\omega)$ 的阻带衰减大，而 $H_2(\omega)$ 的阻带衰减小，这一点 $H_1(\omega)$ 优于 $H_2(\omega)$；从通带看，它们都是平滑衰减，但 $H_1(\omega)$ 的通带较之 $H_2(\omega)$ 的通带要宽一些。

15. 利用矩形窗、升余弦窗、改进升余弦窗和布莱克曼窗设计线性相位 FIR 低通滤波器。要求通带截止频率 $\omega_c = \pi/4$ rad，$N = 21$。求出分别对应的单位脉冲响应，绘出它们的幅频特性并进行比较。

解：希望逼近的理想低通滤波器频率响应函数 $H_d(e^{j\omega})$ 为

$$H_d(e^{j\omega}) = \begin{cases} e^{-j\omega\alpha} & 0 \leqslant |\omega| \leqslant \dfrac{\pi}{4} \\ 0 & \dfrac{\pi}{4} < |\omega| \end{cases}$$

其中 $\alpha = \dfrac{N-1}{2} = 10$。

由 $H_d(e^{j\omega})$ 求得 $h_d(n)$

$$h_d(n) = \frac{1}{2\pi}\int_{-\pi/4}^{\pi/4} e^{-j\omega 10} e^{j\omega n} d\omega = \frac{\sin\left[\dfrac{\pi}{4}(n-10)\right]}{\pi(n-10)}$$

加窗得到 FIR 滤波器单位脉冲响应 $h(n)$。

加矩形窗 $\omega_R(n) = R_N(n)$

$$h_R(n) = h_d(n)\omega(n) = \frac{\sin\left[\dfrac{\pi}{4}(n-10)\right]}{\pi(n-10)}R_{21}(n)$$

幅频特性曲线如图 6-25(a)所示。

加升余弦窗 $\omega_{Hn}(n) = 0.5\left[1 - \cos\left(\dfrac{2\pi n}{N-1}\right)\right]R_N(n)$, $\quad N = 21$,

$$h_{Hn}(n) = h_d(n)\omega(n) = \frac{\sin\left[\dfrac{\pi}{4}(n-10)\right]}{2\pi(n-10)}\left[1 - \cos\left(\frac{2\pi n}{20}\right)\right]R_{21}(n)$$

幅频特性曲线如图 6-25(b)所示。

加改进升余弦窗 $\omega_{Hm}(n) = \left[0.54 - 0.46\cos\left(\dfrac{2\pi n}{N-1}\right)\right]R_N(n)$,

$$h_{Hm}(n) = h_d(n)\omega_{Hm}(n) = \frac{\sin\left[\dfrac{\pi}{4}(n-10)\right]}{\pi(n-10)}\left[0.54 - 0.46\cos\left(\frac{2\pi n}{20}\right)\right]R_{21}(n)$$

幅频特性如图 6-25(c)所示。

加布莱克曼窗

$$h_{Bl}(n) = h_d(n)\omega_{Bl}(n) = \frac{\sin\left[\dfrac{\pi}{4}(n-10)\right]}{\pi(n-10)}\left[0.42 - 0.5\cos\left(\frac{2\pi n}{20}\right) + 0.08\cos\left(\frac{4\pi n}{20}\right)\right]R_{21}(n)$$

幅频特性如图 6-25(d)所示。

由幅频特性曲线可以看出,设计结果与窗函数设计理论相符合。矩形窗对应的过渡带最窄,但阻带最小衰减只有 21 dB,布莱克曼窗对应的阻带衰减最大(大于 100 dB),但过渡带最宽。

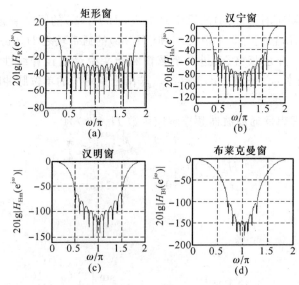

图 6-25

本题解题参考程序如下：

```
N = 21;wc = 1/4;n = 0:20;
% 矩形窗设计
fprintf('矩形窗设计结果:')
hn = fir1(N - 1,wc,boxcar(N))
fh = fft(hn,1024);
fh = 20 * log10(abs(fh));
wk = 0:1023;wk = 2 * wk/1024;
subplot(2,2,1)
plot(wk,fh);grid;
title('矩形窗');xlabel('ω/π')
% 汉宁窗设计
wind = hanning(N);
fprintf('汉宁窗设计结果:')
hn = hn. * wind'
fh = fft(hn,1024);
fh = 20 * log10(abs(fh));
subplot(2,2,2)
plot(wk,fh);grid;
title('汉宁窗');xlabel('ω/π')
axis([0 2 - 130 0]);
% 汉明窗设计
wind = hamming(N);
fprintf('汉明窗设计结果:')
hn = hn. * wind'
fh = fft(hn,1024);
fh = 20 * log10(abs(fh));
subplot(2,2,3)
plot(wk,fh);grid;
title('汉明窗');xlabel('ω/π')
axis([0 2 - 160 0]);
% 布莱克曼窗设计
wind = blackman (N);
fprintf('布莱克曼窗设计结果:')
hn = hn. * wind'
fh = fft(hn,1024);
fh = 20 * log10(abs(fh));
subplot(2,2,4)
```

```
plot(wk,fh);grid;
title('布莱克曼窗');xlabel('ω/π')
```
对应的单位脉冲响应分别如下。

矩形窗设计结果为

$$y(n)=0.031\,2x(n)+0.024\,5x(n-1)-0.031\,5x(n-3)-0.051\,9x(n-4)-0.044\,1x(n-5)$$
$$+0.073\,4x(n-7)+0.155\,8x(n-8)+0.220\,3x(n-9)+0.244\,7x(n-10)$$
$$+0.220\,3x(n-11)+0.155\,8x(n-12)+0.073\,4x(n-13)-0.044\,1x(n-15)$$
$$-0.051\,9x(n-16)-0.031\,5x(n-17)+0.024\,5x(n-19)+0.031\,2x(n-20)$$

汉宁窗设计结果为

$$y(n)=0.000\,6x(n)+0.001\,9x(n-1)-0.009\,2x(n-3)-0.022\,3x(n-4)-0.025\,2x(n-5)$$
$$+0.060\,8x(n-7)+0.143\,4x(n-8)+0.215\,8x(n-9)+0.244\,7x(n-10)$$
$$+0.215\,8x(n-11)+0.143\,4x(n-12)+0.060\,8x(n-13)-0.025\,2x(n-15)$$
$$-0.022\,3x(n-16)-0.009\,2x(n-17)+0.001\,9x(n-19)+0.000\,6x(n-20)$$

汉明窗设计结果为

$$y(n)=0.000\,1x(n)+0.000\,2x(n-1)-0.002\,5x(n-3)-0.008\,9x(n-4)$$
$$-0.013\,6x(n-5)+0.049\,2x(n-7)+0.130\,8x(n-8)+0.211x(n-9)$$
$$+0.244\,7x(n-10)+0.211x(n-11)+0.130\,8x(n-12)+0.049\,2x(n-13)$$
$$-0.013\,6x(n-15)-0.008\,9x(n-16)-0.002\,5x(n-17)+0.000\,2x(n-19)$$
$$+0.000\,1x(n-20)$$

布莱克曼窗设计结果为

$$y(n)=-0.000\,3x(n-3)-0.001\,8x(n-4)-0.004\,6x(n-5)+0.033\,9x(n-7)$$
$$+0.111\,1x(n-8)+0.202\,6x(n-9)+0.244\,7x(n-10)+0.202\,6x(n-11)$$
$$+0.111\,1x(n-12)+0.033\,9x(n-13)-0.004\,6x(n-15)$$
$$-0.001\,8x(n-16)-0.000\,3x(n-17)$$

16. 以 8 kHz 进行采样的声音信号在编码传输前要滤除 300~3 400 Hz 范围以外的分量,设计滤波器。

解:滤波器的任务是滤除 300~3 400 Hz 范围以外的分量,这个任务可由中心频率为 (300+3 400)/2 Hz=1 850 Hz 的带通滤波器完成。该带通滤波器如图 6-26 中的实线所示。

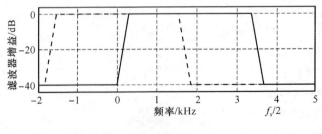

图 6-26

将图中带通滤波器以中心频率为基准,将中心频率平移到 0,就得到图 6-26 中带通滤波器的低通等效形式,如图 6-26 中的虚线所示。由于采样频率为 8 kHz,图中只画出 0~

4 kHz 频段。带通滤波器的通带边缘频率为 300 Hz 和 3 400 Hz,中心频率为 1 850 Hz,所以低通滤波器的边缘频率必须在 1 550 Hz。取带通滤波器的过渡带宽度 300 Hz,所以低通滤波器的过渡带宽度也为 300 Hz。这样通带边缘频率 f_1 及其等效数字频率 ω_1 为

$$f_1 = 1\,550 + \frac{300}{2} = 1\,700, \quad \omega_1 = 2\pi \frac{f_1}{f_s} = 0.425\pi$$

具有上述通带边缘频率的理想低通滤波器的单位脉冲响应为

$$h_1(n) = \frac{\sin(\omega_1 n)}{n\pi} = \frac{\sin(0.425\pi n)}{n\pi}$$

假设阻带衰减为(-40 dB),查表 6-1 可知,所需的阻带衰减(-40 dB)要求用汉宁窗。根据表 6-1,

$$N = 3.1(f_s/\Delta f) = 3.1 \times (8/0.3) = 82.67$$

取 $N = 83$,则窗函数为

$$w(n) = 0.5 + 0.5\cos\left(\frac{2\pi n}{N-1}\right) = 0.5 + 0.5\cos(0.0244\pi n)$$

因为带通滤波器的中心频率要求为 1 850 Hz,故余弦函数 $\cos(\omega_0 n)$ 的中心频率 $\omega_0(f_0)$ 必须位于

$$\omega_0 = 2\pi \frac{f_0}{f_s} = 2\pi \frac{1.85}{8} = 0.462\,5\pi$$

脉冲采样值由 $h(n) = h_1(n)w(n)\cos(\omega_0 n)$ 得出。

图 6-27 为带通滤波器单位脉冲响应。从这个非递归 FIR 滤波器的单位脉冲响应可以得出其差分方程。$h(n)$ 的计算结果如表 6-4 所示。单位脉冲响应为

$$h(n) = h(0)\delta(n) + h(1)\delta(n-1) + h(2)\delta(n-2) + \cdots + h(83)\delta(n-83)$$

差分方程为

$$h(n) = h(0)x(n) + h(1)x(n-1) + h(2)x(n-2) + \cdots + h(83)x(n-83)$$

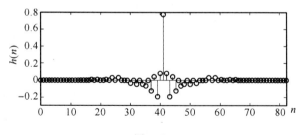

图 6-27

表 6-4

n	$h(n)$	n	$h(n)$	n	$h(n)$	n	$h(n)$
0	0.000 0	21	0.008 6	42	0.070 1	63	0.011 4
1	0.000 0	22	0.013 7	43	$-0.199\,9$	64	$-0.001\,3$
2	$-0.000\,1$	23	0.000 9	44	0.035 4	65	0.007 9
3	0.000 1	24	0.021 2	45	$-0.137\,0$	66	$-0.001\,5$
4	$-0.000\,5$	25	$-0.004\,9$	46	$-0.013\,3$	67	0.001 8

n	$h(n)$	n	$h(n)$	n	$h(n)$	n	$h(n)$
5	0.000 1	26	0.016 6	47	−0.065 4	68	0.000 3
6	−0.001 0	27	−0.002 6	48	−0.048 9	69	−0.002 5
7	−0.000 6	28	−0.004 5	49	−0.013 2	70	0.000 9
8	−0.000 9	29	0.006 0	50	−0.054 9	71	−0.003 4
9	−0.002 0	30	−0.034 4	51	0.008 1	72	0.000 1
10	0.000 1	31	0.008 1	52	−0.034 4	73	−0.002 0
11	−0.003 4	32	−0.054 9	53	0.006 0	74	−0.000 9
12	0.000 9	33	−0.013 2	54	−0.004 5	75	−0.000 6
13	−0.002 5	34	−0.048 9	55	−0.002 6	76	−0.001 0
14	0.000 3	35	−0.065 4	56	0.016 6	77	0.000 1
15	0.001 8	36	−0.013 3	57	−0.004 9	78	−0.000 5
16	−0.001 5	37	−0.137 0	58	0.021 2	79	0.000 1
17	0.007 9	38	0.035 4	59	0.000 9	80	−0.000 1
18	−0.001 3	39	−0.199 9	60	0.013 7	81	0.000 0
19	0.011 4	40	0.070 1	61	0.008 6	82	0.000 0
20	0.003 9	41	0.775 0	62	0.003 9		

利用单位脉冲响应计算幅度特性如图 6-28 所示。

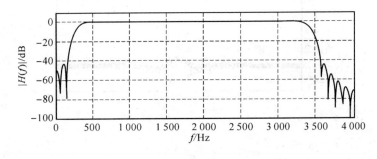

图 6-28

请读者参考题 13 解中的程序自己编写本题解题程序。

17. 对 16 kHz 采样系统，设计通带边缘频率为 5.5 kHz 的高通滤波器，阻带衰减至少 40 dB，过渡带宽度不大于 3.5 kHz，写出滤波器的差分方程。

解：要求的高通滤波器如图 6-29 所示。其中心频率为 $f_s/2 = 8$ kHz。对于 16 kHz 采样频率，高通滤波器的通带在 5.5～8 kHz，过渡带宽度为 5.5−3.5＝2 kHz。对于原型低通滤波器，通带边缘在 2.5 kHz、阻带边缘在 4.5 kHz 满足过渡带要求。

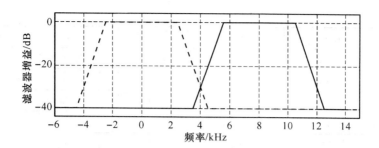

图 6-29

原型低通滤波器边缘 f_1 对应的数字频率是

$$\omega_1 = 2\pi \frac{f_1}{f_s} = 2\pi \frac{2.5}{16} = 0.312\,5\pi$$

理想低通的单位脉冲响应为

$$h_1(n) = \frac{\sin(\omega_1 n)}{n\pi} = \frac{\sin(0.3125\pi n)}{n\pi}$$

查表 6-1 可知,所需的阻带衰减(−40 dB)要求用汉宁窗。根据表 6-1,

$$N = 3.1(f_s/\Delta f) = 3.1 \times (16/2) = 24.8$$

取 $N=25$,则窗函数为

$$w(n) = 0.5 + 0.5\cos\left(\frac{2\pi n}{N-1}\right) = 0.5 + 0.5\cos(0.083\,3\pi n)$$

因为高通滤波器的中心频率要求为 8 kHz,故余弦函数 $\cos(\omega_0 n)$ 的中心频率 $\omega_0(f_0)$ 必须位于

$$\omega_0 = 2\pi \frac{f_0}{f_s} = 2\pi \frac{8}{16} = \pi$$

脉冲采样值由 $h(n) = h_1(n)w(n)\cos(\omega_0 n)$ 得出。表 6-5 列出了计算结果,图 6-30 所示为单位脉冲响应。从这个非递归 FIR 滤波器的单位脉冲响应可以得出其差分方程。

单位脉冲响应为

$$h(n) = h(0)\delta(n) + h(1)\delta(n-1) + h(2)\delta(n-2) + \cdots + h(24)\delta(n-24)$$

差分方程为

$$h(n) = h(0)x(n) + h(1)x(n-1) + h(2)x(n-2) + \cdots + h(24)x(n-24)$$

表 6-5

n	$h_1(n)$	$w(n)$	$\cos(\omega_0 n)$	$h(n)$	新的 n
−12	−0.018 8	0.014 5	1	−0.000 0	0
−11	−0.028 4	0.057 3	−1	0.001 7	1
−10	−0.012 2	0.125 7	1	0.000 0	2
−9	0.019 6	0.216 0	−1	−0.007 6	3
−8	0.039 8	0.322 7	1	−0.000 0	4
−7	0.025 3	0.439 7	−1	0.020 0	5
−6	−0.020 3	0.560 3	1	0.000 0	6

n	$h_1(n)$	$w(n)$	$\cos(\omega_0 n)$	$h(n)$	新的 n
−5	−0.062 4	0.677 3	−1	−0.043 1	7
−4	−0.056 3	0.784 0	1	−0.000 0	8
−3	0.020 7	0.874 3	−1	0.092 8	9
−2	0.147 0	0.942 7	1	0.000 0	10
−1	0.264 7	0.985 5	−1	−0.313 7	11
0	0	1.000 0	1	0.500 0	12
1	0.264 7	0.985 5	−1	−0.313 7	13
2	0.147 0	0.942 7	1	0.000 0	14
3	0.020 7	0.874 3	−1	0.092 8	15
4	−0.056 3	0.784 0	1	−0.000 0	16
5	−0.062 4	0.677 3	−1	−0.043 1	17
6	−0.020 3	0.560 3	1	0.000 0	18
7	0.025 3	0.439 7	−1	0.020 0	19
8	0.039 8	0.322 7	1	−0.000 0	20
9	0.019 6	0.216 0	−1	−0.007 6	21
10	−0.012 2	0.125 7	1	0.000 0	22
11	−0.028 4	0.057 3	−1	0.001 7	23
12	−0.018 8	0.014 5	1	−0.000 0	24

利用单位脉冲响应计算幅度特性如图 6-31 所示。

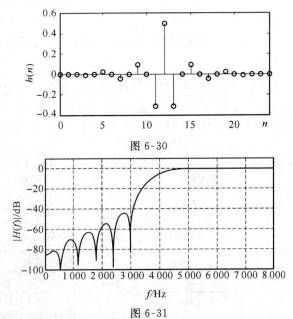

图 6-30

图 6-31

请读者参考题 13 解中的程序自己编写本题解题程序。

18. 利用频率采样法设计线性相位 FIR 低通滤波器,给定 $N=21$,通带截止频率 $\omega_c = 0.15\pi$ rad。求出 $h(n)$,为了改善其频率响应应采取什么措施?

解:(1) 确定希望逼近的理想低通滤波器频率响应函数 $H_d(e^{j\omega})$:

$$H_d(e^{j\omega}) = \begin{cases} e^{-j\omega\alpha} & 0 \leq |\omega| \leq 0.15\pi \\ 0 & 0.15\pi \leq |\omega| \leq \pi \end{cases}$$

其中 $\alpha = \dfrac{N-1}{2} = 10$。

(2) $H_d(k) = H_d(e^{j\frac{2\pi}{N}k}) = \begin{cases} e^{-j\frac{N-1}{N}\pi k} = e^{j\frac{20}{21}\pi k} & k = 0,1,20 \\ 0 & 2 \leq k \leq 19 \end{cases}$

(3) 计算 $h(n)$。

$$h(n) = \text{IDFT}[H_d(k)] = \frac{1}{N}\sum_{k=0}^{N-1} H_d(k)W_N^{-kn} = \frac{1}{21}(1 + e^{-j\frac{20}{21}\pi}W_{21}^{-n} + e^{-j\frac{20}{21}\pi 20}W_{21}^{-20n})R_{21}(n)$$

$$= \frac{1}{21}(1 + e^{j\frac{2\pi}{21}(n-10)} + e^{-j\frac{400}{21}\pi}e^{j\frac{40}{21}\pi n})R_{21}(n)$$

因为 $e^{-j\frac{400}{21}\pi} = e^{j\frac{20}{21}\pi}$,$e^{j\frac{40}{21}\pi n} = e^{j(\frac{42}{21} - \frac{2}{21})\pi n} = e^{-j\frac{2\pi}{21}n}$,所以

$$h(n) = \frac{1}{21}\left[1 + e^{j\frac{2\pi}{21}(n-10)} + e^{-j\frac{2\pi}{21}(n-10)}\right] = \frac{1}{21}\left[1 + 2\cos\left(\frac{2\pi}{21}(n-10)\right)\right]R_{21}(n)$$

幅频响应曲线如图 6-32 所示。

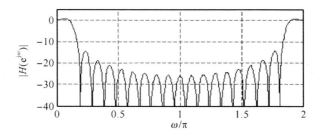

图 6-32

19. 利用频率采样法设计线性相位 FIR 低通滤波器,设 $N=16$,给定希望滤波器的幅度采样值为

$$H_d(k) = \begin{cases} 1 & k = 0,1,2,3 \\ 0.389 & k = 4 \\ 0 & k = 5,6,7 \end{cases}$$

解:请参考例 6-3。

20. 重复练习题 19,但改为用矩形窗函数设计。将设计结果与练习题 19 进行比较。

解:取理想低通滤波器截止频率 ω_c 为

$$\omega_c = \frac{2\pi}{16} \times 4 \text{ rad} = \frac{\pi}{2}\text{rad}$$

理想低通滤波器频率响应函数 $H_d(e^{j\omega})$ 为

$$H_d(e^{j\omega}) = \begin{cases} e^{j\omega a} & 0 \leqslant |\omega| \leqslant \dfrac{\pi}{2}, a = \dfrac{N-1}{2} = \dfrac{15}{2} \\ 0 & \dfrac{\pi}{2} \leqslant |\omega| \leqslant \pi \end{cases}$$

$$h_d(n) = \frac{1}{2\pi}\int_{-\pi}^{\pi} H_d(e^{j\omega})e^{j\omega n}\,d\omega = \frac{1}{2\pi}\int_{-\pi/2}^{\pi/2} e^{-j\omega a}e^{j\omega n}\,d\omega = \frac{\sin\left[\dfrac{\pi}{2}\left(n-\dfrac{15}{2}\right)\right]}{\pi\left(n-\dfrac{15}{2}\right)}$$

$$h(n) = h_d(n)R_{16}(n) = \frac{\sin\left[\dfrac{\pi}{2}\left(n-\dfrac{15}{2}\right)\right]}{\pi\left(n-\dfrac{15}{2}\right)}R_{16}(n)$$

幅频特性如图 6-33 所示。

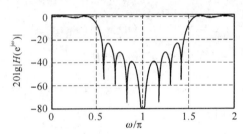

图 6-33

比较 19、20 两题图可知，$H_d(e^{j\omega})$ 为理想低通特性时，用矩形窗函数设计的 FIR 滤波器过渡带较窄，但阻带最小衰减只有二十几分贝。而取一个过渡采样点(0.389)时，所设计的 FIR 滤波器过渡带较宽，阻带最小衰减可达 40 dB。请读者按练习题 19 所给的 $H_{dg}(k)$ 构造期望滤波特性函数 $H_d(e^{j\omega})$，再用窗函数法设计，比较设计结果。

21. 利用频率采样法设计线性相位 FIR 带通滤波器，设 $N=33$，理想幅度特性 $H_d(\omega)$ 如图 6-34 所示。

解： 由图 6-34 可得到理想幅度采样值为

$$H_{dg}(k) = H_d\left(\frac{2\pi}{N}k\right) = \begin{cases} 1 & k = 7,8,25,26 \\ 0 & k = 0\sim6, k=9\sim24, k=27\sim32 \end{cases}$$

$$H_d(k) = H_d(e^{j\frac{2\pi}{N}k}) = \begin{cases} e^{-j\frac{N-1}{N}\pi k} = e^{-j\frac{32}{33}\pi k} & k = 7,8,25,26 \\ 0 & \text{其他 } k \text{ 值} \end{cases}$$

$$h(n) = \text{IDFT}[H_d(k)] = \frac{1}{16}\sum_{k=0}^{15} H_d(k)W_{16}^{-kn}$$

$$= \frac{1}{33}\left[e^{-j\frac{32}{33}\pi\times7}e^{-j\frac{2\pi}{33}\times7n} + e^{-j\frac{32}{33}\pi\times8}e^{-j\frac{2\pi}{33}\times8n} + e^{-j\frac{32}{33}\pi\times25}e^{-j\frac{2\pi}{33}\times25n} + e^{-j\frac{32}{33}\pi\times26}e^{-j\frac{2\pi}{33}\times26n}\right]R_{33}(n)$$

$$= \frac{2}{33}\left\{\cos\left[\frac{14\pi}{33}(n-16)\right]\cos\left[\frac{16\pi}{33}(n-16)\right]\right\}R_{33}(n)$$

设计的滤波器如图 6-35 中实线所示。图中小圆圈表示对理想滤波器的频率采样点。

22. 设信号 $x(t)=s(t)+v(t)$，其中 $v(t)$ 是干扰，$s(t)$ 与 $v(t)$ 的频谱不混叠，其幅度谱如图 6-36 所示。要求设计数字滤波器，将干扰滤除，指标是允许 $|s(f)|$ 在 $0 \leqslant f \leqslant 15 \text{ kHz}$ 频率范围中幅度失真为 $\pm 2\%(\delta_1=0.02)$；$f>20 \text{ kHz}$，衰减大于 40 dB $(\delta_2=0.01)$。希望分别用 FIR 和 IIR 两种滤波器进行滤除干扰，最后进行比较。

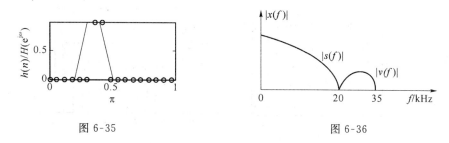

图 6-35　　　　　　　　　　　　　图 6-36

解：请参考例 6-4。

23. 分别画出长度为 15 的矩形窗、汉宁窗、汉明窗和布莱克曼窗的时域波形及幅频特性曲线，观察它们的各种参数（主瓣宽度、旁瓣峰值幅度）的差别。

解：长度为 15 的矩形窗的时域波形及其幅频特性曲线分别如图 6-37(a) 和 (b) 所示。长度为 15 的汉宁窗的时域波形及幅频特性曲线分别如图 6-37(c) 和 (d) 所示。长度为 15 的汉明窗的时域波形及幅频特性曲线分别如图 6-37(e) 和 (f) 所示。长度为 15 的布莱克曼窗的时域波形及幅频特性曲线分别如图 6-35(g) 和 (h) 所示。

矩形窗的 MATLAB 参考程序如下：

```
R15 = [ones(1,15)];              % 生成长度为 15 的矩形窗
subplot(221);stem(0:14,R15);axis([0 16 - 0.1 1.1])
xlabel('n');title('矩形窗时域波形')
% 计算矩形窗频率特性
fh = fft(R15,1024);
wk = 0:1023;wk = 2 * wk/1024;
subplot(222);plot(wk,20 * log10(abs(fh)) - 20);% 绘制矩形窗幅度频率特性
grid on;title('矩形窗');axis([0 2 - 40 5])
```

其他窗函数的计算程序与上述类似，这里省略，请读者参考上述程序自己编写。

24. 分别用矩形窗和升余弦窗设计一个线性相位低通 FIR 数字滤波器，逼近理想低通滤波器 $H_d(e^{j\omega})$，要求过渡带宽度不超过 $\pi/8 \text{ rad}$。已知

$$H_d(e^{j\omega})=\begin{cases} e^{-j\omega\alpha} & 0 \leqslant |\omega| \leqslant \omega_c \\ 0 & \omega_c < |\omega| \leqslant \pi \end{cases}$$

（1）求所设计低通滤波器的单位脉冲响应 $h(n)$ 的表达式，确定 α 与 $h(n)$ 的长度 N 的关系式。

（2）用 MATLAB 画出 $N=31$，$\omega_c=\pi/4 \text{ rad}$ 的 FIR 数字滤波器的损耗函数曲线和相频特性曲线。

（3）试将上述理想低通滤波器转变为理想高通滤波器 $H_{dh}(e^{j\omega})$，将 $H_{dh}(e^{j\omega})$ 作为设计高通滤波器的逼近目标，要求过渡带宽度不超过 $\pi/8$ rad。计算所设计高通滤波器的单位脉冲响应 $h(n)$，并确定 α 与 $h(n)$ 的长度 N 的关系式。

（4）对 N 的取值有什么限制？为什么？

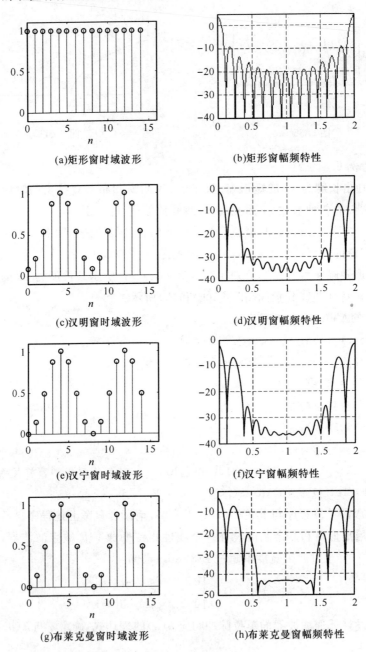

(a)矩形窗时域波形

(b)矩形窗幅频特性

(c)汉明窗时域波形

(d)汉明窗幅频特性

(e)汉宁窗时域波形

(f)汉宁窗幅频特性

(g)布莱克曼窗时域波形

(h)布莱克曼窗幅频特性

图 6-37

解：（1）理想低通滤波器 $H_d(e^{j\omega})$ 的单位脉冲响应为

$$h_{d}(n) = \frac{1}{2\pi} \int_{-\omega_{c}}^{\omega_{c}} e^{-j\omega a} e^{j\omega n} \, d\omega = \frac{\sin\left[\omega_{c}(n-a)\right]}{\pi(n-a)}$$

加矩形窗,得

$$h(n) = h_{d}(n) R_{N}(n) = \begin{cases} \dfrac{\sin\left[\omega_{c}(n-a)\right]}{\pi(n-a)} & 0 \leqslant |n| \leqslant N-1, \alpha = \dfrac{N-1}{2} \\ 0 & \text{其他} \end{cases}$$

加汉宁窗,得

$$h(n) = h_{d}(n) w(n) = \begin{cases} \dfrac{\sin\left[\omega_{c}(n-a)\right]}{\pi(n-a)}\left[0.5 - 0.5\cos\left(\dfrac{2\pi n}{N-1}\right)\right] & 0 \leqslant |n| \leqslant N-1, \alpha = \dfrac{N-1}{2} \\ 0 & \text{其他} \end{cases}$$

因为 $\Delta B \leqslant \dfrac{\pi}{6}$,若为矩形窗,则 $\dfrac{1.8\pi}{N} \leqslant \dfrac{\pi}{8}$,$N = 15$;若为汉宁窗,则 $\dfrac{6.2\pi}{N} \leqslant \dfrac{\pi}{8}$,$N = 50$。

(2) 已知 $N = 31$,故应选择矩形窗。画图 MATLAB 参考程序如下:

```
N = 31;wc = 1/4;n = 0:30;
h31 = fir1(N - 1,wc,boxcar(N));
fh = fft(h31,1024);
subplot(221),wk = 0:1023;
plot(2 * wk/1024,20 * log10(abs(fh)));grid;axis([0 2 - 80 5])
xlabel('\omega/\pi');ylabel('|H(e^j\omega)|')
subplot(222);
plot(2 * wk/1024,angle(fh)/pi);grid on;axis([0 2 - 1.1 1.1])
xlabel('\omega/\pi');ylabel('angleH(e^j\omega)')
```

$N = 31$,$\omega_{c} = \pi/4$ rad 时,FIR 数字滤波器的损耗函数曲线和相频特性曲线分别如图 6-38(a)和(b)所示。

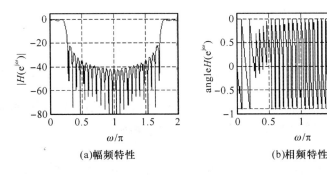

(a)幅频特性   (b)相频特性

图 6-38

(3) $h_{d}(n) = \dfrac{1}{2\pi}\int_{-\pi}^{\pi} H_{d}(e^{-j\omega}) e^{j\omega n} \, d\omega = \dfrac{1}{2\pi}\left[\int_{-\pi}^{\omega_{c}} e^{-j\omega a} e^{j\omega n} \, d\omega + \int_{\omega_{c}}^{\pi} e^{-j\omega a} e^{j\omega n} \, d\omega\right]$

$\qquad = \dfrac{1}{2\pi}\left[\int_{-\pi}^{\omega_{c}} e^{j\omega(n-a)} \, d\omega + \int_{\omega_{c}}^{\pi} e^{j\omega(n-a)} \, d\omega\right]$

$$= \frac{1}{2\pi \mathrm{j}(n-\alpha)}(\mathrm{e}^{-\mathrm{j}\omega_{\mathrm{c}}(n-a)} - \mathrm{e}^{-\mathrm{j}\pi(n-a)} + \mathrm{e}^{\mathrm{j}\pi(n-a)} - \mathrm{e}^{\mathrm{j}\omega_{\mathrm{c}}(n-a)})$$

$$= \frac{1}{\pi(n-\alpha)}\{\sin[\pi(n-\alpha)] - \sin[\omega_{\mathrm{c}}(n-\alpha)]\}$$

$$= \delta(n-\alpha) - \frac{\sin[\omega_{\mathrm{c}}(n-\alpha)]}{\pi(n-\alpha)}$$

其中,$\alpha = \dfrac{N-1}{2}$。

(4) $\alpha = \dfrac{N-1}{2}$,因为 $\Delta B \leqslant \dfrac{\pi}{8}$,所以 $\dfrac{1.8\pi}{N} \leqslant \dfrac{\pi}{8}$,$N \geqslant 15$,$\alpha \geqslant 7$。$N$ 必须为奇数,因为 N 为偶数时,$H(\mathrm{e}^{\mathrm{j}\pi}) = 0$,不能实现高通。

25. 要求用矩形窗设计一个过渡带宽度不超过 $\pi/8$ rad 的线性相位带通 FIR 数字滤波器,逼近理想带通滤波器 $H_{\mathrm{d}}(\mathrm{e}^{\mathrm{j}\omega})$。已知

$$H_{\mathrm{d}}(\mathrm{e}^{\mathrm{j}\omega}) = \begin{cases} \mathrm{e}^{-\mathrm{j}\omega a} & \omega_{\mathrm{c}} \leqslant |\omega| \leqslant \omega_{\mathrm{c}} + B \\ 0 & 0 < |\omega| < \omega_{\mathrm{c}}, \omega_{\mathrm{c}} + B < |\omega| < \pi \end{cases}$$

(1) 求出所设计滤波器的单位脉冲响应 $h(n)$,确定 α 与 $h(n)$ 的长度 N 的关系式。

(2) 对 N 的取值有什么限制?为什么?

解:(1) 理想带通滤波器 $H_{\mathrm{d}}(\mathrm{e}^{\mathrm{j}\omega})$ 的单位脉冲响应

$$h_{\mathrm{d}}(n) = \frac{1}{2\pi}\int_{-\pi}^{\pi} H_{\mathrm{d}}(\mathrm{e}^{-\mathrm{j}\omega n})\mathrm{e}^{\mathrm{j}\omega n}\mathrm{d}\omega = \frac{1}{2\pi}\left[\int_{-(\omega_{\mathrm{c}}+B)}^{\omega_{\mathrm{c}}} \mathrm{e}^{-\mathrm{j}\omega n}\mathrm{e}^{\mathrm{j}\omega n}\mathrm{d}\omega + \int_{\omega_{\mathrm{c}}}^{\omega_{\mathrm{c}}+B} \mathrm{e}^{-\mathrm{j}\omega n}\mathrm{e}^{\mathrm{j}\omega n}\mathrm{d}\omega\right]$$

$$= \frac{\sin[(\omega_{\mathrm{c}}+B)(n-\alpha)]}{\pi(n-\alpha)} - \frac{\sin[\omega_{\mathrm{c}}(n-\alpha)]}{\pi(n-\alpha)}$$

设计滤波器的单位脉冲响应 $h(n)$:

$$h(n) = h_{\mathrm{d}}(n)w(n) = \begin{cases} \dfrac{\sin[(\omega_{\mathrm{c}}+B)(n-\alpha)]}{\pi(n-\alpha)} - \dfrac{\sin[\omega_{\mathrm{c}}(n-\alpha)]}{\pi(n-\alpha)} & 0 \leqslant n \leqslant N-1 \\ 0 & 其他 \end{cases}$$

其中,$\alpha = \dfrac{N-1}{2}$。

(2) 因为 $\Delta B \leqslant \dfrac{\pi}{8}$,$\dfrac{1.8\pi}{N} \leqslant \dfrac{\pi}{8}$,所以 $N \geqslant 15$。

26. 用频率采样法设计一个线性相位低通 FIR 数字滤波器,逼近通带截止频率为 $\omega_{\mathrm{c}} = \pi/4$ rad 的理想低通滤波器,要求过渡带宽度为 $\pi/8$ rad,阻带最小衰减为 45 dB。

(1) 确定过渡带采样点个数 m 和滤波器长度 N。

(2) 求出频域采样序列 $H(k)$ 和单位脉冲响应 $h(n)$,并绘制所设计的单位脉冲 $h(n)$ 及幅频特性曲线。

(3) 如果将过渡带宽改为 $\pi/32$ rad,阻带最小衰减为 60 dB,重做(1)和(2)。

解:已知 $\omega_{\mathrm{c}} = \pi/4$ rad,$\Delta B = \pi/8$ rad,$\alpha_{\mathrm{s}} = 45$ dB,所以 $m = 1$。

$$N = \frac{2\pi(N+1)}{\Delta B} = \frac{4\pi}{\pi/8} = 32$$

取 $N = 33$。

构造理想低通滤波器 $H_d(e^{-j\omega}) = H_{dg}(\omega)e^{-j\omega(N-1)/2}$。因为

$$H_d(e^{j\omega}) = \begin{cases} e^{-j\alpha\varepsilon} & 0 \leqslant |\omega| \leqslant \pi/4 \\ 0 & \pi/4 < |\omega| \leqslant \pi \end{cases}$$

其中，$\alpha = \dfrac{N-1}{2}$。所以

$$H_d(k) = H_d(e^{j\frac{2\pi}{N}k}) = \begin{cases} e^{-j\frac{N-1}{N}\pi k} = e^{-j\frac{32}{33}\pi k} & k = 0,1,2,3,4,29,30,31,32 \\ 0 & \text{其他} \end{cases}$$

$$h(n) = \text{IDFT}[H_d(k)] = \frac{1}{N}\sum_{k=0}^{N-1} H_d(k)W_N^{-kn}$$

$$= \frac{1}{33}[1 + e^{-j\frac{32}{33}\pi}W_{33}^{-n} + e^{-j\frac{32}{33}2\pi}W_{33}^{-2n} + e^{-j\frac{32}{33}3\pi}W_{33}^{-3n} + e^{-j\frac{32}{33}4\pi}W_{33}^{-4n} + e^{-j\frac{32}{33}29\pi}W_{33}^{-29n}$$

$$+ e^{-j\frac{32}{33}30\pi}W_{33}^{-30n} + e^{-j\frac{32}{33}31\pi}W_{33}^{-31n} + e^{-j\frac{32}{33}32\pi}W_{33}^{-32n}]R_{33}(n)$$

用 MATLAB 语言程序求得的滤波器的单位脉冲响应及幅频特性分别如图 6-39(a)和(b)所示。

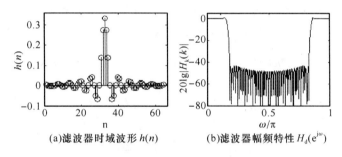

(a)滤波器时域波形 $h(n)$　　　(b)滤波器幅频特性 $H_d(e^{j\omega})$

图 6-39

解题参考程序如下：

```
clear all; close all;
gd = 0.38;                              % 过渡点采样值
dB = pi/16; wc = pi/3;                  % 过渡带宽度 pi/16,通带截止频率 pi/3
m = 1;                                  % 取 1 个过渡点
N = (m + 1) * 2 * pi/dB + 1;            % 按照式(7-84)计算采样点数 N
N = N + mod(N + 1,2);                   % 修正 h(n)长度 N,使其为奇数
np = fix(wc/(2 * pi/N));                % np 为通带[0,wc]上的采样点数
ns = N - 2 * np - 1;                    % ns 为阻带[wc,2 * pi - wc]上的采样点数
Hk = [ones(1,np + 1),zeros(1,ns),ones(1,np)];   % 频域幅度采样 Hk(k) = Hk(N - k)
Hk(np + 2) = gd; Hk(N - np) = gd;       % 增加一个过渡采样点
thtak = - pi * (N - 1) * (0:N - 1)/N;   % 计算相位采样向量
Hk = Hk. * exp(j * thtak);              % 计算频域采样向量
hn = real(ifft(Hk));                    % 计算滤波器单位脉冲响应 h(n)
hw = fft(hn,1024);                      % 计算滤波器频率响应
```

```
wk = 1 * pi * [0:1023]/1024;
Hgw = hw. * exp(j * wk * (N - 1)/2);          % 计算频率响应函数 Hg(w)
% 校验滤波器是否符合设计指标,绘制滤波器时域波形和频率特性
alphap = max(20 * log10(abs(Hgw)))            % 计算通带最大衰减并输出结果
hgmin = min(real(Hgw));
alphs = 20 * log10(abs(hgmin))                % 计算阻带最小衰减并输出结果
subplot(221);
n = 0:N - 1;stem(n,hn);                        % 绘制时域波形
xlabel('n');ylabel('h(n)');axis([0 66 - 0.1 0.36])
subplot(222);
plot(wk/pi,20 * log10(abs(Hgw)));             % 绘制频域波形
xlabel('\pi/\omega');ylabel('20log|Hk(k)|');
axis([0 1 - 80 5])
```

27. 假设 $h(n)$ 表示一个低通 FIR 数字滤波器的单位脉冲,证明 $h_1(n) = (-1)^n h(n)$ 是一个高通滤波器,而 $h_2(n) = h(n)\cos(\omega_0 n)$,$0 < \omega_0 < \pi$,$h_1(n)$ 是一个带通滤波器。

证明: $h_1(n) = (-1)^n h(n) = \cos(\pi n)h(n) = \dfrac{1}{2}(e^{j\pi n} + e^{-j\pi n})h(n)$

$$H_1(e^{j\omega}) = \sum_{n=-\infty}^{\infty} h_1(n)e^{-j\omega n} = \frac{1}{2}\sum_{n=-\infty}^{\infty} h(n)(e^{j\pi n} + e^{-j\pi n})e^{-j\omega n}$$

$$= \frac{1}{2}\Big[\sum_{n=-\infty}^{\infty} h(n)e^{-j(\omega-\pi)n} + \sum_{n=-\infty}^{\infty} h(n)e^{-j(\omega+\pi)n}\Big]$$

$$= \frac{1}{2}\big[H(e^{-j(\omega-\pi)}) + H(e^{-j(\omega+\pi)})\big]$$

由此可知,$H_1(e^{j\omega})$ 为 $H(e^{j\omega})$ 平移 $\pm\pi$ 的结果。因为 $H(e^{j\omega})$ 为低通,所以 $h_1(n)$ 为高通。

与上同理,$H_2(e^{j\omega}) = [H(e^{j(\omega-\omega_0)}) + H(e^{j(\omega+\omega_0)})]$。因为 $H(e^{j\omega})$ 通带位于 $\omega = 2k\pi$,且 $H_2(e^{j\omega})$ 为 $H(e^{j\omega})$ 左右平移 ω_0。所以,$H_2(e^{j\omega})$ 通带中心位于 $\omega = 2k\pi \pm \omega_0$ 处,故 $h_2(n)$ 具有带通特性。

28. 分别选用矩形窗、汉宁窗、汉明窗和布莱克曼窗进行设计,希望逼近的理想低通滤波器通带截止频率 $\omega_c = \pi/4$ rad,滤波器长度 $N = 21$。试调用 MATLAB 工具箱函数 fir1 设计线性相位低通 FIR 数字滤波器,并绘制每种所设计的滤波器的单位脉冲响应 $h(n)$ 及幅频特性曲线,比较、观察各种窗函数的设计性能。

解: 设计理论和方法请参考文献[1]有关内容,这里给出解题参考程序及其运行结果。

```
clear all;close all;
N = 21;wc = 1/4;n = 0:20;        % 输入滤波器参数
```

```
%用矩形窗设计
hn = fir1(N - 1,wc,boxcar(N));    %设计低通滤波器
fh = fft(hn,1024);fh = 20 * log10(abs(fh));
wk = 0:1023;wk = 2 * wk/1024;
subplot(221),stem(n,hn);grid;xlabel('n');ylabel('h(n)');
subplot(222),plot(wk,fh);grid;axis([0 2 - 60 5]);
xlabel('\omega/\pi');ylabel('20log|H(e^j^\omega)|')
%用汉宁窗设计
hn = hn. * ( hanning(N))';
fh = fft(hn,1024);fh = 20 * log10(abs(fh));
subplot(223),stem(n,hn);grid;xlabel('n');ylabel('h(n)');
subplot(224),plot(wk,fh);grid;
xlabel('\omega/\pi');ylabel('20log|H(e^j^\omega)|')axis([0 2 - 100 5]);
%用汉明窗设计
hn = hn. * ( hamming(N))';
fh = fft(hn,1024);fh = 20 * log10(abs(fh));
figure                  %打开新的绘图窗口
subplot(221),stem(n,hn);grid;xlabel('n');ylabel('h(n)');
subplot(222),plot(wk,fh);grid;
xlabel('\omega/\pi');ylabel('20log|H(e^j^\omega)|');axis([0 2 - 160 5]);
%用布莱克曼窗设计
hn = hn. * ( blackman(N))';
fh = fft(hn,1024);fh = 20 * log10(abs(fh));
subplot(223),stem(n,hn);grid;xlabel('n');ylabel('h(n)');
subplot(224),plot(wk,fh);grid;
xlabel('\omega/\pi');ylabel('20log|H(e^j^\omega)|');axis([0 2 - 180 5]);
```

已知 $N=21, \omega_c = \pi/4$ rad。用矩形窗设计线性相位低通滤波器的单位脉冲响应及幅频特性分别如图 6-40(a) 和 (b) 所示,用汉宁窗设计的结果分别如图 6-40(c) 和 (d) 所示,用汉明窗设计的结果分别如图 6-40(e) 和 (f) 所示,用布莱克曼窗设计的结果分别如图 6-40(g) 和 (h) 所示。

观察图 6-40 的幅频特性曲线,可以看出设计结果与窗函数设计理论相符合。其中矩形窗对应的过渡带最窄,但阻带最小衰减只有 21 dB,布莱克曼窗对应的阻带衰减最大(大于 100 dB),但过渡带最宽。

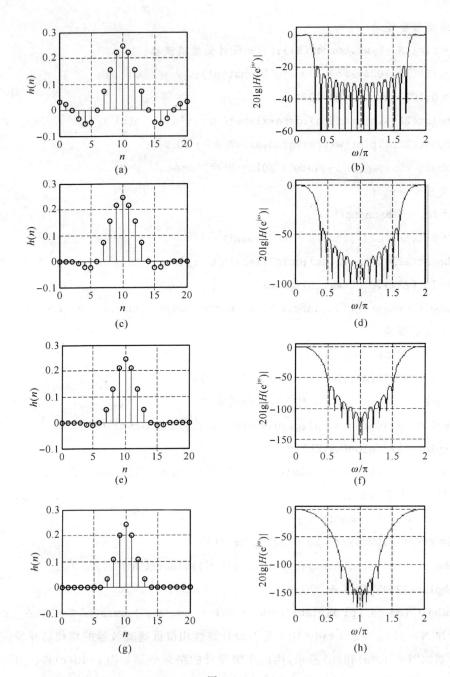

图 6-40

29. 将要求改成设计线性相位高通 FIR 数字滤波器,重做练习题 28。

解:方法一,低通→高通转换法。

利用练习题 27 的结论,可以将练习题 28 设计的低通滤波器乘以 $\cos(\pi n)$,将其转换为高通滤波器。MATLAB 参考程序与练习题 28 类似,只需在语句

```
hn = fir1(N - 1,wc,boxcar(N));    % 设计低通滤波器
```

下面增加语句

hn = hn. * cos(pi * n);   % 转换为高通滤波器

即可实现高通滤波器的设计。

用矩形窗进行设计,线性相位低通滤波器的单位脉冲响应及幅频特性分别如图 6-41(a)和(b)所示。用汉宁窗设计的结果分别如图 6-41(c)和(d)所示。用汉明窗设计的结果分别如图 6-41(e)和(f)所示。用布莱克曼窗设计的结果分别如图 6-41(g)和(h)所示。

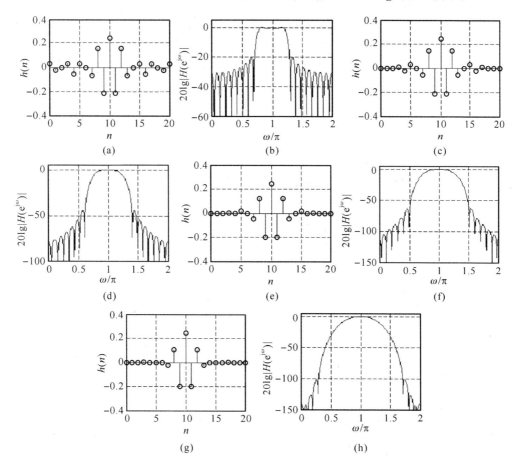

图 6-41

方法二,窗函数法。

窗函数法解题结果如图 6-42 所示。矩形窗设计线性相位高通滤波器的单位脉冲响应及幅频特性分别如图 6-42(a)和(b)所示。用汉宁窗设计的结果分别如图 6-42(c)和(d)所示。用汉明窗设计的结果分别如图 6-42(e)和(f)所示。用布莱克曼窗设计的结果分别如图 6-42(g)和(h)所示。

参考程序如下:

```
clear all;close all;
N = 21;wc = pi/4;n = 0:20;          % 输入滤波器参数
```

```
%用矩形窗设计
hn = fir1(N - 1,wc,'high',boxcar(N));    %设计低通滤波器
fh = fft(hn,1024);
fh = 20 * log10(abs(fh));
wk = 0:1023;wk = 2 * wk/1024;
subplot(221),stem(n,hn);grid;
xlabel('n');ylabel('h(n)');
subplot(222),plot(wk,fh);grid;axis([0 2 - 60 5]);
xlabel('\omega/\pi');ylabel('20log|H(e^j^\omega)|')
%用汉宁窗设计
hn = hn. * (hanning(N))';
fh = fft(hn,1024);
fh = 20 * log10(abs(fh));
subplot(223),stem(n,hn);grid;
xlabel('n');ylabel('h(n)');
subplot(224),plot(wk,fh);grid;
xlabel('\omega/\pi');ylabel('20log|H(e^j^\omega)|')
axis([0 2 - 100 5]);
%用汉明窗设计
hn = hn. * (hamming(N))';
fh = fft(hn,1024);
fh = 20 * log10(abs(fh));
figure
subplot(221),stem(n,hn);grid;
xlabel('n');ylabel('h(n)');
subplot(222),plot(wk,fh);grid;
xlabel('\omega/\pi');ylabel('20log|H(e^j^\omega)|')
axis([0 2 - 130 5]);
%用布莱克曼窗设计
hn = hn. * (blackman(N))';
fh = fft(hn,1024);
fh = 20 * log10(abs(fh));
subplot(223),stem(n,hn);grid;
xlabel('n');ylabel('h(n)');
subplot(224),plot(wk,fh);grid;
```

```
xlabel(´\omega/\pi´);ylabel(´20log|H(e^j^\omega)|´)
axis([0 2 -200 5]);
```

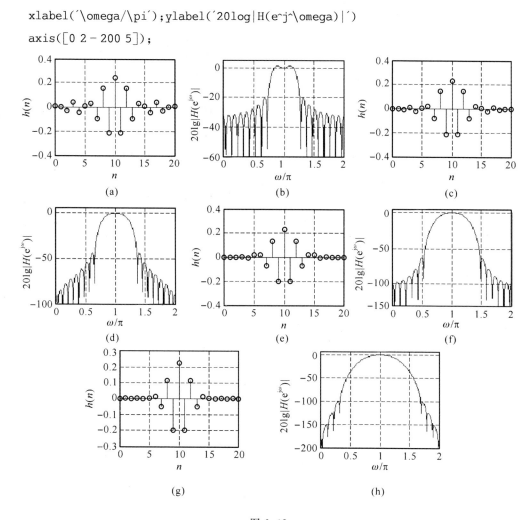

图 6-42

30. 重做练习题 28,要求调用 MATLAB 工具箱函数 remezord 和 remez 设计线性相位低通 FIR 数字滤波器。

解:已知滤波器参数 $\omega_c = \pi/4$ rad,滤波器长度 $N = 21$,设 $\alpha_p = 1$ dB,$\alpha_s = 36$ dB。解题结果如图 6-43 所示。图 6-43(a)、(b)和(c)分别为线性相位低通滤波器的单位脉冲响应、幅频特性和相频特性。

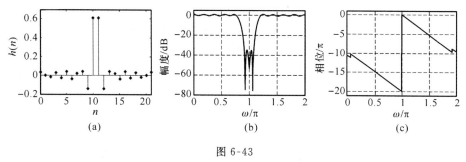

图 6-43

参考解题程序如下：

```
f = [pi/4,7 * pi/24];          %输入边界频率
m = [1,0];
rp = 1,rs = 36;
dat1 = (10^(rp/20) - 1)/(10^(rp/20) + 1);dat2 = 10^( - rs/20);
rip = [dat1,dat2];
[M,fo,mo,w] = remezord(f,m,rip);%边界频率为模拟频率(Hz)时必须加入采样频率 Fs
M = M + 1;hn = remez(M,fo,mo,w)
%校验滤波器频率特性
hw = fft(hn,512);
n = 0:M;
subplot(2,2,1);stem(n,hn,′.′);axis([0 21 - 0.2 0.7]);
xlabel(′n′);ylabel(′h(n)′);
w = 0:511;w = 2 * w/512;
subplot(2,2,2);
plot(w,20 * log10(abs(hw)));grid on;
axis([0 2 - 80 5]);
xlabel(′\omega/\pi′);
ylabel(′幅度(dB)′);
subplot(2,2,3);phase = unwrap(angle(hw));
phase = fftshift(phase);
w = 0:511;w = 2 * w/512;
plot(w,phase/pi);grid on;
xlabel(′\omega/\pi′);
ylabel(′相位/\pi′);
axis([0 2 - 21 1]);
```

31. 调用 MATLAB 工具箱函数 remezord 和 remez 设计线性相位高通 FIR 数字滤波器，重做练习题 29。

解：下面的解题过程中，对已知条件调整如下：$\omega_c = \pi/4$ rad，取 $\omega_p = \pi/4$ rad，$\omega_s = \pi/5$ rad，$\alpha_p = 1$ dB，$\alpha_s = 75$ dB。取消对滤波器长度 N 的限制。用 MATLAB 工具箱函数 remezord 和 remez 设计线性相位高通 FIR 数字滤波器的结果如图 6-44 所示，其中图(a)和(b)分别为高通滤波器的单位脉冲响应和幅频特性。

参考设计程序如下：

```
f = [pi/5,pi/4];m = [0,1];
rp = 1;rs = 75;
dat1 = (10^(rp/20) - 1)/(10^(rp/20) + 1);dat2 = 10^(-rs/20);
rip = [dat2,dat1];
[M,fo,mo,w] = remezord(f,m,rip);
hn = remez(M,fo,mo,w)
% 校验滤波器频率特性
hw = fft(hn,512);
n = 0:M;
subplot(221);stem(n,hn,'.');
axis([0 max(n) - 0.3 0.3]);
xlabel('n');ylabel('h(n)');
w = 0:511;w = 2 * w/512;
subplot(222);
plot(w,20 * log10(abs(hw)));grid on;
axis([0 2 - 100 5]);
xlabel('\omega/\pi');
ylabel('幅度(dB)');
```

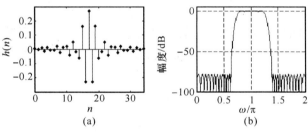

图 6-44

32. 调用 remez 函数设计 30 阶 FIR 希尔伯特变换器，要求通带为 $[0.2\pi,0.8\pi]$。绘制 $h(n)$ 及其幅频特性曲线和相频特性曲线。

解：30 阶 FIR 希尔伯特变换器的时域波形和频率特性分别如图 6-45(a)、(b)和(c)所示。

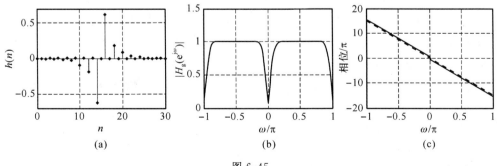

图 6-45

参考设计程序如下：

```
N = 31;f = [0.2 0.8];m = [1 1];
hn = remez(N - 1,f,m,'hilbert');        % 调用 remez 函数设计 FIR 希尔伯特变换器
% 绘制 FIR 希尔伯特变换器波形和频率特性,校验设计结果是否合格
hw = fft(hn,512);n = 0:N - 1;
subplot(221);stem(n,hn,'.');axis([0 30 - 0.7 0.7])
xlabel('n');ylabel('h(n)');grid on
subplot(222);
w = - 256:255;w = 2 * w * pi/512;
plot(w/pi,abs(fftshift(hw)));grid on;
xlabel('omega/\pi');ylabel('|Hg(e^j^\omega)|');
subplot(2,2,3);
phase = unwrap(angle(hw));
for k = 256:512
    phase(k) = phase(k) + 2 * pi + (N - 1) * pi;     % 将相位上移(N + 1),以便画出
                                                      % 对称相位曲线
end
phase = fftshift(phase);
plot (w/pi,phase/pi,w/pi, - w * (N - 1)/2/pi,':');grid on;
xlabel('omega/\pi');ylabel('相位/omega/\pi');
```

33. 用长度为 20 的汉明窗函数,采用窗函数法设计数字微分器,逼近幅度特性为 $|H_d(\omega)| = \omega, 0 < |\omega| < \pi, |H_d(\omega)| = 0, |\omega| > \pi$ 的理想微分器。求出微分器的单位脉冲响应 $h(n)$,并用 MATLAB 画 $h(n)$ 及其幅频特性曲线和相频特性曲线。

解： 数字微分器的设计公式可以表示为

$$h(n) = \frac{\sin (n - \tau)\pi}{\pi (n - \tau)^2} w(n)$$

据此可以编写数字微分器设计程序如下：

```
N = 20;tao = (N - 1)/2; n = [0:N - 1] + eps;        % 设定微分器长度
hd = - sin((n - tao). * pi)./(pi. * (n - tao).^2);  % 按照文献[1]式(7-95)计算其
                                                     % 矩形窗截断脉冲响应
hh = hd. * hanning(N)';                             % 加汉明窗后的系数向量
subplot(221);stem(n,hh);
xlabel('n');ylabel('h(n)');
hw = fft(hh,1024)                                   % 计算汉宁窗截断微分器频率响应
subplot(222);
w = 0:1023;w = 2 * w * pi/1024;
plot(w/pi,abs(hw));
xlabel('\omega/\pi');ylabel('|Hg(\omega)|');
```

```
subplot(223);
    phase = unwrap(angle(hw));
phase = fftshift(phase);
plot(w/pi,phase/pi);grid on;
xlabel(´\omega/\pi´);ylabel(´相位/\pi´);
axis([0 2 -20 2])
```

数字微分器的设计结果如图 6-46 所示。其中图 6-46(a)、(b)和(c)分别是数字微分器的时域波形、幅度特性和相频特性。

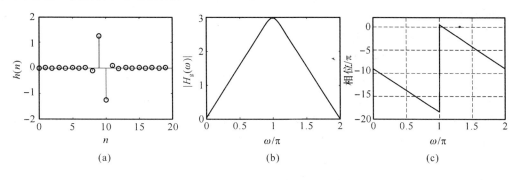

图 6-46

34. 调用 remez 函数设计 19 阶线性相位 FIR 数字微分器,逼近幅度特性为$|H_d(\omega)|=\omega,0<|\omega|<\pi,|H_d(\omega)|=0,|\omega|>\pi$ 的理想微分器。显示微分器的单位脉冲响应 $h(n)$ 数据,并画出 $h(n)$ 及其幅频特性曲线和相频特性曲线。

解:调用 remez 函数设计线性相位 FIR 数字微分器的过程与其他类型滤波器的设计过程类似,只需要对设计参数作适当调整即可。本题的设计结果如图 6-47 所示,其中图(a)是19 阶微分器的单位脉冲响应波形,图(b)是微分器的幅度微分特性,图(c)是微分器的幅频特性,图(d)是微分器的相频特性。

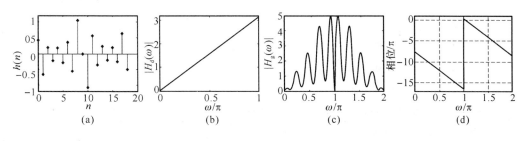

图 6-47

参考解题程序如下:
```
N = 19;f = [0,1/4,1/3,2/3,3/4,1];              % 输入微分器设计参数
m = pi * [0,1/4,1/3,2/3,3/4,1];
hn = remez(N - 1,f,m,´defferentiator´);        % 调用 remez 函数设计 FIR 微分器
% 绘制 FIR 微分器频率特性,校验设计结果
n = 0:N - 1;
```

```
subplot(221);
stem(n,hn,'.');axis([0 20 -1.2 1.2]);        % 绘制微分器单位脉冲响应
subplot(222);plot(f,m);% 绘制 FIR 微分器幅频特性
xlabel('\omega/\pi');ylabel('|Hd(\omega)|');axis([0 1 0 3.2])
hw = fft(hn,1024);
w = 0:1023;w = 2 * w * pi/1024;
subplot(223);plot (w/pi,abs(hw));            % 绘制微分器频域幅频特性
xlabel('\omega/\pi');ylabel('|Hg(\omega)|');axis([0 2 0 5])
subplot(224);
phase = unwrap(angle(hw));
phase = fftshift(phase);
plot (w/pi,phase/pi);grid on;                % 绘制微分器频域相频特性
xlabel('\omega/\pi');ylabel('相位/\pi');axis([0 2 -17 1])
```

35. 试编制自己的 MATLAB 程序,实现用窗函数法设计一个线性相位低通 FIR 数字滤波器。选择合适的窗函数及其长度,用设计指标:通带截止频率为 0.3π,阻带截止频率为 0.5π,阻带最小衰减为 40 dB,设计线性相位 FIR 数字滤波器。程序应能够:

(1) 求出并显示所设计的单位脉冲响应 $h(n)$ 的数据。

(2) 绘制损耗函数曲线和相频特性曲线。

(3) 请检验设计结果,并与用 MATLAB 函数 fir1 的设计结果比较。

解:按照窗函数设计法设计的参考解题程序如下:

```
wp = 0.3 * pi;ws = 0.5 * pi;rs = 40;   % 输入滤波器技术指标
% 根据指标 rs 选择窗函数类型,本题要求选择汉宁窗
DB = ws - wp;                          % 计算过渡带宽
N = ceil(6.2 * pi/DB) + 1;             % 计算汉宁窗阶数 N,为了可靠起见取 N = N + 1
r = (N-1)/2;                           % 理想目标滤波器移位值,也是滤波器的对称中心
wc = (wp + ws)/2/pi;                   % 取过渡带中心频率为通带截止频率 wc
for n = 0:N-1                          % 截取 N 点理想滤波器作为其逼近值
    hd(n+1) = sin(wc * pi * (n-r))/(pi * (n-r) + eps);
end
hn = hd. * (hanning(N))';              % 为了达到性能指标,加汉宁窗
% 下面计算滤波器性能指标,以便校验是否符合设计要求
M = 1024;
hk = fft(hn,M);
n = 0:N-1;
subplot(221);stem(n,hn,'.');           % 绘制滤波器单位脉冲响应
axis([0 N -0.1 0.4]);xlabel('n');ylabel('h(n)');
subplot(222);
k = 1:M; % /2;
```

```
w = 2 * (0:M − 1)/M;
plot(w,20 * log10(abs(hk(k))));        % 绘制滤波器幅频特性
axis([0 2 − 100 2])
xlabel('\omega/\pi');ylabel('20lg|Hg(\omega)|');grid on
subplot(223);
phase = unwrap(angle(hk));
w = 0:1023;w = 2 * w * pi/1024;
plot(w/pi,phase/pi);grid on;        % 绘制滤波器相频特性
xlabel('\omega/\pi');ylabel('相位/\pi');
```

（1）所设计滤波器为 $N=32$ 阶,其单位脉冲响应 $h(n)$ 如表 6-6 中的 hn。fhn 是用 fir1 函数设计滤波器得到的单位脉冲响应。可见,两者具有相同的阶数,均为 $N=32$。从单位脉冲响应看,除了 $n=16$ 处的数据略有差异外,其他数据基本相同(4 位有效数据情况下),表明两种方法设计的滤波器可以认为是一样的。

表 6-6

序号	hn	fhn	序号	hn	fhn	序号	hn	fhn	序号	hn	fhn
1	0.000 1	0.000 1	9	0.000 0	0.000 0	17	0.373 3	0.373 4	25	−0.017 0	−0.017 0
2	−0.000 5	−0.000 5	10	0.030 9	0.030 9	18	0.197 7	0.197 7	26	−0.007 5	−0.007 5
3	−0.001 8	−0.001 8	11	0.025 5	0.025 5	19	0.000 0	0.000 0	27	0.005 2	0.005 2
4	0.000 0	0.000 0	12	−0.034 4	−0.034 4	20	−0.077 2	−0.077 2	28	0.005 5	0.005 5
5	0.005 5	0.005 5	13	−0.077 2	−0.077 2	21	−0.034 4	−0.034 4	29	0.000 0	0.000 0
6	0.005 2	0.005 2	14	0.000 0	0.000 0	22	0.025 5	0.025 5	30	−0.001 8	−0.001 8
7	−0.007 5	−0.007 5	15	0.197 7	0.197 7	23	0.030 9	0.030 9	31	−0.000 5	−0.000 5
8	−0.017 0	−0.017 0	16	0.373 3	0.373 4	24	0.000 0	0.000 0	32	0.000 1	0.000 1

用自编设计程序得到的滤波器的单位脉冲响应及其频率特性如图 6-48 所示,其中图 (a)是该滤波器的单位脉冲响应波形,图(b)是其幅频特性,图(c)是其相频特性。

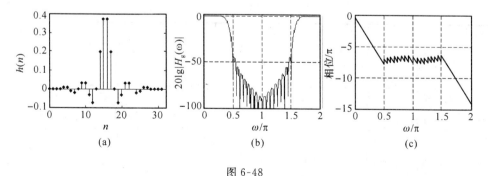

图 6-48

36. 改用布莱克曼窗函数,重做练习题 35。

解:本题求解中,需要更换练习题 36 解题程序中滤波器阶数计算公式,设计窗函数改为布莱克曼窗即可。

(1) 程序语句 N = ceil(6.2 * pi/DB) + 1 改为 N = ceil(11 * pi/DB) + 1。

(2) 程序语句 hn = hd. * (hanning(N))´ 改为 hn = hd. * (blackman (N))´。

修改后的程序运行结果如图 6-49 所示,其中图(a)是该滤波器的单位脉冲响应波形,图(b)是其幅频特性,图(c)是其相频特性,图(d)～(f)是函数 fir1 的设计结果。

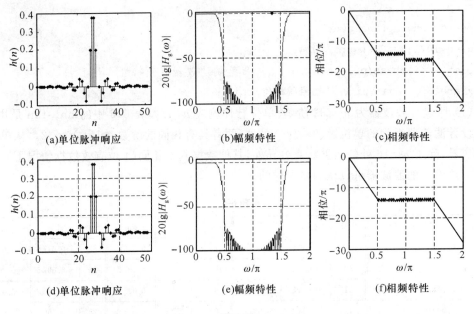

(a)单位脉冲响应　　　　(b)幅频特性　　　　(c)相频特性

(d)单位脉冲响应　　　　(e)幅频特性　　　　(f)相频特性

图 6-49

比较自编设计程序和 fir1 函数的运行结果可见,两者时域和幅频特性基本一致,区别主要在相频特性部分。自编程序滤波器的相移在阻带有较大波动,这不影响滤波器的使用,因为通带的特性还是很好的。两种设计方法所得滤波器单位脉冲响应列在表 6-7 中,hn 和 fhn 分别是自编设计程序和 fir1 函数设计滤波器所得到的单位脉冲响应。可见,两者具有相同的阶数,均为 $N=56$。从单位脉冲响应看,4 位有效数据情况下,两者基本无区别,表明两种方法设计的滤波器可以认为是一样的。

表 6-7

序号	hn	fhn	序号	hn	fhn	序号	hn	fhn	序号	hn	fhn
1	−0.000 0	−0.000 0	15	−0.007 9	−0.007 9	29	0.373 7	0.373 7	43	−0.003 9	−0.003 9
2	0.000 0	0.000 0	16	0.000 0	0.000 0	30	0.199 4	0.199 4	44	0.003 0	0.003 0
3	0.000 0	0.000 0	17	0.012 6	0.012 6	31	0.000 0	0.000 0	45	0.003 7	0.003 7
4	−0.000 1	−0.000 1	18	0.009 7	0.009 7	32	−0.081 0	−0.081 0	46	0.000 0	0.000 0
5	−0.000 3	−0.000 3	19	−0.012 0	−0.012 0	33	−0.037 3	−0.037 3	47	−0.002 0	−0.002 0
6	0.000 0	0.000 0	20	−0.024 0	−0.024 0	34	0.028 9	0.028 9	48	−0.000 9	−0.000 9
7	0.000 7	0.000 7	21	0.000 0	0.000 0	35	0.037 0	0.037 0	49	0.000 6	0.000 6
8	0.000 6	0.000 6	22	0.037 0	0.037 0	36	0.000 0	0.000 0	50	0.000 7	0.000 7
9	−0.000 9	−0.000 9	23	0.028 9	0.028 9	37	−0.024 0	−0.024 0	51	0.000 0	0.000 0

序号	hn	fhn	序号	hn	fhn	序号	hn	fhn	序号	hn	fhn
10	−0.002 0	−0.002 0	24	−0.037 3	−0.037 3	38	−0.012 0	−0.012 0	52	−0.000 3	−0.000 3
11	0.000 0	0.000 0	25	−0.081 0	−0.081 0	39	0.009 7	0.009 7	53	−0.000 1	−0.000 1
12	0.003 7	0.003 7	26	0.000 0	0.000 0	40	0.012 6	0.012 6	54	0.000 0	0.000 0
13	0.003 0	0.003 0	27	0.199 4	0.199 4	41	0.000 0	0.000 0	55	0.000 0	0.000 0
14	−0.003 9	−0.003 9	28	0.373 7	0.373 7	42	−0.007 9	−0.007 9	56	−0.000 0	−0.000 0

表 6-8 为两种设计方法所的单位脉冲响应的差值。

表 6-8

序号	hn−hf	序号	hn−hf	序号	hn−hf	序号	hn−hf
1	0.000 0	15	0.020 5	29	−0.964 5	43	0.009 9
2	−0.000 0	16	−0.000 0	30	−0.514 6	44	−0.007 7
3	−0.000 1	17	−0.032 4	31	−0.000 0	45	−0.009 5
4	0.000 2	18	−0.024 9	32	0.209 0	46	−0.000 0
5	0.000 7	19	0.030 9	33	0.096 2	47	0.005 3
6	−0.000 0	20	0.061 9	34	−0.074 6	48	0.002 3
7	−0.001 8	21	−0.000 0	35	−0.095 6	49	−0.001 6
8	−0.001 6	22	−0.095 6	36	−0.000 0	50	−0.001 8
9	0.002 3	23	−0.074 6	37	0.061 9	51	−0.000 0
10	0.005 3	24	0.096 2	38	0.030 9	52	0.000 7
11	−0.000 0	25	0.209 0	39	−0.024 9	53	0.000 2
12	−0.009 5	26	−0.000 0	40	−0.032 4	54	−0.000 1
13	−0.007 7	27	−0.514 6	41	−0.000 0	55	−0.000 0
14	0.009 9	28	−0.964 5	42	0.020 5	56	0.000 0

　　观察表 6-8 可见,两种设计方法所的单位脉冲响应并不相同。这些差异造成频率特性的细微差别,从工程角度看,两者都可以满足使用要求。

　　请读者参考习题 35 的设计程序和本题的解答,自己完成本题设计程序的编写。

第7章 多采样率数字信号处理

7.1 引　言

现代信号处理系统的复杂性导致经常会遇到采样率的转换问题,这就要求一个数字系统能工作在"多采样率"状态。在这样的系统中,不同处理阶段或不同单元的采样频率可能不同。采样率转换的典型应用是在现代通信、信号处理和图像处理等领域,应用实例不胜枚举。

7.2　学习要点及重要公式

要求在熟悉采样率转换的基本概念和种类的基础上,了解采样率转换的应用价值和适用场合。掌握整数因子 D 抽取、整数因子 I 插值和有理数因子 I/D 采样率转换三种常用的采样率转换系统的基本原理、原理框图及各种高效实现方法,即 FIR 直接实现、多相滤波器实现和多级实现,以及每种实现方法的特点。

采样率转换的理论基础是时域采样概念、时域采样信号的频谱结构和时域采样定理。主要分析工具是时域离散线性时不变系统的时域分析和变换(z 变换、傅里叶变换)域分析理论。上述基础知识要求熟练掌握,否则,无法理解掌握本章内容。

(1) 按整数因子 D 抽取

按整数因子 D 对 $x(n)$ 抽取的原理框图如图 7-1 所示。

$$\frac{x(n)}{f_x=1/T_x} \rightarrow \boxed{h_D(n)} \xrightarrow{v(n)} \boxed{\downarrow D} \xrightarrow[f_y=1/T_y=f_x/D]{y(m)=v(Dm)}$$

图 7-1

整数因子抽取器的功能是把输出端信号采样频率 f_y 降为输入端信号采样频率 f_x 的 $1/D$,即

$f_y = f_x/D$。

经过抽取使采样率降低，会引起新的频谱混叠失真，所以，必须在抽取前进行抗混叠滤波。抗混叠滤波器 $h_D(n)$ 的指标可以根据采样定理确定阻带截止频率为

$$f_s = f_y/2 = f_x/2D \tag{7-1}$$

相应的数字阻带截止频率为

$$\omega_s = 2\pi f_s/f_x \tag{7-2}$$

由于抗混叠滤波器工作于输入信号采样频率 f_x，所以，式(7-2)中用 f_x 换算得到相应的数字截止频率，绝对不能用 f_y 换算。抗混叠滤波器的通带截止频率（或过渡带宽度）取决于抽取系统对信号频谱的失真度要求。设计时根据通带截止频率 ω_p、通带最大衰减 α_p、阻带最小衰减 α_s 三个指标参数确定抗混叠滤波器的技术指标。例如，要求抽取过程中频带 $[0, f_p]$ 上幅频失真小于 1%（显然 $f_p < f_s$），由抽取引起的频谱混叠失真不超过 0.1% 时，可以确定抗混叠滤波器的通带截止频率为 $\omega_p = 2\pi f_p/f_x$，通带最大衰减 $\alpha_p = -20\lg(1-1\%)\text{dB} = 0.083\,7\ \text{dB}$，阻带最小衰减 $\alpha_s = -20\lg(0.1\%)\text{dB} = 60\ \text{dB}$。

整数因子 D 抽取器的输入输出关系式如下：

$$y(m) = v(Dm) = \sum_{k=0}^{\infty} h_D(k)x(Dm-k) \tag{7-3}$$

$$Y(z) = \frac{1}{D}\sum_{k=0}^{D-1} H_D(\mathrm{e}^{-\mathrm{j}\frac{2\pi k}{D}}z^{\frac{1}{D}})X(\mathrm{e}^{-\mathrm{j}\frac{2\pi k}{D}}z^{\frac{1}{D}}) \tag{7-4}$$

$$Y(\mathrm{e}^{\mathrm{j}\omega_y}) = \frac{1}{D}\sum_{k=0}^{D-1} H_D(\mathrm{e}^{\mathrm{j}\frac{\omega_y - 2\pi k}{D}})X(\mathrm{e}^{\mathrm{j}\frac{\omega_y - 2\pi k}{D}}) \tag{7-5}$$

式(7-5)在主值频率区间变为

$$Y(\mathrm{e}^{\mathrm{j}\omega_y}) = \frac{1}{D}H_D(\mathrm{e}^{\mathrm{j}\frac{\omega_y}{D}})X(\mathrm{e}^{\mathrm{j}\frac{\omega_y}{D}}) \tag{7-6}$$

（2）按整数因子 I 内插

按照整数因子 I 对 $x(n)$ 内插的原理框图如图 7-2 所示。

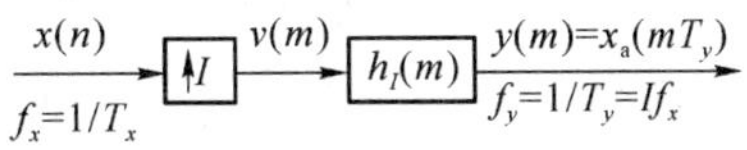

图 7-2

按整数因子 I 内插器的功能是把输出端信号采样频率 f_y 降为输入端信号采样频率 f_x 的 I 倍，即 $f_y = If_x$。

虽然经过整数倍零值内插使采样率升高 I 倍不会引起新的频谱混叠失真，但是会产生 $I-1$ 个镜像频谱（如图 7-3(b)所示）。从时域考虑，零值内插器输出 $v(m)$ 的两个非零值之间有 $I-1$ 个零样值，不是所期望的提高采样率后的采样序列 $y(m)$。为得到 $y(m)$，必须用低通滤波器滤除镜像频谱。将零值内插器输出信号 $v(m)$ 的频谱除了 $y(m)$ 频谱以外的其他频谱称为镜像频谱。

根据采样恢复理论，当采样频率提高到 f_y 时，采样信号序列 $y(m)$ 的频谱以 f_y 为周期。而输入端信号 $x(n)$ 的采样频率为 f_x，所以 $x(n)$ 的频带宽度不会超过 $f_x/2$（对应的数字频率为 π）。因此，整数因子 I 内插器输出信号 $y(n)$ 的频谱一定是带宽不大于 $f_x/2$、重复周期为

f_y 的周期谱。镜像频谱滤波器的作用就是让 $y(m)$ 频谱尽量无失真地通过,滤除 $v(m)$ 中的镜像频谱。当 $I=3$ 时,图 7-2 中各点信号的频谱示意图如图 7-3 所示。

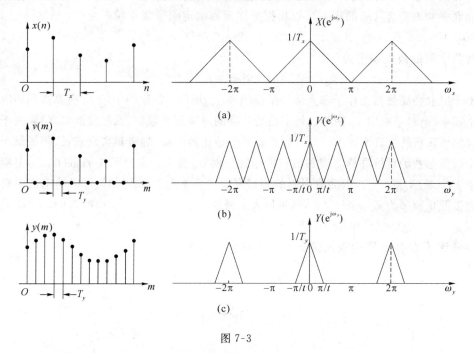

图 7-3

综上所述,镜像频谱滤波器的阻带截止频率

$$f_s = f_x/2 \tag{7-7}$$

相应的数字阻带截止频率为

$$\omega_s = \frac{2\pi f_s}{f_y} = \frac{2\pi f_x/2}{I f_x} = \frac{\pi}{I} \tag{7-8}$$

由于镜像频谱滤波器工作于输出信号采样频率 f_y,所以,式(7-8)中用 f_y 换算得到相应的数字截止频率(不能用 f_x 换算)。与抗混叠滤波器情况类似,镜像频谱滤波器的 ω_p(或过渡带宽度)和 α_p 取决于内插系统对有用信号频谱的保真度要求,而 α_s 取决于内插系统对镜像高频干扰的限制指标。理想情况下,镜像频谱滤波器的频率响应函数为

$$H_I(e^{j\omega_y}) = \begin{cases} I & 0 \leqslant |\omega_y| \leqslant \pi/I \\ 0 & \pi/I \leqslant |\omega_y| \leqslant \pi \end{cases} \tag{7-9}$$

通带内幅度常数取 I 是为了确保在 $m=0, \pm I, \pm 2I, \pm 3I, \cdots$ 时,输出序列 $y(m)=x(m/I)$。

整数因子 I 内插系统的时域输入输出关系式如下:

$$y(m) = v(m) * h_I(m) = \sum_{k=-\infty}^{\infty} h_I(m-k)v(k) \tag{7-10}$$

因为除了在 I 的整数倍点 $v(kI)=x(k)$ 以外,$v(k)=0$,所以

$$y(m) = \sum_{k=-\infty}^{\infty} h_I(m-k)x(k) \tag{7-11}$$

变换域输入输出关系式

$$V(z) = \sum_{m=-\infty}^{\infty} v(m) z^{-m} = \sum_{m=-\infty}^{\infty} v(mI) z^{-mI} = \sum_{m=-\infty}^{\infty} x(m) z^{-mI} = X(z^I) \tag{7-12}$$

计算单位圆上的 $V(z)$ 得到 $v(m)$ 的频谱为

$$V(e^{j\omega}) = V(z) \big|_{z=e^{j\omega}} = X(e^{j\omega}) \tag{7-13}$$

$$Y(z) = H_I(z)V(z) = H_I(z)X(z^I) \tag{7-14}$$

$$Y(e^{j\omega}) = H_I(e^{j\omega})V(e^{j\omega}) = H_I(e^{j\omega})X(e^{jI\omega}) \tag{7-15}$$

理想情况下，$H_I(e^{j\omega})$ 由式(7-9)确定，所以

$$Y(e^{j\omega}) = \begin{cases} IX(e^{jI\omega}) & 0 \leqslant |\omega_y| \leqslant \pi/I \\ 0 & \pi/I \leqslant |\omega_y| \leqslant \pi \end{cases} \tag{7-16}$$

（3）按有理数因子 I/D 采样率转换系统

按有理数因子 I/D 采样率转换的原理框图如图 7-4 所示。

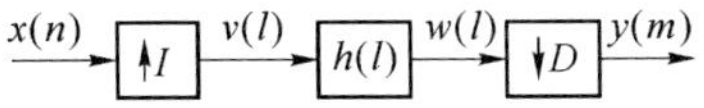

$$x(n) \rightarrow \boxed{\uparrow I} \xrightarrow{v(l)} \boxed{h(l)} \xrightarrow{w(l)} \boxed{\downarrow D} \rightarrow y(m)$$

图 7-4

按有理数因子 I/D 采样率转换系统的功能是首先对输入序列 $x(n)$ 按整数因子 I 内插，然后再对内插器的输出序列按整数因子 D 抽取，达到按有理数因子 I/D 的采样率转换。仍用 $f_x = 1/T_x$ 和 $f_y = 1/T_y$ 分别表示输入序列 $x(n)$ 和输出序列 $y(m)$ 的采样频率，则 $f_y = (I/D)f_x$。根据采样原理容易理解，先内插后抽取才能最大限度地保留输入序列的频谱成分。

图 7-4 中滤波器 $h(l)$ 同时完成镜像滤波和抗混叠滤波功能。所以，理想情况下，滤波器 $h(l)$ 是理想低通滤波器，其频率响应为

$$H(e^{j\omega}) = \begin{cases} I & 0 \leqslant |\omega| < \min[\pi/I, \pi/D] \\ 0 & \min[\pi/I, \pi/D] \leqslant |\omega| \leqslant \pi \end{cases} \tag{7-17}$$

图 7-4 中各点信号的时域表示式如下。

零值内插器输出序列为

$$v(l) = \begin{cases} x(l/I) & l = 0, \pm I, \pm 2I, \pm 3I, \cdots \\ 0 & \text{其他} \end{cases} \tag{7-18}$$

线性滤波器输出序列为

$$w(l) = \sum_{k=-\infty}^{\infty} h_I(l-k)v(k) = \sum_{k=-\infty}^{\infty} h(l-kI)x(k) \tag{7-19}$$

整数因子 D 抽取器输出序列 $y(m)$ 为

$$y(m) = w(Dm) = \sum_{k=-\infty}^{\infty} h(Dm-kI)x(k) \tag{7-20}$$

式(7-20)就是有理数因子 I/D 采样率转换系统的输入输出时域关系。如果线性滤波器用 FIR 滤波器实现，则式(7-20)为有限项之和，可以直接按该式编程计算输出序列 $y(m)$。当然，也可以用各种高效实现结构通过硬件或软硬件结合来实现。

例 7-1　多采样率信号重建系统分析。图 7-5 为一多采样率信号重建系统，利用 H_0 和 H_1 对输入信号 $x(n)$ 进行分解，用 G_0 和 G_1 重建输出信号。其中 H_0 和 G_0 是低通滤波器，

H_1 和 G_1 是高通滤波器。要求：

（1）试写出图 7-5 中各处信号的相互关系。

（2）如果 $Y(z)=Cz^{-k}X(z)$，则可以说该滤波器组实现了对输入信号的准确重建。试讨论四个滤波器应满足怎样的约束关系（关系可能不唯一），才能实现准确重建。

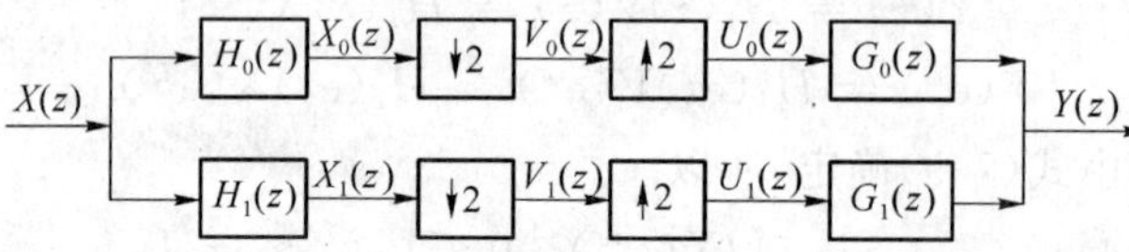

图 7-5

解：(1) 图 7-5 各处信号的相互关系如下

$$X_0(z)=H_0(z)X(z), \quad X_1(z)=H_1(z)X(z)$$

由式(7-4)得到

$$
\begin{aligned}
V_0(z) &= \frac{1}{2}\sum_{k=0}^{1} H_0(\mathrm{e}^{-\mathrm{j}2\pi k/2} z^{1/2}) X(\mathrm{e}^{-\mathrm{j}2\pi k/2} z^{1/2}) \\
&= \frac{1}{2}\left[H_0(z^{1/2})X(z^{1/2}) + H_0(-z^{1/2})X(-z^{1/2}) \right]
\end{aligned}
$$

同理，可得

$$
\begin{aligned}
V_1(z) &= \frac{1}{2}\sum_{k=0}^{1} H_1(\mathrm{e}^{-\mathrm{j}2\pi k/2} z^{1/2}) X(\mathrm{e}^{-\mathrm{j}2\pi k/2} z^{1/2}) \\
&= \frac{1}{2}\left[H_1(z^{1/2})X(z^{1/2}) + H_1(-z^{1/2})X(-z^{1/2}) \right]
\end{aligned}
$$

由式(7-12)，得到

$$U_0(z)=V_0(z^2), \quad U_1(z)=V_1(z^2)$$

将 $V_0(z)$ 和 $V_1(z)$ 代入上式，得

$$U_0(z)=V_0(z^2)=\frac{1}{2}\left[H_0(z)X(z) + H_0(-z)X(-z) \right]$$

$$U_1(z)=V_1(z^2)=\frac{1}{2}\left[H_1(z)X(z) + H_1(-z)X(-z) \right]$$

由图 7-5 可知 $Y(z)=G_0(z)U_0(z)+G_1(z)U_1(z)$，于是

$$Y(z)=\frac{1}{2}G_0(z)\left[H_0(z)X(z) + H_0(-z)X(-z) \right] + \frac{1}{2}G_1(z)\left[H_1(z)X(z) + H_1(-z)X(-z) \right]$$

令 $x(n)=\delta(n)$，$X(z)=1$，则上式简化为

$$Y(z)=\frac{1}{2}G_0(z)\left[H_0(z) + H_0(-z) \right] + \frac{1}{2}G_1(z)\left[H_1(z) + H_1(-z) \right]$$

为实现准确重建要求，必须满足 $Y(z)=Cz^{-k}X(z)=Cz^{-k}$，所以四个滤波器应满足约束关系

$$G_0(z)\left[H_0(z) + H_0(-z) \right] + G_1(z)\left[H_1(z) + H_1(-z) \right] = Cz^{-k}$$

其频率响应应满足

$$G_0(\mathrm{e}^{\mathrm{j}\omega})\left[H_0(\mathrm{e}^{\mathrm{j}\omega}) + H_0(-\mathrm{e}^{\mathrm{j}\omega}) \right] + G_1(\mathrm{e}^{\mathrm{j}\omega})\left[H_1(\mathrm{e}^{\mathrm{j}\omega}) + H_1(-\mathrm{e}^{\mathrm{j}\omega}) \right] = C\mathrm{e}^{-\mathrm{j}\omega k}$$

因为 $-\mathrm{e}^{\mathrm{j}\omega}=\mathrm{e}^{\mathrm{j}(\omega-\pi)}=\mathrm{e}^{\mathrm{j}(\omega+\pi)}$，所以

$$G_0(\mathrm{e}^{\mathrm{j}\omega})\left[H_0(\mathrm{e}^{\mathrm{j}\omega}) + H_0(\mathrm{e}^{\mathrm{j}(\omega-\pi)}) \right] + G_1(\mathrm{e}^{\mathrm{j}\omega})\left[H_1(\mathrm{e}^{\mathrm{j}\omega}) + H_1(\mathrm{e}^{\mathrm{j}(\omega-\pi)}) \right] = C\mathrm{e}^{\mathrm{j}\omega k}$$

对上式取模,得到四个滤波器幅频特性应满足的约束关系是

$$|G_0(e^{j\omega})[H_0(e^{j\omega})+H_0(e^{j(\omega-\pi)})]+G_1(e^{j\omega})[H_1(e^{j\omega})+H_1(e^{j(\omega-\pi)})]|=C$$

7.3　采样率转换系统的高效实现

采样率转换系统的实现有直接型 FIR 滤波器结构、多相滤波器实现和多级实现三种。工程实际中着重考虑其高效实现问题。采样率转换系统的高效实现就是指其中的 FIR 数字滤波器的高效实现。所谓高效实现是指在满足滤波指标要求的同时,要求:①滤波器的总长度最小;②滤波处理计算复杂度最低;③对滤波器的处理速度要求最低。

工程实际中,一般难以达到上述三个方面同时满足,只能根据实际需要选择某一种,使之达到最佳,或在三者中进行折中。当实际系统的速度要求是关键问题时,应当优先选择对滤波器的处理速度要求最低的实现结构。

7.4　思考题参考解答

1. 试举例说明多采样率技术应用在哪些场合。

答:多采样率技术应用在由多个工作于不同采样率的子系统构成的系统。例如数字电话、电报、传真、语音、视频等电信系统中,均需要与带宽相适应的不同速率处理各种信号,使待处理信号既符合采样定理又减少数据量。

2. 多采样率系统中什么时候需要抗混叠滤波器?何时需要设计镜像滤波器?

答:多采样率系统中进行信号抽取时,由于采样率降低,需要设计抗混叠滤波器。而进行信号内插时,由于采样率提高,需要设计镜像滤波器。

3. 采样系统和内插系统在结构上有什么对应关系?

答:采样系统和内插系统在结构上互为转置关系。

4. 设计抗混叠滤波器时,频率指标应如何确定?

答:设计抗混叠滤波器时,频率指标确定如下:设 $x(n)$ 是对模拟信号 $x_a(t)$ 以速率 f_x(f_x 满足采样定理)采样得到的信号,$X(e^{j\omega})$ 是其频谱,则在频率区间 $0\leqslant|\omega|\leqslant\pi$(对应的模拟频率区间为 $|f|\leqslant f_x/2$),$X(e^{j\omega})$ 是非零的。为了避免频谱混叠,先用抗混叠低通滤波器 $h_D(n)$ 对 $x(n)$ 进行抗混叠低通滤波,将 $x(n)$ 的有效频带限制在折叠频率 $f_x/2D$(等效的数字频率为 π/D rad)以内,最后再按整数因子 D 对 $x(n)$ 进行抽取得到序列 $y(m)$,$y(m)$ 的采样频率为 $f_y=f_x/D$。这样,$y(m)$ 就保留了 $x(n)$ 的 $0\leqslant|\omega|\leqslant\pi/D$ 频谱成分,因此不存在频谱混叠。即阻带截止频率应满足 $\omega_s=\pi/D$ 的要求。

5. 设计镜像滤波器时,频率指标应如何确定?

答:设计镜像滤波器时,频率指标应满足阻带截止频率 $\omega_s=\pi/I$ 的要求。理由请参考文

献[1]7.3节。

6. 为什么多采样率转换系统一般采用 FIR 系统设计,而不用 IIR 系统?

答:根据文献[1]7.1～7.4节的讨论,采样率转换的问题转换为抗混叠滤波器和镜像滤波器的设计问题。而 FIR 滤波器具有绝对稳定、容易实现线性相位特性特别是容易实现高效结构等突出优点,因此采样率转换滤波器多采用 FIR 滤波器实现,一般不用 IIR 滤波器。

7. 说明多相滤波器组的工作原理。其系统实现有什么特点?

答:多相滤波器组由 K 个长度为 $N=M/K(K=D$ 或 $I)$ 的子滤波器构成,且 K 个子滤波器轮流分时工作。

8. 说明采样率转换系统的多级实现系统的工作原理。其实现有什么特点?

答:采样系统和内插系统在结构上互为转置关系。

其实现特点是对于总长度 M 满足 $M=NI$ 的 FIR 滤波器,按整数因子 I 内插系统的高效 FIR 滤波器结构可以用一组较短的多相滤波器组实现。

9. 按有理数因子 I/D 的采样率转换是如何实现的?

答:其基本设计思想就是尽量使 FIR 滤波器运行于最低采样速率,FIR 滤波器实现结构分别基于按整数因子 I 内插系统的高效 FIR 滤波器结构与按整数因子 D 抽取系统的高效 FIR 滤波器结构进行设计。当 $I>D$ 时,$f_y>f_x$,应将直接型 FIR 结构与 $\uparrow I$ 用整数因子 I 内插系统的高效 FIR 滤波器结构代替。反之,$I<D$ 时,$f_y<f_x$,应将直接型 FIR 结构与后面的 $\downarrow D$ 用整数因子 D 抽取系统的高效 FIR 滤波器结构代替。如果采用线性相位 FIR 滤波器,则用相应的线性相位 FIR 滤波器的高效内插结构或高效抽取结构实观。

10. 从本质上说,采样率转换 FIR 滤波器设计与一般 FIR 滤波器设计有何异同点?

答:从本质上说,采样率转换 FIR 滤波器设计与一般 FIR 滤波器设计相同,但在具体设计时要考虑系统的特点,采用高效实现结构。

7.5 练习题参考解答

1. 设信号 $x(n)=a^n u(n)$,$|a|<1$。要求:

(1) 计算 $x(n)$ 的频谱函数 $X(e^{j\omega})=\mathrm{FT}[x(n)]$。

(2) 按因子 $D=2$ 对 $x(n)$ 抽取得到 $y(m)$,计算 $y(m)$ 的频谱函数 $Y(e^{j\omega})$。

(3) 证明 $y(m)$ 的频谱函数 $Y(e^{j\omega})$ 就是 $x(2n)$ 的频谱函数,即 $Y(e^{j\omega})=\mathrm{FT}[x(2n)]$。

解:(1) $X(e^{j\omega})=\mathrm{FT}[x(n)]=\sum\limits_{n=0}^{\infty}a^n e^{-j\omega n}=\dfrac{1}{1-ae^{-j\omega}}$。

(2) 根据式(7-5)可知

$$Y(e^{j\omega_y})=\frac{1}{D}\sum_{k=0}^{D-1}H_D(e^{j(\frac{\omega_y-2\pi k}{D})})X(e^{j(\frac{\omega_y-2\pi k}{D})})=\frac{1}{2}\left[X(e^{j\frac{\omega_y}{2}})+X(e^{j(\frac{\omega_y-2\pi}{2})})\right]$$

$$=\frac{1}{2}\left[\frac{1}{1-ae^{-j\omega_y/2}}+\frac{1}{1-ae^{-j(\omega_y/2-\pi)}}\right]$$

(3) $\mathrm{FT}[x(2n)]=\sum\limits_{n=-\infty}^{\infty}a^n e^{-j\omega n}=\frac{1}{2}\sum\limits_{n=-\infty}^{\infty}[x(n)+(-1)^n x(n)]e^{-j\omega n/2}$

$$= \frac{1}{2} \sum_{n=-\infty}^{\infty} \left[x(n) e^{-j\omega n/2} + x(n) e^{-j(\omega/2-\pi)n} \right]$$

$$= \left[X(e^{j\omega/2}) + X(e^{j(\omega/2-\pi)}) \right] = Y(e^{j\omega})$$

2. 设信号 $x(n)$ 及其频谱 $X(e^{j\omega})$ 如图 7-6 所示。

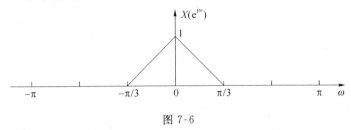

图 7-6

（1）构造信号 $x_s(n) = \begin{cases} x(n) & n=0, \pm 2, \pm 4, \cdots \\ 0 & n=\pm 1, \pm 3, \pm 5, \cdots \end{cases}$。计算 $x_s(n)$ 的傅里叶变换并将其绘图表示，判断是否能由 $x_s(n)$ 恢复 $x(n)$，给出恢复的方法。

（2）若按因子 $D=2$ 对 $x(n)$ 抽取，得到信号 $y(m)=x(2m)$。说明抽取过程中是否丢失了信息。

解：（1） $X_s(e^{j\omega}) = \sum_{n=-\infty}^{\infty} x_s(n) e^{-j\omega n} = \frac{1}{2} \sum_{n=-\infty}^{\infty} \left[x(n) + (-1)^n x(n) \right] e^{-j\omega n}$

$$= \frac{1}{2} \sum_{n=-\infty}^{\infty} \left[x(n) e^{-j\omega n} + x(n) e^{-j(\omega-\pi)n} \right]$$

$$= \frac{1}{2} \left[X(e^{j\omega}) + X(e^{j(\omega-\pi)}) \right]$$

$X_s(e^{j\omega})$ 如图 7-7 所示。从图中可见，对 $x_s(n)$ 进行低通滤波即可恢复 $x(n)$，低通滤波器通带截止频率在频率区间 $[\pi/3, 2\pi/3]$ 上都可以。

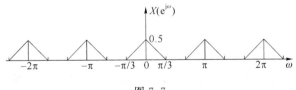

图 7-7

（2）由式（7-5）可知，按因子 $D=2$ 对 $x(n)$ 抽取，得到信号 $y(m)=x(2m)$，会丢失原信号 $x(n)$ 中 $|\omega| \geqslant \pi/D$ 的频率成分信息。

本题中 $D=2$，而 $x(n)$ 的带宽为 $\pi/3$，所以抽取过程中不会丢失信息。

3. 按整数因子 D 抽取器原理框图如图 7-1 所示，其中 $f_x=1 \text{ kHz}$，$f_y=250 \text{ Hz}$，输入序列 $x(n)$ 的频谱如图 7-8 所示。确定抽取因子 D，并画出图 7-1 中理想低通滤波器 $h_D(n)$ 的频率响应特性曲线和序列 $v(n)$、$y(m)$ 的频谱特性曲线。

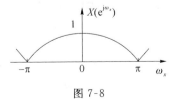

图 7-8

解:抽取因子 $D=f_x/f_y=1\,000/250=4$。图 7-4 中理想低通滤波器 $h_D(n)$ 的频率响应特性曲线、序列 $v(n)$ 和 $y(m)$ 的频谱特性曲线分别如图 7-9(a)、(b)和(c)所示。

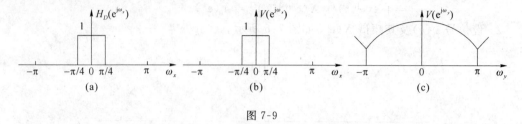

图 7-9

4. 按整数因子 I 内插器原理框图如图 7-2 所示,其中 $f_x=200$ Hz, $f_y=1$ kHz,输入序列 $x(n)$ 的频谱如图 7-8 所示。确定内插因子 I,并绘制图 7-2 中理想低通滤波器 $h_I(n)$ 的频率响应特性曲线和序列 $v(n)$、$y(m)$ 的频谱特性曲线。

解:内插因子 $I=f_y/f_x=1\,000/200=5$。图 7-12 中序列 $v(n)$、理想低通滤波器 $h_I(n)$ 的频率响应特性曲线和 $y(m)$ 的频谱特性曲线分别如图 7-10(a)、(b)和(c)所示。

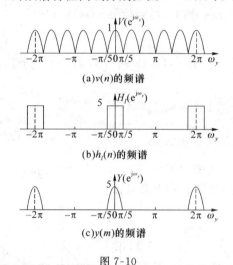

(a)$v(n)$的频谱

(b)$h_I(n)$的频谱

(c)$y(m)$的频谱

图 7-10

5. 设计一个抽取因子 $D=5$ 的抽取器。用 remez 函数设计抗混叠 FIR 滤波器,其通带最大衰减为 1 dB,阻带最小衰减为 30 dB,过渡带宽度为 0.076π。要求绘图表示滤波器的单位脉冲响应和损耗函数,并确定实现抽取器的多相结构和相应的多相滤波器的单位脉冲响应。

解:由式

$$\omega_s=2\pi f_s/f_x$$

得到抗混叠 FIR 滤波器的阻带截止频率为 $\pi/5$。要求过渡带宽度为 0.076π,所以通带截止频率为 $\pi/5-0.056\pi=0.124\pi$。

题目要求通带最大衰减为 1 dB,阻带最小衰减为 30 dB。调用 MATLAB 滤波器设计函数 remezord 和 remez,设计该滤波器的参考程序如下:

```
f = [0.124,1/5];                    %输入归一化边界频率
m = [1,0];
rp = 1;rs = 30;                     %输入滤波器指标
dat1 = (10^(rp/20) - 1)/(10^(rp/20) + 1);dat2 = 10^( - rs/20);
```

```
rip = [dat1,dat2];
[M,fo,mo,w] = remezord(f,m,rip);M = M + 1;
hn = remez(M,fo,mo,w);
% 校验滤波器频率特性
hw = fft(hn,512);
n = 0:M;
subplot(221);stem(n,hn,´.´);
axis([0 40 - 0.05 0.2]);xlabel(´n´);ylabel(´h(n)´);
w = 0:511;w = 2 * w/512;
subplot(222);
plot(w,20 * log10(abs(hw) + eps));grid on;
axis([0 2 - 60 2]);xlabel(´\omega/\pi´);ylabel(´幅度(dB)´);
```

运行程序,得到滤波器长度 $M=32$,取 $M=32=4\times8$ 设计抗混叠 FIR 滤波器,其单位脉冲响应 $h(n)$ 数据如表 7-1 所示。

表 7-1

n	n	$h(n)$	n	n	$h(n)$	n	n	$h(n)$	n	n	$h(n)$
0	31	0.021 0	4	27	−0.013 8	8	23	−0.024 2	12	19	0.085 6
1	30	0.006 5	5	26	−0.023 4	9	22	−0.007 6	13	18	0.118 2
2	29	0.002 8	6	25	−0.030 2	10	21	0.018 2	14	17	0.143 4
3	28	−0.004 3	7	24	−0.031 4	11	20	0.050 5	15	16	0.157 2

根据文献[1]式(7-27)确定多相滤波器实现结构中的 4 个多相滤波器系数如表 7-2 所示。

表 7-2

$p_0(n)$	$h(0)$	$h(4)$	$h(8)$	$h(12)$	$h(16)$	$h(20)$	$h(24)$	$h(28)$
$p_1(n)$	$h(1)$	$h(5)$	$h(9)$	$h(13)$	$h(17)$	$h(21)$	$h(25)$	$h(29)$
$p_2(n)$	$h(2)$	$h(6)$	$h(10)$	$h(14)$	$h(18)$	$h(22)$	$h(26)$	$h(30)$
$p_3(n)$	$h(3)$	$h(7)$	$h(11)$	$h(15)$	$h(19)$	$h(23)$	$h(27)$	$h(31)$

滤波器损耗函数如图 7-11 所示。

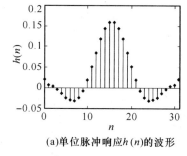

(a)单位脉冲响应$h(n)$的波形

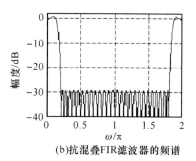

(b)抗混叠FIR滤波器的频谱

图 7-11

6. 设计一个内插因子 $I=2$ 的内插器,用 remez 函数设计抗镜像 FIR 滤波器,其通带最大衰减为 0.5 dB,阻带最小衰减为 30 dB,过渡带宽度为 0.058π。要求绘图表示滤波器的单位脉冲响应和损耗函数,并确定实现抽取器的多相结构和相应的多相滤波器的单位脉冲响应。

解:由文献[1]式(7-7)可得抗混叠 FIR 滤波器的阻带截止频率为 $\pi/I=\pi/2$,通带截止频率为 $\pi/2-0.058\pi=0.442\pi$,通带最大衰减为 0.5 dB,阻带最小衰减为 30 dB。

调用 MATLAB 滤波器设计函数 remezord 和 remez,设计该滤波器的参考程序见本章练习题 5,只需相应语句作如下修改即可:

f = [0.124,1/5];   改为 f = [0.442,0.5];   % 输入归一化边界频率
rp = 1;rs = 30;   改为 rp = 0.5;rs = 30;   % 输入滤波器指标

运行程序得到的滤波器单位脉冲响应 $h(n)$ 和损耗函数如图 7-12(a) 和 (b) 所示。

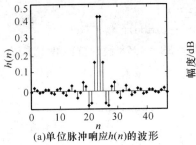
(a)单位脉冲响应$h(n)$的波形

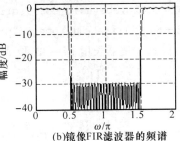
(b)镜像FIR滤波器的频谱

图 7-12

滤波器单位脉冲响应 $h(n)$ 数据如表 7-3 所示。

表 7-3

n	n	$h(n)$	n	n	$h(n)$	n	n	$h(n)$	n	n	$h(n)$
0	47	$-0.003\,9$	6	41	$0.008\,5$	12	35	$-0.022\,7$	18	29	$0.053\,4$
1	46	$0.018\,7$	7	40	$-0.008\,8$	13	34	$0.004\,2$	19	28	$0.025\,5$
2	45	$0.005\,1$	8	39	$-0.012\,3$	14	33	$0.029\,8$	20	27	$-0.079\,9$
3	44	$-0.007\,4$	9	38	$0.008\,4$	15	32	$0.000\,6$	21	26	$-0.067\,1$
4	43	$-0.005\,4$	10	37	$0.017\,0$	16	31	$-0.039\,3$	22	25	$0.168\,5$
5	42	$0.008\,5$	11	36	$-0.007\,0$	17	30	$-0.009\,2$	23	24	$0.429\,3$

调用 remezord 估算得到滤波器长度 $M=56$,所以取滤波器长度 $M=56=7\times8$ 内插器的多相结构如下:

$$p_0(n)=h(nI)=h(2n) \quad n=0,1,\cdots,7 \qquad p_1(n)=h(1+nI)=h(1+2n) \quad n=0,1,\cdots,7$$

$$p_2(n)=h(2+nI)=h(2+2n) \quad n=0,1,\cdots,7 \quad p_3(n)=h(3+nI)=h(3+2n) \quad n=0,1,\cdots,7$$

$$p_4(n)=h(4+nI)=h(4+2n) \quad n=0,1,\cdots,7 \quad p_5(n)=h(5+nI)=h(5+2n) \quad n=0,1,\cdots,7$$

$$p_6(n)=h(6+nI)=h(6+2n) \quad n=0,1,\cdots,7$$

7. 设计一个按因子 2/5 降低采样率的采样率转换器,其中 FIR 低通滤波器通带最大衰减为 0.5 dB,阻带最小衰减为 30 dB,过渡带宽度为 0.061π。要求绘制系统原理框图,设计 FIR 低通滤波器的单位脉冲响应,并给出一种高效实现结构。

解:按因子 2/5 降低采样率的采样率转换器原理框图如图 7-13 所示,图中 $I=2,D=5$。

$$x(n) \longrightarrow \boxed{\uparrow I} \xrightarrow{v(t)} \boxed{h(l)} \xrightarrow{w(l)} \boxed{\downarrow D} \longrightarrow y(m)$$

图 7-13

根据题目要求可知,采样率转换器中 FIR 低通滤波器的技术指标应为阻带截止频率 $\omega_s=\min[\pi/I,\pi/D]=\pi/5$;通带截止频率 $\omega_p=\omega_s--0.06\pi=0.139\pi$;通带最大衰减 $\alpha_p=0.5$ dB,阻带最小衰减 $\alpha_s=30$ dB。

调用 MATLAB 滤波器设计函数 remezord 和 remez,设计该滤波器的参考程序见本章练习题 6,只需相应语句作如下修改即可:

f = [0.124,1/5];   改为 f = [0.14,0.5];   % 输入归一化边界频率

运行程序得到的滤波器单位脉冲响应 $h(n)$ 和损耗函数如图 7-14(a)和(b)所示。

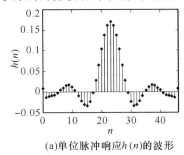
(a)单位脉冲响应$h(n)$的波形

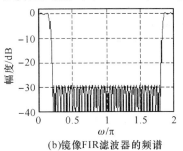
(b)镜像FIR滤波器的频谱

图 7-14

滤波器单位脉冲响应 $h(n)$ 的数据如表 7-4 所示。

表 7-4

n	n	$h(n)$	n	n	$h(n)$	n	n	$h(n)$	n	n	$h(n)$
0	45	0.005 4	6	39	0.007 6	12	33	-0.016 4	18	27	0.046 4
1	44	-0.017 4	7	38	0.013 3	13	32	-0.027 7	19	26	0.085 5
2	43	-0.010 9	8	37	0.016 1	14	31	-0.033 3	20	25	0.122 7
3	42	-0.008 2	9	36	0.014 4	15	30	-0.029 7	21	24	0.151 8
4	41	-0.004 5	10	35	0.007 7	16	29	-0.014 8	22	23	0.167 7
5	40	0.001 0	11	34	-0.003 4	17	28	0.011 4			

调用 remezord 估算得到滤波器长度 $M=46$,所以取滤波器长度 $M=46=2\times23$ 内插器的多相结构如下

$$p_0(n)=h(nI)=h(2n) \quad n=0,1,\cdots,22 \quad p_1(n)=h(1+nI)=h(1+2n) \quad n=0,1,\cdots,22$$

因为 $D>I$,所以只要将图 7-13 中的滤波器 $h(l)$ 和抽取器用文献[1]中图 7-11 替换,就得到直接型 FIR 滤波器高效结构。具体结构图请读者自己画出。

8. 按单级和双级采样率转换器实现结构设计线性相位 FIR 低通滤波器,其通频带为 $0\leqslant f\leqslant60$ Hz,通带波纹 $\delta_1=0.1$,过渡带为 60 Hz $\leqslant f\leqslant65$ Hz,阻带波纹 $\delta_2=10^{-3}$。输入信号 $x(n)$ 采样频率 $f_s=10$ kHz。要求尽可能降低采样率,试确定采样率转换因子,并设计 FIR 低通滤波器的单位脉冲响应。

解:已知输入信号采样频率 $f_x=10$ kHz,因为 FIR 低通滤波器的阻带截止频率 65 Hz,所以

输出信号的最低采样频率 $f_y=2\times65=130$ Hz,采样率转换因子为 $\dfrac{f_y}{f_x}=\dfrac{130}{10\,000}=\dfrac{13}{1\,000}=\dfrac{I}{D}$。由于 $f_x>f_y$,所以其中的 FIR 低通滤波器应当与后面的抽取器结合实现,即单极按照文献[1]中图 7-11 实现,双极按照主文献[1]图 7-16 实现。

① 一级直接抽取实现

根据题意,输入信号采用频率 $f_x=10$ kHz,FIR 滤波器工作频率为 $f_T=If_x=13\times1\,000$ Hz$=13\,000$ Hz。滤波器通带截止频率 $f_p=60$ Hz,阻带截止频率 $f_s=65$ Hz,通带纹波 $\delta_1=0.1$,阻带带波纹 $\delta_2=10^{-3}$。用等波纹最佳逼近法设计,调用函数 remezord 设计滤波器参考计算程序如下:

```
fp = 60;fs = 65;Fs = 130000;                    % 输入滤波器指标
d1 = 0.1;d2 = 0.001;
f = [fp,fs];a = [1,0];dat = [d1,d2];
[N,Fo,Ao,w] = remezord(f,a,dat,Fs);             % N 为一级直接抽取滤波器长度
```

经过计算得到滤波器长度为 $N=46\,526$。

② 二级实现

$D=1\,000=100\times10$,$D_1=100$,$D_2=10$,根据文献[1]中式(7-37)和式(7-38)计算第一级滤波器指标。经过 $I=13$ 的内插后采样频率 $f_I=13\times1\,000$ Hz$=13\,000$ Hz,所以第一级抽取后采样频率为 $f_1=13\,000/D_1=13\,000/100$ Hz$=130$ Hz,通带截止频率为 $f_{p1}=f_p=60$ Hz,阻带截止频率为 $f_{s1}=f_1-f_s=(1\,300-65)$ Hz$=1\,235$ Hz。

用文献[1]中式(7-37)和式(7-38)可以计算出对应的数字边界频率如下:通带截止频率 $\omega_{p1}=2\pi f_{p1}/f_1=9.230\,8\times10^{-4}\pi$ rad,阻带截止频率 $\omega_{s1}=\dfrac{2\pi}{D_1}-\dfrac{2\pi f_s}{f_I}=0.019\pi$ rad 通带波纹 $\delta_{11}=\delta_1/2=0.05$,阻带波纹 $\delta_{12}=\delta_1=10^{-3}$。

第二级抽取后采样频率为 $f_2=f_y=130$ Hz。第二级滤波器指标如下:通带截止频率为 $f_{p2}=f_p=60$ Hz,阻带截止频率 $f_{s2}=f_s=65$ Hz,通带波纹 $\delta_{21}=\delta_1/2=0.05$,阻带波纹 $\delta_{12}=\delta_1=10^{-3}$。

调用函数 remezord 计算出第一级滤波器长度为 $N_1=224$,第二级滤波器长度为 $N_2=526$,两级实现滤波器总长度 $N_1+N_2=750$,与单级实现相比较,滤波器长度仅为单级实现的 1.61%。调用函数 remezord 设计滤波器的二级实现参考计算程序如下:

```
fp = 60;fs = 65;Fs = 130000;                    % 输入滤波器指标
d1 = 0.1;d2 = 0.001;
% D1 = 100;D2 = 10 的情况:
D1 = 100;F1 = Fs/D1;fs1 = F1 - fs
f = [fp,fs1];a = [1,0];dat = [d1/2,d2];         % 第一级滤波器指标
[N1,Fo,Ao,w] = remezord(f,a,dat,Fs);            % 第一级滤波器长度 N1
h1n = remez(N1,Fo,Ao,w);                        % 计算第一级滤波器单位脉冲响应 h1(n)
f = [fp,fs];a = [1,0];dat = [d1/2,d2];          % 第二级滤波器指标
[N2,Fo,Ao,w] = remezord(f,a,dat,F1);N2          % 第二级滤波器长度 N2
h2n = remez(N2,Fo,Ao,w);                        % 计算第二级滤波器单位脉冲响应 h2(n)
SUM = N1 + N2;                                  % 两级滤波器总长度
```

```
% 绘制一级滤波器特性
n = 0:N1;subplot(221);plot(n,h1n);    % 为了便于观察,画出的是一级滤波器 h1n 的包络曲线
axis([0 N1 0 0.008]);grid
xlabel('n');ylabel('h1(n)');
[hf1,f] = freqz(h1n,1,1024,Fs);
subplot(222);plot(f,20 * log10(abs(hf1) + eps));
axis([0 4000 - 80 5]);grid on
xlabel('f(Hz)');ylabel('20lg|H1(f)|');
% 绘制二级滤波器特性
n = 0:N2;subplot(223);plot(n,h2n);    % 为了便于观察,画出的是二级滤波器 h2n 的包络曲线
axis([0 N2 - 0.025 0.1]);grid on
xlabel('n');ylabel('h2(n)');
[hf2,f] = freqz(h2n,1,1024,F1);
subplot(224);plot(f,20 * log10(abs(hf2) + eps));
axis([0 150 - 80 5]);grid on
xlabel('f(Hz)');ylabel('20lg|H2(f)|');
```

第一、二级滤波器的单位脉冲响应的包络曲线分别如图 7-15(a)和(c)所示,相应的损耗函数曲线分别如图 7-15(b)和(d)所示。由于单位脉冲响应太长,请读者运行程序,查看滤波器单位脉冲响应序列数据表。

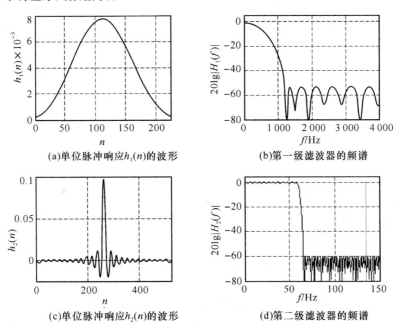

(a)单位脉冲响应$h_1(n)$的波形　　(b)第一级滤波器的频谱

(c)单位脉冲响应$h_2(n)$的波形　　(d)第二级滤波器的频谱

图 7-15

另外,请读者对抽取因子 $1\,000 = D_1 \times D_2$ 的不同分解进行计算,比较各种分解的实现效率。

9. 设计一个抽取因子 $D=100$ 的两级抽取器，其中的线性相位 FIR 低通滤波器的通频带为 $0 \leqslant f \leqslant 45$ Hz，通带波纹 $\delta_1 = 0.1$，过渡带为 45 Hz $\leqslant f \leqslant 50$ Hz，阻带波纹 $\delta_2 = 10^{-3}$。要求给出一种高效实现结构。假设输入信号采样频率 $f_s = 10$ kHz。

解：本题求解方法和程序与练习题 8 基本相同，只需调整几个设计参数。有关参数如下：输入信号采样频率 $f_s = f_x = 10$ kHz，抽取因子 $D = 100$，通带边界频率 $f_p = 45$ Hz，通带波纹 $\delta_1 = 0.1$，阻带截止频率 $f_s = 50$ Hz，阻带波纹 $\delta_2 = 10^{-3}$。

抽取因子分解为 $D = 100 = 25 \times 4 = D_1 \times D_2$，$D_1 = 25$，$D_2 = 4$。两级抽取器中的线性相位 FIR 低通滤波器设计参考程序如下：

```
fp = 45;fs = 50;Fs = 10000;                    % 输入滤波器指标
D1 = 25;F1 = Fs/D1;fs1 = F1 - fs
d1 = 0.1;d2 = 0.001;
% D1 = 25;D2 = 4 的情况:
f = [fp,fs1];a = [1,0];dat = [d1/2,d2];        % 第一级滤波器指标
[N1,Fo,Ao,w] = remezord(f,a,dat,Fs);N1 = N1 + 3; % 第一级滤波器长度 N1
h1n = remez(N1,Fo,Ao,w);                        % 计算第一级滤波器单位脉冲响应 h1(n)
f = [fp,fs];a = [1,0];dat = [d1/2,d2];         % 第二级滤波器指标
[N2,Fo,Ao,w] = remezord(f,a,dat,F1);N2 = N2 + 4; % 第二级滤波器长度 N2
h2n = remez(N2,Fo,Ao,w);                        % 计算第二级滤波器单位脉冲响应 h2(n)
% 绘制一级滤波器特性
n = 0:N1;subplot(221);stem(n,h1n,'.');
axis([0 N1 0 0.031]);grid
xlabel('n');ylabel('h1(n)');
[hf1,f] = freqz(h1n,1,1024,Fs);
subplot(222);plot(f,20 * log10(abs(hf1) + eps));
axis([0 600 - 80 5]);grid on
xlabel('f(Hz)');ylabel('20lg|H1(f)|');
% 绘制二级滤波器特性
n = 0:N2;subplot(223);stem(n,h2n,'.');
axis([0 N2 - 0.06 0.25]);grid on
xlabel('n');ylabel('h2(n)');
[hf2,f] = freqz(h2n,1,1024,F1);
subplot(224);plot(f,20 * log10(abs(hf2) + eps));
axis([0 80 - 80 5]);grid on
xlabel('f(Hz)');ylabel('20lg|H2(f)|');
```

执行程序可得第一、二级滤波器长度分别为 $N_1 = 69$、$N_2 = 166$，两级滤波器总长度 $N_1 + N_2 = 235$，第一、二级滤波器的单位脉冲响应分别如图 7-16(a) 和 (c) 所示，相应的损耗函数曲线分别如图 7-16(b) 和 (d) 所示。

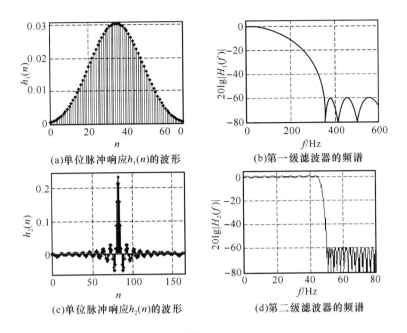

(a)单位脉冲响应$h_1(n)$的波形　　　(b)第一级滤波器的频谱

(c)单位脉冲响应$h_2(n)$的波形　　　(d)第二级滤波器的频谱

图 7-16

10. 设以采样频率 $f_x = 9$ kHz 采样模拟信号 $x_a(t)$ 所得信号为 $x(n)$。为了减少数据量,只保留 $0 \le f \le 2.5$ kHz 的低频信息,希望尽可能降低采样频率,试设计采样率转换器。要求经过采样率转换器后,在频带 $0 \le f \le 2.45$ kHz 中频谱失真不小于 1 dB,频谱混叠不超过 1%。

(1) 确定满足要求的最低采样频率 f_y 和相应的采样率转换因子。

(2) 画出采样率转换器原理框图。

(3) 确定采样率转换器中 FIR 低通滤波器的技术指标,假设用等波纹最佳逼近法设计 FIR 低通滤波器,试绘制滤波器的损耗函数曲线,并标出通带截止频率、阻带截止频率、通带最大衰减和阻带最小衰减等指标参数。

解:(1)根据时域采样定理,满足要求的最低采样频率 $f_y = 2.5 \times 2$ kHz $= 5$ kHz,相应的采样率转换因子 $f_y/f_x = 5/9, I = 5, D = 9$。

(2) 采样率转换器原理如图 7-17 所示。

$$x(n) \longrightarrow \boxed{\uparrow I} \xrightarrow{v(t)} \boxed{h(l)} \xrightarrow{w(l)} \boxed{\downarrow D} \longrightarrow y(m)$$

图 7-17

(3) 按照题目要求,采样率转换器中 FIR 低通滤波器的技术指标应如下:通带截止频率 $\omega_p = 2\pi f_{p1}/(If_x) = 2\pi \times 2\,450/(5 \times 9\,000) = 49\pi/450$,阻带截止频率 $\omega_{s1} = \min[\pi/I, \pi/D] = \pi/9$ rad;按照在频带 $0 \le f \le 2.45$ kHz 中频谱失真不小于 1 dB 的要求,通带最大衰减 $\alpha_p = 1$ dB,阻带最小衰减 $\alpha_s = -20\lg(\alpha_p) = 40$ dB。

11. 要求通带截止频率为 1 kHz,通带波纹为 1%,阻带波纹为 1%,试设计一个单级抽取器,将采样率从 60 kHz 降到 3 kHz,抗混叠 FIR 滤波器采用等波纹最佳逼近法设计。若分别以滤波器总长度和每秒所需的乘法次数作为计算复杂度的度量,试计算该抽取器的计算复杂度。

解:按照题意,输入信号采样率从 60 kHz 降到 3 kHz,输出信号采样频率 $f_y = 3$ kHz。因此,抽取因子 $D = f_x/f_y = 60/3 = 20$。抽取器按照文献[1]图 7-11 的结构实现。

按照题意,采用一级直接抽取的抗混叠滤波器的技术指标如下:通带截止频率 $f_p = 1$ kHz,阻带截止频率 $f_s = f_y/2 = 1.5$ kHz;通带纹波 $\delta_1 = 0.01$,阻带纹波 $\delta_2 = 0.01$。用等纹波最佳逼近设计法,调用函数 remezord 和 remez 设计抗混叠滤波器的参考程序如下:

```
fp = 1000;fs = 1500;Fs = 60000;          % 输入滤波器指标
d1 = 0.01; d2 = d1;
f = [fp,fs];a = [1,0];dat = [d1,d2];      % 滤波器指标
[N,Fo,Ao,w] = remezord(f,a,dat,Fs);       % 滤波器长度 N
hn = remez(N,Fo,Ao,w);                    % 计算滤波器单位脉冲响应 h(n)
% 绘制一级滤波器特性
n = 0:N;subplot(221);stem(n,hn,'.');
axis([0 N - 0.01 0.045]);grid
xlabel('n');ylabel('h(n)');
[hf,f] = freqz(hn,1,1024,Fs);
subplot(222);plot(f,20 * log10(abs(hf) + eps));
axis([0 3000 - 60 5]);grid on
xlabel('f(Hz)');ylabel('20lg|H(f)|');
```

执行程序可得滤波器长度为 $N = 234$,滤波器的单位脉冲响应及其损耗函数曲线分别如图 7-18(a)和(b)所示。

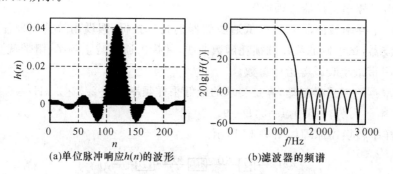

(a)单位脉冲响应$h(n)$的波形　　　　(b)滤波器的频谱

图 7-18

若以滤波器总长度作为计算复杂度的度量,则该滤波器的计算复杂度为 234;若以每秒所需的乘法次数作为计算复杂度的度量,并考虑线性相位 FIR 结构的高效实现,则该滤波器的计算复杂度为 $234 f_y/2 = 351\,000$。

12. 用两极实现结构设计练习题 11 中的抽取器,试设计具有最小计算复杂度的设计方案,比较两级实现与单级实现的计算复杂度,并给出两级滤波器单位脉冲响应及其损耗函数曲线。

解:用两级滤波器实现 $D = 20 = D_1 \times D_2$,$D_1 = 10$,$D_2 = 2$。第一级滤波器指标为

$$f_s = 60\,000\ \text{Hz}, f_1 = 60\,000/D_1 = 6\,000\ \text{Hz}$$

通带截止频率 $f_{p1} = 1\ \text{kHz}$,阻带截止频率 $f_{s1} = F_1 - f_s = (6\,000 - 1\,500)\,\text{Hz} = 4\,500\ \text{Hz}$;通带纹波 $\delta_1 = 0.01$,阻带纹波 $\delta_2 = 0.01$。第一级滤波器通带纹波 $\delta_{11} = \delta_1/2 = 0.005$,阻带纹波 $\delta_s = 0.01$。

用等纹波最佳逼近设计法,调用函数 remezord 和 remez 设计抗混叠滤波器的参考程序如下:

```
fp = 1000;fs = 1500;Fs = 60000;              %输入滤波器指标
D1 = 10;F1 = Fs/D1;fs1 = F1 - fs;
d1 = 0.01;d2 = 0.01;
f = [fp,fs1];a = [1,0];dat = [d1/2,d2];      %第一级滤波器指标
[N1,Fo,Ao,w] = remezord(f,a,dat,Fs);N1       %第一级滤波器长度 N1
h1n = remez(N1,Fo,Ao,w);                     %计算第一级滤波器单位脉冲响应 h1(n)
f = [fp,fs];a = [1,0];dat = [d1/2,d2];       %第二级滤波器指标
[N2,Fo,Ao,w] = remezord(f,a,dat,F1);N2 = N2 + 1; %第二级滤波器长度 N2
h2n = remez(N2,Fo,Ao,w);                     %计算第二级滤波器单位脉冲响应 h2(n)
%绘制一级滤波器特性
n = 0:N1;subplot(221);stem(n,h1n,'.');
axis([0 N1 - 0.01 0.1]);grid;xlabel('n');ylabel('h1(n)');
[hf1,f] = freqz(h1n,1,1024,Fs);
subplot(222);plot(f,20 * log10(abs(hf1) + eps));
axis([0 10000 - 80 5]);grid on
xlabel('f(Hz)');ylabel('20lg|H1(f)|');
%绘制二级滤波器特性
n = 0:N2;subplot(223);stem(n,h2n,'.');
axis([0 N2 - 0.08 0.45]);grid on
xlabel('n');ylabel('h2(n)');
[hf2,f] = freqz(h2n,1,1024,F1);
subplot(224);plot(f,20 * log10(abs(hf2) + eps));
axis([0 2500 - 80 5]);grid on
xlabel('f(Hz)');ylabel('20lg|H2(f)|');
```

执行程序,得第一、二级滤波器长度分别为 $N_1 = 37$、$N_2 = 26$,两级滤波器总长度 $N_1 + N_2 = 63$,第一、二级滤波器的单位脉冲响应分别如图 7-19(a)和(c)所示,相应的损耗函数曲线分别如图 7-19(b)和(d)所示。

与本章练习题 10 相比较,用 $D = D_1 \times D_2 = 20$ 两级结构实现的滤波器总长度 63 远小于一级实现的总长度 234。考虑线性相位高效实现 FIR 结构,两级实现时,以每秒所需的乘法次数作为计算复杂度的度量,则该滤波器的计算复杂度为 $37f_y/2 + 26f_x/2 = 120\,000$。

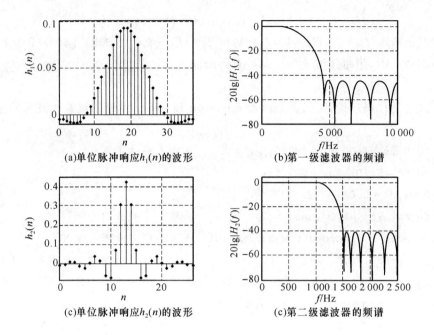

(a)单位脉冲响应$h_1(n)$的波形　　　　　(b)第一级滤波器的频谱

(c)单位脉冲响应$h_2(n)$的波形　　　　　(c)第二级滤波器的频谱

图 7-19

第 **8** 章　数字信号处理的实现与应用举例

8.1　引　　言

　　数字信号处理的实质是一组数值运算。数字信号处理系统设计完毕后得到的是该系统的系统函数或者差分方程,还需要设计一种具体的实现算法,这些算法会影响系统的成本以及运算误差等。实际上不论是用专用数字硬件,或是用通用计算机的软件实现,其数字信号处理系统的有关参数以及运算过程中的结果总是以二进制的形式存储在有限字长的存储器中。这种有限字长的数必然是有限精度的,因此必然带来一定的误差。

8.2　本章学习要点

　　(1) 了解如何用软件实现各种网络结构,并排出运算次序。
　　(2) 数字信号处理中的量化效应,包括 A/D 转换器中的量化效应、系数量化效应、运算中的量化效应及其影响。

8.3　各种网络结构软件实现

　　先介绍优先图的概念。格形滤波器的信号结构如图 8-1 所示。

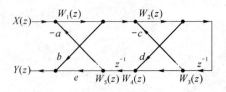

图 8-1

图 8-2 是图 8-1 格形滤波器的信号流图表示。由于延时信号是输入信号在前一个时刻计算值的延时,因此延时信号一般可以在任意时刻计算(实际上是将前一个结果在新的计算中适用而已),故从表示数字滤波器结构的信号流图中移去所有延时分支。同时由于可以得到每个时刻的信号输入,所以信号输入的所有分支也被移去,这样就得到简化的信号流图,如图 8-3 所示。

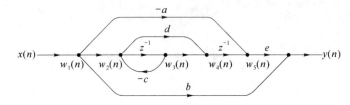

图 8-2

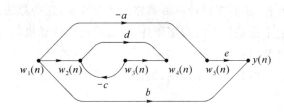

图 8-3

接下来将简化的信号流图中的节点分组重新分组,仅有输出分支的所有节点归为一个集合,记为 $\{N_1\}$。将来自节点集合 $\{N_1\}$ 的输入分支并有输出分支的节点归为集合 $\{N_2\}$。将节点集合 $\{N_1\}$ 和 $\{N_2\}$ 的输入分支并有输出分支的节点归为集合 $\{N_3\}$。不断持续这个过程,直到剩下仅包含输入分支的节点 $\{N_f\}$。

因为属于集合 $\{N_1\}$ 的信号变量的计算不依赖于其他信号变量,所以应该首先计算这些变量,然后计算属于集合 $\{N_2\}$ 的信号变量,因为计算它们需要知道 $\{N_1\}$ 中已经计算出来的信号变量。接下来计算集合 $\{N_3\}$、$\{N_4\}$ 中的信号变量,依此类推,直到最后一步计算集合 $\{N_f\}$ 中的信号变量,这个有序的计算过程保证算法的可计算性。然而,如果简化的信号流图中找不到只包含输入分支的集合 $\{N_f\}$,则该信号流图是不可计算的。图 8-3 显示的信号流图不含延时分支,且节点经过重新分组,这样的信号流图为称优先图。

在该例中,节点变量按照其优先关系分组如下:

$$\{N_1\} = \{w_3(n), w_5(n)\}, \quad \{N_2\} = \{w_1(n)\}, \{N_3\} = \{w_2(n)\}, \{N_4\} = \{w_4(n), y(n)\}$$

按照上述分组重绘的优先图如图 8-4 所示。由于 $\{N_4\}$ 仅有输入节点,即图 8-1 所示的结构没有无延时环,所以能首先计算出变量 $w_3(n)$ 和 $w_5(n)$,然后可以计算出变量 $w_1(n)$,接

下来计算出变量 $w_2(n)$，最后再计算出变量 $w_5(n)$ 和 $y(n)$，最终得到差分方程的完整解。

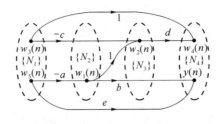

图 8-4

例 8-1　生成图 8-5 所示数字滤波器结构的优先图，由优先图生成一组描述该结构的可计算方程，并证明这些方程确实是可计算的。

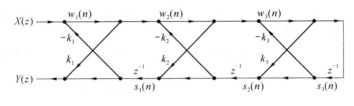

图 8-5

解：先绘出图 8-5 数字滤波器的信号流图，如图 8-6 所示。

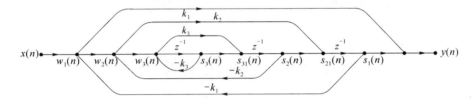

图 8-6

移去图 8-6 中所有延时支路以及信号输入的所有分支，得到简化的信号流图，如图 8-7 所示。

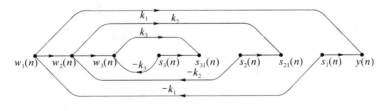

图 8-7

接下来将简化流图中的节点分组如下。

（1）将所有仅有输出分支的节点归为集合 $\{N_1\}$。

（2）将来自节点集合 $\{N_1\}$ 的输入分支并有输出分支的节点归为集合 $\{N_2\}$。

（3）将来自节点集合 $\{N_1\}$ 和 $\{N_2\}$ 的输入分支并有输出分支的节点归为集合 $\{N_3\}$。

（4）持续进行上述过程，直至剩下仅包含输入分支的节点 $\{N_f\}$。

由于计算属于集合 $\{N_1\}$ 的信号变量不依赖其他信号变量，这些变量首先可以计算出来。然后计算属于集合 $\{N_2\}$ 的信号变量，这里只需要知道 $\{N_1\}$ 中已经被计算出的变量。依此类推,接下来分别计算$\{N_3\}$和$\{N_4\}$中的信号变量,直至最后计算$\{N_f\}$中的信号变量。

本例中节点变量按照优先关系分组如下:

$$\{N_1\}=\{\ s_3(n),s_2(n),s_1(n)\ \},\{N_2\}=\{\ w_1(n)\ \},\{N_3\}=\{\ w_2(n)\ \}$$
$$\{N_4\}=\{\ w_3(n)\ \},\{N_5\}=\{\ s_{31}(n),s_{21}(n),y(n)\ \}$$

8.4 数字信号处理中的有限字长效应

数字信号处理的实质是一组数值运算。在前面几章所讨论的数字信号与系统都是无限精度的。实际上不论是用专用数字硬件,或是用通用计算机的软件实现,其数字信号处理系统的有关参数以及运算过程中的结果总是以二进制的形式存储在有限字长的存储器中。如果处理的是模拟信号,即采样信号处理系统,输入的模拟信号经过采样及模/数转换后,也变成有限字长的数字信号。这种有限字长的数必然是有限精度的,因此必然带来一定的误差。

就有限字长引起的误差原因而言,有三个主要来源:输入信号的量化效应、系统的量化效应、数字运算过程中的有限字长效应。

上述三种误差与系统结构形式、数的表示方法、字的长短以及位数的处理方法有密切的关系。将它们综合起来分析是比较困难的,通常分别对三种效应进行分析,以计算出它们的影响。

8.5 思考题参考解答

1. 何谓数字信号处理算法的可计算性?

答:描述数字信号处理算法顺序中,如果每个方程左边的变量不需要该方程下面方程左边变量的结果,则该数字信号处理算法可以形成有效的计算算法,也就是说该算法描述的方程组是可计算的,该算法具有可计算性。反之,则不是有效的计算算法,描述算法的方程组不具有可计算性。

2. 怎样用软件实现数字信号处理?

答:(1)因为延时支路的输出节点变量是前一时刻已存储的数据,是已知的,这一特性输入节点相同,所以将延时支路和输入节点都作为变量起始节点,并将输入节点和延时支路的输出节点都排序为$k=0$。若延时支路的输出节点还有一输入支路时,如图 8-8(a)所示,则给延时支路的输出节点专门分配一个节点,如图 8-8(b)所示。

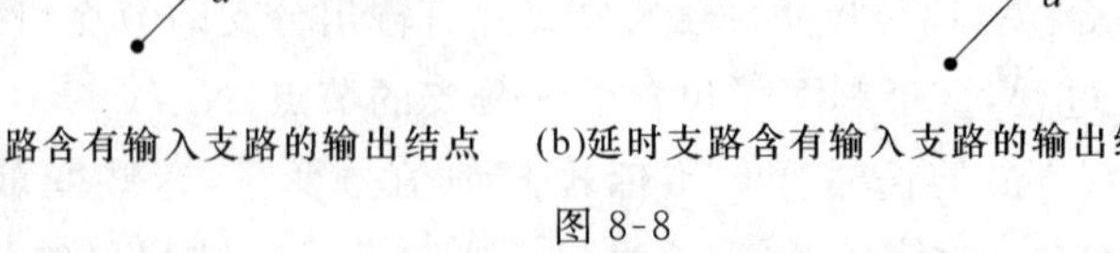

(a)延时支路含有输入支路的输出结点　(b)延时支路含有输入支路的输出结点的处理方法

图 8-8

（2）从 $k=0$ 的节点开始计算,所有能用 $k=0$ 节点计算的节点排序为 $k=1$。

（3）所有能用节点 $k=0$ 和 $k=1$ 计算的节点排序为 $k=2$。

（4）依此类推,直到完成全部节点的排序。

（5）最后根据以上排序的次序,写出运算和操作步骤。

3. 数字信号处理中的有限字长效应是怎样产生的? 体现在哪些方面?

答:不论是用专用数字硬件,或是用通用计算机的软件实现,其数字信号处理系统的有关参数以及运算过程中的结果总是以二进制的形式存储在有限字长的存储器中的,显然其精度必定是有限的。如果要处理模拟信号,需要先将其经过采样及模/数转换成有限字长的数字信号,必然是有限精度的,必然带来一定的误差。

有限字长引起的误差效应主要有三种:输入信号的量化效应、系统的量化效应、数字运算过程中的有限字长效应。

其次,上述三种误差还与系统结构形式、数的表示方法、字的长短以及位数的处理方法有密切的关系。通常分别对三种效应进行分析,以计算出它们的影响,避免综合起来分析的困难。

4. 什么是线性系统? 对模拟信号进行采样、量化和乘加运算的数字系统是什么系统? 为什么?

答:满足叠加定理的系统是线性系统。对模拟信号进行采样、量化和乘加运算的数字系统是线性因果稳定系统。因为仅满足线性性质的系统如果不具备因果性则无法实现,不具备稳定性则系统无法稳定运行。

5. 在 A/D 转换之前和 D/A 转换之后都要让信号通过一个低通滤波器,它们分别起什么作用?

答:在 A/D 转换之前要让信号通过一个低通滤波器是为了使被 A/D 转换器采样量化的信号满足采样定理,否则所得采样信号会有频率混叠,无法恢复原信号;在 D/A 转换之后要让信号通过一个低通滤波器是为了滤除信号中的高频干扰,以获得平滑模拟信号输出。

6. 在 D/A 转换器的输出端要串联一个"平滑滤波器",这是一个什么类型的滤波器? 起什么作用?

答:在 D/A 转换器输出端串联的"平滑滤波器"是低通型的滤波器,起滤除高频干扰、平滑输出信号的作用,故称为平滑滤波器。

8.6 练习题参考解答

1. 按照输入 $x(n)$、输出 $y(n)$ 和中间变量 $v_k(n)$ 顺序生成一组如图 8-9 所示的数字滤波器结构的时域方程。这组方程描述了一种有效的算法吗? 生成该数字滤波器结构的矩阵,并研究矩阵,证明自己的答案是否正确。

解:由图 8-9 得系统时域方程

$$v_1'(n)=x(n)+a_1v_2(n),v_1(n)=v_1'(n-1)$$

$$v_2(n) = v_1(n) + v_3(n)$$
$$v_3(n) = a_1 b_1 v_2(n-1) + a_2 b_2 v_4(n-1)$$
$$v_4(n) = v_3(n) + v_5(n)$$
$$v_5(n) = a_2 b_3 v_4(n-1) + a_3 b_3 v_5(n-1)$$
$$y(n) = a_0 x(n) + v_1(n)$$

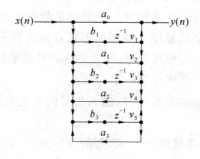

图 8-9

这组方程描述的不是一种有效算法。该滤波器结构的矩阵为

$$\begin{bmatrix} v_1'(n) \\ v_1(n) \\ v_2(n) \\ v_3(n) \\ v_4(n) \\ v_5(n) \\ y(n) \end{bmatrix} = \begin{bmatrix} 1 \\ 0 \\ 0 \\ 0 \\ 0 \\ 0 \\ a_0 \end{bmatrix} x(n) + \begin{bmatrix} 0 & 0 & 0 & 0 & 0 & 0 & 0 \\ 0 & 0 & 0 & 0 & 0 & 0 & 0 \\ 1 & 0 & 1 & 0 & 0 & 0 & 0 \\ 0 & 0 & 0 & 0 & 0 & 0 & 0 \\ 0 & 0 & 1 & 0 & 1 & 0 & 0 \\ 1 & 0 & 0 & 0 & 0 & 0 & 0 \\ 0 & 1 & 0 & 0 & 0 & 0 & 0 \end{bmatrix} \begin{bmatrix} v_1'(n) \\ v_1(n) \\ v_2(n) \\ v_3(n) \\ v_4(n) \\ v_5(n) \\ y(n) \end{bmatrix} +$$

$$\begin{bmatrix} 0 & 0 & 0 & 0 & 0 & 0 & 0 \\ 1 & 0 & 0 & 0 & 0 & 0 & 0 \\ 0 & 0 & 0 & 0 & 0 & 0 & 0 \\ 0 & 0 & a_1 b_1 & 0 & a_2 b_2 & 0 & 0 \\ 0 & 0 & 0 & 0 & 0 & 0 & 0 \\ 0 & 0 & 0 & 0 & a_2 b_3 & a_3 b_3 & 0 \\ 0 & 0 & 0 & 0 & 0 & 0 & 0 \end{bmatrix} \begin{bmatrix} v_1'(n-1) \\ v_1(n-1) \\ v_2(n-1) \\ v_3(n-1) \\ v_4(n-1) \\ v_5(n-1) \\ y(n-1) \end{bmatrix}$$

上式中,方程右边向量$[v_1'(n), v_1(n), v_2(n), v_3(n), v_4(n), v_5(n), y(n)]^{\mathrm{T}}$ 的系数矩阵

$$\mathbf{F} = \begin{bmatrix} 0 & 0 & 0 & 0 & 0 & 0 & 0 \\ 0 & 0 & 0 & 0 & 0 & 0 & 0 \\ 1 & 0 & 1 & 0 & 0 & 0 & 0 \\ 0 & 0 & 0 & 0 & 0 & 0 & 0 \\ 0 & 0 & 1 & 0 & 1 & 0 & 0 \\ 1 & 0 & 0 & 0 & 0 & 0 & 0 \\ 0 & 1 & 0 & 0 & 0 & 0 & 0 \end{bmatrix}$$

因为 $\mathbf{F}$ 对角线上有非零元素,所以上述方程组从上到下的计算顺序是不可计算的,即不是一种有效算法。若将第 3 行与第 4 行交换、第 5 行与第 6 行交换,则新的计算顺序是一种

有效算法。

2. 实现一组如图 8-10 所示的数字滤波器结构的计算时域方程。写出时域方程的等效矩阵表示并验证矩阵的可计算条件。

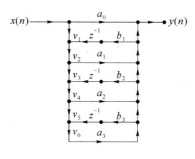

图 8-10

解：由图 8-10 得系统时域方程

$v_1(n)=b_1\big[a_1 v_2(n-1)+a_2 v_4(n-1)+a_3 v_6(n-1)\big],v_2(n)=v_1(n)+x(n)$

$v_3(n)=a_2 b_2 v_4(n-1)+a_3 b_2 v_6(n-1),v_4(n)=v_2(n)+v_3(n)$

$v_5(n)=a_3 b_3 v_6(n-1),v_6(n)=v_4(n)+v_5(n),y(n)=a_0 x(n)+a_1 v_2(n)+a_2 v_4(n)+a_3 v_6(n)$

这组方程描述的是一种有效算法。该滤波器结构的矩阵为

$$
\begin{bmatrix} v_1(n) \\ v_2(n) \\ v_3(n) \\ v_4(n) \\ v_5(n) \\ v_6(n) \\ y(n) \end{bmatrix}=
\begin{bmatrix} 0 \\ 1 \\ 0 \\ 0 \\ 0 \\ 0 \\ a_0 \end{bmatrix}x(n)+
\begin{bmatrix} 0 & 0 & 0 & 0 & 0 & 0 & 0 \\ 1 & 0 & 0 & 0 & 0 & 0 & 0 \\ 0 & 0 & 0 & 0 & 0 & 0 & 0 \\ 0 & 1 & 1 & 0 & 0 & 0 & 0 \\ 0 & 0 & 0 & 0 & 0 & 0 & 0 \\ 0 & 0 & 0 & 1 & 1 & 0 & 0 \\ 0 & a_1 & 0 & a_2 & 0 & a_3 & 0 \end{bmatrix}
\begin{bmatrix} v_1(n) \\ v_2(n) \\ v_3(n) \\ v_4(n) \\ v_5(n) \\ v_6(n) \\ y(n) \end{bmatrix}+
$$

$$
\begin{bmatrix} 0 & a_1 b_1 & 0 & a_2 b_1 & 0 & a_3 b_1 & 0 \\ 1 & 0 & 0 & 0 & 0 & 0 & 0 \\ 0 & 0 & 0 & a_2 b_2 & 0 & a_3 b_2 & 0 \\ 0 & 0 & a_1 b_1 & 0 & a_2 b_2 & 0 & 0 \\ 0 & 0 & 0 & 0 & 0 & a_3 b_3 & 0 \\ 0 & 0 & 0 & 0 & a_2 b_3 & a_3 b_3 & 0 \\ 0 & 0 & 0 & 0 & 0 & 0 & 0 \end{bmatrix}
\begin{bmatrix} v_1(n-1) \\ v_2(n-1) \\ v_3(n-1) \\ v_4(n-1) \\ v_5(n-1) \\ v_6(n-1) \\ y(n-1) \end{bmatrix}
$$

由上式可得

$$
\boldsymbol{F}=
\begin{bmatrix} 0 & 0 & 0 & 0 & 0 & 0 & 0 \\ 1 & 0 & 0 & 0 & 0 & 0 & 0 \\ 0 & 0 & 0 & 0 & 0 & 0 & 0 \\ 0 & 1 & 1 & 0 & 0 & 0 & 0 \\ 0 & 0 & 0 & 0 & 0 & 0 & 0 \\ 0 & 0 & 0 & 1 & 1 & 0 & 0 \\ 0 & a_1 & 0 & a_2 & 0 & a_3 & 0 \end{bmatrix}
$$

因为系数矩阵 $\boldsymbol{F}$ 对角线上全为零元素，所以上述方程组从上到下的计算顺序是可以计算的，即是一种有效算法。

3. 将输入 $x(n)$、输出 $y(n)$ 和中间变量 $v_k(n)$ 顺序生成结构如图 8-10 所示的数字滤波器结构的时域方程。这组方程描述了一种有效计算算法吗？生成该数字滤波器结构的等效矩阵表示，并验证矩阵，证明自己的答案是否正确。

解：参考本章练习题 2 的解答。

4. 研究图 8-9 和图 8-10 所示的数字滤波器结构的可实现性。

解：分析练习题 1 和练习题 2 所列差分方程组可以了解其可实现性（可计算性）。因为如果要计算某一特定信号（变量）的当前值，则须确定矩阵 $\boldsymbol{F}$（差分方程组等式右边第 1 个方阵）和 $\boldsymbol{G}$（差分方程组等式右边第 2 个方阵）相应行的非零项对应的变量值。若矩阵 $\boldsymbol{F}$ 中的对角线元素非零，则计算其相应的变量需要改变量本身的值，这说明存在一个无延时环，该结构是完全不可计算的。在矩阵 $\boldsymbol{F}$ 的对角线上方的元素表明相应变量与其他变量的计算关系，同一行存在非零项意味着计算相应变量需要知道其他未计算出的变量，这也使这组方程不可计算。综上所述，为使方程可计算，矩阵 $\boldsymbol{F}$ 的对角线以及对角线以上的所有元素应为零。

在练习题 1 差分方程组中，因为对角线以上有非零元素，说明在此结构是不可计算的。

在练习题 2 差分方程组中，因为对角线以上全为零元素，说明在此结构中没有无延时环，对角线元素是可计算的。但矩阵 $\boldsymbol{F}$ 的对角线上方第一行和第二行存在非零项，说明方程组的计算顺序排列是不合适的。

为使练习题 2 方程组可计算，调整方程组排列顺序得以下方程组，其矩阵表示为

$$
\begin{bmatrix} w_3(n) \\ w_5(n) \\ w_1(n) \\ w_2(n) \\ y(n) \\ w_4(n) \end{bmatrix} = \begin{bmatrix} 0 \\ 0 \\ x(n) \\ 0 \\ 0 \\ 0 \end{bmatrix} + \begin{bmatrix} 0 & 0 & 0 & 0 & 0 & 0 \\ 0 & 0 & 0 & 0 & 0 & 0 \\ 0 & a & 0 & 0 & 0 & 0 \\ -c & 0 & 1 & 0 & 0 & 0 \\ 0 & e & b & 0 & 0 & 0 \\ 1 & 0 & 0 & 0 & d & 0 \end{bmatrix} \begin{bmatrix} w_3(n) \\ w_5(n) \\ w_1(n) \\ w_2(n) \\ y(n) \\ w_4(n) \end{bmatrix} + \begin{bmatrix} 0 & 0 & 0 & 1 & 0 & 0 \\ 0 & 0 & 0 & 0 & 0 & 1 \\ 0 & 0 & 0 & 0 & 0 & 0 \\ 0 & 0 & 0 & 0 & 0 & 0 \\ 0 & 0 & 0 & 0 & 0 & 0 \\ 0 & 0 & 0 & 0 & 0 & 0 \end{bmatrix} \begin{bmatrix} w_3(n-1) \\ w_5(n-1) \\ w_1(n-1) \\ w_2(n-1) \\ y(n-1) \\ w_4(n-1) \end{bmatrix}
$$

通过上述可计算性检验所得方程组是可计算的。

5. 确定一个三阶因果 IIR 数字滤波器的系统函数，其前 7 个单位脉冲响应样本为

$$h(n) = \{2, -4, 8, -8, 12, 16, -8\}$$

解：设三阶因果 IIR 数字滤波器的系统函数为

$$H(z) = \frac{B(z)}{A(z)} = \frac{b_0 + b_1 z^{-1} + b_2 z^{-2} + b_3 z^{-3}}{1 + a_1 z^{-1} + a_2 z^{-2} + a_3 z^{-3}}$$

则根据其单位脉冲响应 $h(n)$ 可得

$$H(z) = \sum_{n=0}^{\infty} h(n) z^{-n}$$

比较上述所得两式，得 $B(z) = H(z) A(z)$，即 $B(z)$ 在时域可表示为卷积

$$b_n = h(n) * a_n$$

该式表示了系统函数 $H(z)$ 的分子和分母系数与其单位脉冲响应之间的关系。对于三阶因

果 IIR 数字滤波器来说,总共有 7 个系数确定系统。通过式 $b_n = h(n) * a_n$ 可以得到。利用该式可得对应 $n = 0, 1, \cdots, 6$ 共 7 个方程如下:

$$b_0 = h(0)$$
$$b_1 = h(1) + h(0)a_1$$
$$b_2 = h(2) + h(1)a_1 + h(0)a_2$$
$$b_3 = h(3) + h(2)a_1 + h(1)a_2 + h(0)a_3$$
$$0 = h(4) + h(3)a_1 + h(2)a_2 + h(1)a_3$$
$$0 = h(5) + h(4)a_1 + h(3)a_2 + h(2)a_3$$
$$0 = h(6) + h(5)a_1 + h(4)a_2 + h(3)a_3$$

该方程组可以写成矩阵形式,即

$$
\begin{pmatrix} b_0 \\ b_1 \\ b_2 \\ b_3 \\ 0 \\ 0 \\ 0 \end{pmatrix} =
\begin{pmatrix}
h(0) & 0 & 0 & 0 \\
h(1) & h(0) & 0 & 0 \\
h(2) & h(1) & h(0) & 0 \\
h(3) & h(2) & h(1) & h(0) \\
h(4) & h(3) & h(2) & h(1) \\
h(5) & h(4) & h(3) & h(2) \\
h(6) & h(5) & h(4) & h(3)
\end{pmatrix}
\begin{pmatrix} 1 \\ a_1 \\ a_2 \\ a_3 \end{pmatrix}
$$

记 $\boldsymbol{b} = [b_0, b_1, b_2, b_3]^{\mathrm{T}}, \boldsymbol{a} = [a_1, a_2, a_3]^{\mathrm{T}}, \boldsymbol{0} = [0, 0, 0]^{\mathrm{T}}, \boldsymbol{h} = [h(4), h(5), h(6)]^{\mathrm{T}}$,

$$
\boldsymbol{H}_1 = \begin{pmatrix}
h(0) & 0 & 0 & 0 \\
h(1) & h(0) & 0 & 0 \\
h(2) & h(1) & h(0) & 0 \\
h(3) & h(2) & h(1) & h(0)
\end{pmatrix}, \quad
\boldsymbol{H}_2 = \begin{pmatrix}
h(3) & h(2) & h(1) \\
h(4) & h(3) & h(2) \\
h(5) & h(4) & h(3)
\end{pmatrix}
$$

则所得矩阵方程组可以写成

$$
\begin{pmatrix} \boldsymbol{b} \\ \boldsymbol{0} \end{pmatrix} =
\begin{pmatrix} \boldsymbol{H}_1 & \\ \boldsymbol{h} & \boldsymbol{H}_2 \end{pmatrix}
\begin{pmatrix} \boldsymbol{1} \\ \boldsymbol{a} \end{pmatrix}
$$

于是可得

$$0 = \boldsymbol{h} + \boldsymbol{H}_2 \boldsymbol{a}, \quad \boldsymbol{b} = \boldsymbol{H}_1 [\boldsymbol{1} \ \boldsymbol{a}]^{\mathrm{T}}$$

由所得方程 $0 = \boldsymbol{h} + \boldsymbol{H}_2 \boldsymbol{a}$,解得 $\boldsymbol{a} = -\boldsymbol{H}_2^{-1} \boldsymbol{h}$,将其代入方程 $\boldsymbol{b} = \boldsymbol{H}_1 [\boldsymbol{1} \ \boldsymbol{a}]^{\mathrm{T}}$,解得

$$\boldsymbol{b} = \boldsymbol{H}_1 [1 \ -\boldsymbol{H}_2^{-1} \boldsymbol{h}]^{\mathrm{T}}$$

根据上述结论,将已知 $h(n) = \{2, -4, 8, -8, 12, 16, -8\}$ 代入方程,求解得

$$\boldsymbol{b} = [2 \ -4.8 \ 11.2 \ -15.6]^{\mathrm{T}}, \quad \boldsymbol{a} = [-0.4 \ 0.8 \ -0.6]^{\mathrm{T}}$$

所求三阶因果 IIR 数字滤波器的系统函数为

$$H(z) = \frac{B(z)}{A(z)} = \frac{2 - 4.8z^{-1} + 11.2z^{-2} - 15.6z^{-3}}{1 - 0.4z^{-1} + 0.8z^{-2} - 0.6z^{-3}}$$

6. 系统函数为 $G(z) = P(z)/(1 - 0.6z^{-1} + 0.2z^{-2} + 1.8z^{-3})$ 的因果三阶 IIR 数字滤波器的前四个冲激响应样本为

$$g(0) = 2, g(1) = -4, g(2) = 4, g(3) = -6$$

试确定系统函数的分子多项式 $P(z)$。

解:已知因果三阶 IIR 数字滤波器的系统函数 $G(z)=P(z)/(1-0.6z^{-1}+0.2z^{-2}+1.8z^{-3})$,则

$$\boldsymbol{a}=[a_1,a_2,a_3]^{\mathrm{T}}=[-0.6,0.2,1.8]^{\mathrm{T}}$$

$$\boldsymbol{H}_1=\begin{pmatrix} h(0) & 0 & 0 & 0 \\ h(1) & h(0) & 0 & 0 \\ h(2) & h(1) & h(0) & 0 \\ h(3) & h(2) & h(1) & h(0) \end{pmatrix}=\begin{pmatrix} 2 & 0 & 0 & 0 \\ -4 & 2 & 0 & 0 \\ 4 & -4 & 2 & 0 \\ -6 & 4 & -4 & 2 \end{pmatrix}$$

解方程 $\boldsymbol{b}=\boldsymbol{H}_1[1\ \boldsymbol{a}]^{\mathrm{T}}$,得 $\boldsymbol{b}=[2\ -5.2\ 6.8\ -5.6]$。所以系统函数的分子多项式

$$P(z)=2-5.2z^{-1}+6.8z^{-2}-5.6z^{-3}$$

7. 写出图 8-11 所示的数字滤波器结构的节点变量 $w_i(n)$、$s_i(n)$、$y(n)$ 和输入 $x(n)$ 的方程。若方程以节点值减少的顺序排列,请在形式上检查方程组的可计算性。

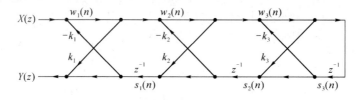

图 8-11

解:由图 8-11 得系统时域方程为

$$w_3(n)=w_2(n)-k_3 s_3(n),\ w_2(n)=w_1(n)-k_2 s_2(n-1),\ w_1(n)=x(n)-k_1 s_1(n-1)$$

$$s_3(n)=w_3(n-1),\ s_2(n)=k_3 w_3(n)+s_3(n),\ s_1(n)=k_2 w_2(n)+s_2(n-1)$$

$$y(n)=k_1 w_1(n)+s_1(n-1)$$

以上述顺序的方程组所描述的不是一种有效算法。该滤波器结构的矩阵为

$$\begin{pmatrix} w_3(n) \\ w_2(n) \\ w_1(n) \\ s_3(n) \\ s_2(n) \\ s_1(n) \\ y(n) \end{pmatrix}=\begin{pmatrix} 0 \\ 0 \\ x(n) \\ 0 \\ 0 \\ 0 \\ 0 \end{pmatrix}+\begin{pmatrix} 0 & 1 & 0 & -k_3 & 0 & 0 & 0 \\ 1 & 0 & 0 & 0 & 0 & 0 & 0 \\ 0 & 0 & 0 & 0 & 0 & 0 & 0 \\ 0 & 0 & 0 & 0 & 0 & 0 & 0 \\ k_3 & 0 & 0 & 1 & 0 & 0 & 0 \\ 0 & k_2 & 0 & 0 & 0 & 0 & 0 \\ 0 & 0 & k_1 & 0 & 0 & 0 & 0 \end{pmatrix}\begin{pmatrix} w_3(n) \\ w_2(n) \\ w_1(n) \\ s_3(n) \\ s_2(n) \\ s_1(n) \\ y(n) \end{pmatrix}+$$

$$\begin{pmatrix} 0 & 0 & 0 & 0 & 0 & 0 & 0 \\ 0 & 0 & 0 & 0 & -k_2 & 0 & 0 \\ 0 & 0 & 0 & 0 & 0 & -k_1 & 0 \\ 0 & 0 & 1 & 0 & 0 & 0 & 0 \\ 0 & 0 & 0 & 0 & 0 & 0 & 0 \\ 0 & 0 & 0 & 0 & 1 & 0 & 0 \\ 0 & 0 & 0 & 0 & 0 & 1 & 0 \end{pmatrix}\begin{pmatrix} w_3(n-1) \\ w_2(n-1) \\ w_1(n-1) \\ s_3(n-1) \\ s_2(n-1) \\ s_1(n-1) \\ y(n-1) \end{pmatrix}$$

上式中,方程右边向量 $[w_3(n),w_2(n),w_1(n),s_3(n),s_2(n),s_1(n),y(n)]^{\mathrm{T}}$ 的系数矩阵 $\boldsymbol{F}$

对角线上全为零元素,但对角线右上角有非零元素,所以该算法是非有效算法。对矩阵方程调整为

$$
\begin{bmatrix} w_1(n) \\ s_3(n) \\ w_2(n) \\ s_1(n) \\ y(n) \\ w_3(n) \\ s_2(n) \end{bmatrix} = \begin{bmatrix} 0 \\ 0 \\ x(n) \\ 0 \\ 0 \\ 0 \\ 0 \end{bmatrix} + \begin{bmatrix} 0 & 0 & 0 & 0 & 0 & 0 & 0 \\ 0 & 0 & 0 & 0 & 0 & 0 & 0 \\ 1 & 0 & 0 & 0 & 0 & 0 & 0 \\ 0 & k_2 & 0 & 0 & 0 & 0 & 0 \\ 0 & 0 & k_1 & 1 & 0 & 0 & 0 \\ 0 & 1 & 0 & -k_3 & 0 & 0 & 0 \\ k_3 & 0 & 0 & 1 & 0 & 0 & 0 \end{bmatrix} \begin{bmatrix} w_1(n) \\ s_3(n) \\ w_2(n) \\ s_1(n) \\ y(n) \\ w_3(n) \\ s_2(n) \end{bmatrix} +
$$

$$
\begin{bmatrix} 0 & 0 & 0 & 0 & 0 & -k_1 & 0 \\ 0 & 0 & 0 & 0 & 0 & 0 & 0 \\ 0 & 0 & 0 & 0 & -k_2 & 0 & 0 \\ 0 & 0 & 0 & 0 & 1 & 0 & 0 \\ 0 & 0 & 0 & 0 & 0 & 1 & 0 \\ 0 & 0 & 0 & 0 & 0 & 0 & 0 \\ 0 & 0 & 0 & 0 & 0 & 0 & 0 \end{bmatrix} \begin{bmatrix} w_1(n-1) \\ s_3(n-1) \\ w_2(n-1) \\ s_1(n-1) \\ y(n-1) \\ w_3(n-1) \\ s_2(n-1) \end{bmatrix}
$$

调整后的方程组中,方程右边向量$[w_1(n),s_2(n),w_2(n),s_1(n),y(n),w_3(n),s_2(n)]^{\mathrm{T}}$的系数矩阵 $\boldsymbol{F}'$ 对角线及其右上方全为零元素,所以上述方程组从上到下的计算顺序是可以计算的,即是一种有效算法。

8. 生成练习题图 8-11 所示数字滤波器结构的优先图,由优先图生成一组描述该结构的可计算方程,并证明这些方程确实是可计算的。

解:略。参考本章例 8-1。

9. 已知系统 $y(n)=0.5y(n-1)+x(n)$,输入 $x(n)=0.25^n u(n)$。

(1) 如果算术运算是无限精度的,计算输出 $y(n)$。

(2) 若用 5 位原码运算(即符号位加 4 位小数位),并按截尾方式实现量化,计算输出 $y(n)$,并与(1)的结果进行比较。

解:(1)如果算术运算是无限精度的,当 $x(n)=0.25^n u(n)=\{1,0.25,0.25^2,0.25^3,\cdots\}$ 时,输出

$$y(0)=0.5y(-1)+x(0)=1$$
$$y(1)=0.5y(0)+x(1)=0.5\times1+0.25=3/4$$
$$y(2)=0.5y(1)+x(2)=0.5\times3/4+0.25^2=7/16$$
$$y(3)=0.5y(2)+x(3)=0.5\times7/16+0.25^3=15/64$$
$$y(4)=0.5y(3)+x(4)=0.5\times15/64+0.25^4=31/256$$
$$y(5)=0.5y(0)+x(1)=0.5\times31/256+0.25^5=39/1024$$
$$\cdots$$

(2) 若用 5 位原码运算,并按截尾方式实现量化后的输入和输出分别为 $\hat{y}(n)$ 和 $\hat{x}(n)$,此时,输入 $\hat{x}(n)=0.25^n u(n)=\{1,0.25,0.25^2,0,0,\cdots\}$,输出

$$\hat{y}(0)=0.5\hat{y}(-1)+\hat{x}(0)=1$$

$$\hat{y}(1)=0.5\hat{y}x(0)+\hat{x}(1)=0.5\times1+0.25=3/4$$

$$\hat{y}(2)=0.5\hat{y}(1)+\hat{x}(2)=0.5\times3/4+0.25^2=7/16$$

$$\hat{y}(4)=0.5\hat{y}(3)+\hat{x}(4)=0.5\times7/16+0=3/16$$

$$\hat{y}(4)=0.5\hat{y}(3)+\hat{x}(4)=0.5\times3/16+0=1/16$$

$$\hat{y}(5)=0.5\hat{y}(4)+\hat{x}(5)=0.5\times1/16+0=0$$

$$\cdots$$

显然,由于最小量化阶是 $2^{-b}=2^{-4}=1/16$,$n\geqslant3$ 后输入信号变为零,输出也因此不断向右移位,当 $n\geqslant4$ 后变为零,说明编码位数很低时,量化效应时很严重的。

10. 如果系统为 $y(n)=0.999y(n-1)+x(n)$,输入信号按 8 位舍入法量化,那么输出因量化而产生的噪声功率是多少?

解:已知 $y(n)=0.999y(n-1)+x(n)$,于是得到系统函数 $H(z)=1/(1-0.999z^{-1})$,由此可以画出系统的统计模型,如图 8-12 所示。图中 $e_0(n)$ 是输入信号因舍入量化引起的噪声,$e_1(n)$ 是输入系数量化引起的噪声。

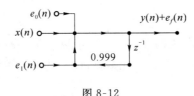

图 8-12

$$e_f(n)=(e_0(n)+e_1(n))*h(n)=(e_0(n)+e_1(n))*0.999u(n)$$

$$\sigma_0^2=\frac{1}{12}q^2=\frac{1}{12}\times2^{-2b}=1.3\times10^{-6}$$

$$\sigma_f^2=2\sigma_0^2\sum_{n=0}^{\infty}h^2(n)=2\sigma_0^2\times500.25=1\,000.5\sigma_0^2=0.001\,27$$

表明该系统输出噪声功率很大,主要原因是系统的极点太靠近单位圆。

11. 已知系统函数 $H(z)=\dfrac{1+0.5z^{-1}}{(1-0.25z^{-1})(1+0.25z^{-1})}$。

(1) 试绘制该系统的直接型结构、级联型结构和并联型结构。

(2) 若用 $(b+1)$ 位(1 位表示符号)定点补码运算,针对上面三种结构,计算由乘法器产生的输出噪声功率。

解:(1) 直接型结构

系统函数

$$H(z)=\frac{1+0.5z^{-1}}{(1-0.25z^{-1})(1+0.25z^{-1})}=\frac{1+0.5z^{-1}}{1-0.0625z^{-2}}$$

可得直接型结构如图 8-13(a)所示,其统计模型如图 8-13(b)所示,即

$$e_f(n)=e_0(n)*h(n)+e_1(n),\sigma_0^2=\frac{1}{12}q^2=\frac{1}{12}\times2^{-2b}$$

$$\sigma_f^2=\frac{\sigma_0^2}{2\pi j}\oint_c H(z)H(z^{-1})\frac{\mathrm{d}z}{z}+\sigma_0^2=\sigma_0^2\left[\frac{1}{2\pi j}\oint_c H(z)H(z^{-1})\frac{\mathrm{d}z}{z}+1\right]$$

$$= \sigma_0^2 \left[\frac{1}{2\pi \mathrm{j}} \oint_c \frac{1+0.5z^{-1}}{(1-0.25z^{-1})(1+0.25z^{-1})} \frac{1+0.5z}{(1-0.25z)(1+0.25z)} \frac{\mathrm{d}z}{z} + 1 \right]$$

$$= \sigma_0^2 \left[\mathrm{Res}[H(z)H(z^{-1})z^{-1}, 0.25] + \mathrm{Res}[H(z)H(z^{-1})z^{-1}, -0.25] + 1 \right]$$

$$= \sigma_0^2 [1.69 - 0.29 + 1] = 2.4\sigma_0^2$$

级联型结构

系统函数

$$H(z) = \frac{1+0.5z^{-1}}{(1-0.25z^{-1})(1+0.25z^{-1})} = \frac{1+0.5z^{-1}}{(1-0.25z^{-1})} \frac{1}{(1+0.25z^{-1})}$$

可得直接型结构如题图 8-13(c)所示，其统计模型如题图 8-13(d)所示，即

$$e_f(n) = e_0(n) * h(n) + [e_1(n) + e_2(n)] * h_2(n), h_2(n) = \mathrm{IZT}\left(\frac{1}{1+0.25z^{-1}}\right) = (-0.25)^n u(n)$$

$$\sigma_f^2 = \frac{\sigma_0^2}{2\pi \mathrm{j}} \oint_c H(z) H(z^{-1}) \frac{\mathrm{d}z}{z} + 2\sigma_0^2 \sum_{n=0}^{\infty} h_2^2(n) = \left(1.69 + 2 \times \frac{16}{15}\right)\sigma_0^2 = 3.82\sigma_0^2$$

并联型结构

$$H(z) = \frac{1+0.5z^{-1}}{(1-0.25z^{-1})(1+0.25z^{-1})} = \frac{1.5}{(1-0.25z^{-1})} - \frac{0.5}{(1+0.25z^{-1})}$$

可得直接型结构如题图 8-13(e)所示，其统计模型如题图 8-13(f)所示，即

$$e_f(n) = e_0(n) * h_3(n) + e_1(n) * h_4(n) + e_2(n) + e_3(n)$$

其中

$$h_3(n) = \mathrm{IZT}\left(\frac{1.5}{1-0.25z^{-1}}\right) = 1.5(0.25)^n u(n), h_4(n) = \mathrm{IZT}\left(\frac{-0.5}{1+0.25z^{-1}}\right) = -0.5(-0.25)^n u(n)$$

$$\sigma_f^2 = \sigma_0^2 \sum_{n=0}^{\infty} h_3^2(n) + \sigma_0^2 \sum_{n=0}^{\infty} h_4^2(n) + 2\sigma_0^2 = (0.8 + 36/15 + 2)\sigma_0^2 = 5.2\sigma_0^2$$

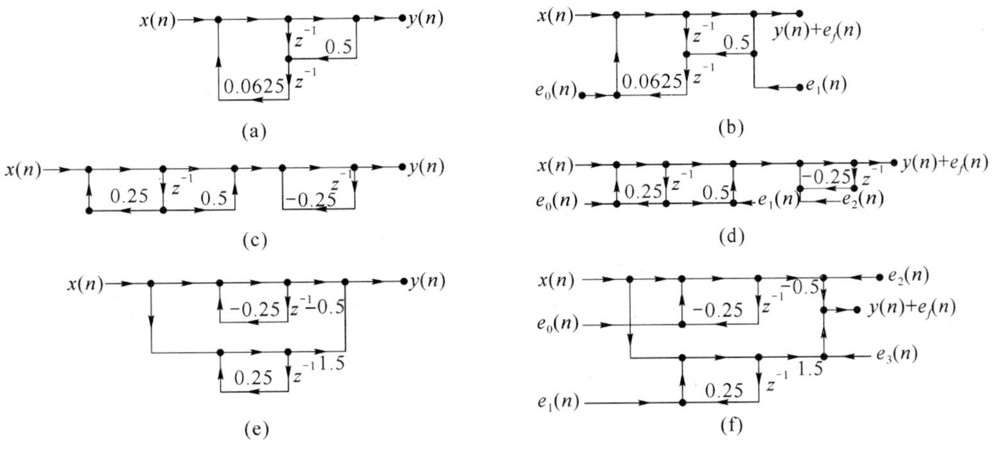

图 8-13

（2）略。求解过程和步骤请参考本章练习题 12。

12. 已知 $H_1(z) = \dfrac{1}{1-0.5z^{-1}}$，$H_2(z) = \dfrac{1}{1-0.25z^{-1}}$。系统 $H(z)$ 用 $H_1(z)$ 和 $H_2(z)$ 级联组成有两种方式，即 $H(z) = H_1(z)H_2(z)$ 和 $H(z) = H_2(z)H_1(z)$。试计算在两种不同的实现方式中，输出端的乘法舍入量化噪声。

解：用 $H(z) = H_1(z)H_2(z)$ 实现的系统的统计模型如图 8-14(a) 所示。其输出端的噪声为

$$e_f(n) = e_0(n)h(n) + e_1(n) * h_2(n)$$

其中

$$h(n) = \text{IZT}[H(z)], h_2(n) = \text{IZT}[H_2(z)] = (0.25)^n u(n)$$

$$\sigma_f^2 = \frac{\sigma_0^2}{2\pi j} \oint_c H(z)H(z^{-1}) \frac{dz}{z} + \sigma_0^2 \sum_{n=0}^{\infty} h_2^2(n)$$

$$\frac{\sigma_0^2}{2\pi j} \oint_c H(z)H(z^{-1}) \frac{dz}{z} = \frac{\sigma_0^2}{2\pi j} \oint_c \frac{1}{(1-0.5z^{-1})(1-0.25z^{-1})} \frac{1}{(1-0.5z)(1-0.25z)} \frac{dz}{z}$$

$$= \sigma_0^2 \{\text{Res}[H_1(z)H_2(z), 0.5] + \text{Res}[H_1(z)H_2(z), 0.25]\}$$

$$= \sigma_0^2 \left(\frac{64}{21} - \frac{128}{105}\right) = 1.83\sigma_0^2$$

$$\sigma_0^2 \sum_{n=0}^{\infty} h_2^2(n) = \sigma_0^2 \sum_{n=0}^{\infty} 0.25^{2n} = \frac{16}{15}\sigma_0^2 = 1.07\sigma_0^2$$

$$\sigma_f^2 = \sigma_0^2 (1.83 + 1.07) = 2.9\sigma_0^2$$

用 $H(z) = H_2(z)H_1(z)$ 实现的系统的统计模型如图 8-14(b) 所示。其输出端的噪声为

$$e_f(n) = e_0(n)h(n) + e_1(n) * h_1(n)$$

其中

$$h(n) = \text{IZT}[H(z)], h_1(n) = \text{IZT}[H_2(z)] = (0.5)^n u(n)$$

$$\sigma_f^2 = \frac{\sigma_0^2}{2\pi j} \oint_c H(z)H(z^{-1}) \frac{dz}{z} + \sigma_0^2 \sum_{n=0}^{\infty} h_1^2(n)$$

$$\frac{\sigma_0^2}{2\pi j} \oint_c H(z)H(z^{-1}) \frac{dz}{z} = \frac{\sigma_0^2}{2\pi j} \oint_c \frac{1}{(1-0.5z^{-1})(1-0.25z^{-1})} \frac{1}{(1-0.5z)(1-0.25z)} \frac{dz}{z}$$

$$= \sigma_0^2 \{\text{Res}[H_1(z)H_2(z), 0.5] + \text{Res}[H_1(z)H_2(z), 0.25]\}$$

$$= \sigma_0^2 \left(\frac{64}{21} - \frac{128}{105}\right) = 1.83\sigma_0^2$$

$$\sigma_0^2 \sum_{n=0}^{\infty} h_1^2(n) = \sigma_0^2 \sum_{n=0}^{\infty} 0.5^{2n} = \frac{4}{3}\sigma_0^2 = 1.33\sigma_0^2$$

$$\sigma_f^2 = \sigma_0^2 (1.83 + 1.33) = 3.16\sigma_0^2$$

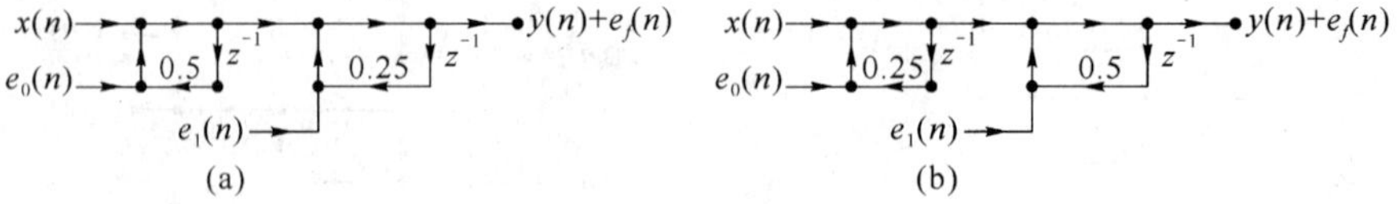

图 8-14

可见，两种不同的实现方式中，第 1 种实现方式输出端的乘法舍入量化噪声较小。

13. 某直接型理想 IIR 低通滤波器的系统函数是 $H(z) = \dfrac{1}{1 - \frac{2}{3}\sqrt{3}z^{-1} + \frac{4}{9}z^{-2}}$，由于有

限字长，分母的两个系数只能舍入到 0、0.5、1 或 1.5 这四个值之一。

（1）画出系数量化造成的极点位置迁移图（在 z 平面上标明迁移前后的极点位置）。

（2）用几何法画出量化前后系统的幅频特性曲线。曲线形状和走向只要求两者相对正确，不必精确计算，但转折点的频率要精确标明。

解： 量化前

$$H(z) = \frac{1}{1 - \frac{2}{3}\sqrt{3}\,z^{-1} + \frac{4}{9}z^{-2}} = \frac{z^2}{z^2 - \frac{2}{3}\sqrt{3}\,z + \frac{4}{9}}$$

解得系统零点 $z_0 = 0$（2 阶），极点 $z_{p1} = \frac{\sqrt{3}}{3} + j\frac{1}{3} = \frac{2}{3}e^{j\frac{\pi}{6}}$，$z_{p2} = \frac{\sqrt{3}}{3} - j\frac{1}{3} = \frac{2}{3}e^{j\frac{11\pi}{6}}$。

量化后

$$H'(z) = \frac{1}{1 - z^{-1} + \frac{1}{2}z^{-2}} = \frac{z^2}{z^2 - z + 0.5}$$

解得系统零点 $z_0' = 0$（2 阶），极点 $z_{p1}' = 0.5 + j0.5 = \frac{1}{\sqrt{2}}e^{j\frac{\pi}{4}}$，$z_{p2}' = 0.5 + j0.5 = \frac{1}{\sqrt{2}}e^{j\frac{7\pi}{4}}$。

系数量化造成极点位置迁移明显，如图 8-15(a) 所示，由此造成的系统幅频特性变化如图 8-15(b) 和 (c) 所示，图中虚线为量化后系统的幅度特性，可见幅频特性的峰值和谷值都有明显的变化。极点迁移造成的相频特性变化如图 8-15(c) 所示，图中虚线为量化后系统的相频特性，其变化较幅度特性小，就是说量化对相频的影响较小，这是因为量化后系统的基本性质并未改变的缘故。

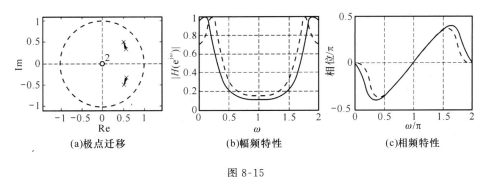

|(a)极点迁移|(b)幅频特性|(c)相频特性|

图 8-15

14. 有一个长度 $M = 12$ 的时域序列，如用 12 点 FFT，可精确算出位于数字频率 $2\pi/12$ 处测量 A 的频谱幅值。由于受器件的限制，必须采用基 2-FFT 来计算点 A 处的频响幅值。假定允许测量点数字频率的误差在 ± 0.015 范围之内，问 FFT 至少应用多少点？

解： 设用 N 点 DFT。已知 $N > 12^m$（m 为整数），要求 $\left|\frac{2\pi}{N}k - \frac{2\pi}{12}\right| < 0.015$，即

$$-0.015 + \frac{2\pi}{12} < \frac{2\pi}{N}k < 0.015 + \frac{2\pi}{12}$$

由上式可得

$$11.666 < \frac{N}{k} < 12.354 \quad 0 < k \leqslant N - 1$$

于是，当 $N = 256$ 时，解得 $k = 21$ 满足上述不等式。所以至少应选 256 点的 DFT。

第9章 自测练习题及其参考解答

本章练习题根据硕士研究生入学试题汇集,供读者复习和检查学习效果用。

9.1 自测练习题

一、填空题

1. 已知一离散系统的输入为 $x(n)$,输出 $y(n)=x(n-1)+3x(n-2)$,则可以判断该系统具有_____、_____、_____的系统特性。

2. 用 $f_s=120\,\text{Hz}$ 的采样频率对含有频率 $40\,\text{Hz}$ 的余弦信号的实连续信号 $x(t)$ 进行采样,并利用 $N=1\,024$ 点 DFT 分析信号的频谱,则可计算出频谱的峰值出现在第_____条谱线。

3. 已知 4 阶线性相位 FIR 系统函数 $H(z)$ 的一个零点为 $z_1=2-2\text{j}$,则系统的其他零点为_____。

4. 序列 $x(n)=\cos(0.15\pi n)+2\sin(0.25\pi n)$ 的周期为_____。

5. 已知 5 点的有限序列 $x(n)=\{\underline{1},2,4,-2,-1\}$,则 $x(n)$ 的自相关函数 $R_x(n)$ 为_____。

6. 当用窗口法设计线性相位 FIR 滤波器时,如何控制滤波器阻带衰减?_____。

7. IIR 数字滤波器可否设计为因果稳定的具有线性相位的离散系统?_____。

8. 已知离散系统 LTI 系统的单位阶跃响应为 $y(n)=\{1,2,3,2\}$,当系统的输入为 $x(n)=\delta(n)+\delta(n-1)+\delta(n-2)+\delta(n-3)$ 时,该系统的零状态响应为_____。

9. 已知序列 $x(n)=\{2,3,4,5,6\}$,$X(\text{e}^{\text{j}\omega})=\text{FT}[x(n)]$。$X(\text{e}^{\text{j}\omega})$ 在 $\{\omega=2\pi k/4,k=0,1,2,3\}$ 的 4 点取样值为 $X(k)$,则 $\text{IDFT}[X(k)]=$_____。

10. 可以从_____、_____和_____三个角度用三种表示方式来描述一个线性时不变离散时间系统。

二、简答题

1. 试用数学公式描述线性系统。

2. 时间窗的引入对分析原始数字信号的频谱带来什么影响？怎样才能减小这种影响？

3. 何谓 IIR、FIR 滤波器？它们各自采用什么方法实现？

4. 若某函数 $x(t)$ 的频谱 $X(f)$ 如图 9-1(a) 所示，则以 T 为采样周期对 $x(t)$ 进行采样，得到采样后的函数频谱为 $X'(f)$，如图 9-1(b) 所示。试问采样周期为多少？为使采样后的 $X'(f)$ 一个周期与采样前的 $X(f)$ 相等效，应怎样做？

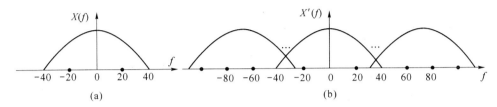

图 9-1

5. 某一无限长连续信号包含有频率为 f 的正弦信号，其他频率分量的信号频率远低于该正弦信号。试提出一种可行的处理方案，能够比较精确地测得正弦信号的频率。

6. 已知离散周期信号 $x(n)$ 的周期为 N，有限长信号 $h(n)$ 的长度为 M，试用 DFT(FFT) 完成两个信号的线性卷积。要求写出计算步骤，以及 DFT(FFT) 的变换长度。

7. 假设离散信号 $x(n)$ 的 N（偶数）点 DFT 用 $X(k)$ 表示，试证明：

$$X(k) = \sum_{r=0}^{N/2-1} x_1(r) W_{N/2}^{kr} + W_N^k \sum_{r=0}^{N/2-1} x_2(r) W_{N/2}^{kr}$$

式中，$x_1(r) = x(2r)$，$r = 0, 1, 2, \cdots, N/2-1$，$x_2(r) = x(2r+1)$，$r = 0, 1, 2, \cdots, N/2-1$

8. DFT 的正交基是什么？为什么要用正交变换？

9. DFT 和 DFS 有什么关系？

10. 用窗函数法设计 FIR 滤波器时，窗函数对 FIR 滤波器产生什么影响？

三、判断题

1. 一个因果的线性时不变系统(LTI)的逆系统也是因果的。

2. 只要离散时间 LTI 系统的全部极点在单位圆内，则该系统一定是稳定的。

3. 离散时间 LTI 系统的极点越靠近单位圆，系统的频率响应在该极点所对应的频率附近出现的峰值就越尖锐。

4. 一个因果系统和一个非因果系统的级联构成一个非因果系统。

5. 某离散时间 LTI 系统的幅频特性 $|H(e^{j\omega})| = 1$，该系统是一个不失真传输系统。

6. 从数字观点看，任何周期的采样信号均可以还原为原始的连续信号。

7. 若 $x(n), n = 0, 1, \cdots$ 是离散的周期函数，那么其频谱 $X(k)$ 一定是一个连续的周期函数。

8. FIR 滤波器 $H(z)$ 相位满足关系 $\varphi(\omega) = -k\omega (k$ 为常数)，则 $H(z)$ 是线性相位滤波器。

9. 余弦序列 $\cos(n\omega_0)$ 不一定是周期序列。

10. FFT 是序列傅里叶变换的快速算法。

四、计算题

1. 现要用计算机对实数离散信号进行频谱分析，要求频谱的分辨率 $F \leqslant 50$ Hz。如果信号的最高频率为 2 kHz,试确定以下各参数。

(1) 最短的离散信号的记录长度。

(2) 最大的采样周期。

(3) 至少要求有多少个采样点数。

(4) 在频带宽度不变的情况下,使分辨率提高一倍的采样点数。

2. 已知确定序列 $x(n) = \{\underline{1}, 2, 2, 1\}$,$h(n) = \{\underline{2}, 1, -1, 1\}$,试计算:

(1) $x(n) * h(n)$ (2) $x(n) ④ h(n)$ (3) $x(n) ⑦ h(n)$

3. 已知连续信号 $x(t)$ 的频率成分集中在 $0 \sim 2\,000$ Hz 之间,若利用 DFT 对该信号进行谱分析,指出下列各参数如何选取。

(1) 可允许的最大采样间隔 $T_{\max}$。

(2) 若该信号只记录了 0.2 s,采样间隔 $T = 0.000\,2$ s,应至少进行多少点的 DFT。

(3) 简述利用 DFT 分析连续时间信号 $x(t)$ 的频谱将会引起哪些误差? 如何改善?

4. 试求双边 z 变换为 $X(z) = \dfrac{2}{z^2 - \dfrac{3}{4}z + \dfrac{1}{8}}$ 可能对应的序列 $x(n)$。

5. 分别利用脉冲响应不变法和双线性法将滤波器 $H(s) = \dfrac{3}{(s+2)(s+1)}$ 转换为数字滤波器 $H_1(z)$ 和 $H_2(z)$,采样间隔 $T = 2$。

6. 线性相位 FIR 带通数字滤波器幅度特性为 $|H_d(e^{j\omega})| = \begin{cases} 1 & \dfrac{\pi}{3} \leqslant |\omega| \leqslant \dfrac{2\pi}{3} \\ 0 & \text{其他} \end{cases}$。试用矩形窗口法设计一个 5 阶的线性相位 FIR 带通数字滤波器,试求:

(1) $h(n)$ 的表达式及其 $h(n)$ 的具体值。

(2) 画出 $H(z)$ 线性相位的直接型结构图。

7. 已知 $x(t) = \sin(2\pi f t + \pi/4)$,其中 $f = 1$ Hz。

(1) 求 $x(t)$ 的周期。

(2) 若 $T = 0.125$ s,对 $x(t)$ 进行采样,试写出 $x(n)$ 的表达式,并求出 $x(n)$ 的周期。

8. 已知长度为 4 的序列为 $x(n) = \begin{cases} 1 & n = 0 \\ 2 & n = 1, 2, 3 \end{cases}$,试计算 $x(n)$ 的 4 点离散傅里叶变换 $X(k)$。

9. 已知 $f_0 = 50$ Hz,$x(t) = 2A\cos\left(2\pi f_0 t + \dfrac{\pi}{6}\right)$,要求用 FFT 分析 $x(t)$ 的频谱。为了准确地分析出信号的频率,试确定:

(1) 采样频率、采样点数以及 FFT 的变换区间应选多少?

(2) 画出用 FFT 作出的信号幅度曲线。

10. 试画出线性卷积 $y(m) = \displaystyle\sum_{n=-\infty}^{\infty} x(n)h(n+m)$ 的波形。设已知离散信号 $x(n) = \{1, 1, 1, 1, \underline{1}\}$,$h(n) = \{2, 2, \underline{2}, 2, 2, 2, 2\}$。

11. 若 $h(n)$ 为实因果序列,求 $h(n)$。已知 $\mathrm{Re}[H(e^{j\omega})] = 1 + 2\cos 2\omega$。

12. 两个 8 点的序列 $x_1(n)$ 和 $x_2(n)$ 如图 9-2 所示,其 8 点的 DFT 分别为 $X_1(k)$ 和 $X_2(k)$,试确定 $X_1(k)$ 和 $X_2(k)$ 的关系。

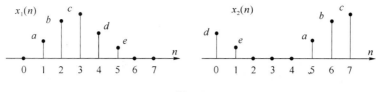

图 9-2

13. 某离散时间 LTI 系统由 $y_1(n)=x(n)-0.5y_1(n-1)$,$h_1(n)=\delta(n-1)$,$h_2(n)=2\delta(n)+\delta(n-1)$ 三个 LTI 系统级联而成。求输入 $x(n)=u(n)$ 时系统的输出 $y(n)$。

14. 已知因果稳定 LTI 系统输入为 $x(n)=(1/3)^n u(n)$ 时的响应为 $y(n)=\left[(1/3)^n+(-2/3)^n\right]u(n)$。

(1) 求 $H(z)$,并画出系统的零极点分布图。

(2) 求系统的单位脉冲响应 $h(n)$。

(3) 根据系统的零极点图画出系统的幅频特性,并注出 $\omega=0$、$\pi/2$、π 时的幅度值;

(4) 求系统的输入为 $x(n)=(-1)^n$ 时的输出 $y(n)$。

15. 已知序列 $x(n)=a^n u(n)$,$0<a<1$,$X(z)=ZT[x(n)]$。

(1) 若在单位圆上对 $X(z)$ 等间隔采样 N 点,得 $X(k)=X(z)\big|_{z=e^{j\frac{2\pi}{N}k}}$,$k=0,1,2,\cdots,N-1$,求长度为 N 的有限长序列 $x_N(n)$,使其 DFT 满足 $\mathrm{DFT}[x_N(n)]=X(k)$。

(2) 在半径为 r 的圆周上对 $X(z)$ 等间隔采样 N 点,即 $X_r(k)=X(z)\big|_{z=re^{j\frac{2\pi}{N}k}}$,$k=0,1,2,\cdots,N-1$,试给出一种用 N 点 DFT 计算得到 $X_r(k)$ 的方法。

16. 假设 N 为偶数,长为 N 的有限长序列 $x(n)$ N 点 DFT 为 $X(k)$,$k=0,1,2,3,\cdots,N-1$。

(1) 若序列 $y(n)=\begin{cases} x(n)+x(n+N) & 0\leqslant n\leqslant\dfrac{N}{2}-1 \\ 0 & \text{其他 } n \end{cases}$,证明 $Y(k)=Y(2k)$,$k=0,1,2,3\cdots,\dfrac{N}{2}-1$。

(2) 若 $y(n)=\begin{cases} x(n) & 0\leqslant n\leqslant N-1 \\ 0 & \text{其他} \end{cases}$,$y(n)$ 的 $2N$ 点 DFT 为 $Y(k)$,试确定 $Y(k)$ 与 $X(k)$ 的关系。

(3) 若 $y(n)=\begin{cases} x(n/2) & n \text{ 为偶数} \\ 0 & n \text{ 为奇数} \end{cases}$,$y(n)$ 的 $2N$ 点 DFT 为 $Y(k)$,试确定 $Y(k)$ 与 $X(k)$ 的关系。

17. (1) 计算离散时间序列 $x(n)=2^n u(-n+2)$ 的傅里叶变换 $X(e^{j\omega})$。

(2) 离散 LTI 系统的单位脉冲响应 $h(n)$ 如图 9-3(a)所示,求系统对图 9-3(b)所示的输入信号 $x(n)$ 的响应 $y(n)$,并画出其波形。

18. 设从 $t=0$ 开始,以等间隔时间 $T_s=0.25$ ms 采样模拟信号 $x_a(t)=\cos(2\pi\times1\,000t+\theta)$,共采样 N 点。

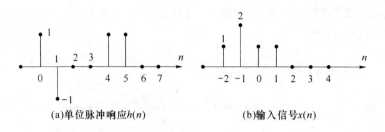

(a)单位脉冲响应$h(n)$ (b)输入信号$x(n)$

图 9-3

(1) 试确定采样后序列 $x(n)$ 的角频率和表达式。

(2) 说明 N 如何取值，N 点 DFT$[x(n)]$ 的结果能精确地反映 $x(n)$ 的频谱。

(3) 试确定模拟频率分辨率可以达到 1 Hz 时的最小采样点数 $N_{\min 1\mathrm{Hz}}$。

(4) M 点采样 $x(n)$ 后补 $N-M(N>M)$ 个零得到 $X_N(k)=$ DFT$[x(n)]_N$，可否通过增大 N 来提高模拟频率的分辨率？

19. 图 9-4 表示的 $x(n)$ 是一个 6 点的有限长序列，其 z 变换为 $X(z)$，如果在 $z=\mathrm{e}^{\mathrm{j}\frac{\pi}{2}k}$，$k=0,1,2,3$ 处对 $X(z)$ 进行采样，就得到该序列的 4 点 DFT，即 $X(k)=X(z)\Big|_{z=\mathrm{e}^{\mathrm{j}\frac{\pi}{2}k}}$，$k=0$，$1,2,3$，若将所得到的 $X(k)$ 作 IDFT，试绘出所对应信号的波形。

20. 已知有限长序列 $x(n)$ 如图 9-5 所示，对该序列进行如下运算：

(1) 计算 $X_5(k)=$ DFT$[x(n)]$。

(2) 计算 $y(n)=$ IDFF$[Y(k)]=$ IDFT$[(X(k))^2]$，$n=0,1,2,3,4$。

(3) 若在(2)计算中使用 N 点 DFT，问如何选择 N 才能在 $0 \leqslant n \leqslant N-1$ 的区间上得到 $R(n)=x(n)*x(n)$。

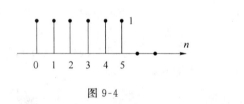   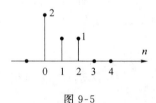

图 9-4   图 9-5

21. 如图 9-6 所示的有限长序列 $x(n)$，其 6 点 DFT 为 $X_6(k)=$ DFT$[x(n)]_6$。要求：

(1) 若 $Y_6(k)=W_6^{4k}X(k)$，画出有限长序列 $y(n)$ 的波形。

(2) 若 $F_6(k)=$ DFT$[f(n)]=$ Re$[X(k)]$，画出有限长序列 $f(n)$ 的波形。

(3) 若 $S_3(k)=X(2k)$，$k=0,1,2$，画出三点有限长序列 $s(n)$ 的波形。

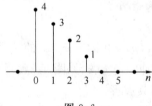

图 9-6

22. 已知某一个离散时间 LTI 系统的结构如图 9-7 所示,试求该系统的系统函数及其收敛域,画出系统的零极点图并粗略地画出系统的幅频特性。

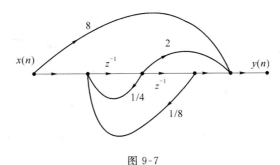

图 9-7

23. 如图 9-8 所示为具有二阶零点的 LTI 系统的系统极点分布图。已知当 $z=1$ 时,$H(z)=6$。要求:

（1）求系统函数 $H(z)$。

（2）求系统的单位脉冲响应 $h(n)$。

（3）求输入信号 $x(n)=\left(\dfrac{1}{3}\right)^{n}u(n-1)$ 系统的输出响应 $y(n)$。

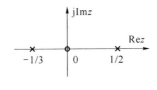

图 9-8

24. 求与系统函数 $X(z)=\dfrac{0.19}{(1-0.9z)(1-0.9z^{-1})}$ 对应的因果序列 $x(n)$。

25. 试画出该系统 $y(n)=\displaystyle\sum_{k=0}^{3}\left(\dfrac{1}{2}\right)^{k}x(n-k)+\sum_{k=0}^{3}\left(\dfrac{1}{3}\right)^{k}y(n-k)$ 直接型结构。

26. 画出 FIR 系统 $y(n)=\displaystyle\sum_{k=0}^{6}\left(\dfrac{1}{3}\right)^{|3-k|}x(n-k)$ 的直接型结构和线性相位结构。

27. 已知序列 $x(n)=\{\,1,2,3,2,1,0,-3,-2\,\}$,$X(e^{j\omega})=\mathrm{FT}[x(n)]$,$X(e^{j\omega_k})=X(e^{j\omega})|_{\omega=\omega_k}$,其中 $\omega_k=\dfrac{2\pi}{5}k(k=0,1,2,3,4)$。若 $y(n)=\mathrm{IDFT}[X(e^{j\omega})]$,变换区间 $N=5$,试求出 $y(n)$ 与 $x(n)$ 之间的关系,并画出 $y(n)$ 的波形。

28. 实序列 $x(n)$ 8 点 DFT 前 5 点值为 $\{0.25,0.125-j0.3,0,0.125-j0.006,0.5\}$。要求:

（1）写出 $x(n)$ 的 8 点 DFT 的后 3 点值。

（2）如果 $y(n)=x((n+2))_8R_8(n)$,求 $y(n)$ 的 8 点 DFT 的值。

29. 设 $H(e^{j\omega})$ 是线性时不变因果系统的传输函数,其单位脉冲响应是实序列。若 $H_R(e^{j\omega})=\displaystyle\sum_{n=0}^{5}0.5^{n}\cos\omega n$,求系统的单位脉冲响应 $h(n)$。

30. 设网络的系统函数为 $H(z)=\dfrac{1+z^{-1}}{1-0.9z^{-1}}$。将 $H(z)$ 中的 z 用 z^4 代替，形成新的系统函数 $H_1(z)=H(z^4)$。试画出 $|H_1(e^{j\omega})|\sim\omega$ 曲线，要求标出峰值点频率。

31. 设系统单位脉冲响应 $h(n)$ 和输入信号 $x(n)$ 的波形如图 9-9 所示，试用循环卷积法求出系统输出 $y(n)$，并画出 $y(n)$ 的波形。

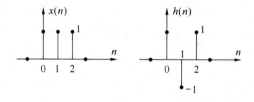

图 9-9

32. 已知模拟滤波器如图 9-10 所示，要求用双线性变换法转换成数字滤波器，写出其系统函数。

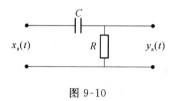

图 9-10

9.2 自测练习题参考解答

一、填空题

1. 线性、时不变、因果性。

2. 341。

分析：对时间连续信号进行采样，f_s 满足采样定理，连续域角频率 Ω 和数字域角频率 ω 具有线性关系 $\omega=\Omega T, T=1/f_s$。另外，$N=1\,024$ 点的 DFT，在频率域采样点的频率为 $\omega_k=2\pi k/N$，对应的模拟频率为 Ω_k，$\omega_k=2\pi k/N=\Omega_k T$，则 $\Omega_k=\dfrac{2\pi f_s}{N}k$，或者 $f_k=\dfrac{f_s}{N}k$。题设信号频率为 40 Hz，$f_s=120$ Hz，令 $f_k=40$ Hz，可以算出 $k=341.3$，因此频谱的峰值将出现在第 341 上条谱线上。需要注意，第 341 条谱线代表的准确频率为 39.961 Hz，这说明信号并不是精确地出现在第 341 条谱线上。

3. $2+2j, 0.25+0.25j, 0.25-0.25j$。

4. 40。

分析：$\cos(0.15\pi n)$ 周期为 40，$\sin(0.25\pi n)$ 周期为 8，取两个周期的最小公倍数，该信号的周期为 40。

5. $\{-1,-4,4,4,\underline{26},4,4,-4,-1\}$。

6. 选择窗函数形式的方法。

7. 不能。

分析:线性相位滤波器要求单位脉冲响应 $h(n)$ 关于 $h(n)$ 序列的 $(N-1)/2$ 处偶对称或者奇对称,而因果性 IIR 滤波器要求单位脉冲响应 $h(n)$ 是一个因果序列,一般是无限长的,无法满足对称性的要求,故 IIR 滤波器不能构成线性滤波器。

8. $y_0(n)=\{\underline{1},2,3,2,1,2,3,2\}$。

9. $\{\underline{8},2,3,4\}$。

10. 系统函数、单位脉冲响应和差分方程。

二、简答题

1. 答:输入输出之间服从线性叠加原理的系统称为线性系统。

若 a 和 b 是常数, $x_1(n)$ 和 $x_2(n)$ 分别为系统的输入,系统的输出分别用 $y_1(n)$ 和 $y_2(n)$ 表示。假设 $x(n)=ax_1(n)+bx_2(n)$,如果系统的输出 $y(n)$ 服从

$$y(n)=T[x(n)]=T[ax_1(n)+bx_2(n)]=ay_1(n)+by_2(n)$$

则该系统服从线性叠加原理,或者说该系统是线性系统。

2. 答:在数字信号处理中,只能截取信号一段一段进行处理,这就不能避免对原始数字信号进行加时间窗处理(最简单的是用矩形窗)。如果截取的长度小于被分析信号的长度,则会引起截断效应——频谱展宽(又称频谱泄漏)和谱间干扰(又称吉布斯效应),从而使频谱分辨率降低,频谱模糊,产生假信号或者将弱信号掩盖。

改进的方法是适当地加长窗函数的长度,减少频谱泄漏;其次,选择旁瓣较小的窗函数的类型,如三角窗、汉明窗、汉宁窗、布莱克曼窗、凯塞窗等可以减少谱间干扰。

3. 答:从结构上看,具有反馈回路,或者系统函数的分母为多项式,有非零值的极点,或者其单位脉冲响应为无限长的滤波器为 IIR 滤波器。从结构上看,无反馈回路,系统函数是一个多项式,单位脉冲响应为有限长序列的滤波器为 FIR 滤波器。

IIR 滤波器一般采用直接型、级联型、并联型,或者它们的转置型、格形等实现。

FIR 滤波器一般采用直接型、级联型、频率采样结构、线性相位结构、快速卷积法、格形结构等实现。

4. 答:采样频率为 $F=70\,\mathrm{Hz}$。将采样频率提高到 $80\,\mathrm{Hz}$ 以上,才能使采样后的 $X'(f)$ 一个周期与采样前的 $X(f)$ 等效。

5. 答:测试正弦信号的频率的原理框图如图 9-11 所示。首先对 $x(t)$ 进行高通滤波,滤除远离正弦信号频率 f 的低频分量,然后进行采样量化转换成数字信号,再通过计算机进行 FFT 运算得到正弦信号的频率。

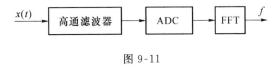

图 9-11

为了能比较准确地测出信号频率,将通过 FFT 运算所得幅度最大处的频率作为信号频率,然后将观察点数加大一倍再运算。将两次的信号频率进行比较,如果两次的差满足误差的要求,运算结束;如果不满足要求,重复上述将观察点数加大一倍再进行 FFT 运算的操

作,直到满足误差要求为止。

6. **答**:离散周期信号 $x(n)$ 与有限长信号 $h(n)$ 的线性卷积结果仍具有周期性,且周期仍为 N。作其线性卷积的步骤如下。

(1) 截取 $x(n)$ 的一个周期,用 $x_N(n)$ 表示,令 $L=M+N-1$。

(2) $x_N(n)$ 尾部加 $L-N$ 个零,$h(n)$ 的尾部加 $L-N$ 个零。

(3) 对 $x_N(n)$ 和 $h(n)$ 分别作 L 点的 DFT,得到 $X_N(n)$ 和 $H(k)$。

(4) 作 IDFT $X_N(n)$ 和 $H(k)$,得到 $y_L(n)$,$m=0,1,2,\cdots,L-1$。

(5) 将 $y_L(n)$ 以 N 为周期进行周期性延拓,得到 $y(n)=x(n)*h(n)$,$y(n)=\sum\limits_{i=-\infty}^{\infty}y_L(n+iN)$。

7. 证明:$X(k)=\mathrm{DFT}[x(n)]=\sum\limits_{n=0}^{N-1}x(n)W_N^{kn}$,将 $X(k)$ 按照 n 的奇、偶性分解为

$$X(k)=\sum_{n为偶数}x(n)W_N^{kn}+\sum_{n为奇数}x(n)W_N^{kn}=\sum_{r=0}^{N/2-1}x(2r)W_N^{k2r}+\sum_{r=0}^{N/2-1}x(2r+1)W_N^{k(2r+1)}$$

令 $x_1(r)=x(2r)$,$r=0,1,2,\cdots,N/2-1$,$x_2(r)=x(2r+1)$,$r=0,1,2,\cdots,N/2-1$,得

$$X(k)=\sum_{r=0}^{N/2-1}x_1(2r)W_{N/2}^{k2r}+\sum_{r=0}^{N/2-1}x_2(r)W_{N/2}^{kr}$$

8. **答**:DFT 的正交基是 $W_N^{kn}=\mathrm{e}^{-\mathrm{j}\frac{2\pi}{N}kn}$。采用正交变换是因为它是线性变换,在变换过程中能量(系数的平方)保持不变。

9. **答**:DFS 适用于周期性离散序列,DFT 适用于有限长序列。

有限长序列 $x(n)$ 经周期延拓得周期序列 $\tilde{x}(n)$,$\tilde{x}(n)$ 经 DFS 得 $\tilde{X}(k)=\mathrm{DFS}[\tilde{x}(n)]$,截取 $\tilde{X}(k)$ 主值区间得 $X(k)$,$X(k)=\mathrm{DFT}[x(n)]$。这就是 DFT 和 DFS 之间的关系。

10. **答**:用窗函数法设计 FIR 滤波器时,窗函数对 FIR 滤波器的影响体现在三个方面,窗函数的长度越长,滤波器的过渡带越窄、越陡;窗函数的形状必须是对称的,否则不能用于滤波器设计。窗函数频谱主副瓣面积之比还决定阻带最小衰减大小,滤波器过渡带宽取决于窗函数频谱主瓣宽度;窗函数的位置应满足线性相位的条件 $h(n)=\pm h(N-1-n)$,否则无法设计线性相位 FIR 滤波器。

三、判断题

1. 错。一个因果的线性时不变系统的逆系统不一定是因果的。

2. 错。离散时间 LTI 系统的全部极点在单位圆内,则该系统一定是稳定系统,当然也是因果稳定系统。

3. 对。极点越靠近单位圆,系统的频率响应在该极点所对应的频率附近出现的峰值就越尖锐。

4. 错。一个因果系统和一个非因果系统的级联不一定构成一个非因果系统。

系统函数是非因果系统 z^2 级联因果系统 z^{-3},那么级联后的系统函数为 z^{-1} 是一个因果系统。而非因果系统 z^2 级联因果系统 z^{-1},级联后的系统函数为 z,仍是一个非因果系统。

5. 错。因为幅频特性 $|H(\mathrm{e}^{\mathrm{j}\omega})|=1$ 只表明幅度特性不是真,该系统不一定具有线性相位。只有幅度特性为常数,且具有线性相位的系统才是不失真的传输系统。

6. 错。

7. 错。

8. 错。相位满足关系 $\varphi(\omega) = -k\omega + \beta (k, \beta$ 为常数)，则 $H(z)$ 是线性相位滤波器。

9. 对。

10. 错。FFT 是序列离散傅里叶变换的快速算法。

四、计算题

1. **解**：(1) 最短的离散信号的记录长度为 $1/F = 0.02$ s。

(2) 最大的采样周期为 $1/4$ ms $= 0.25$ ms。

(3) 至少要求有 $F_{\text{smin}}/F = 4 \times 10^3/50 = 80$ 个采样点数。

(4) 在频带宽度不变的情况下，要使分辨率提高一倍的采样点数为 160。

2. **解**：(1) 线性卷积 $x(n) * h(n) = \{\underline{2}, 5, 5, 3, 1, 1, 1\}$。

(2) 4 点循环卷积 $x(n) \bigotimes h(n) = \{\underline{3}, 6, 6, 3\}$。

(3) 7 点循环卷积 $x(n) \bigotimes h(n) = \{\underline{2}, 5, 5, 3, 1, 1, 1\}$。

3. **解**：(1) $T_{\max} = \dfrac{1}{2 \times 2\,000}$ ms $= 0.25$ ms。

(2) $\dfrac{0.2}{0.000\,2} = 1\,000$，应至少作 1 000 点的 DFT。

(3) 用 DFT 分析连续时间信号 $x(t)$ 的频谱引起的误差有频谱混叠、截断误差（泄漏和谱间干扰）和栅栏效应。频谱混叠可通过尽量提高采样频率改善，选择适当的窗函数的形式，尽量加长观察时间可以减小截断误差，栅栏效应可以通过尽量增加 DFT 的变换点数改善。

4. **解**：$X(z) = \dfrac{2}{z^2 - \dfrac{3}{4}z + \dfrac{1}{8}} = \dfrac{2}{\left(z - \dfrac{1}{2}\right)\left(z - \dfrac{1}{4}\right)}$ 的极点为 $z_1 = 0.5, z_2 = 0.25$，对应三种

不同的收敛域，分别对应不同的序列。

(1) 收敛域：$0.5 < |z|$，对应原序列为因果收敛序列。当 $n < 0$ 时，$x(n) = 0$。

令

$$F(z) = X(z)z^{n-1} = \frac{2}{(z - 0.5)(z - 0.25)} z^{n-1}$$

当 $n \geqslant 1$ 时　$x(n) = \text{Res}[F(z), 0.5] + \text{Res}[F(z), 0.25] = 4(0.5)^n - 2(0.25)^n$

当 $n = 0$ 时　　　　　　$F(z) = \dfrac{2}{z(z - 0.5)(z - 0.25)}$

$x(0) = \text{Res}[F(z), 0] + \text{Res}[F(z), 0.5] + \text{Res}[F(z), 0.25] = 16 + 16 - 32 = 0$

因此，$x(n) = [4(0.5)^n - 2(0.25)^n] u(n-1)$。

(2) 收敛域：$0 \leqslant |z| < 0.25$，对应原序列为左序列。

$$F(z) = \frac{2}{z(z - 0.5)(z - 0.25)} z^{n-1}$$

当 $n \geqslant 1$ 时，$x(n) = 0$。

当 $n = 0$ 时　$F(z) = \dfrac{2}{z(z - 0.5)(z - 0.25)}$，$x(0) = \text{Res}[F(z), 0] = 16$

当 $n \leqslant -1$ 时

$$F(z) = \frac{2}{z(z - 0.5)(z - 0.25)} z^{n-1}$$

$$x(n) = -\text{Res}[F(z), 0.5] - \text{Res}[F(z), 0.25] = -4(0.5)^n + 2(0.25)^n$$

最后得

$$x(n)=[-4(0.5)^n+2(0.25)^n]u(-n-1)+16\delta(n)$$

（3）收敛域：$0.25<|z|<0.5$，对应的原序列是双边序列。

$$F(z)=\frac{2}{z(z-0.5)(z-0.25)}z^{n-1}$$

当 $n\geqslant1$ 时 $\qquad x(n)=\text{Res}[F(z),0.25]=-2(0.25)^n$

当 $n=0$ 时 $\qquad F(z)=\frac{2}{z(z-0.5)(z-0.25)}$

$$x(0)=\text{Res}[F(z),0]+\text{Res}[F(z),0.25]=16-32=-16$$

当 $n\leqslant-1$ 时 $\qquad x(n)=-\text{Res}[F(z),0.5]=-16(0.5)^n$

最后得

$$x(n)=-2(0.25)^nu(n-1)-16(0.5)^nu(-n-1)-16\delta(n)$$

5. **解**：脉冲响应不变法

$$H(s)=\frac{3}{(s+2)(s+1)}=\frac{-3}{s+2}+\frac{3}{s+1}$$

极点为 $s_1=-2$，$s_2=-1$，转换成数字滤波器的系统函数为

$$H_1(z)=\frac{T(-3)}{1-e^{s_1T}z^{-1}}+\frac{3T}{1-e^{s_2T}z^{-1}}=\frac{-6}{1-e^{-4}z^{-1}}+\frac{-6}{1-e^{-2}z^{-1}}=\frac{-6}{1-0.018\,3z^{-1}}+\frac{-6}{1-0.135\,3z^{-1}}$$

用双线性变换法转换

$$H_2(z)=\frac{3}{(s+2)(s+1)}\Bigg|_{s=\frac{2}{T}\frac{1-z^{-1}}{1+z^{-1}}}=\frac{3(1+z^{-1})^2}{2(3+z^{-1})}$$

6. **解**：（1）用理想带通滤波器作为逼近滤波器，假设理想带通滤波器的频率特性为

$$H_d(e^{j\omega})=|H_d(e^{j\omega})|e^{-j\omega\alpha}$$

其中，$|H_d(e^{j\omega})|=\begin{cases}1 & \dfrac{\pi}{3}\leqslant|\omega|\leqslant\dfrac{2\pi}{3}\\[2mm]0 & \text{其他}\end{cases}$。

$$h_d(n)=\frac{1}{2\pi}\int_{-\pi}^{\pi}|H_d(e^{j\omega})|e^{j\omega\alpha}e^{j\omega n}d\omega=\frac{1}{2\pi}\left[\int_{-\frac{2}{3}\pi}^{-\frac{1}{3}\pi}e^{j\omega(n-\alpha)}d\omega+\int_{\frac{1}{3}\pi}^{\frac{2}{3}\pi}e^{j\omega(n-\alpha)}d\omega\right]$$

$$=\frac{1}{(n-\alpha)\pi}\left\{\sin\left[\frac{2}{3}\pi(n-\alpha)\right]-\sin\left[\frac{1}{3}\pi(n-\alpha)\right]\right\}$$

要求 $N=5$，则 $\tau=\dfrac{N-1}{2}=2$，

$$h_d(n)=\{-0.276,0,0.333,-0.276\}$$

（2）其线性相位结构如图 9-12 所示。

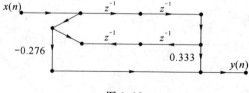

图 9-12

7. **解**：（1）$x(t)$ 的周期为 1 s。

(2) $x(n) = \sin(2\pi f nT + \pi/4), n = \cdots, 0, 1, 2, 3, \cdots$。

因为正弦序列的频率为 $\omega = 2\pi fT$，$\dfrac{2\pi}{\omega} = \dfrac{1}{fT} = 8$，所以 $x(n)$ 的周期为 8。

8. **解**：$X(k) = \displaystyle\sum_{n=0}^{3} x(n) e^{-j\frac{2\pi}{4}kn} = 1 + 2e^{-j\frac{2\pi}{4}k} + 2e^{-j\frac{2\pi}{4}k\times 2} + 2e^{-j\frac{2\pi}{4}k\times 3}$

$$= 1 + 2(-1)^k + 4\cos\frac{\pi}{2}k$$

$$= \begin{cases} 7 & k = 0 \\ -1 & k = 1 \\ -1 & k = 2 \\ -1 & k = 3 \end{cases}$$

9. **解**：为准确地分析出信号的频率，采样后得到的离散信号最好是周期信号，每个周期中的点数一样。

(1) 连续信号的周期为 $1/f_0 = 0.02$ s，若每周采样 4 点，采样频率为 200 Hz，这样只采样一周就可以。最后确定采样频率为 200 Hz，采样 4 点，作 4 点 FFT。

(2) 作 4 点 FFT 后得到 $X(k)$，$k = 0, 1, 2, 3$，信号会出现在 $k = 1$ 的位置上。画出它的幅度谱，如图 9-13 所示。因为信号是实的，$k = 1$ 和 $k = 3$ 处幅度均为 $|A|$。

10. **解**：求线性卷积可以用图解法或者列表法来解。

$$y(n) = \{2, 4, 6, 8, 10, 10, \underline{10}, 8, 6, 4, 2\}$$

$y(n)$ 的波形如图 9-14 所示。

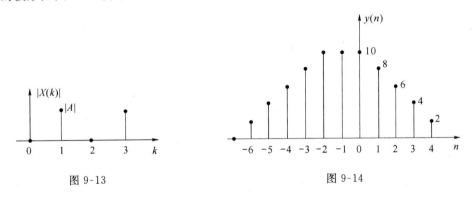

图 9-13

图 9-14

11. **解**：傅里叶变换的实部对应原序列的共轭对称序列，求出共轭对称序列就可以求出原序列。

$$\text{Re}[H(e^{j\omega})] = \sum_{n=-\infty}^{\infty} h_e(n) e^{-j\omega n} = 1 + 2\cos 2\omega = 1 + e^{j2\omega} + e^{-j2\omega}$$

$$h_e(n) = \begin{cases} 1 & n = 0 \\ 1 & n = 2 \\ 1 & n = -2 \\ 0 & \text{其他} \end{cases}, \quad h(n) = \begin{cases} 0 & n < 0 \\ h_e(n) & n = 0 \\ 2h_e(n) & n > 0 \end{cases} = \begin{cases} 1 & n = 0 \\ 2 & n = 2 \\ 0 & \text{其他} \end{cases}$$

12. **解**：观察图 9-2，$x_1(n)$ 和 $x_2(n)$ 之间是循环移位关系，即 $x_2(n) = x_1((n-4))_8 R_8(n)$。利用

循环移位性质可得 $X_2(k) = X_1(k)W_N^{4k}$。

13. **解**：求解可以在时域用线性卷积法，也可以在频域用 z 变换法求解。这里用 z 变换法求解。

根据已知条件，三个 LTI 系统的系统函数分别为

$$H_0(z) = \frac{1}{1+0.5z^{-1}}, H_1(z) = z^{-1}, H_2(z) = 2+z^{-1}$$

输入信号 $x(n) = u(n)$ 的 z 变换为 $X(z) = \frac{1}{1-z^{-1}}$，此时系统输出为

$$Y(z) = H_0(z)H_1(z)H_2(z)x(z) = -\frac{1}{1+0.5z^{-1}}z^{-1}(2+z^{-1})\frac{1}{1-z^{-1}} = \frac{2z^{-1}}{1-z^{-1}}$$

上式取 z 逆变换得

$$y(n) = \mathrm{IZT}[Y(z)] = 2u(n-1)$$

14. **解**：(1) 已知 $x(n) = (1/3)^n u(n)$，$y(n) = [(1/3)^n + (-2/3)^n]u(n)$，分别进行 z 变换，得到

$$X(z) = \frac{1}{1-\frac{1}{3}z^{-1}} \quad |z| > \frac{1}{3}$$

$$Y(z) = \frac{1}{1-\frac{1}{3}z^{-1}} + \frac{1}{1+\frac{2}{3}z^{-1}} = \frac{2+\frac{1}{3}z^{-1}}{\left(1-\frac{1}{3}z^{-1}\right)\left(1+\frac{2}{3}z^{-1}\right)} \quad |z| > \frac{2}{3}$$

$$H(z) = \frac{Y(z)}{X(z)} = \frac{2+\frac{1}{3}z^{-1}}{\left(1+\frac{2}{3}z^{-1}\right)} \quad |z| > \frac{2}{3}$$

系统函数的零点为 $-1/6$，极点为 $-2/3$，极零点图如图 9-15 所示。

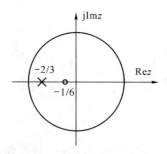

图 9-15

(2) $h(n) = \mathrm{IZT}[H(z)] = 2\left(-\frac{2}{3}\right)^n u(n) + \frac{1}{3}\left(-\frac{2}{3}\right)^n u(n-1)$

(3) 根据系统的零极点图，画出系统的幅频特性，如图 9-16 所示。

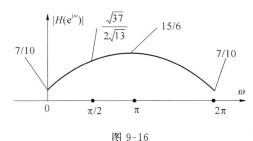

图 9-16

（4）因为 $x(n)=(-1)^n=\mathrm{e}^{\mathrm{j}\pi n}$，令 $x(n)=\mathrm{e}^{\mathrm{j}\omega 0 n}$，则系统输出

$$y(n)=x(n)*h(n)=\sum_{m=-\infty}^{\infty}\mathrm{e}^{\mathrm{j}\omega_0(n-m)}h(m)=\mathrm{e}^{\mathrm{j}\omega_0 n}\sum_{m=-\infty}^{\infty}\mathrm{e}^{-\mathrm{j}\omega_0 m}h(m)$$

$$=\mathrm{e}^{\mathrm{j}\omega_0 n}H(\mathrm{e}^{\mathrm{j}\omega_0 n})=\mathrm{e}^{\mathrm{j}\omega_0 n}H(z)\mid_{z=\mathrm{e}^{\mathrm{j}\omega_0}}$$

上式表明当输入指数序列时，输出仍为同频率的指数序列，幅度与相角决定于 $\omega=\omega_0$ 时系统的传输函数 $H(\mathrm{e}^{\mathrm{j}\omega})$（即单位圆上的 z 变换）。

令 $\omega_0=\pi$，$\mathrm{e}^{\mathrm{j}\pi n}=x(n)=(-1)^n$，因此得到

$$y(n)=\mathrm{e}^{\mathrm{j}\pi n}H(\mathrm{e}^{\mathrm{j}\pi})$$

其中 $H(\mathrm{e}^{\mathrm{j}\pi})=\dfrac{2+\dfrac{1}{3}\mathrm{e}^{-\mathrm{j}\pi}}{1+\dfrac{2}{3}\mathrm{e}^{-\mathrm{j}\pi}}=5$。

因此得到

$$y(n)=5\mathrm{e}^{\mathrm{j}\pi n}$$

15. **解**：$X(z)=\dfrac{1}{1-az^{-1}}$，$\mid z\mid=a$。

（1）按照频率域采样定理，频域采样使时域周期化，IDFT 则是为其主值序列。原序列 $x(n)=a^n u(n)$，因此

$$x_N(n)=\sum_{i=-\infty}^{\infty}x(n+iN)R_N(n)=\sum_{i=-\infty}^{\infty}a^{n+iN}R_N(n)$$

又因为上式中 $0\leqslant n\leqslant N-1$，因此

$$u(n+iN)=\begin{cases}1 & n+iN\geqslant0,i\geqslant0\\0 & i<0\end{cases}$$

则

$$x_N(n)=a^n\sum_{i=-\infty}^{\infty}a^{iN}R_N(n)=\frac{a^n}{1-a^N}R_N(n)$$

（2）对比 $X_r(k)=X(z)\mid_{z=r\mathrm{e}^{\mathrm{j}\frac{2\pi}{N}k}}=\dfrac{1}{1-ar^{-1}\mathrm{e}^{-\mathrm{j}\frac{2\pi}{N}k}}$ 和 $X(k)=X(z)\mid_{z=\mathrm{e}^{\mathrm{j}\frac{2\pi}{N}k}}=\dfrac{1}{1-a\mathrm{e}^{-\mathrm{j}\frac{2\pi}{N}k}}$，差别

仅在于分母中的系数，前者是 a/r，后者是 a，因此用可下式计算得到 $X_r(k)$：

$$X_r(k)=\mathrm{DFT}\Big[\sum_{i=-\infty}^{\infty}\Big(\frac{a}{r}\Big)^{n+iN}u(n+iN)R_N(n)\Big],k=0,1,2,3,\cdots,N-1$$

16. **解**：（1）
$$Y(k)=\sum_{n=0}^{N/2-1}[x(n)+x(n+n/2)]\mathrm{e}^{-\mathrm{j}\frac{2\pi}{N/2}kn}$$

$$= \sum_{n=0}^{N/2-1} x(n)\mathrm{e}^{-\mathrm{j}\frac{2\pi}{N}2kn} + \sum_{n=0}^{N/2-1} x(n+n/2)\mathrm{e}^{-\mathrm{j}\frac{2\pi}{N}2kn}$$

$$= \sum_{n=0}^{N/2-1} x(n)\mathrm{e}^{-\mathrm{j}\frac{2\pi}{N}2kn} + \sum_{n=N/2}^{N-1} x(n+n/2)\mathrm{e}^{-\mathrm{j}\frac{2\pi}{N}2kn}$$

$$= \sum_{n=0}^{N-1} x(n)\mathrm{e}^{-\mathrm{j}\frac{2\pi}{N}2kn} = X(2k) \quad k=0,1,2,3,\cdots,N/2-1$$

(2) $Y(k) = \sum_{n=0}^{N-1} x(n)\mathrm{e}^{-\mathrm{j}\frac{2\pi}{2N}kn} = X(k/2) \quad k=0,2,4,6,\cdots,2N-2$

(3) $Y(k) = \sum_{n=0}^{N-1} x(n/2)\mathrm{e}^{-\mathrm{j}\frac{2\pi}{2N}kn}$，令 $n'=n/2$

$$Y(k) = \sum_{n=0}^{N-1} x(n')\mathrm{e}^{-\mathrm{j}\frac{2\pi}{2N}2kn'} = \sum_{n=0}^{N-1} x(n')\mathrm{e}^{-\mathrm{j}\frac{2\pi}{N}kn} = X(k) \quad k=0,1,2,3,\cdots,N-1$$

17. **解**：(1) $X(\mathrm{e}^{\mathrm{j}\omega}) = \sum_{n=-\infty}^{\infty} 2^n u(-n+2)\mathrm{e}^{-\mathrm{j}\omega m} = \sum_{n=2}^{-\infty} 2^n\mathrm{e}^{-\mathrm{j}\omega n} = \sum_{n=0}^{2} 2^n\mathrm{e}^{-\mathrm{j}\omega n} + \sum_{n=-1}^{-\infty} 2^n\mathrm{e}^{-\mathrm{j}\omega n}$

$$= 1+2\mathrm{e}^{-\mathrm{j}\omega}+4\mathrm{e}^{-\mathrm{j}4\omega}+\frac{0.5\mathrm{e}^{\mathrm{j}\omega}}{1-0.5\mathrm{e}^{\mathrm{j}\omega}}$$

(2) 已知系统的单位脉冲响应求系统对输入信号的输出响应，可以用 z 变换法、线性卷积法和 DFT(FFT) 法计算。本题用线性卷积法可得

$$y(n) = \{\,1,1,\underline{-1},0,0,3,3,2,1\,\}$$

18. **解**：(1) $x(n) = \cos(2\pi\times1\,000nT_s+\theta) = \cos(0.5\pi n+\theta), n=0,1,2,3,\cdots,N-1$。角频率 $\omega=0.5\pi$ rad。

(2) 若采样后仍形成周期序列，则 N 点 DFT 能精确地反映该周期信号频率。题设 $T_s=0.25$ ms，因为 $2\pi/\omega=4$，形成的序列周期为 4。因此取序列的一个周期作 $X_4(k)=\mathrm{DFT}[x(n)]_4$，信号应准确地出现在第 2 条谱线上，即信号准确出现在 $k=1$ 的位置。

(3) $\dfrac{2\pi}{N_{\mathrm{min1\,Hz}}} = 2\pi\times1\times T_s, N_{\mathrm{min1\,Hz}} = \dfrac{1}{T_s} = 4\,000$。

(4) 不行。因为信号尾部加零点并没有增加新的信息，而 DFT 是傅里叶变换一个周期中的均匀采样，信号尾部加零点不影响信号的 DFT，自然也不会提高信号频率分辨率。

19. **解**：在频率域进行 4 点均匀采样，对应的时间域信号以 4 为周期进行周期化，因此对 $X(k)$ 作 IDFT，得到信号 $x(n)$ 的主值区间 $x_4(n)$ 为

$$x_4(n) = \sum_{i=-\infty}^{\infty} x((n+4i))_4 R_4(n)$$

$x_4(n)$ 的波形如图 9-17 所示。

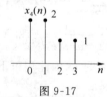

图 9-17

20. **解**：(1) $X(k) = \sum_{n=0}^{4} x(n)W_5^{kn} + W_5^{k} + W_5^{2k}$

(2) 因为 $Y(k) = [X(k)]^2$，所以 $y(n) = x(n) = x(n)\otimes x(n)$

$$y(n) = \{\underline{4}, 4, 5, 2, 1\}$$

（3）因为 $R(n) = x(n) * x(n)$ 的长度为 5，所以只要循环卷积的长度大于等于 5，就可以使下面的公式得到 $R(n) = x(n) \bigotimes x(n) = x(n) * x(n)$。

21. **解**：该题利用循环移位性质求解。即如果 $y(n) = x((n+m))_N R_N(n)$，则 $Y(k) = W_N^{-kn} X(k)$。

（1）$y(n) = x((n-4))_6 R_6(n)$，$y(n)$ 波形如图 9-18 所示。

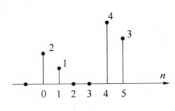

图 9-18

（2）已知 $F(k) = \mathrm{DFT}[f(n)] = \mathrm{Re}[X(k)]$，利用 DFT 的共轭对称性质，得

$$f(n) = x_{\mathrm{ep}}(n) = \frac{1}{2}[x(n) + x^*(N-n)] = \frac{1}{2}[x(n) + x(6-n)]$$

$f(n)$ 的波形如图 9-19 所示。

（3）有限长序列 $x(n)$ 的 6 点 DFT 为 $X_6(k) = \mathrm{DFT}[x(n)]$，$S_3(k) = X(2k)(k=0,1,2)$ 是 $X(k)$ 的 3 点采样。根据频率域采样定理，频率域 3 点采样对应于时域序列以 3 为周期进行延拓后取的主值区，即 $s(n) = \sum_{i=-\infty}^{\infty} x(n+3i) R_3(n)$，其波形如图 9-20 所示。

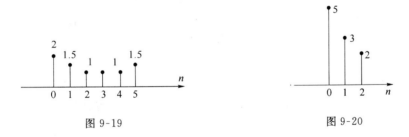

图 9-19 　　　　　　　　　　　　　　　　图 9-20

22. **解**：先求系统函数。根据系统结构图，易得

$$H(z) = \frac{8\left(1 - \frac{1}{4}z^{-1} - \frac{1}{8}z^{-2}\right) + 2z^{-1} + z^{-2}}{1 - \frac{1}{4}z^{-1} - \frac{1}{8}z^{-2}} = \frac{8}{1 - \frac{1}{4}z^{-1} - \frac{1}{8}z^{-2}} \quad |z| > \frac{1}{2}$$

系统的极点为 $z = 1/2$ 和 $z = -1/4$，零点为 $z = 0$，画出极零点图如图 9-21 所示。又可以计算出 $|H(\mathrm{e}^{\mathrm{j}0})| = \frac{1}{0.5 \times 1.25} = 1.6$，$|H(\mathrm{e}^{\mathrm{j}\frac{\pi}{2}})| = \frac{1}{1.22 \times 1.12} = 0.73$，$|H(\mathrm{e}^{\mathrm{j}\pi})| = \frac{1}{0.75 \times 1.5} = 0.89$，故可粗略地画出系统的幅频特性，如图 9-22 所示。

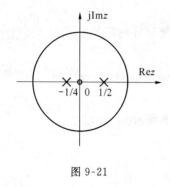

图 9-21

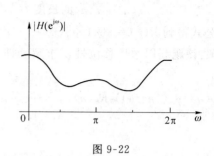

图 9-22

23. **解**:(1) 根据题设条件得到系统函数为

$$H(z) = A \frac{z^2}{\left(z - \frac{1}{2}\right)\left(z + \frac{1}{3}\right)} \quad |z| > \frac{1}{2}$$

又已知 $H(1) = 6$,于是得到 $A = 4$。

(2) $$h(n) = \text{IZT}[H(z)] = \frac{1}{2\pi j} \oint_c H(z) z^{n-1} dz$$

令 $F(z) = H(z) z^{n-1}$,得

$$F(z) = A \frac{z^2 z^{n-1}}{\left(z - \frac{1}{2}\right)\left(z + \frac{1}{3}\right)} = A \frac{z^{n+1}}{\left(z - \frac{1}{2}\right)\left(z + \frac{1}{3}\right)}$$

按照收敛域可知,$h(n)$ 是一个因果收敛序列。

当 $n \geq 0$ 时,

$$h(n) = \text{Res}\left[F(z), \frac{1}{2}\right] + \text{Res}\left[F(z), -\frac{1}{3}\right] = \frac{A}{5/6}\left(\frac{1}{2}\right)^{n+1} + \frac{A}{-5/6}\left(-\frac{1}{3}\right)^{n+1} = \frac{12}{5}\left(\frac{1}{2}\right)^n + \frac{8}{5}\left(-\frac{1}{3}\right)^n$$

即 $$h(n) = \left[\frac{12}{5}\left(\frac{1}{2}\right)^2 + \frac{8}{5}\left(-\frac{1}{3}\right)^n\right] u(n)$$

(3) 输入信号 $x(n) = \left(\frac{1}{3}\right)^n u(n-1) = \left(\frac{1}{3}\right)^n u(n) - \delta(n)$,其 z 变换为

$$X(z) = \frac{1}{1 - \frac{1}{3} z^{-1}} - 1 = \frac{\frac{1}{3} z^{-1}}{1 - \frac{1}{3} z^{-1}}$$

此时,系统输出响应的 z 变换为 $Y(z) = H(z) X(z) = A \dfrac{\frac{1}{3} z^2}{\left(z - \frac{1}{2}\right)\left(z + \frac{1}{3}\right)\left(z - \frac{1}{3}\right)}$,即输出为

$$y(n) = \frac{1}{2\pi j} \oint_c Y(z) z^{n-1} dz \quad |z| > \frac{1}{2}$$

由收敛域可知,这是一个因果收敛序列。

令 $F(z)=Y(z)z^{-1}=\dfrac{1}{3}A\dfrac{z^2 z^{-1}}{\left(z-\frac{1}{2}\right)\left(z+\frac{1}{3}\right)\left(z-\frac{1}{3}\right)}=\dfrac{1}{3}A\dfrac{z^{n+1}}{\left(z-\frac{1}{2}\right)\left(z+\frac{1}{3}\right)\left(z-\frac{1}{3}\right)}\quad n\geqslant 0$

$$y(n)=\mathrm{Res}\left[F(z),\frac{1}{2}\right]+\mathrm{Res}\left[F(z),-\frac{1}{3}\right]+\mathrm{Res}\left[F(z),\frac{1}{3}\right]$$

$$=\frac{A}{3}\left[\frac{\left(\frac{1}{2}\right)^{n+1}}{\left(\frac{1}{2}+\frac{1}{3}\right)\left(\frac{1}{2}-\frac{1}{3}\right)}+\frac{-\left(\frac{1}{3}\right)^{n+1}}{\left(-\frac{1}{3}-\frac{1}{2}\right)\left(-\frac{1}{3}-\frac{1}{3}\right)}+\frac{\left(\frac{1}{3}\right)^{n+1}}{\left(\frac{1}{3}-\frac{1}{2}\right)\left(\frac{1}{3}+\frac{1}{3}\right)}\right]$$

$$=\frac{4}{3}\left[\frac{18}{5}\left(\frac{1}{2}\right)^n-\frac{3}{5}\left(-\frac{1}{3}\right)^n-3\left(\frac{1}{3}\right)^n\right]$$

24. **解**：系统函数 $X(z)=\dfrac{0.19}{(1-0.9z)(1-0.9z^{-1})}$ 的极点为 0.9 和 $1/0.9$，要求的是因果序列，因此收敛域应 $|z|>1/0.9$。$n<0,x(n)=0$。令

$$F(z)=\frac{0.19}{(1-0.19z)(1-0.19z^{-1})}z^{n-1}=\frac{0.19z^n}{(z-0.9)(z-0.9^{-1})(-.09)}\quad n\geqslant 0$$

$$x(n)=\mathrm{Res}[F(z),0.9]+\mathrm{Res}[F(z),0.9^{-1}]=0.9^n-0.9^{-n}$$

$$x(n)=(0.9^n-0.9^{-n})u(n)$$

25. **解**：由差分方程画出系统的直接型结构如图 9-23 所示。

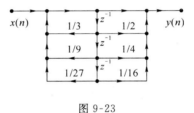

图 9-23

26. **解**：系统 $y(n)=\displaystyle\sum_{k=0}^{6}\left(\frac{1}{3}\right)^{|3-k|}x(n-k)$ 的直接型结构如图 9-24 所示，其线性相位结构如图 9-25 所示。

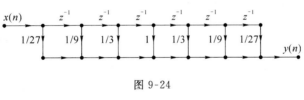

图 9-24

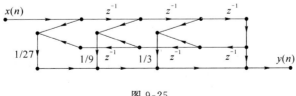

图 9-25

27. **解**：序列 $x(n)$ 的长度为 8，在其傅里叶变换 $X(e^{j\omega})$ 的一周采样 5 点，$X(e^{j\omega_k})=$

$X(\mathrm{e}^{\mathrm{j}\omega})\Big|_{\omega=\omega_k}$，其中 $\omega_k=\dfrac{2\pi}{5}k(k=0,1,2,3,4)$。再进行 $\mathrm{IDFT}[X(\mathrm{e}^{\mathrm{j}\omega_k})]_5$，得到的是序列 $x(n)$ 以

5 为周期进行延拓后的主值区，即 $y(n)$ 与 $x(n)$ 之间的关系为 $y(n)=\displaystyle\sum_{r=-\infty}^{\infty}x(n+5r)R_5(n)$。

$y(n)$ 的波形如图 9-26 所示。

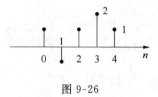

图 9-26

28. **解**：(1) 因为序列 $x(n)$ 是实序列，其 DFF 具有共轭对称性。由此根据给出的 DFT 前 5 点值，可写出后 3 点为

$$0.125+\mathrm{j}0.06,0,\ 0.125+\mathrm{j}0.3$$

(2) 因为 $x_1(n)=x((n+2))_8R_8(n)$，$y(n)$ 是 $x(n)$ 向左循环移 2 位，因此

$$Y(k)=X(k)W_8^{-2k}=X(k)\mathrm{e}^{\mathrm{j}\frac{2\pi}{8}2k}=X(k)\mathrm{e}^{\mathrm{j}\frac{\pi}{2}k}\quad k=0,1,2,\cdots,7$$

$$Y(k)=\{X(0)\ ,X(1)\mathrm{e}^{\mathrm{j}\frac{\pi}{2}},X(2)\mathrm{e}^{\mathrm{j}\pi},X(3)\mathrm{e}^{\mathrm{j}\frac{3\pi}{2}},X(4)\mathrm{e}^{\mathrm{j}2\pi},X(5)\mathrm{e}^{\mathrm{j}\frac{5\pi}{2}},X(6)\mathrm{e}^{\mathrm{j}3\pi},X(7)\mathrm{e}^{\mathrm{j}\frac{7\pi}{2}}\}$$

$$Y(k)=\{\ 0.25,0.3+0.125\mathrm{j},0,-0.06-\mathrm{j}0.125,0.5,-0.06+\mathrm{j}0.125,0,0.3-0.125\mathrm{j}\ \}$$

29. **解**：解法(1)：$H(\mathrm{e}^{\mathrm{j}\omega})=\displaystyle\sum_{n=-\infty}^{\infty}h(n)\mathrm{e}^{-\mathrm{j}\omega n}=\sum_{n=-\infty}^{\infty}h(n)\cos\omega n-\mathrm{j}\sum_{n=-\infty}^{\infty}h(n)\sin\omega n$

因为 $h(n)$ 是因果实序列，因此

$$H_R(\mathrm{e}^{\mathrm{j}\omega})=\sum_{n=0}^{\infty}h(n)\cos\omega n=\sum_{n=0}^{5}0.5^n\cos\omega n$$

由上式得 $h(n)=0.5^nR_6(n)$。

解法(2)：$H_R(\mathrm{e}^{\mathrm{j}\omega})=\displaystyle\sum_{n=0}^{5}0.5^n\cos\omega n=\dfrac{1}{2}\sum_{n=0}^{5}0.5^n(\ \mathrm{e}^{\mathrm{j}\omega}+\mathrm{e}^{-\mathrm{j}\omega})$

$H_R(\mathrm{e}^{\mathrm{j}\omega})$ 的傅里叶逆变换对应共轭对称序列，因此

$$h_e(n)=\frac{1}{2}[0.5^{-n}R_6(-n)+0.5^nR_6(n)]$$

$$h(n)=h_e(n)u_+(n)=\begin{cases}0.5^nR_6(n) & n>0\\ 1 & n=0=0.5nR_6(n)\\ 0 & n<0\end{cases}$$

30. **解**：由 $H(z)=\dfrac{1+z^{-1}}{1-0.9z^{-1}}$ 得该函数的零点为 -1，极点为 0.9，零极点分布以及按照零极点分布画出的幅度曲线如图 9-27 所示，幅度曲线以 2π 为周期。将式中的 z 用 z^4 代替，在形成新的系统函数 $H_1(z)=H(z^4)$ 以后，幅度曲线将以 $\pi/2$ 为周期，$0\sim2\pi$ 区间重复 4 次，因此幅度曲线如图 9-28 所示。

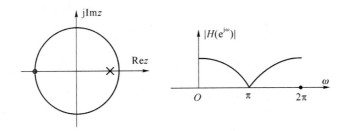

图 9-27

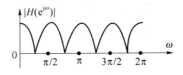

图 9-28

由 $H_1(z) = \dfrac{1+z^{-4}}{1-0.9z^{-4}}$，求得零点为

$$1+z^{-4}=0, z^{-4}=-1=e^{-j(\pi+2\pi k)}, z=e^{j(\pi+2\pi k)/4}, k=0,1,2,3$$

得零点为 $\{e^{j\frac{\pi}{4}}, e^{j\frac{3\pi}{4}}, e^{j\frac{5\pi}{4}}, e^{j\frac{7\pi}{4}}\}$。

由 $1-0.9z^{-4}=0, 0.9z^{-4}=e^{j2\pi k}$ 求得极点为 $z=0.9e^{-j\frac{\pi}{2}k}, k=0,1,2,3$，极点为 $\{0.9, 0.9e^{-j\frac{\pi}{2}}, 0.9e^{-j\pi}, 0.9e^{-j\frac{3}{2}\pi}\}$。

零极点分布如图 9-29 所示。

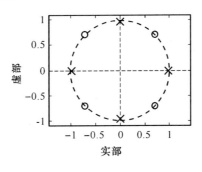

图 9-29

也可以求出 $H_1(z) = H(z^4)$ 的零极点，按照零极点的分布画出幅度曲线。

31. **解**：$x(n)$ 和 $h(n)$ 的长度分别为 3 和 3，线性卷积后的长度为 $3+3-1=5$，因此在 $x(n)$ 和 $h(n)$ 的尾部分别补两个零点，进行 5 点循环卷积。此时，循环卷积的结果等于线性卷积的结果。用矩阵方程进行循环卷积，得系统输出

$$
\begin{pmatrix} y(0) \\ y(1) \\ y(2) \\ y(3) \\ y(4) \end{pmatrix} = \begin{pmatrix} x(0) & x(4) & x(3) & x(2) & x(1) \\ x(1) & x(0) & x(4) & x(3) & x(2) \\ x(2) & x(1) & x(0) & x(4) & x(3) \\ x(3) & x(2) & x(1) & x(0) & x(4) \\ x(4) & x(3) & x(2) & x(1) & x(0) \end{pmatrix} \begin{pmatrix} h(0) \\ h(1) \\ h(2) \\ h(3) \\ h(4) \end{pmatrix} = \begin{pmatrix} 1 & 0 & 0 & 1 & 1 \\ 1 & 1 & 0 & 0 & 1 \\ 1 & 1 & 1 & 0 & 0 \\ 0 & 1 & 1 & 1 & 0 \\ 0 & 0 & 1 & 1 & 1 \end{pmatrix} \begin{pmatrix} 1 \\ -1 \\ 1 \\ 0 \\ 0 \end{pmatrix} = \begin{pmatrix} 1 \\ 0 \\ 1 \\ 0 \\ 1 \end{pmatrix}
$$

$y(n) = \{\underline{1}, 0, 1, 0, 1\}$，其波形如图 9-30 所示。

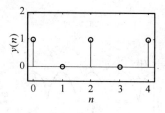

图 9-30

32. **解**：模拟滤波器的传输函数为 $H_a(s) = \dfrac{sRC}{1+sRC}$，其数字滤波器系统函数为

$$
H(z) = H_a(s) \Big|_{s=\frac{2}{T}\frac{1-z^{-1}}{1+z^{-1}}} = \frac{a_1(1+z^{-1})}{1+a_2 z^{-1}}
$$

其中 $a_1 = \dfrac{aT}{aT+2}$，$a_2 = \dfrac{aT-2}{aT+2}$，$a = \dfrac{1}{RC}$。

参 考 文 献

[1] 张立材,王民,高有堂.数字信号处理——原理、实现及应用.北京:北京邮电大学出版社,2011.

[2] 程佩青.数字信号处理基础教程.2 版.北京:清华大学出版社,2001.

[3] 顾福年,胡光锐.数字信号处理习题解答.北京:科学出版社,1983.

[4] 黄顺吉.数字信号处理及应用.北京:国防工业出版社,1982.

[5] 何振亚.数字信号处理的理论与应用.北京:人民邮电出版社,1983.

[6] 吴湘淇.数字信号处理技术及应用.北京:中国铁道出版社,1986.

[7] 胡广书.数字信号处理——理论、算法与实现.北京:清华大学出版社,1997.

[8] W.D.斯坦利.数字信号处理.常迥,译.北京:科学出版社,1979.

[9] 高西全,丁玉美,阔永红.数字信号处理——原理、实现及应用.2 版.北京:电子工业出版社,2010.

[10] 丁玉美,高西全,王军宁.数字信号处理学习指导与解题.北京:电子工业出版社,2007.

[11] 丁玉美,高西全.数字信号处理.2 版.西安:西安电子科技大学出版社,2001.

[12] 高西全,丁玉美.数字信号处理学习指导.西安:西安电子科技大学出版社,2001.

[13] 吴湘淇.信号、系统与信号处理.修订版.北京:电子工业出版社,1999.

[14] Joyce Van de Vegte.数字信号分析.侯正信,王国安,译.北京:电子工业出版社,2003.

[15] Samuel D. Stearns.数字信号分析.高顺泉,江慰德,译.北京:人民邮电出版社,1983.

策 划 人：刘春棠
责任编辑：刘春棠
封面设计：七星工作室

ISBN 978-7-5635-3151-6

9 787563 531516 >

定价：35.00元